기초부터 실무까지

멜섹 Q-PLC와 HMI를 활용한

공 정 제 어

유인호·최경민 공저

문운당

“본 저서는 2019년도 전북대학교 연구교수 연구비 지원에 의해 연구되었음.”

머리말

PLC는 국내 자동화 산업계에 한 줄기 큰 맥을 잇고 있다. 기존의 시퀀스제어를 대체할 수단으로 개발된 PLC는 다른 제어기 대비 특유의 안정성으로 아직도 많은 산업 분야에서 각광받고 있다. 시대의 흐름에 따라 데이터의 처리양이 많아지고, 고속화됨에 따라 PC기반 제어 시장이 그 영역을 넓히고 있으나, 시스템 개발 편의성과 많은 엔지니어들에 의해 보편화 되어 있기에 PLC는 아직 많은 사랑을 받고 있음에는 틀림없다. 또한 많은 메이저 자동화 기업에서 안정성과 확장성, 호환성, 유지보수 면에서 더 편리하도록 개선하고 있기 때문에 앞으로도 확고한 영역을 지켜 나갈 수 있을 것으로 기대 된다.

그러나 안타깝게도 아직은 국산 PLC가 외산 PLC대비 성능이나 안정성 면에서 뒤처지는 것이 사실이고, 국내 산업현장에서도 외산 PLC가 더 많이 사용되고 있는 것이 현실이다. 국내 PLC의 개발 역사로 보면 매우 짧은 시간에 진일보하였지만, 고정밀 분야나 높은 정도의 신뢰성을 요구하는 분야에서는 아직도 국산 PLC에 대한 신뢰도가 낮은 편이다.

역사적으로도 바람직하진 않지만, 산업화 초기에 주로 일본으로부터 기술 이전이 되었고, 반도체, LCD의 생산과 관련된 자동화 장비 또한 일본으로부터 수입되어 생산되었기에 PLC 중에서 미쓰비시 PLC가 많이 사용되고 있다. 이후 국내 자동화 장비의 개발에도 일본산 PLC가 많이 사용되었으며, 호환성 등의 이유로 아직도 장비분야에서는 미쓰비시 PLC가 많이 사용되고 있다.

산업계의 요구에 따라 학계에서도 2010년 이후 미쓰비시 Q시리즈 PLC를 적극 도입하여 교육을 시작하였으나, 관련자료 및 전문성 부족으로 충분한 교육이 이뤄지지 않고 있는 것이 현실이다. 많은 분들에 의해 미쓰비시 PLC가 다뤄지고 있기는 하나, 아직도 Q시리즈의 장점을 충분히 살리지 못하는 경우가 많아 아쉬울 때가 적지 않았다.

이런 아쉬운 마음에 많은 분들에게 Q시리즈에 대한 정보를 전달하고자 집필을 시작하였다. 기술분야에서 최고의 교재는 매뉴얼이라는 소신을 토대로, 최대한 매뉴얼의 내용을 알기 쉽게 전달하는 것에 초점을 두었다. 프로그램에만 중점을 두기보다는 하드웨어를 우선 이해하도록 우선순위를 두었고, GX-Developer 대비 GX-Works2의 편의성을 소개하였다. 또한 초보자를 위해 가장 기본적인 프로그램부터 설명하였고, 스스로 학습하는 힘을 키우기 위해 공통명령어편을 준비하였다. 프로그래밍의 편의성을 위해 레이블 프로그램 작성법에 대해 설명하였으며, 공압실린더 제어를 위한 시퀀스제어 방법과 공정프로그램 방법에 대해 기술하였다. 그리고 HMI에 대한 사용법과 위치결정모듈의 활용법에 대해 상세하게 기술함으로써 미쓰비시 PLC를 처음 접하는 분도 응용분야인 특수모듈의 활용에 익숙해지도록 하였다.

비록 실습장비를 이용하여 함께 실습할 수 없는 점이 아쉽지만 지면을 통해 우선 정보를 전달하고 부족한 부분은 온라인상에서 지속적인 정보를 전달하고자 한다.

목 차

Chapter 1 미쓰비시 Q-PLC의 구성

Chapter 2 Gx-Works2 환경설정 및 활용법

목 차

목 차

목 차

Chapter 8 HMI 활용

목 차

Chapter 9 위치결정모듈의 활용

미쓰비시 Q-PLC의 구성

1. 미쓰비시 Q시리즈 PLC 시스템의 구성
2. 디바이스 일람표
3. 전원모듈
4. CPU 모듈
5. 입력모듈의 선정
6. 출력모듈의 선정
7. 입출력 겸용 모듈
8. 입출력모듈의 배선
9. 프로그램의 저장과 포맷
10. PLC의 연산방식에 대한 이해
11. PLC 시퀀스 프로그램의 이해

Chapter | 1

Chapter 1

미쓰비시 Q-PLC의 구성

1 미쓰비시 Q시리즈 PLC 시스템의 구성

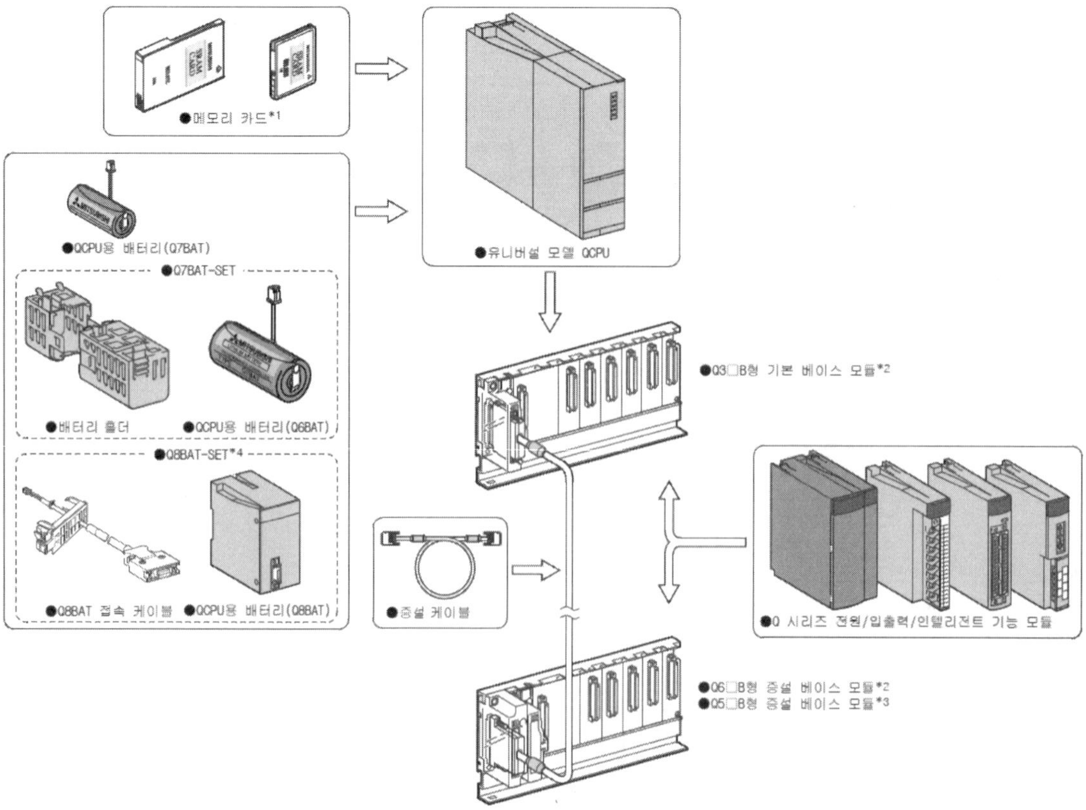

그림 1-1 미쓰비시 Q시리즈 PLC 시스템의 구성

출처 : QCPU 사용자메뉴얼_하드웨어 설계·보수 점검편(한국미쓰비시 전기오토메이션, 2008)

미쓰비시 멜섹(MELSEC) Q시리즈 PLC는 모듈형(중,대형)으로 구성은 위와 같다. 시스템을 구성하기 위해서는 전장설계단계에서 요구되는 성능에 대한 CPU의 선정이 이뤄지고, 장비 또는 설비 전체에 사용되는 스위치나 센서와 같은 입력기기의 종류와 수량에 따라 입력모듈을 선정하게 된다. 또한 램프, 솔레노이드 밸브, 부저 등 출력기기의 종류과 수량에 따라 출력모듈도 선정하여 구성하게 된다. 이밖에도 위치제어를 위한 위치결정모듈이나, 통신을 위한 모듈, 고속카운터, 아날로그 입출력 등의 기능이 필요하다면 해당 모듈을 별도로 장착하여 구성할 수 있다. 이렇게 필요한 모듈이 결정되면 베이스를 선정할 수 있으며, 기본 베이스로 슬롯이 부족하다면 증설베이스를 구성하여 시스템을 구성할 수 있다. 즉 기본베이스에 전원모듈을 장착하고, 설계에 따라 선정된 CPU모듈, 입력·출력 모듈, 그리고 필요한 기능에 따라 선정된 특수모듈 등을 베이스에 장착하여 시스템을 구성하게 된다. 본 교재에 사용되는 PLC CPU모델은 Q03UDE이며, 입력모듈(QX80, 16점*2

개), 출력모듈(QY10 16점*2개), CClink 통신모듈(QJ61BT11N), 위치결정 모듈(QD75D2N)로 구성되어 있다.

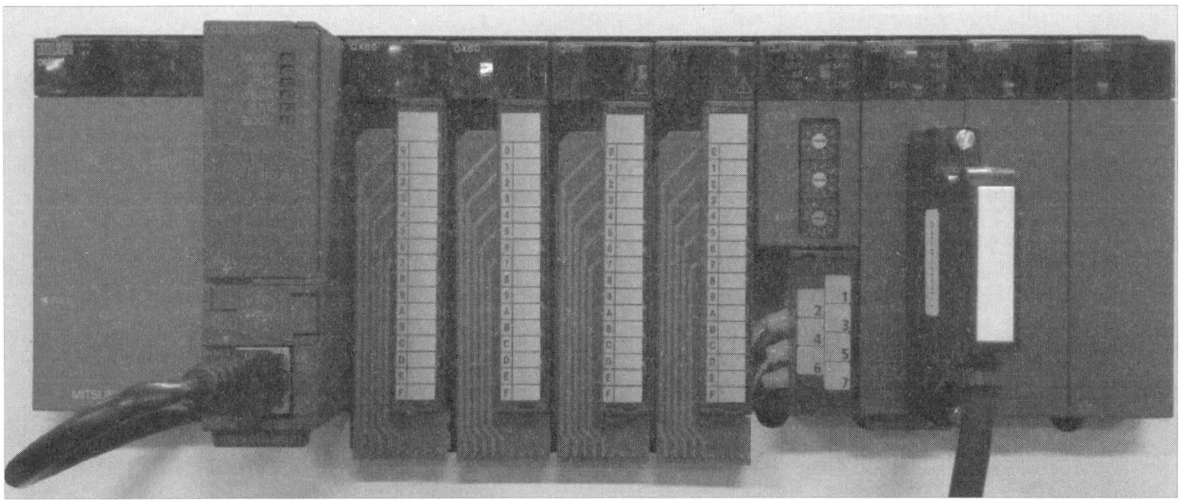

그림 1-2 Q시리즈 PLC의 구성

그림 1-3 Q-PLC를 이용한 제어반

PLC의 구성이 끝나면 그림1-3과 같은 제어반을 제작하게 된다. 이러한 제어반을 통해 기기와의 연결을 구성하게 되고, 이후 제어프로그램을 작성하여 시스템을 구동하게 된다.

2 디바이스 일람표

베이스 모듈은 CPU 모듈, 전원모듈, 입출력모듈, 인텔리전트 기능 모듈을 장착하기 위한 모듈이다. 기본베이스와 증설베이스로 나뉘며, 증설베이스의 경우 전원 모듈이 불필요한 모델과 필요한 모델로 나뉘어 진다. 이외에도 전원 이중화 기본 베이스 모듈, 멀티 CPU간 고속 기본 베이스 모듈, 전원 이중화 증설 베이스 모듈, 이중화 증설 베이스 모듈 등으로 나뉘기 때문에 시스템 설계에 따라 적합한 베이스 모듈을 선택해야 한다.

항목		형명			
		Q33B	Q35B	Q38B	Q312B
입출력 모듈 장착 대수		3	5	8	12
증설 접속 가능 여부		증설 접속 가능			
적용 모듈		Q 시리즈 모듈			
DC5V 내부 소비 전류		0.11A		0.12A	0.13A
장착 구멍 크기		M4 나사 구멍 또는 ϕ4.5 구멍(M4 나사용)			
외형 치수	H	98mm			
	W	189mm	245mm	328mm	439mm
	D	44.1mm			
중량		0.21kg	0.27kg	0.36kg	0.47kg
부속품		장착 나사 M4 × 14 4개 *[1](DIN 레일 설치용 어댑터는 별매)			
DIN 레일 설치용 어댑터 형명		Q6DIN3	Q6DIN2	Q6DIN1	

그림 1-4 기본베이스 모듈의 사양

출처 : QCPU 사용자메뉴얼_하드웨어 설계·보수 점검편(한국미쓰비시 전기오토메이션)

항목		형명							
		Q63B	Q65B	Q68B	Q612B	QA1S65B	QA1S68B	QA65B	QA68B
입출력 모듈 장착 대수		3	5	8	12	5	8	5	8
증설 접속 가능 여부		증설 접속 가능							
적용 모듈		Q 시리즈 모듈				AnS 시리즈 모듈		A 시리즈 모듈	
DC5V 내부 소비 전류		0.11A		0.12A	0.13A	0.12A		0.12A	
장착 구멍 크기		M4 나사 구멍 또는 ϕ4.5 구멍 (M4 나사용)				M5 나사 구멍 또는 ϕ5.5 구멍 (M5 나사용)		M5 나사 구멍 또는 ϕ5.5 구멍 (M5 나사용)	
외형 치수	H	98mm				130mm		250mm	
	W	189mm	245mm	328mm	439mm	315mm	420mm	352mm	466mm
	D	44.1mm				51.2mm		46.6mm	
중량		0.23kg	0.28kg	0.38kg	0.48kg	0.75kg	1.00kg	1.60kg	2.00kg
부속품		장착 나사 M4 × 14 4개 *[2] (DIN 레일 설치용 어댑터는 별매)				장착 나사 M5 × 25 4개		—	
DIN 레일 설치용 어댑터 형명		Q6DIN3	Q6DIN2	Q6DIN1		—	—	—	—

그림 1-5 증설베이스 모듈의 사양(전원 모듈 장착 타입)

출처 : QCPU 사용자메뉴얼_하드웨어 설계·보수 점검편(한국미쓰비시 전기오토메이션)

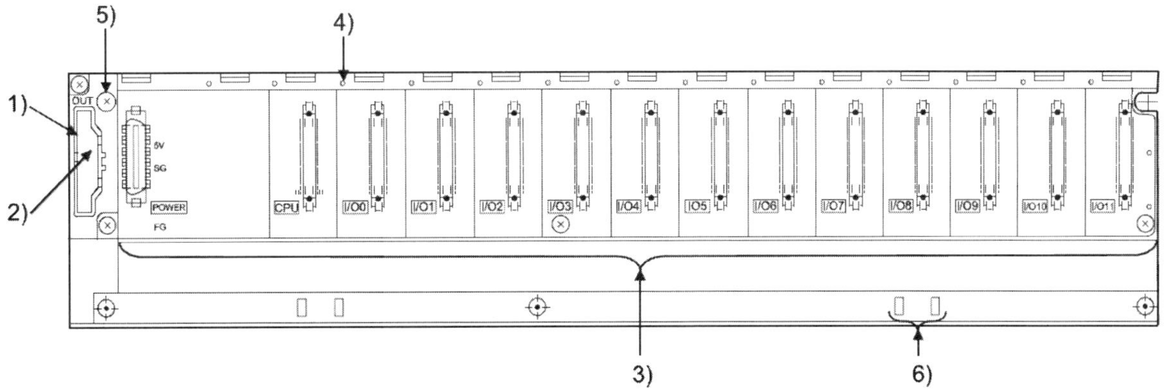

그림 1-6 기본베이스 모듈.

출처 : QCPU 사용자메뉴얼_하드웨어 설계·보수 점검편(한국미쓰비시 전기오토메이션)

번호	명칭	용도
1	증설 케이블용 커넥터	증설 케이블(증설 베이스 모듈과의 신호 송수신용)을 접속하기 위한 커넥터.
2	베이스 커버	증설 케이블 커넥터 보호용 커버. 증설 시는 베이스 커버상의 OUT 문자 하부를 마이너스 드라이버 등의 공구로 제거할 필요가 있다.
3	모듈 커넥터	Q 시리즈 전원 모듈, CPU 모듈, 입출력모듈, 인텔리전트 기능 모듈 장착용 커넥터. 모듈을 장착하지 않는 예비 공간의 커넥터에는 먼지 침입방지를 위해 부속 커넥터 커버 또는블랭크커버(QG60)를 장착한다.
4	모듈 고정용 나사 구멍	모듈을 베이스 모듈에 고정하기 위한 나사 구멍. 나사 크기 M3 × 12 나사.
5	베이스 장착 구멍	본 베이스 모듈을 제어반 등의 패널에 장착하기 위한 구멍.(M4 나사용)
6	DIN 레일용어댑터 설치 구멍	DIN 레일용 어댑터 설치 구멍.

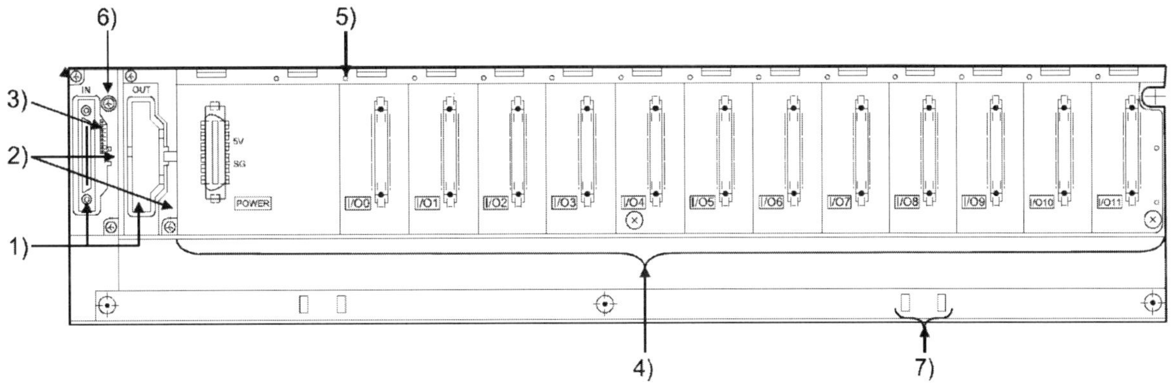

그림 1-7 증설베이스 모듈, Q63B, Q65B, Q68B, Q612B 등

출처 : QCPU 사용자메뉴얼_하드웨어 설계·보수 점검편(한국미쓰비시 전기오토메이션)

번호	명칭	용도
1	증설 케이블용 커넥터	증설 케이블(증설 베이스 모듈과의 신호 송수신용)을 접속하기 위한 커넥터.
2	베이스 커버	증설 케이블 커넥터 보호용 커버. 증설 시는 베이스 커버상의 OUT 문자 하부를 마이너스 드라이버 등의 공구로 제거할 필요가 있다.
3	단수 설정 커넥터	증설 베이스 모듈의 단수 설정용 커넥터.
4	모듈 커넥터	Q 시리즈 전원 모듈, CPU 모듈, 입출력모듈, 인텔리전트 기능 모듈 장착용 커넥터. 모듈을 장착하지 않는 예비 공간의 커넥터에는 먼지 침입방지를 위해 부속 커넥터 커버 또는블랭크커버(QG60)를 장착한다.
5	모듈 고정용 나사 구멍	모듈을 베이스 모듈에 고정하기 위한 나사 구멍. 나사 크기 M3 × 12 나사.
6	베이스 장착 구멍	본 베이스 모듈을 제어반 등의 패널에 장착하기 위한 구멍(M4 나사용).
7	DIN 레일용 어댑터 설치 구멍	DIN 레일용 어댑터 설치 구멍.

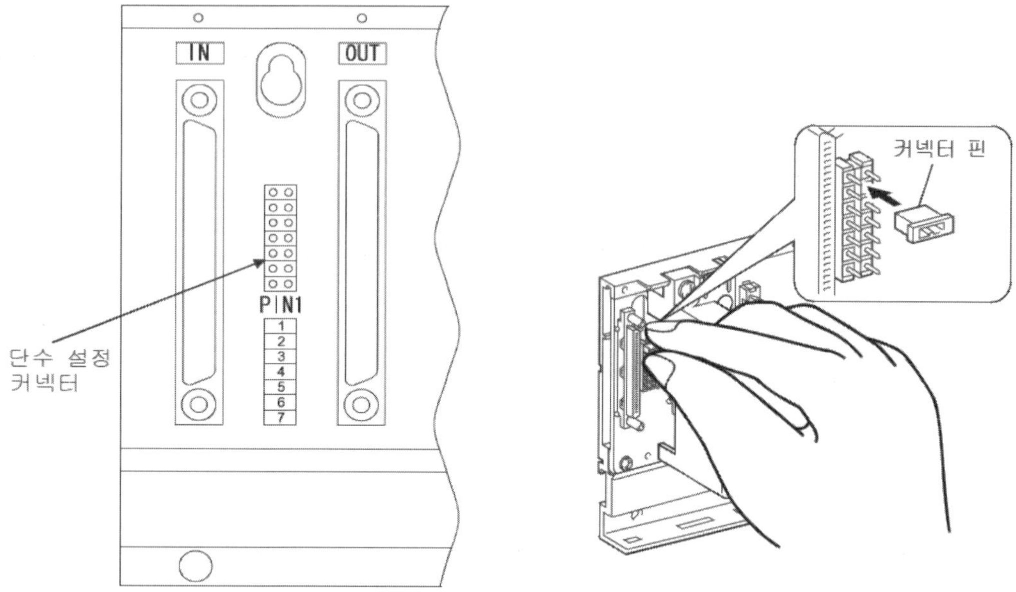

그림 1-8 증설 베이스 모듈 단수 설정

출처 : QCPU 사용자메뉴얼_하드웨어 설계·보수 점검편(한국미쓰비시 전기오토메이션)

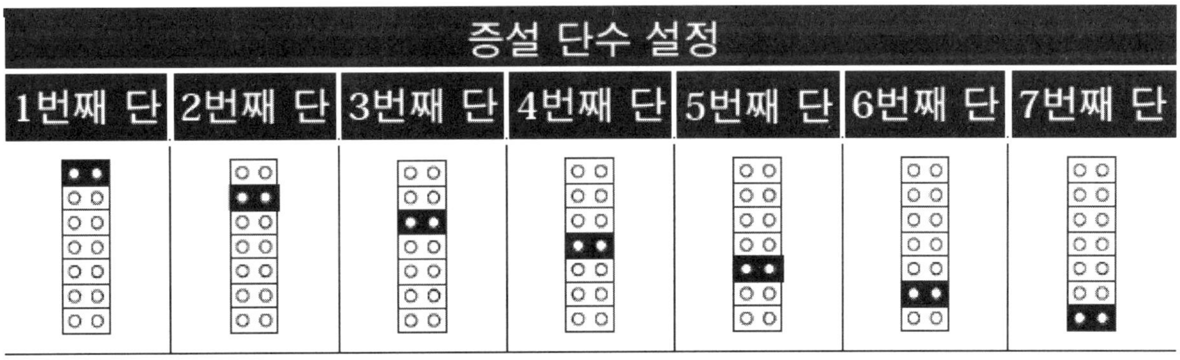

그림 1-9 증설 단수 설정

출처 : QCPU 사용자메뉴얼_하드웨어 설계·보수 점검편(한국미쓰비시 전기오토메이션)

증설모듈의 경우 단수 설정을 위한 점퍼가 있으며, 단수에 맞게 점퍼를 설정해야 한다.

3 전원모듈

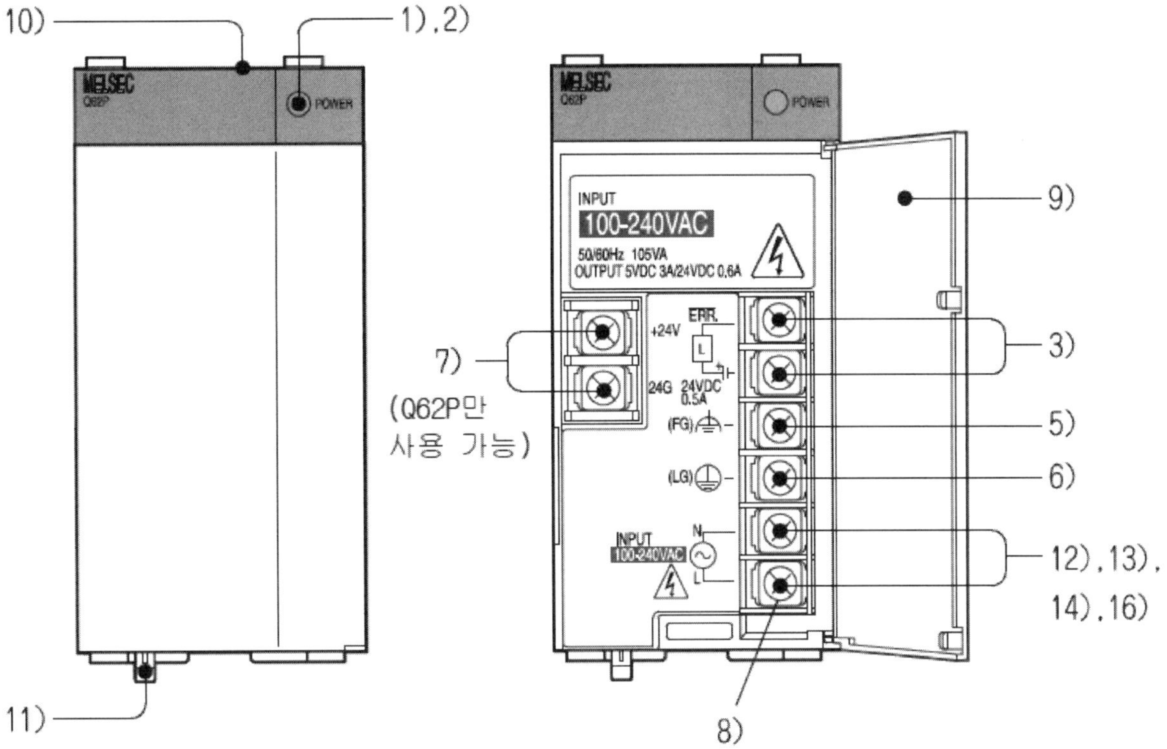

그림 1-10 전원 모듈의 각부 명칭

출처 : QCPU 사용자메뉴얼_하드웨어 설계·보수 점검편(한국미쓰비시 전기오토메이션)

전원모듈은 외부 AC100~240V 전원을 입력받아 내부에 5V 전원을 공급하기 위해 사용된다. 모델에 따라 입력 및 출력사양은 각기 다르며, 실습에 사용되는 Q61P 모델의 경우 입력전압은 AC100~240V이며, 출력사양은 DC5V, 6A이다.

그림 1-11 전원모듈 외형

명칭	용도
POWER LED	점등 (녹색) : 정상(DC5V 출력, 20ms 이내의 순간 정전시) 소등 : · AC 전원은 입력되고 있지만 전원 모듈의 고장상태 (DC5V 이상, 과부하, 내부회로 고장, 퓨즈 단선 시) · AC 전원 차단 · 정전(20ms 이상의 순간 정전 시 포함)
$\overline{ERR}$ 단자	· 시스템이 정상적으로 기동되었을 때 ON 한다. · AC 전원 차단 시, CPU 모듈정지 에러(리셋 시 포함) 발생 시, 퓨즈 단선 시 OFF(개방) 한다. · 멀티 CPU 시스템 구성 시는 1대라도정지 에러가 발생하면 OFF 한다. 증설 베이스 모듈에 장착한 경우 항시 OFF 한다.
FG 단자	프린트 기판상의 실드 패턴과 접속된 접지 단자
LG 단자	전원 필터의 접지. AC 입력(Q61P-A1, Q61P-A2, Q61P, Q62P, Q64P, Q61SP)의 경우, 입력 전압의 1/2의 전위를 가지고 있다.

접지단자 LG, FG는 반드시 D종 접지(제3종 접지[1]) 이상으로 접지해야 한다. INPUT 단자는 전원의 입력단자로 AC100V ~ AC200V의 교류 전원을 접속한다.

1) 접지저항 100[Ω]이하, 최소 사용가능한 접지선의 규격은 공칭단면적 2.5 ㎟ 이상의 연동선

4 CPU 모듈

[1] 외형

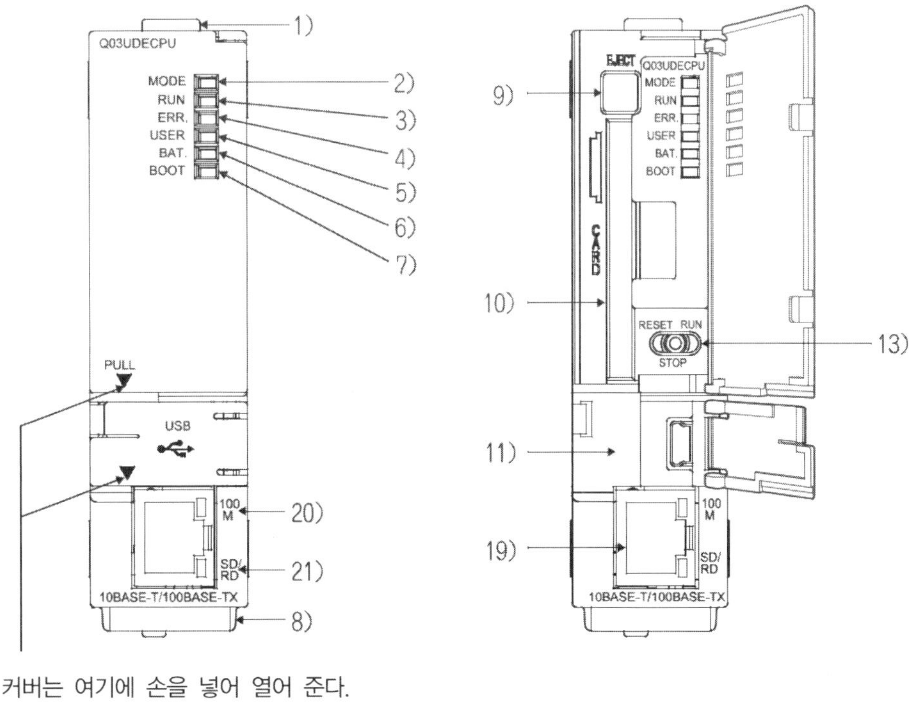

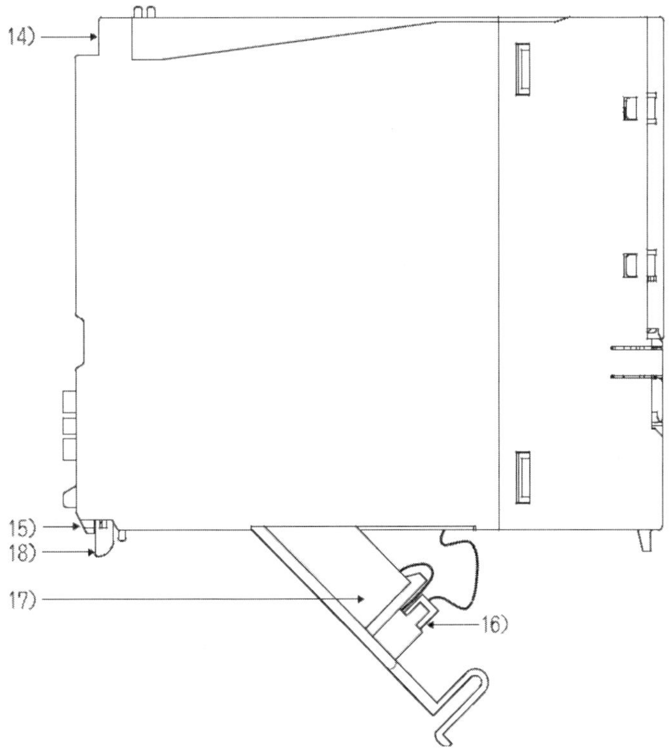

그림 1-12 Q03UDE 모델의 외형

No.	명칭	용도
1	모듈 고정용 훅	모듈을 베이스 모듈에 고정하는 훅.(원터치 설치)
2	"MODE" LED	CPU 모듈의 모드를 나타낸다. 점등 : Q 모드 점멸 : 실행 조건부 디바이스 테스트 시. 외부 입출력 강제 ON/OFF 기능 실행 시. 메모리 카드에 의한 CPU 모듈 교환 기능 실행 시.
3	"RUN" LED	CPU 모듈의 동작 상태를 나타낸다. 점등 : RUN/STOP/RESET 스위치가 "RUN"으로 운전 중일 때. 소등 : RUN/STOP/RESET 스위치가 "STOP"으로 정지 중일 때. 운전을 정지하는 에러 검출 시. 점멸 : RUN/STOP/RESET 스위치가 "STOP"일 때 파라미터/프로그램을 쓴 후 RUN/STOP/RESET 스위치를 "STOP"→"RUN" 하였을 때. 프로그램을 쓴 후에 "RUN" LED를 점등시키기 위해서는 다음과 같이 조작한다. · RUN/STOP/RESET 스위치를 "RUN"→"STOP"→"RUN" 한다. · RUN/STOP/RESET 스위치로 리셋한다. · PLC의 전원을 재기동한다. 파라미터를 쓴 후에 "RUN" LED를 점등시키기 위해서는 다음과 같이 조작한다. · RUN/STOP/RESET 스위치로 리셋한다. PLC의 전원을 재기동한다. (파라미터를 변경 후 RUN/STOP/RESET 스위치를 "RUN"→"STOP"→"RUN" 한 경우, 네트워크 파라미터 및 인텔리전트 기능 모듈 파라미터는 반영되지 않는다.)
4	"ERR." LED	점등 : 배터리 에러를 제외한 운전을 정지하지 않는 자기 진단 에러 검출 시. (파라미터 설정에서 에러 검출 시 운전 속행으로 설정하였을 때.) 소등 : 정상 점멸 : 운전을 정지하는 에러 검출 시. RUN/STOP/RESET 스위치에 의한 리셋이 유효하게 되었을 때.
5	"USER" LED	점등 : 어넌시에이터(F)가 ON되었을 때. 소등 : 정상
6	"BAT." LED	노랑 점등 : 메모리 카드의 배터리의 전압 저하에 의해 배터리 에러가 발생하였을 때. 노랑 점멸 : CPU 모듈 본체의 배터리의 전압 저하에 의해 배터리 에러가 발생하였을 때. 녹색 점등 : 표준 ROM에 대한 래치 데이터 백업에서 백업한 데이터의 복구 완료 후 5초간 점등한다. 녹색 점멸 : 표준 ROM에 대한 래치 데이터 백업에서 표준 ROM에 대한 백업이 완료 되었을 때. 소등 : 정상
7	"BOOT" LED	점등 : 부트 운전을 시작하였을 때. 소등 : 부트 운전을 실행하고 있지 않을 때.

No.	명칭	용도
8	시리얼 No. 표시판	정격 명판의 시리얼 No.를 표시한다.
9	메모리 카드 EJECT 버튼	메모리 카드를 CPU 모듈에서 분리할 때 사용한다.
10	메모리 카드 장착용 커넥터	CPU 모듈에 메모리 카드를 장착하는 커넥터.
11	USB 커넥터 * 1	USB 대응 주변기기와 접속하기 위한 커넥터. (커넥터 타입 miniB) USB 전용 케이블로 접속 가능.
13	RUN/STOP/RESET 스위치	RUN : 시퀀스 프로그램의 연산 실행. STOP : 시퀀스 프로그램의 연산 정지. RESET : 하드웨어 리셋, 연산 이상 시의 리셋과 연산의 초기화 등을 실행한다.(RESET"측으로 1초간 이상 조작, ERR 점멸 시 리셋 됨)
14	모듈 고정 나사 구멍	베이스 모듈에 고정하기 위한 나사용 구멍.
15	모듈 고정용 고리	베이스 모듈에 고정하기 위한 고리.
16	배터리 커넥터 핀	배터리의 리드선 접속용. (배터리의 소모를 방지하기 위하여 출하 시는 리드선을 커넥터에서 분리한다.)
17	배터리	표준 RAM, 정전 유지 기능을 사용하는 경우의 백업용 배터리.
18	모듈 장착용 레버	베이스 모듈에 모듈을 장착하는 경우에 사용한다.
19	Ethernet 커넥터	Ethernet 대응 기기와 접속하기 위한 커넥터(RJ-45 커넥터).
20	100M LED	점등 : 100Mbps로 접속되어 있다. 소등 : 100Mbps로 접속되어 있지 않거나 10Mbps로 접속 중.
21	SD/RD LED	점등 : 데이터를 송수신하고 있다. 소등 : 데이터를 송수신하고 있지 않다.

[2] 성능사양

항목			유니버설 모델 QCPU				
			Q03UDCPU	Q04UDHCPU	Q06UDHCPU	Q10UDHCPU	Q13UDHCPU
			Q03UDECPU	Q04UDEHCPU	Q06UDEHCPU	Q10UDEHCPU	Q13UDEHCPU
제어 방식			Stored program 반복 연산				
입출력 제어 방식			리프레시 방식 (다이렉트 액세스 입출력(DX □, DY □)의 지정에 의해 다이렉트 액세스 입출력 가능)				
프로그램 언어	시퀀스 제어 언어		릴레이 심볼어, 논리 심볼어, MELSAP3(SFC), MELSAP-L, 펑션 블록, 스트럭처드 텍스트(ST)				
	프로세스 제어 언어		—				
처리 속도 (시퀀스 명령)	LD X0		20ns	9.5ns			
	MOV D0 D1		40ns	19ns			
처리 속도 (이중화 기능)	트래킹 실행 시간 (스캔 타임 지연 시간)		—				
콘스턴트 스캔 (스캔 타임을 일정하게 하는 기능)			0.5 ~ 2000ms(0.5ms 단위로 설정 가능) (파라미터에서 설정)				
프로그램 용량 * 1, * 2			30k스텝 (120KB)	40k스텝 (160KB)	60k스텝 (240KB)	100k스텝 (400KB)	130k스텝 (520KB)
메모리 용량 * 1	프로그램 메모리 (드라이브 0)		120KB	160KB	240KB	400KB	520KB
	메모리 카드(RAM) (드라이브 1)		장착 메모리 카드 용량분 (최대 8MB)				
	메모리 카드(ROM) (드라이브 2)		장착 메모리 카드 용량분 (Flash 카드 : 최대 4MB, ATA 카드 : 최대 32MB)				
	표준 RAM (드라이브 3)		192KB	256KB	768KB	1024KB	
	표준 ROM (드라이브 4)		1024KB			2048KB	
	CPU 공유 메모리 * 3	QCPU 표준 영역	8KB				
		멀티 CPU 간 고속 통신 영역	32KB				

출처 : QCPU 사용자메뉴얼_하드웨어 설계·보수 점검편(한국미쓰비시 전기오토메이션)

CPU의 성능은 처리속도로 확인할 수 있다. Q03UDE 모델의 경우 LD 명령을 수행하는데 있어 20ns가 소요되며, 그보다 상위 사양은 9.5ns가 소요되어 더 좋은 성능을 갖고 있다. 그 외에도 상위 기종으로 갈수록 프로그램 용량과 메모리 용량이 증가되는 것을 확인할 수 있다. 제어 방식은 Stored program 반복 연산 방식으로 입출력데이터를 리프레시하고 이를 저장된 프로그램에 반영하여 연산한 후 다시 입출력 리프레시를 실시한다. 이렇게 입출력리프레시와 연산을 수행하는데 소요된 시간을 1스캔타임이라 한다. 프로그램 지원 언어는 LD, ST, SFC 언어 등을 지원한다. 기본적으로 프로그램 메모리를 갖고 있기 때문에 별도의 메모리 카드를 준비하지 않아도 프로그램을 작성하여 다운로드할 수 있으나, 메모리가 부족할 경우에는 필요한 메모리를 추가할 수 있다. PLC 운전중 외부 메모리의 교환은 가능하나, 특수 릴레이(SM600 등)를 활용하여야 하므로 가급적 전원을 OFF한 후에 교환하는 것이 바람직하다.

항목			유니버설 모델 QCPU				
			Q03UDCPU	Q04UDHCPU	Q06UDHCPU	Q10UDHCPU	Q13UDHCPU
			Q03UDECPU	Q04UDEHCPU	Q06UDEHCPU	Q10UDEHCPU	Q13UDEHCPU
최대 저장 파일 개수	프로그램 메모리		124 * 4			252 * 4	
	메모리 카드(RAM)		319(Q3MEM-8MBS 사용 시)				
	메모리 카드 (ROM)	Flash 카드	288				
		ATA 카드	511				
	표준 RAM		4(파일 레지스터, 로컬 디바이스, 샘플링 트레이스 파일, 모듈 에러 이력용 파일 각 1개씩만)				
	표준 ROM		256				
인텔리전트 기능 모듈 파라미터 최대 설정 개수		초기 설정	4096				
		리프레시	2048				
프로그램 메모리의 쓰기 횟수			최대 10만회 * 5				
표준 ROM의 쓰기 횟수			최대 10만회 * 6				
입출력 디바이스 점수(프로그램상에서의 사용 가능 점수)			8192점(X/Y0 ~ 1FFF)				
입출력 점수(실제 입출력 모듈과의 액세스 가능 점수)			4096점(X/Y0 ~ FFF)				
디바이스 점수	내부 릴레이 [M] * 7		디폴트 8192점(M0 ~ 8191)(변경 가능)				
	래치 릴레이 [L] * 7		디폴트 8192점(L0 ~ 8191)(변경 가능)				
	링크 릴레이 [B] * 7		디폴트 8192점(B0 ~ 1FFF)(변경 가능)				
	타이머[T] * 7		디폴트 2048점(T0 ~ 2047)(변경 가능)(저속 타이머/고속 타이머 공용) 저속 타이머/고속 타이머는 명령으로 지정 저속 타이머/고속 타이머의 계측 단위는 파라미터에서 설정 (저속 타이머 : 1 ~ 1000ms, 1ms 단위, 디폴트 100ms) (고속 타이머 : 0.01 ~ 100ms, 0.01ms 단위, 디폴트 10.00ms)				
	적산 타이머[ST] * 7		디폴트 0점(저속 적산 타이머/고속 적산 타이머 공용)(변경 가능) 저속 적산 타이머/고속 적산 타이머는 명령으로 지정 저속 적산 타이머/고속 적산 타이머의 계측 단위는 파라미터에서 설정 (저속 적산 타이머 : 1 ~ 1000ms, 1ms 단위, 디폴트 100ms) (고속 적산 타이머 : 0.01 ~ 100ms, 0.01ms 단위, 디폴트 10.00ms)				
	카운터[C] * 7		일반 카운터 디폴트 1024점(C0 ~ 1023)(변경 가능)				
	데이터 레지스터[D] * 7		디폴트 12288점(D0 ~ 12287)(변경 가능)				
	확장 데이터 레지스터[D]		디폴트 0점(변경 가능)				
	링크 레지스터[W] * 7		디폴트 8192점(W0 ~ 1FFF)(변경 가능)				
	확장 링크 레지스터[W]		디폴트 0점(변경 가능)				
	어넌시에이터[F] * 7		디폴트 2048점(F0 ~ 2047)(변경 가능)				
	에지 릴레이 [V] * 7		디폴트 2048점(V0 ~ 2047)(변경 가능)				

출처 : QCPU 사용자매뉴얼_하드웨어 설계·보수 점검(한국미쓰비시 전기오토메이션, 2014)

디바이스 점수는 프로그램 개발툴인 Gx-Works2에서 설정이 가능하다. 입출력 디바이스(X, Y) 점수는 기본적으로 8192점(실제 입출력모듈 액세스 가능 점수는 4096점, 나머지는 통신모듈 등의 입출력 점수로 사용 가능)으로 설정되어 있으며, 내부 릴레이는 8192점으로 설정되어 있다. 정전 유지용 릴레이인 래치 릴레이도 8192점으로 설정되어 있다. 링크릴레이는 통신에 사용되는 비트 메모리이며, 타이머의 경우 저속, 고속, 적산 타이머로 나뉜다. 카운터의 경우 16비트 메모리로 구성되어 있기 때문에 최대 개수가 32,767이며, 데이터 레지스터 또한 16비트 메모리로 구성되어 있다. 이외에도 고장개소를 쉽게 파악할 수 있도록 어넌시에이터 디바이스 등을 지원한다.

<table>
<tr><th colspan="4" rowspan="3">항목</th><th colspan="5">유니버설 모델 QCPU</th></tr>
<tr><th>Q03UDCPU</th><th>Q04UDHCPU</th><th>Q06UDHCPU</th><th>Q10UDHCPU</th><th>Q13UDHCPU</th></tr>
<tr><th>Q03UDECPU</th><th>Q04UDEHCPU</th><th>Q06UDEHCPU</th><th>Q10UDEHCPU</th><th>Q13UDEHCPU</th></tr>
<tr><td rowspan="21">디바이스 점수</td><td colspan="3">링크 특수 릴레이 [SB] *7</td><td colspan="5">디폴트 2048점(SB0 ~ 7FF)(변경 가능)</td></tr>
<tr><td colspan="3">링크 특수 레지스터[SW] *7</td><td colspan="5">디폴트 2048점(SW0 ~ 7FF)(변경 가능)</td></tr>
<tr><td rowspan="8">파일 레지스터 *8</td><td rowspan="8">[R]
[ZR]</td><td></td><td colspan="5">R : 32768점(R0 ~ 32767)단위로 블록 전환에 의해 아래 점수 사용 가능.
ZR : 블록 전환 불필요하고 아래 점수 사용 가능.</td></tr>
<tr><td>표준 RAM</td><td>98304점</td><td>131072점</td><td>393216점</td><td colspan="2">524288점</td></tr>
<tr><td>SRAM 카드 (1MB)</td><td colspan="5">517120점</td></tr>
<tr><td>SRAM 카드 (2MB)</td><td colspan="5">1041408점</td></tr>
<tr><td>SRAM 카드 (4MB)</td><td colspan="5">2087936점</td></tr>
<tr><td>SRAM 카드 (8MB)</td><td colspan="5">4184064점</td></tr>
<tr><td>Flash 카드 (2MB)</td><td colspan="5">1041408점</td></tr>
<tr><td>Flash 카드 (4MB)</td><td colspan="5">2087936점</td></tr>
<tr><td colspan="3">스텝 릴레이 [S] *9</td><td colspan="5">8192점(S0 ~ 8191)(디바이스 점수는 고정) *10 *16</td></tr>
<tr><td colspan="3">인덱스 레지스터/
범용 연산 레지스터[Z]</td><td colspan="5">최대 20점(Z0 ~ 19)</td></tr>
<tr><td colspan="3">인덱스 레지스터[Z] (ZR 디바이스의 32비트 수식 지정 시)</td><td colspan="5">최대 10점(Z0 ~ 18)
(인덱스 레지스터(Z)를 더블 워드로 사용)</td></tr>
<tr><td colspan="3">포인터[P]</td><td colspan="5">4096점(P0 ~ 4095), 파라미터에 의해
로컬 포인터/공통 포인터의 사용 범위 설정 가능</td></tr>
<tr><td colspan="3">인터럽트 포인터[I]</td><td colspan="5">256점(I0 ~ 255)
파라미터에 의해 시스템 인터럽트 포인터 I28 ~ 31의 고정 스캔 간격 설정 가능
(0.5 ~ 1000ms, 0.5ms 단위)
디폴트 I28 : 100ms I29 : 40ms I30 : 20ms I31 : 10ms</td></tr>
<tr><td colspan="3">특수 릴레이 [SM]</td><td colspan="5">2048점(SM0 ~ 2047)(디바이스 점수는 고정)</td></tr>
<tr><td colspan="3">특수 레지스터[SD]</td><td colspan="5">2048점(SD0 ~ 2047)(디바이스 점수는 고정)</td></tr>
<tr><td colspan="3">펑션 입력[FX]</td><td colspan="5">16점(FX0 ~ F) (디바이스 점수는 고정)</td></tr>
<tr><td colspan="3">펑션 출력[FY]</td><td colspan="5">16점(FY0 ~ F) (디바이스 점수는 고정)</td></tr>
<tr><td colspan="3">펑션 레지스터[FD]</td><td colspan="5">5점(FD0 ~ 4)(디바이스 점수는 고정)</td></tr>
<tr><td colspan="4">링크 다이렉트 디바이스</td><td colspan="5">링크 디바이스를 직접 액세스하는 디바이스
CC-Link IE, MELSECNET/H 전용
지정 형식 : J □□₩X □□, J □□₩Y □□, J □□₩W □□, J □□₩B □□,
J □□₩SW □□, J □□₩SB □□</td></tr>
<tr><td colspan="4">인텔리전트 기능 모듈 디바이스</td><td colspan="5">인텔리전트 기능 모듈의 버퍼메모리를 직접 액세스하는 디바이스
지정 형식 : U □□₩G □□</td></tr>
<tr><td rowspan="7">CPU 내장 Ethernet 포트의 사양*11</td><td colspan="3">데이터 전송 속도</td><td colspan="5">100/10Mbps</td></tr>
<tr><td colspan="3">통신 모드</td><td colspan="5">전이중/반이중</td></tr>
<tr><td colspan="3">전송 방법</td><td colspan="5">베이스밴드</td></tr>
<tr><td colspan="3">허브와 노드 최장 거리</td><td colspan="5">100m</td></tr>
<tr><td rowspan="2">최대 노드수/ 접속</td><td colspan="2">10BASE-T</td><td colspan="5">캐스케이드 접속 최대 4 단*17</td></tr>
<tr><td colspan="2">100BASE-TX</td><td colspan="5">캐스케이드 접속 최대 2 단*17</td></tr>
<tr><td colspan="3">커넥션수*12</td><td colspan="5">소켓 통신, MELSOFT 접속과 MC 프로토콜의 합계 16개, FTP용 1개</td></tr>
<tr><td colspan="4">래치(정전 유지) 범위</td><td colspan="5">L0 ~ 8191(디폴트 8192점)
(B, F, V, T, ST, C, D, W에 대해 래치 범위 설정 가능)(파라미터에서 설정)</td></tr>
<tr><td colspan="4">RUN/PAUSE 접점</td><td colspan="5">X0 ~ 1FFF 중에서 RUN/PAUSE 접점 각 1점 설정 가능(파라미터에서 설정)</td></tr>
<tr><td colspan="4">시계 기능</td><td colspan="5">년, 월, 일, 시, 분, 초, 요일(윤년 자동 판정)
정밀도 -2.96 ~ +3.74s (TYP. +1.42s)/d at 0℃
정밀도 -3.18 ~ +3.74s (TYP. + 1.50s)/d at 25℃
정밀도 -13.20 ~ +2.12s (TYP. -3.54s)/d at 55℃</td></tr>
<tr><td colspan="4">허용 순간 정전 시간</td><td colspan="5">전원 모듈에 따름</td></tr>
<tr><td colspan="4">DC5V 내부 소비 전류</td><td>0.33A *13</td><td colspan="4">0.39A *14</td></tr>
</table>

출처 : QCPU 사용자매뉴얼_하드웨어 설계·보수 점검편(한국미쓰비시 전기오토메이션, 2014)

5 입력모듈의 선정

[1] QX40 DC Input Module (Positive Common Type)

Specifications \ Type		DC input module (Positive common type)	
		QX40	Appearance
Number of input points		16 points	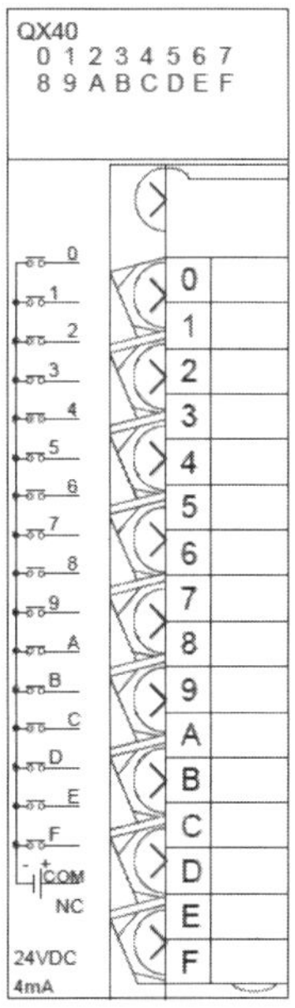
Isolation method		Photocoupler	
Rated input voltage		24VDC (+20/-15%, ripple ratio within 5%)	
Rated input current		Approx. 4mA	
Input derating		No	
ON voltage/ON current		19V or higher/3mA or higher	
OFF voltage/OFF current		11V or lower/1.7mA or lower	
Input impedance		Approx. 5.6kΩ	
Response time	OFF to ON	1ms/5ms/10ms/20ms/70ms or less (configured in PLC parameter) ＊1 (Default: 10ms)	
	ON to OFF	1ms/5ms/10ms/20ms/70ms or less (configured in PLC parameter) ＊1 (Default: 10ms)	
Dielectric withstand voltage		560VAC rms/3 cycles (altitude 2000m)	
Insulation resistance		10MΩ or more by insulation resistance tester	
Noise immunity		By noise simulator of 500Vp-p noise voltage, 1 μs noise width and 25 to 60Hz noise frequency	
		First transient noise IEC61000-4-4: 1kV	
Protection degree		IP2X	
Common terminal arrangement		16 points/common (common terminal: TB17)	
Number of occupied I/O points		16 points (I/O assignment is set as a 16-point input module.)	
Operation indicator		ON indication (LED)	
External connections		18-point terminal block (M3×6 screws)	
Applicable wire size		0.3 to 0.75mm^2 core (2.8mm OD max.)	
Applicable crimping terminal		R1.25-3 (Sleeved crimping terminals cannot be used.)	
Internal current consumption (5VDC)		50mA (TYP. all points ON)	
Weight		0.16kg	

External connection	Terminal block No.	Signal name
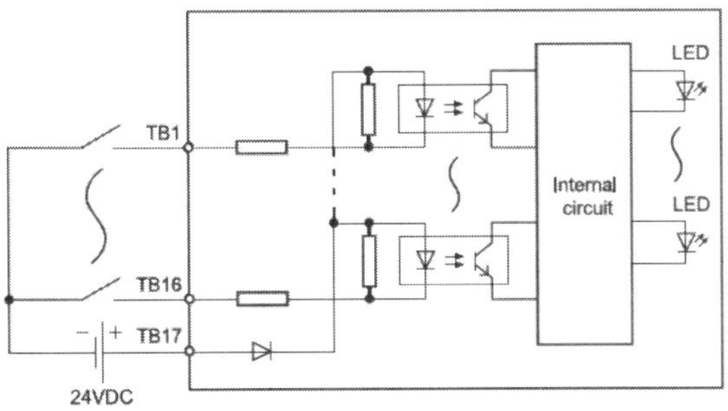	TB1	X00
	TB2	X01
	TB3	X02
	TB4	X03
	TB5	X04
	TB6	X05
	TB7	X06
	TB8	X07
	TB9	X08
	TB10	X09
	TB11	X0A
	TB12	X0B
	TB13	X0C
	TB14	X0D
	TB15	X0E
	TB16	X0F
	TB17	COM
	TB18	Vacant

그림 1-13 QX40 DC Input Module(Positive Common Type)

출처 : I/O Module Type Building Block User's Manual(Mitsubishi Electric Corporation, 2018)

QX40모듈은 Positive common type모듈이다. 입력모듈의 common 단자 TB17번에 +24V를 연결함을 의미한다. 3선식 센서 중에는 NPN 타입의 센서를 연결해서 사용할 수 있다.

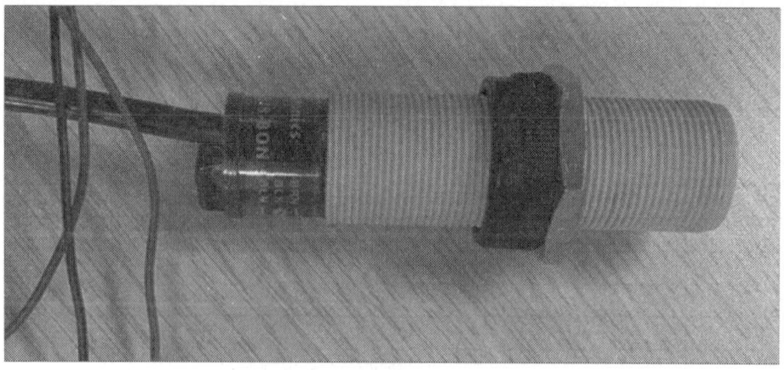

그림 1-14 오토닉스 PR18-8DN 정전용량형 센서(NPN타입)

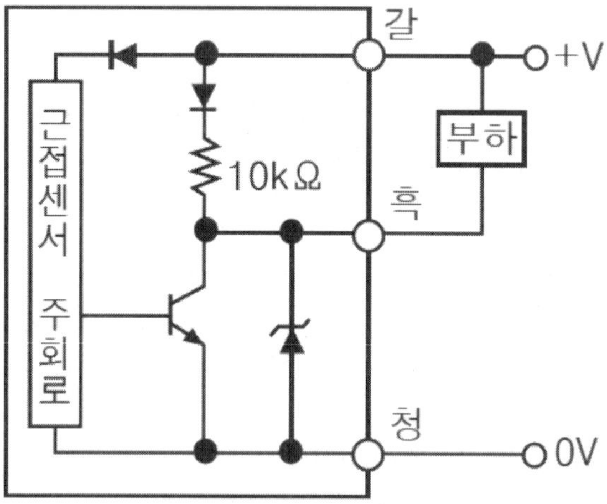

그림 1-15 PR18-8DN 내부 회로 및 외부 결선예시

출처 : 오토닉스 PR18-8DN 취급설명서

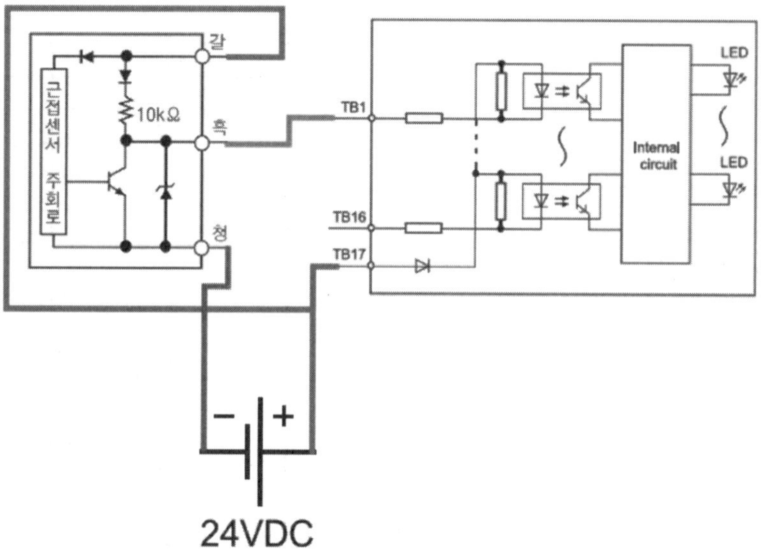

그림 1-16 PLC 입력모듈과의 배선 예

PLC 입력모듈의 내부는 포토커플러로 구성되어 있고, 이중 LED는 전류가 한쪽 방향으로만 흐르기 때문에 센서를 연결할 때 방향을 고려하여 연결 하여야 한다. 즉 NPN센서의 경우 '흑'색 단자에 전류가 흘러 들어가야 하므로(내부의 NPN Transistor, 이하 NPN TR) 입력모듈은 Positive Common Type을 사용해야 한다.

[2] QX80 DC Input Module (Negative Common Type)

Specifications \ Type		DC input module (Negative common type) QX80	Appearance
Number of input points		16 points	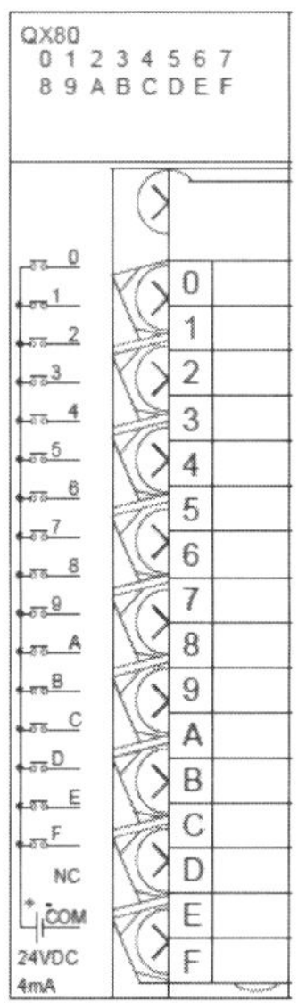
Isolation method		Photocoupler	
Rated input voltage		24VDC (+20/-15%, ripple ratio within 5%)	
Rated input current		Approx. 4mA	
Input derating		No	
ON voltage/ON current		19V or higher/3mA or higher	
OFF voltage/OFF current		11V or lower/1.7mA or lower	
Input impedance		Approx. 5.6kΩ	
Response time	OFF to ON	1ms/5ms/10ms/20ms/70ms or less (configured in PLC parameter) ＊1 (Default: 10ms)	
	ON to OFF	1ms/5ms/10ms/20ms/70ms or less (configured in PLC parameter) ＊1 (Default: 10ms)	
Dielectric withstand voltage		560VAC rms/3 cycles (altitude 2000m)	
Insulation resistance		10MΩ or more by insulation resistance tester	
Noise immunity		By noise simulator of 500Vp-p noise voltage, 1㎲ noise width and 25 to 60Hz noise frequency	
		First transient noise IEC61000-4-4: 1kV	
Protection degree		IP2X	
Common terminal arrangement		16 points/common (common terminal: TB18)	
Number of occupied I/O points		16 points (I/O assignment is set as a 16-point input module.)	
Operation indicator		ON indication (LED)	
External connections		18-point terminal block (M3×6 screws)	
Applicable wire size		0.3 to 0.75mm^2 core (2.8mm OD max.)	
Applicable crimping terminal		R1.25-3 (Sleeved crimping terminals cannot be used.)	
Internal current consumption (5VDC)		50mA (TYP. all points ON)	
Weight		0.16kg	

External connection	Terminal block No.	Signal name
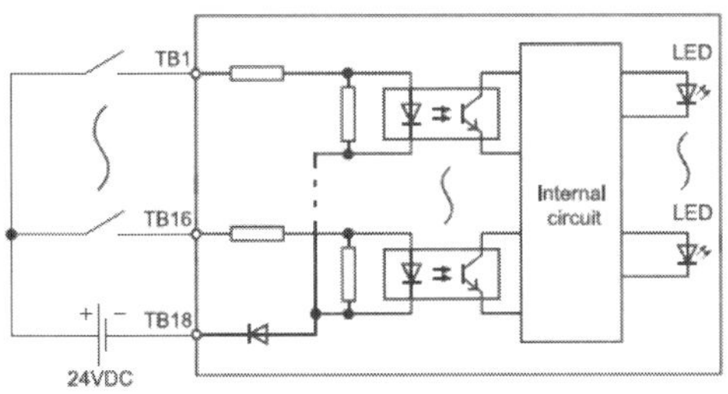	TB1	X00
	TB2	X01
	TB3	X02
	TB4	X03
	TB5	X04
	TB6	X05
	TB7	X06
	TB8	X07
	TB9	X08
	TB10	X09
	TB11	X0A
	TB12	X0B
	TB13	X0C
	TB14	X0D
	TB15	X0E
	TB16	X0F
	TB17	Vacant
	TB18	COM

그림 1-17 QX80 DC Input Module(Negative Common Type)

출처 : I/O Module Type Building Block User's Manual(Mitsubishi Electric Corporation, 2018)

QX40모듈은 Negative common type모듈이다. 즉 이는 입력모듈의 common 단자 TB18번에 0V를 연결함을 의미한다. 3선식 센서중에는 PNP 타입의 센서를 연결해서 사용할 수 있다.

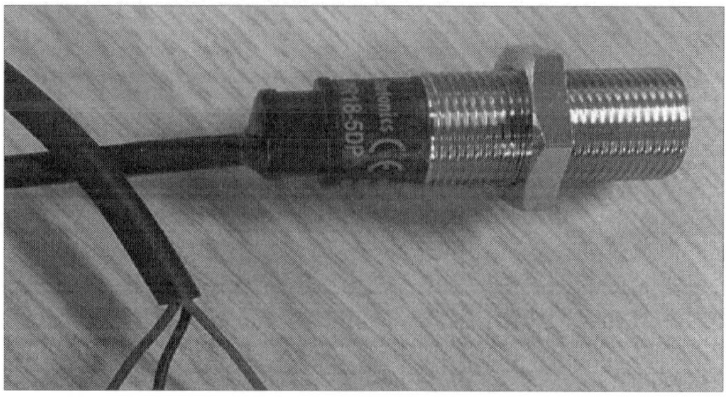

그림 1-18 오토닉스 PR18-5DP 고주파발진형 센서(PNP타입)

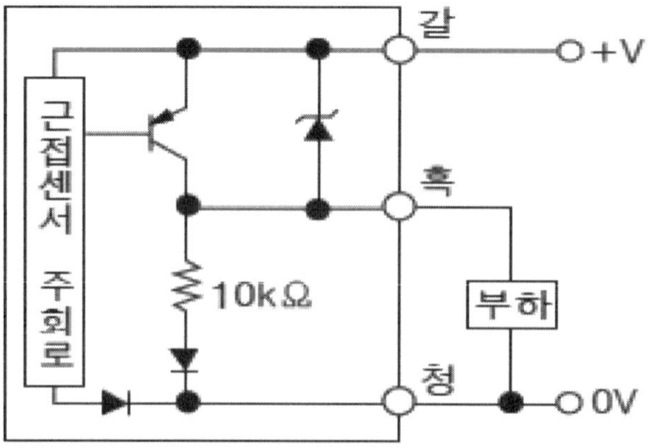

그림 1-19 PR18-5DP 내부 회로 및 외부 결선예시

출처 : 오토닉스 PR18-5DP 취급설명서

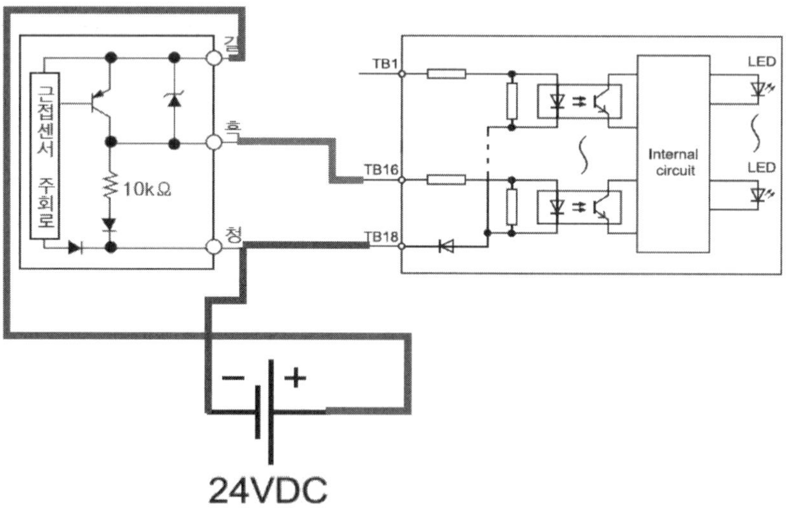

그림 1-20 PLC 입력모듈과의 배선 예

QX80모듈은 Negative Common Type으로 PNP타입의 센서(센서 내부에 PNP TR)를 연결하여 사용할 수 있다.

[3] QX10 AC Input Module

Specifications \ Type	AC input module QX10	Appearance
Number of input points	16 points	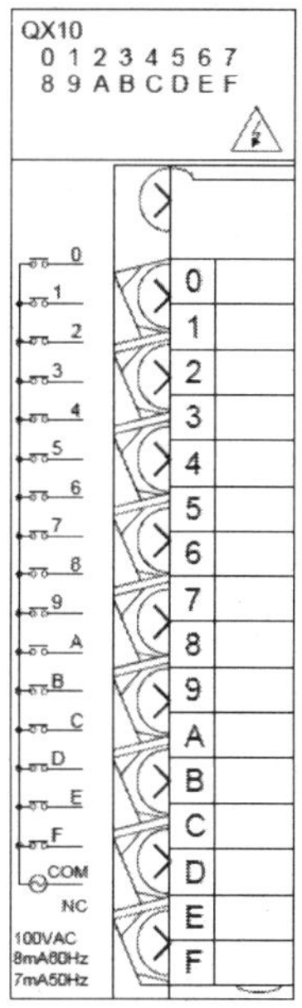
Isolation method	Photocoupler	
Rated input voltage, frequency	100-120VAC (+10/-15%) 50/60Hz (±3Hz)	
Input voltage distortion	Within 5% (Refer to section 1.2)	
Rated input current	Approx. 8mA (100VAC, 60Hz), approx. 7mA (100VAC, 50Hz)	
Input derating	Refer to the derating chart.	
Inrush current	Max. 200mA within 1ms (at 132VAC)	
ON voltage/ON current	80VAC or higher/5mA or higher (50Hz, 60Hz)	
OFF voltage/OFF current	30VAC or lower/1.7mA or lower (50Hz, 60Hz)	
Input impedance	Approx. 12kΩ (60Hz), approx. 15kΩ (50Hz)	
Response time: OFF to ON	15ms or less (100VAC 50Hz, 60Hz)	
Response time: ON to OFF	20ms or less (100VAC 50Hz, 60Hz)	
Dielectric withstand voltage	1780VAC rms/3 cycles (altitude 2000m)	
Insulation resistance	10MΩ or more by insulation resistance tester	
Noise immunity	By noise simulator of 1500Vp-p noise voltage, 1μs noise width and 25 to 60Hz noise frequency	
Noise immunity	First transient noise IEC61000-4-4: 1kV	
Protection degree	IP1X	
Common terminal arrangement	16 points/common (common terminal: TB17)	
Number of occupied I/O points	16 points (I/O assignment is set as a 16-point input module.)	
Operation indicator	ON indication (LED)	
External connections	18-point terminal block (M3 × 6 screws)	
Applicable wire size	0.3 to 0.75mm^2 core (2.8mm OD max.)	
Applicable crimping terminal	R1.25-3 (Sleeved crimping terminals cannot be used.)	
Internal current consumption (5VDC)	50mA (TYP. all points ON)	
Weight	0.17kg	

Derating chart

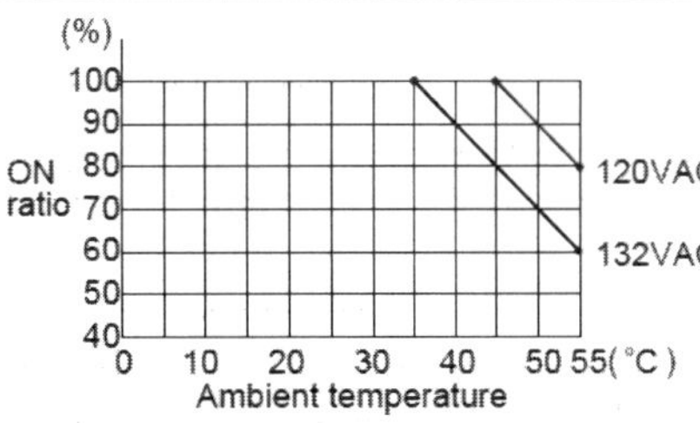

External connection

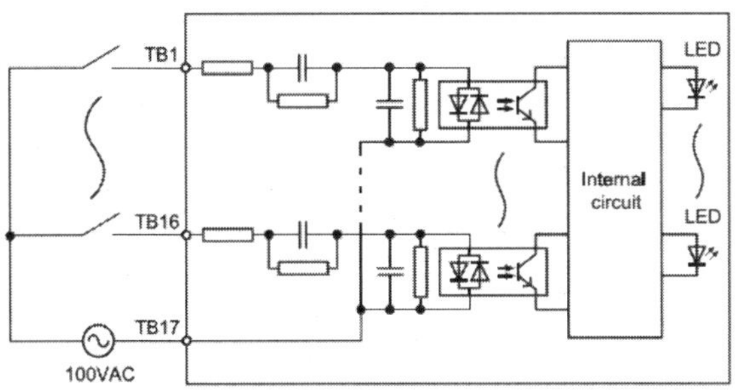

Terminal block No.	Signal name
TB1	X00
TB2	X01
TB3	X02
TB4	X03
TB5	X04
TB6	X05
TB7	X06
TB8	X07
TB9	X08
TB10	X09
TB11	X0A
TB12	X0B
TB13	X0C
TB14	X0D
TB15	X0E
TB16	X0F
TB17	COM
TB18	Vacant

그림 1-21 QX10 AC Input Module

출처 : I/O Module Type Building Block User's Manual(Mitsubishi Electric Corporation, 2018)

QX10 AC Input Module은 AC전원을 사용하는 입력기기를 연결하여 사용할 수 있는 모듈이다.

[4] QX70 DC Input Module(Positive Common/Negative Common Shared Type)

Specifications \ Type		DC input module (Positive/negative shared common type) QX70	
Number of input points		16 points	
Isolation method		Photocoupler	
Rated input voltage		5VDC (+20/-10%, ripple ratio within 5%)	12VDC (+20/-15%, ripple ratio within 5%)
Rated input current		Approx. 1.2mA	Approx. 3.3mA
Input derating		None	
ON voltage/ON current		3.5V or higher/1mA or higher	
OFF voltage/OFF current		1V or lower/0.1mA or lower	
Input resistance		Approx. 3.3kΩ	
Response time	OFF to ON	1ms/5ms/10ms/20ms/70ms or less (configured in PLC parameter) * 1 (Default: 10ms)	
	ON to OFF	1ms/5ms/10ms/20ms/70ms or less (configured in PLC parameter) * 1 (Default: 10ms)	
Dielectric withstand voltage		560VAC rms/3 cycles (altitude 2000m)	
Insulation resistance		10MΩ or more by insulation resistance tester	
Noise immunity		By noise simulator of 500Vp-p noise voltage, 1 μs noise width and 25 to 60Hz noise frequency	
		First transient noise IEC61000-4-4: 1kV	
Protection degree		IP2X	
Common terminal arrangement		16 points/common (common terminal: TB17)	
Number of occupied I/O points		16 points (I/O assignment is set as a 16-point input module.)	
Operation indicator		ON indication (LED)	
External connections		18-point terminal block (M3 × 6 screw)	
Applicable wire size		Core cable: 0.3 to 0.75mm² (Outside diameter: 2.8mm or smaller)	
Applicable crimping terminal		R1.25-3 (Sleeved crimping terminals cannot be used.)	
Internal current consumption (5VDC)		55mA (TYP, all points ON) (0.06A is shown on the rating plate of the module.)	
Weight		0.14kg	

Appearance

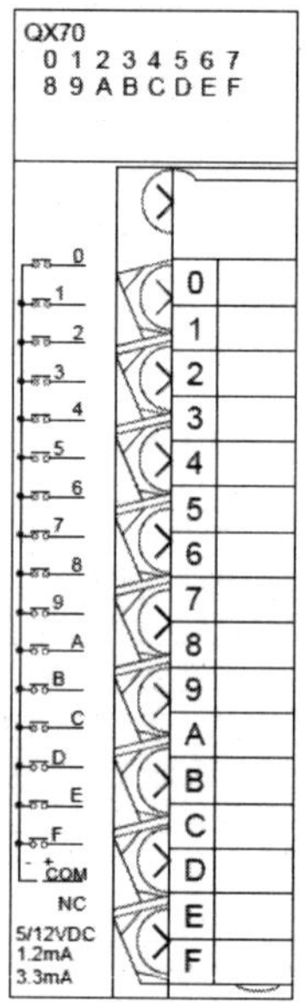

External connection

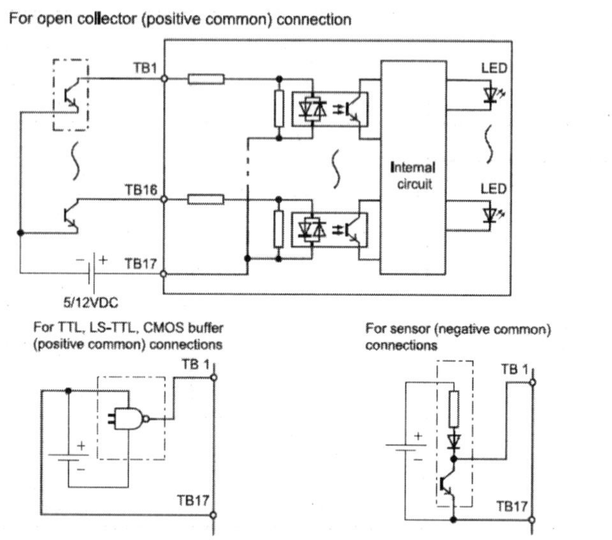

Terminal block No.	Signal name
TB1	X00
TB2	X01
TB3	X02
TB4	X03
TB5	X04
TB6	X05
TB7	X06
TB8	X07
TB9	X08
TB10	X09
TB11	X0A
TB12	X0B
TB13	X0C
TB14	X0D
TB15	X0E
TB16	X0F
TB17	COM
TB18	Vacant

그림 1-22 DC Input Module(Positive Common/Negative Common Shared Type)

출처 : I/O Module Type Building Block User's Manual(Mitsubishi Electric Corporation, 2018)

QX70 모듈은 내부의 포토커플러가 양방향으로 되어 있기 때문에 common 단자에 +24V, 또는 0V 모두 연결하여 사용할 수 있다.

[5] 입력모듈 선정 시 주의 사항

입력모듈을 선정함에 있어 아래와 같은 내용에 주의해야 한다.

① 입력기기 전원타입 : AC 및 DC전원에 대한 구분, common type의 결정

② 필요점수 : 설계단계에서 필요한 입력기기의 점수, 16점, 32점, 64점 모듈 단위로 제공

③ 응답시간

OFF → ON : 1ms/5ms/10ms/20ms/70ms (configured in PLC parameter) 1 (Default: 10ms)

ON → OFF : 1ms/5ms/10ms/20ms/70ms (configured in PLC parameter) 1 (Default: 10ms)

입력신호의 ON/OFF 시간이 1ms 보다 빠른 경우에는 입력모듈을 사용할 수 없다. 이런 경우에는 고속입력모듈 또는 고속 카운터 모듈을 별도로 설치하여 사용해야 한다. 고속 입력모듈의 경우 최대 OFF→ON 0.04ms, ON→OFF 0.04ms를 지원한다.

6 출력모듈의 선정

[1] QY10 Contact Output Module

Specifications \ Type		Contact output module	
		QY10	Appearance
Number of output points		16 points	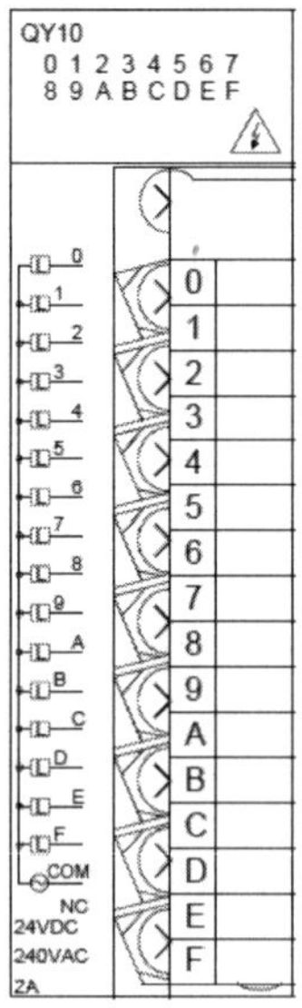
Isolation method		Relay	
Rated switching voltage, current		24VDC 2A (resistive load) 240VAC 2A (cos ϕ =1) /point, 8A/common	
Minimum switching load		5VDC 1mA	
Maximum switching load		264VAC 125VDC	
Response time	OFF to ON	10ms or less	
	ON to OFF	12ms or less	
Life	Mechanical	20 million times or more	
	Electrical	Rated switching voltage/current load More than 100 thousand times or more	
		200VAC 1.5A, 240VAC 1A (COS ϕ =0.7) 100 thousand times or more 200VAC 0.4A, 240VAC 0.3A (COS ϕ =0.7) 300 thousand times or more	
		200VAC 1A, 240VAC 0.5A (COS ϕ =0.35) 100 thousand times or more 200VAC 0.3A, 240VAC 0.15A (COS ϕ =0.35) 300 thousand times or more	
		24VDC 1A, 100VDC 0.1A (L/R=7ms) 100 thousand times or more 24VDC 0.3A, 100VDC 0.03A (L/R=7ms) 300 thousand times or more	
Maximum switching frequency		3600 times/hour	
Surge suppressor		No	
Fuse		No	
Dielectric withstand voltage		2830VAC rms/3 cycles (altitude 2000m (6557.38ft.))	
Insulation resistance		10MΩ or more by insulation resistance tester	
Noise immunity		By noise simulator of 1500Vp-p noise voltage, 1μs noise width and 25 to 60Hz noise frequency	
		First transient noise IEC61000-4-4: 1kV	
Protection degree		IP1X	
Common terminal arrangement		16 points/common (common terminal: TB17)	
Number of occupied I/O points		16 points (I/O assignment is set as a 16-point output module.)	
Operation indicator		ON indication (LED)	
External connections		18-point terminal block (M3×6 screws)	
Applicable wire size		0.3 to 0.75mm^2 core (2.8mm (0.11in.) OD max.)	
Applicable crimping terminal		R1.25-3 (sleeved crimping terminals cannot be used.)	
Internal current consumption (5VDC)		430mA (TYP. all points ON)	
Weight		0.22kg	

External connection	Terminal block No.	Signal name
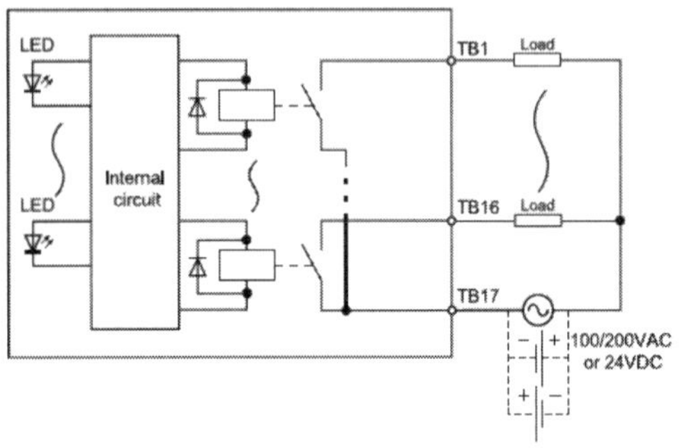	TB1	Y00
	TB2	Y01
	TB3	Y02
	TB4	Y03
	TB5	Y04
	TB6	Y05
	TB7	Y06
	TB8	Y07
	TB9	Y08
	TB10	Y09
	TB11	Y0A
	TB12	Y0B
	TB13	Y0C
	TB14	Y0D
	TB15	Y0E
	TB16	Y0F
	TB17	COM
	TB18	Vacant

그림 1-23 QY10 Contact Output Module

출처 : I/O Module Type Building Block User's Manual(Mitsubishi Electric Corporation, 2018)

QY10는 릴레이 모듈로 AC, DC전원(부하) 모두 사용할 수 있으며, 1개의 접점 당 최대 2A의 부하를 연결하여 사용할 수 있다. 단, common단자의 부하 전류는 최대 8A이기 때문에 주의하여야 한다. 또한 기계적인 접점이기 때문에 OFF→ON→OFF에 최대 22ms가 필요하다.

[2] QY22 TRIAC Output Module

Specifications \ Type		TRIAC output module QY22
Number of output points		16 points
Isolation method		Photocoupler
Rated load voltage		100 to 240VDC 50/60Hz ± 5%
Load voltage distortion rate		Within 5%
Maximum load voltage		264VAC
Maximum load current		0.6A/point, 4.8A/common
Minimum load voltage/current		24VAC 100mA, 100VAC 25mA, 240VAC 25mA
Maximum rush current		20A/cycle or less
Leakage current at OFF		3mA or lower (for 240V, 60Hz), 1.5mA or lower (for 120V, 60Hz)
Maximum voltage drop at ON		1.5V or lower
Response time	OFF to ON	1ms or less
	ON to OFF	1ms + 0.5 cycles or less (rated load, resistance load)
Surge suppressor		CR absorber
Fuse		None (Attaching a fuse to each external wiring is recommended. Refer to Section 1.2)
Dielectric maximum voltage		2830VAC rms/3 cycles (altitude 2000m)
Insulation resistance		10MΩ or higher by insulation resistance meter
Noise immunity		By noise simulator of 1.5kVp-p noise voltage, 1 μs noise width and 25 to 60Hz noise frequency
		First transient noise IEC61000-4-4: 1kV
Protection degree		IP1X
Common terminal arrangement		16 points/common (common terminal: TB17)
Number of occupied I/O points		16 points (I/O assignment is set as a 16-point output module.)
Operation indicator		ON indication (LED)
External connections		18-point terminal block (M3 × 6 screws)
Applicable wire size		Core cable: 0.3 to 0.75mm^2 (Outside diameter: 2.8mm or smaller)
Applicable connector terminal		R1.25-3 (Terminals with sleeve cannot be used)
Internal current consumption (5VDC)		250mA (Max., all points ON)
Weight		0.40kg

Appearance

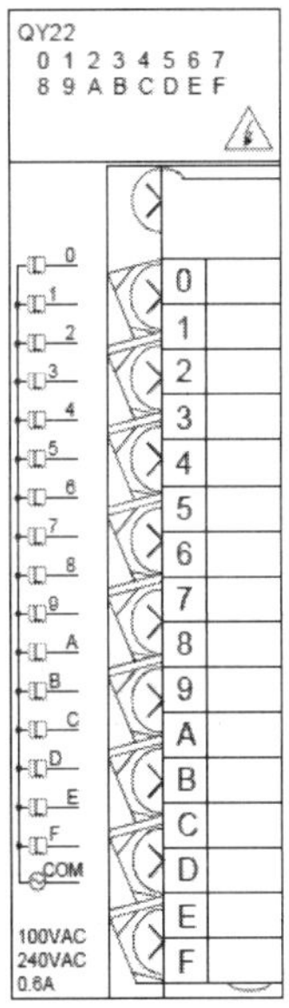

External connection

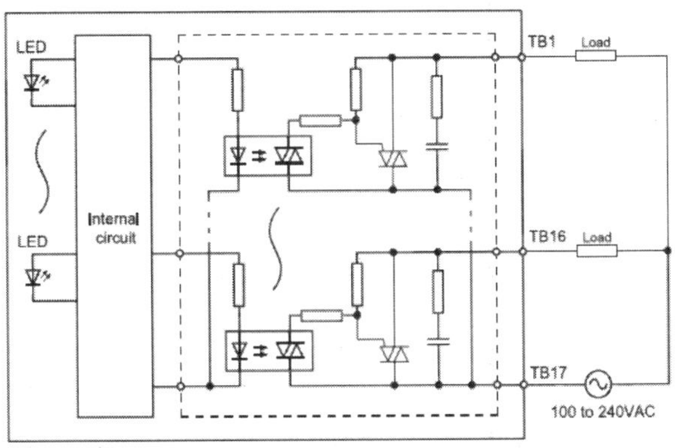

Terminal block No.	Signal name
TB1	Y00
TB2	Y01
TB3	Y02
TB4	Y03
TB5	Y04
TB6	Y05
TB7	Y06
TB8	Y07
TB9	Y08
TB10	Y09
TB11	Y0A
TB12	Y0B
TB13	Y0C
TB14	Y0D
TB15	Y0E
TB16	Y0F
TB17	COM
TB18	Vacant

그림 1-24 QY22 TRIAC Output Module

출처 : I/O Module Type Building Block User's Manual(Mitsubishi Electric Corporation, 2018)

QY22는 내부의 접점을 반도체 소자인 TRIAC을 사용하였으며, 이로 인해 OFF→ON→OFF 시간이약 2ms로 대폭 줄여 빠른 ON/OFF를 처리할 수 있는 장점이 있다. 단 반도체 소자로 만들어졌기 때문에 접점당 최대 0.6A의 부하전류를 갖으며 AC 100~240V 용으로 사용할 수 있다.

[3] QY40P Transistor Output Module (Sink Type)

Specifications \ Type		Transistor output module (Sink type) QY40P
Number of output points		16 points
Isolation method		Photocoupler
Rated load voltage		12-24VDC (+20/-15%)
Maximum load current		0.1A/point, 1.6A/common
Maximum inrush current		0.7A, 10ms or less
Leakage current at OFF		0.1mA or less
Maximum voltage drop at ON		0.1VDC (TYP.) 0.1A, 0.2VDC (MAX.) 0.1A
Response time	OFF to ON	1ms or less
	ON to OFF	1ms or less (rated load, resistive load)
Surge suppressor		Zener diode
Fuse		No
External supply power	Voltage	12-24VDC (+20/-15%) (ripple ratio within 5%)
	Current	MAX. 10mA (when 24VDC and all points are ON)
Dielectric withstand voltage		560VAC rms/3 cycles (altitude 2000m)
Insulation resistance		10MΩ or more by insulation resistance tester
Noise immunity		By noise simulator of 500Vp-p noise voltage, 1 μs noise width and 25 to 60Hz noise frequency
		First transient noise IEC61000-4-4: 1kV
Protection degree		IP2X
Common terminal arrangement		16 points/common (common terminal: TB18)
Number of occupied I/O points		16 points (I/O assignment is set as a 16-point output module.)
Protection function		Yes (overload protection function, overheat protection function) • Overheat protection function is activated in increments of 1 point. • Overload protection function is activated in increments of 1 point.
Operation indicator		ON indication (LED)
External connections		18-point terminal block (M3×6 screws)
Applicable wire size		0.3 to 0.75mm² core (2.8mm OD max.)
Applicable crimping terminal		R1.25-3 (Sleeved crimping terminals cannot be used.)
Internal current consumption (5VDC)		65mA (TYP. all points ON) (0.07A is shown on the rating plate of the module.)
Weight		0.16kg

Appearance

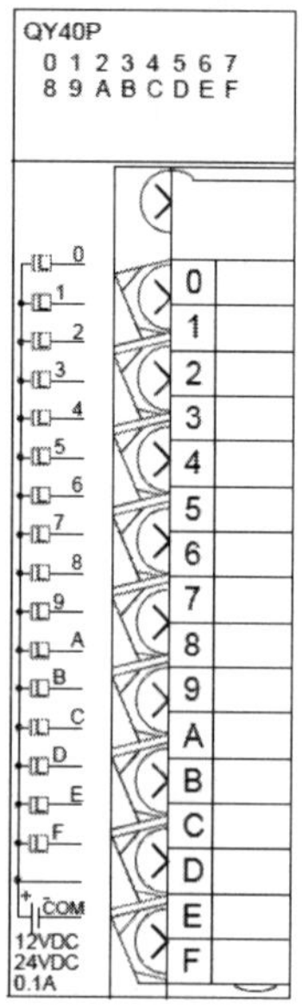

External connection

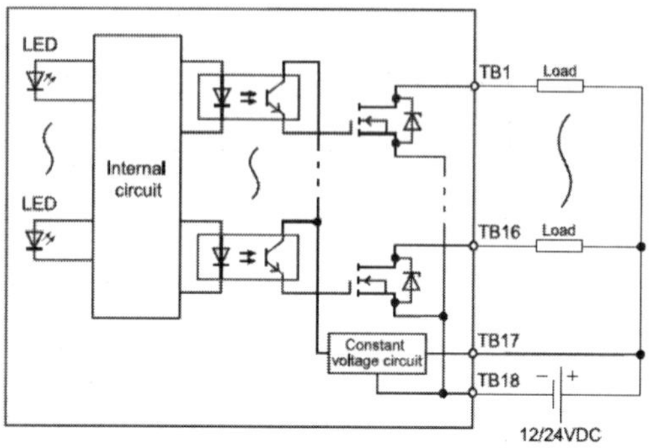

Terminal block No.	Signal name
TB1	Y00
TB2	Y01
TB3	Y02
TB4	Y03
TB5	Y04
TB6	Y05
TB7	Y06
TB8	Y07
TB9	Y08
TB10	Y09
TB11	Y0A
TB12	Y0B
TB13	Y0C
TB14	Y0D
TB15	Y0E
TB16	Y0F
TB17	12/24VDC
TB18	COM

그림 1-25 QY40P Transistor Output Module (Sink Type)

출처 : I/O Module Type Building Block User's Manual(Mitsubishi Electric Corporation, 2018)

QY40P 모듈은 내부에 DC부하만 사용할 수 있는 N채널 MOSFET 소자로 구성되어 있어, 전체 응답시간이 2ms 이내로 매우 빠르게 동작한다. 단, 반도체 소자이기 때문에 부하 전류는 0.1A밖에 되지 않는다. 또한 Sink Type으로 분류가 되는데, 이는 부하가 연결되는 단자로 전류가 흘러 들어가는 것을 의미한다. 그렇기 때문에 Sink Type의 경우 common 단자가 0V에 연결된다.

[4] QY80 Transistor Output Module (Source Type)

Specifications \ Type		Transistor output module (Source Type) QY80	Appearance
Number of output points		16 points	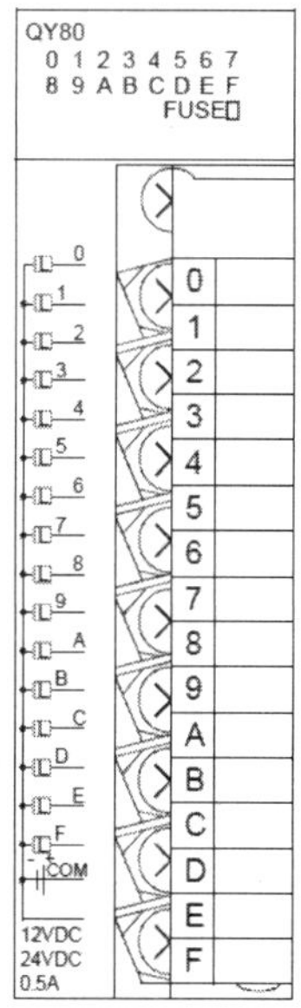
Isolation method		Photocoupler	
Rated load voltage		12-24VDC (+20/-15%)	
Maximum load current		0.5A/point, 4A/common	
Maximum inrush current		4A, 10ms or less	
Leakage current at OFF		0.1mA or less	
Maximum voltage drop at ON		0.2VDC (TYP.) 0.5A, 0.3VDC (MAX.) 0.5A	
Response time	OFF to ON	1ms or less	
	ON to OFF	1ms or less (rated load, resistive load)	
Surge suppressor		Zener diode	
Fuse		6.7A (unchangeable) (fuse capacity: 50A)	
Fuse blown indicator		Provided (When a fuse blows, LED turns on and a signal is output to the CPU module.) ＊1	
External supply power	Voltage	12-24VDC (+20/-15%) (ripple ratio within 5%)	
	Current	20mA (at 24VDC)	
Dielectric withstand voltage		560VAC rms/3 cycles (altitude 2000m)	
Insulation resistance		10MΩ or more by insulation resistance tester	
Noise immunity		By noise simulator of 500Vp-p noise voltage, 1μs noise width and 25 to 60Hz noise frequency	
		First transient noise IEC61000-4-4: 1kV	
Protection degree		IP2X	
Common terminal arrangement		16 points/common (common terminal: TB17)	
Number of occupied I/O points		16 points (I/O assignment is set as a 16-point output module.)	
Operation indicator		ON indication (LED)	
External connections		18-point terminal block (M3 × 6 screws)	
Applicable wire size		0.3 to 0.75mm^2 core (2.8mm OD max.)	
Applicable crimping terminal		R1.25-3 (Sleeved crimping terminals cannot be used.)	
Internal current consumption (5VDC)		80mA (TYP. all points ON)	
Weight		0.17kg	

External connection	Terminal block No.	Signal name
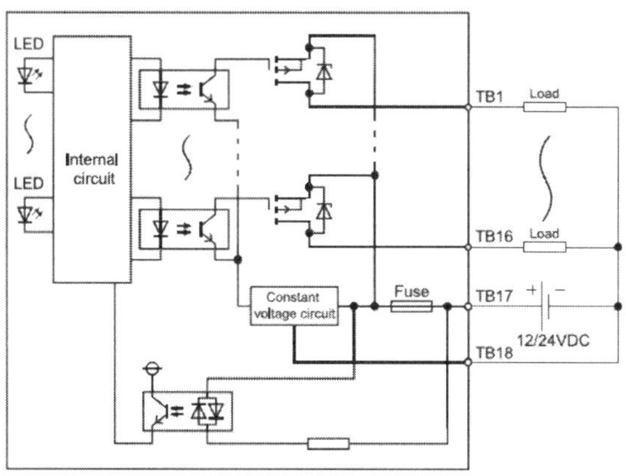	TB1	Y00
	TB2	Y01
	TB3	Y02
	TB4	Y03
	TB5	Y04
	TB6	Y05
	TB7	Y06
	TB8	Y07
	TB9	Y08
	TB10	Y09
	TB11	Y0A
	TB12	Y0B
	TB13	Y0C
	TB14	Y0D
	TB15	Y0E
	TB16	Y0F
	TB17	COM
	TB18	0V

그림 1-26 QY80 Transistor Output Module (Source Type)

출처 : I/O Module Type Building Block User's Manual(Mitsubishi Electric Corporation, 2018)

QY80P 모듈은 내부에 DC부하만 사용할 수 있는 P채널 MOSFET 소자로 구성되어 있으며, Source Type으로 분류가 되는데, 이는 부하가 연결되는 단자로 전류가 흘러 들어가는 것을 의미한다. 그렇기 때문에 Source Type의 경우 common 단자가 12V~24V에 연결된다.

7 입출력 겸용 모듈

[1] QH42P I/O Combined Module

Specifications \ Type		QH42P I/O combined module (input specifications)
Number of input points		32 points
Isolation method		Photocoupler
Rated input voltage		24VDC (+20/-15%, ripple ratio within 5%)
Rated input current		Approx. 4mA
Input derating		See the derating chart.
ON voltage/ON current		19V or higher/3mA or higher
OFF voltage/OFF current		11V or lower/1.7mA or lower
Input resistance		Approx. 5.6kΩ
Response time	OFF→ON	1ms/5ms/10ms/20ms/70ms or less (configured in PLC parameter) ＊1 (Default: 10ms)
	ON→OFF	1ms/5ms/10ms/20ms/70ms or less (configured in PLC parameter) ＊1 (Default: 10ms)
Dielectric withstand voltage		560VAC rms/3 cycles (altitude 2000m)
Insulation resistance		10MΩ or more by insulation resistance tester
Noise immunity		By noise simulator of 500Vp-p noise voltage, 1μs noise width and 25 to 60Hz noise frequency
		First transient noise IEC61000-4-4: 1kV
Protection degree		IP2X
Common terminal arrangement		32 points/common (common terminal: 1B01, 1B02)
Number of occupied I/O points		32 points (I/O assignment is set as a 32-point I/O combined module.)
Operation indicator		ON indication (LED), 32-point switchover using switch ＊2
External connections		40-pin connector
Applicable wire size		0.088 to 0.3mm^2 (For A6CON1 or A6CON4) ＊3
Applicable connector		A6CON1, A6CON2, A6CON3, A6CON4 (optional)
Applicable connector/terminal block converter module		A6TBXY36, A6TBXY54, A6TBX70
Internal current consumption (5VDC)		130mA (TYP, all points ON)
Weight		0.20kg

그림 1-27 DC input specifications (positive common type)

Specifications \ Type		QH42P I/O combined module (output specifications)	Appearance
Number of output points		32 points	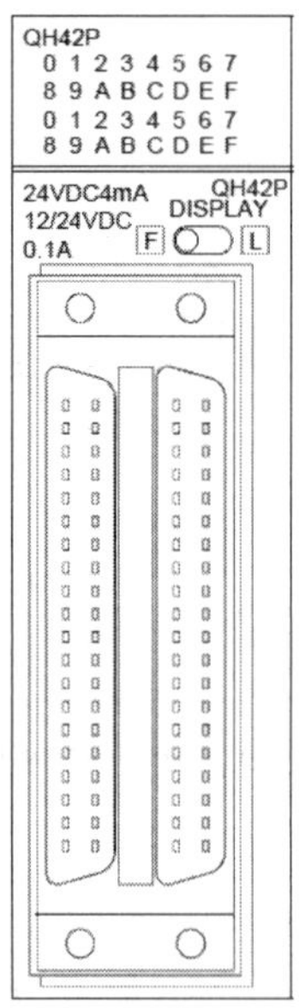
Isolation method		Photocoupler	
Rated load voltage		12-24VDC (+20/-15%)	
Maximum load current		0.1A/point, 2A/common	
Maximum inrush current		0.7A/10ms or less	
Leakage current at OFF		0.1mA or lower	
Maximum voltage drop at ON		0.1VDC (TYP.) 0.1A, 0.2VDC (MAX.) 0.1A	
Response time	OFF→ON	1ms or shorter	
	ON→OFF	1ms or shorter (rated load, resistance load)	
Surge suppressor		Zener diode	
Fuse		None	
External power supply	Voltage	12-24VDC (+20/-15%) (ripple ratio within 5%)	
	Current	MAX. 15mA /common (when 24VDC and all points are ON)	
Common terminal arrangement		32 points/common (common terminal: 2A01, 2A02)	
Protection function		Provided (overheat protection function, overload protection function) • Overheat protection function operate independently of each other. • Overload protection function operate independently of each other.	

그림 1-28 Transistor output specifications (sink type)

출처 : I/O Module Type Building Block User's Manual(Mitsubishi Electric Corporation, 2018)

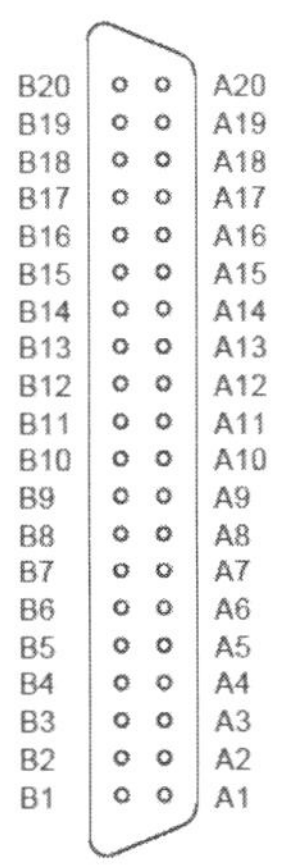

Pin No. *4	Signal No.	Pin No. *4	Signal No.	Pin No. *4	Signal No.	Pin No. *4	Signal No.
1B20	X00	1A20	X10	2B20	Y00	2A20	Y10
1B19	X01	1A19	X11	2B19	Y01	2A19	Y11
1B18	X02	1A18	X12	2B18	Y02	2A18	Y12
1B17	X03	1A17	X13	2B17	Y03	2A17	Y13
1B16	X04	1A16	X14	2B16	Y04	2A16	Y14
1B15	X05	1A15	X15	2B15	Y05	2A15	Y15
1B14	X06	1A14	X16	2B14	Y06	2A14	Y16
1B13	X07	1A13	X17	2B13	Y07	2A13	Y17
1B12	X08	1A12	X18	2B12	Y08	2A12	Y18
1B11	X09	1A11	X19	2B11	Y09	2A11	Y19
1B10	X0A	1A10	X1A	2B10	Y0A	2A10	Y1A
1B09	X0B	1A09	X1B	2B09	Y0B	2A09	Y1B
1B08	X0C	1A08	X1C	2B08	Y0C	2A08	Y1C
1B07	X0D	1A07	X1D	2B07	Y0D	2A07	Y1D
1B06	X0E	1A06	X1E	2B06	Y0E	2A06	Y1E
1B05	X0F	1A05	X1F	2B05	Y0F	2A05	Y1F
1B04	Vacant	1A04	Vacant	2B04	Vacant	2A04	Vacant
1B03	Vacant	1A03	Vacant	2B03	Vacant	2A03	Vacant
1B02	COM1	1A02	Vacant	2B02	12/24 VDC	2A02	COM2
1B01	COM1	1A01	Vacant	2B01	12/24 VDC	2A01	COM2

그림 1-29 입출력 겸용 모듈의 핀 레이아웃

또한 입출력을 한번에 연결하여 사용할 수 있는 모듈도 제공한다. 입출력모듈의 경우 제조사마다 성능 및 허용 전류 등이 다르기 때문에 PLC시스템 구성 시 필히 체크해야 하는 부분이다.

8 입출력모듈의 배선

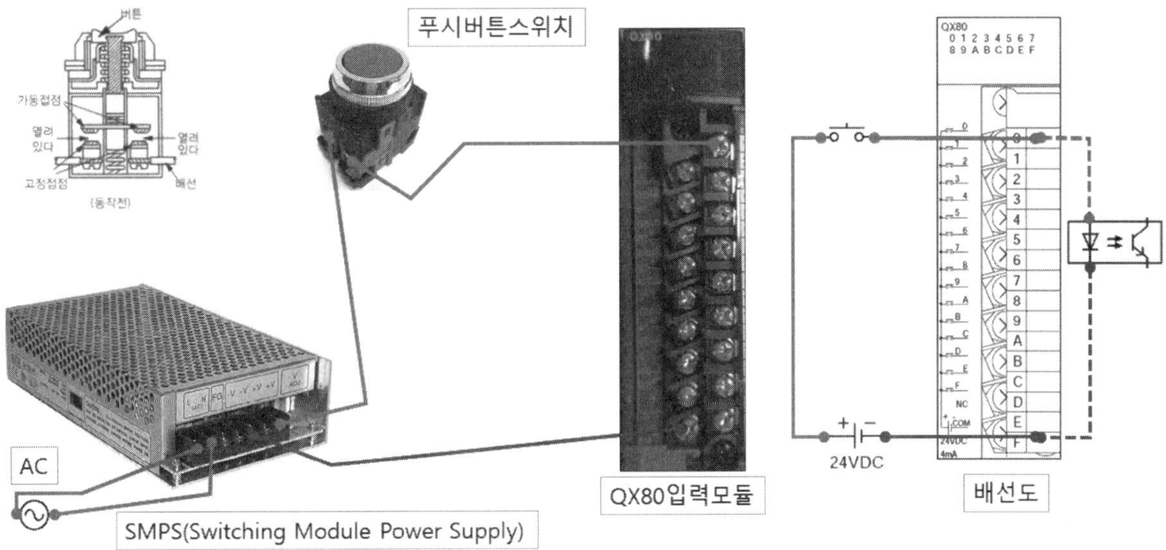

그림 1-30 입력모듈의 배선

디지털 입력모듈은 스위치 또는 디지털 센서 등을 연결하여 사용할 수 있다. 이때 내부 포토커플러가 구동되어야 하기 때문에 외부 전원을 사용해야 하며, DC를 사용할 경우 SMPS(Switching Module Power Supply)에서 생성된 DC24V를 스위치에 연결하고 스위치에서 나온 선을 PLC입력 접점에 연결한다.(QX80, Negative common 타입일 경우) 그리고 입력모듈의 common 단자는

0V에 연결한다. 이렇게 연결한 후 스위치를 누르게 되면 입력모듈 내부의 포토커플러가 동작하고 CPU는 이 신호를 전달 받아 해당 접점에 신호가 들어오는 것을 알 수 있게 된다.

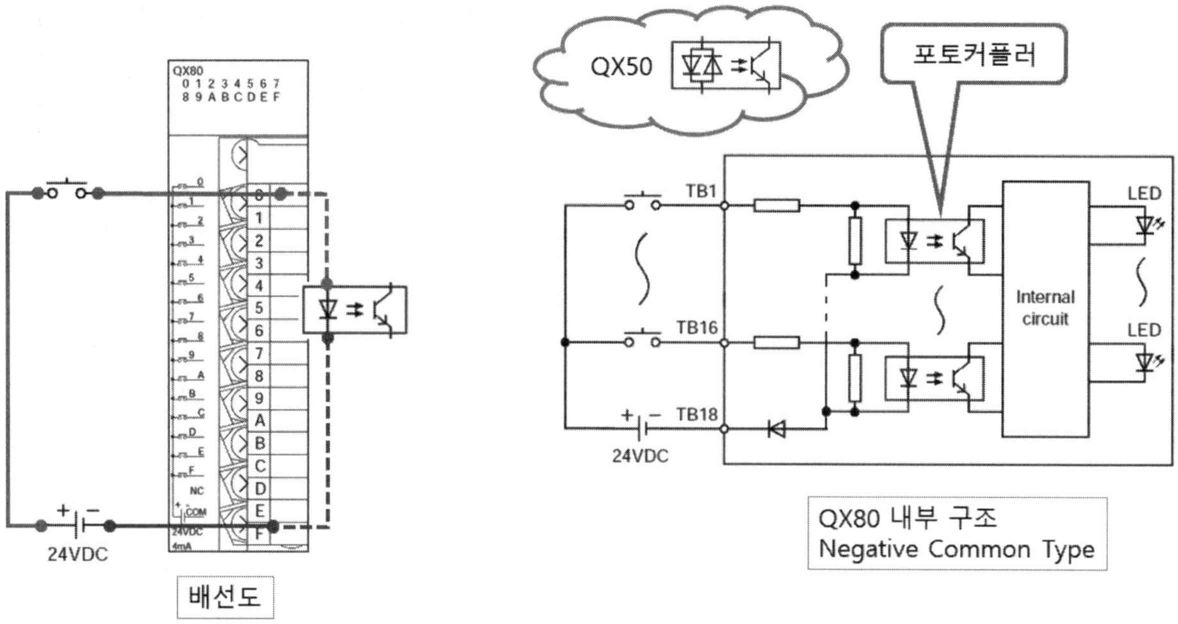

그림 1-31 입력모듈의 내부 구조

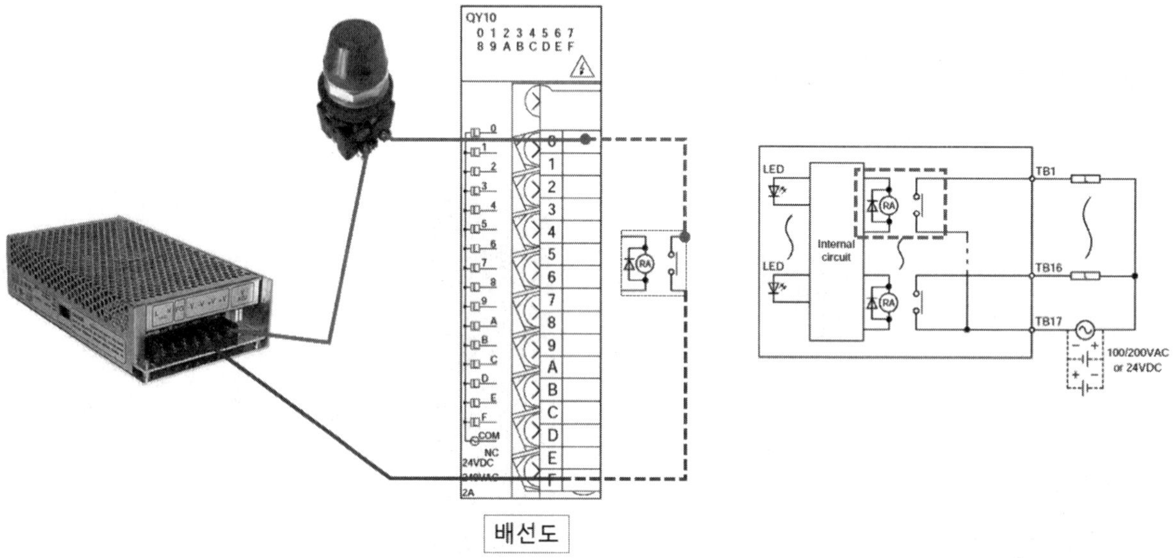

그림 1-32 출력모듈의 배선(QY10), 릴레이 타입

위 그림은 릴레이타입에 DC전원용램프를 배선한 모양이다. SMPS의 +24V에 램프를 연결하고 램프에서 나온 선을 출력모듈의 출력접점에 연결한다. 내부에는 릴레이 접점이 연결되어 있고, 프로그램 상에서 해당 접점의 주소에 '1'값을 부여하면 릴레이가 동작하여 램프를 동작 시킬 수 있다.

9 프로그램의 저장과 포맷

미쓰비시 Q-CPU 개발 프로그램인 GX-Works2에서 작성한 프로그램은 CPU모듈의 프로그램 메모리, 표준 ROM 또는 메모리카드에 저장할 수 있다.

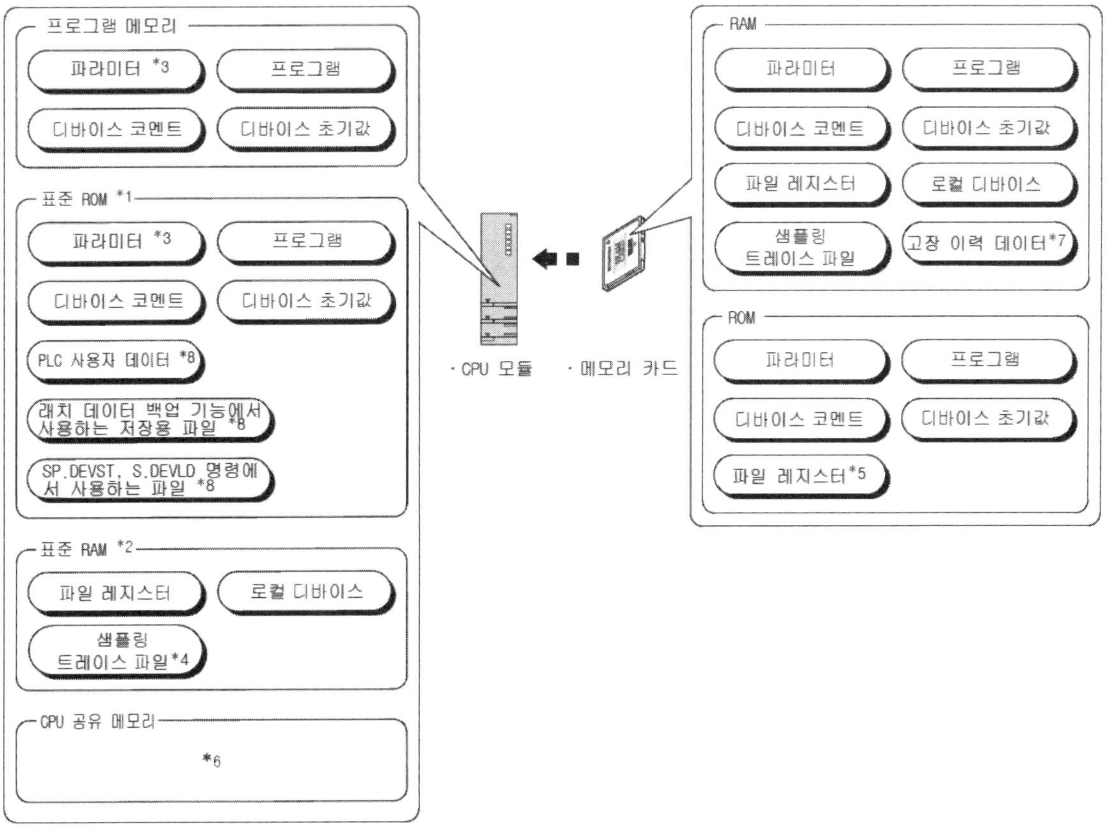

그림 1-33 Q-CPU 유니버셜 모델의 메모리 구조

출처 : QCPU기능해설 및 프로그램 기초편(한국미쓰비시 전기오토메이션, 2007)

*1 : 표준 ROM은 다음과 같은 경우에 사용한다.
- Q-HCPU, 프로세스 CPU, 이중화 CPU의 경우 : 프로그램 메모리의 ROM 저장 시
- 유니버설 모델 QCPU의 경우 : 디바이스 코멘트, 사용자 데이터 저장 시

*2 : 표준 RAM은 메모리 카드를 장착하지 않고 파일 레지스터, 로컬디바이스, 샘플링트레이스 파일을 사용하기 위한 메모리이다.

*3 : GX-Works2 에서 설정한 인텔리전트 기능모듈의 파라미터를 포함한다.

*5 : Flash 카드의 경우에만 사용할 수 있다. 시퀀스프로그램에서는 읽기만 가능하다.

*7 : 유니버설 모델 QCPU에서는 메모리 카드에 고장 이력 데이터는 저장할 수 없다.

*8 : 유니버설 모델 QCPU 사용 시에만 저장 가능하다.

유니버설 모델 QCPU에는 프로그램의 연산을 하는 프로그램 캐시메모리를 별도로 갖고 있으며, 프로그램 메모리에 저장되어 있는 프로그램을 프로그램 캐시메모리에 전송하여 연산한다. GX Works2에서 쓰기 조작을 하면, 프로그램, 파라미터 등은 CPU모듈의 프로그램 캐시메모리에 일단 쓰여지며 쓰기 완료 후 프로그램 메모리에 전송된다.

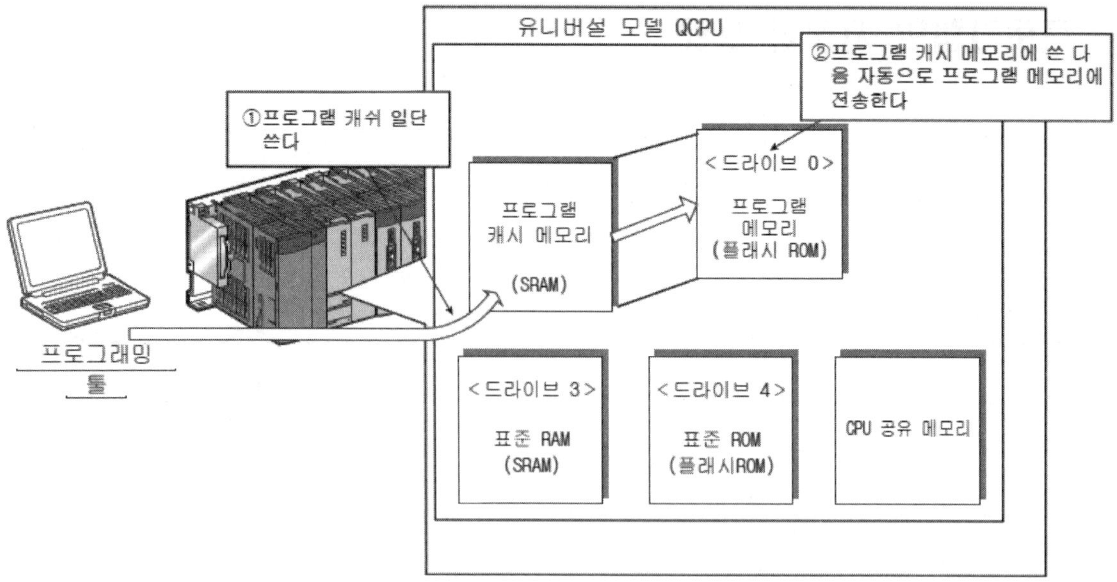

그림 1-34 프로그램쓰기의 흐름

출처 : QCPU기능해설 및 프로그램 기초편(한국미쓰비시 전기오토메이션, 2007)

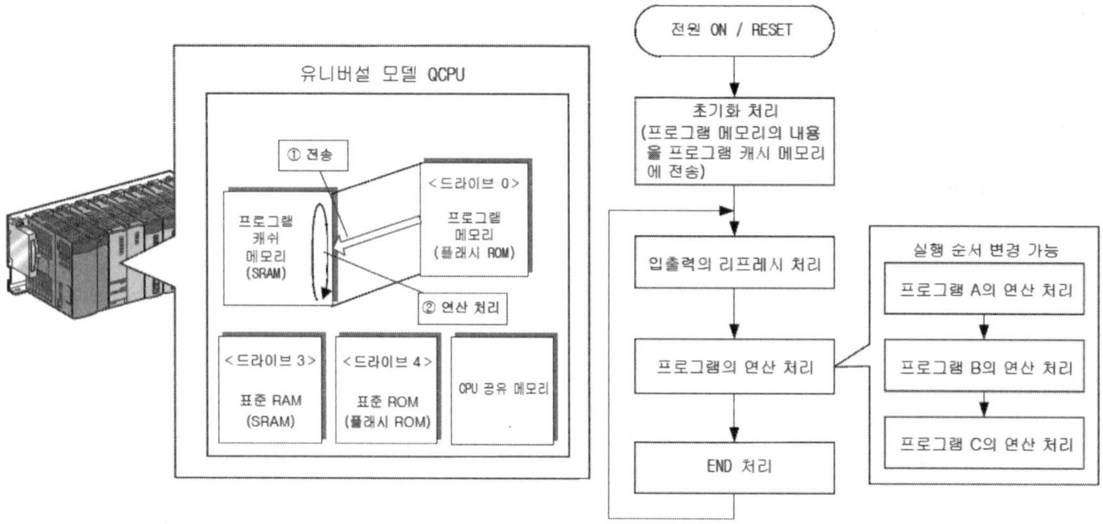

그림 1-35 프로그램 연산의 흐름

출처 : QCPU기능해설 및 프로그램 기초편(한국미쓰비시 전기오토메이션, 2007)

프로그램의 저장은 Gx-Works2 프로그램을 이용한다. 프로그램을 작성하고 Online-Write to PLC 메뉴에서 다운로드 하고 싶은 프로그램 또는 파라미터 등을 선택한 후 실행을 누르면 프로그램이 다운로드 된다.

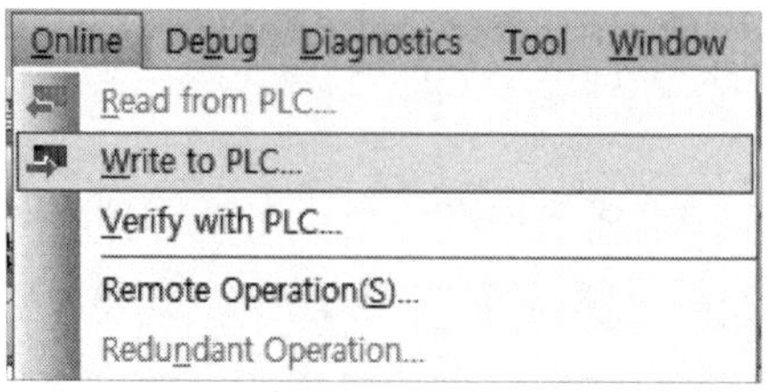

그림 1-36 Gx-Works2 – 프로그램 저장 메뉴

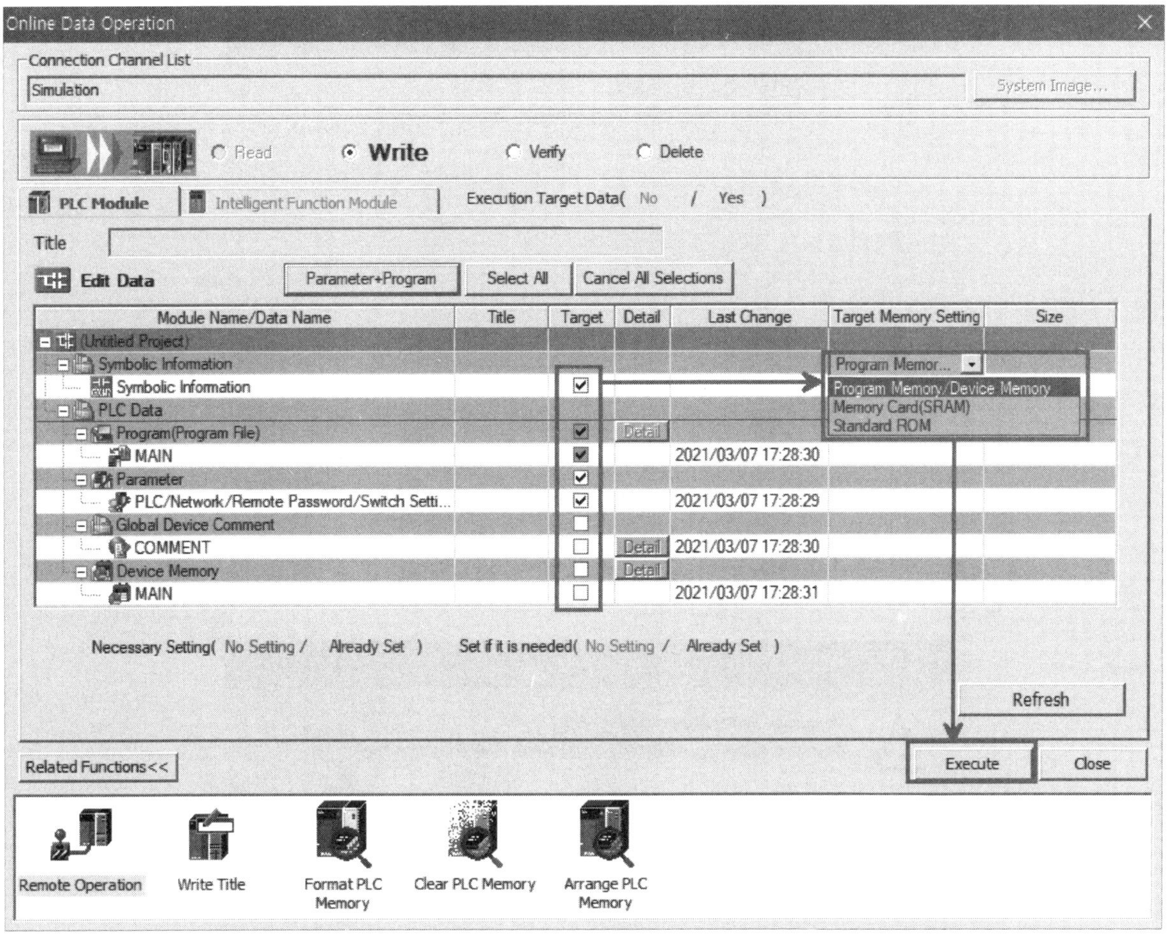

그림 1-37 Gx-Works2프로그램 - 작성된 프로그램을 저장하는 방법

프로그램과 파라미터를 주로 쓰기 때문에 Parameter+Program 버튼이 별도로 있으며, 저장할 메모리도 선택하여 쓸 수 있다. 사용자가 작성하는 프로그램 및 파라미터는 Program Memory를 선택하고 실행(Execute)버튼을 클릭하면 다운로드 된다.

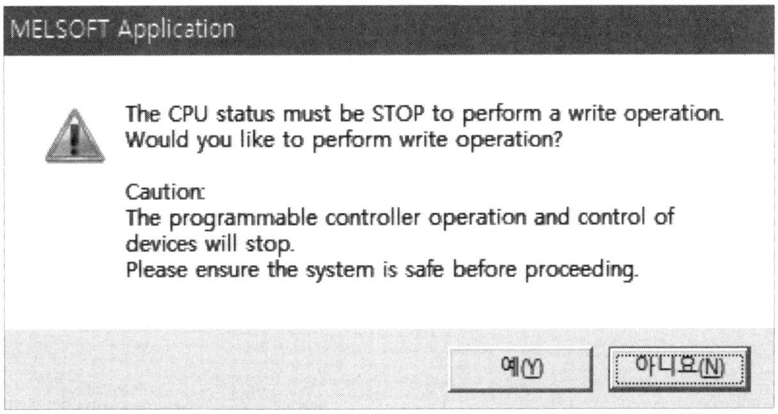

그림 1-38 다운로드 시 CPU연산이 STOP된다.

프로그램 다운로드 시에는 CPU의 연산이 정지되기 때문에 사용자에게 경고메시지를 띄운다.

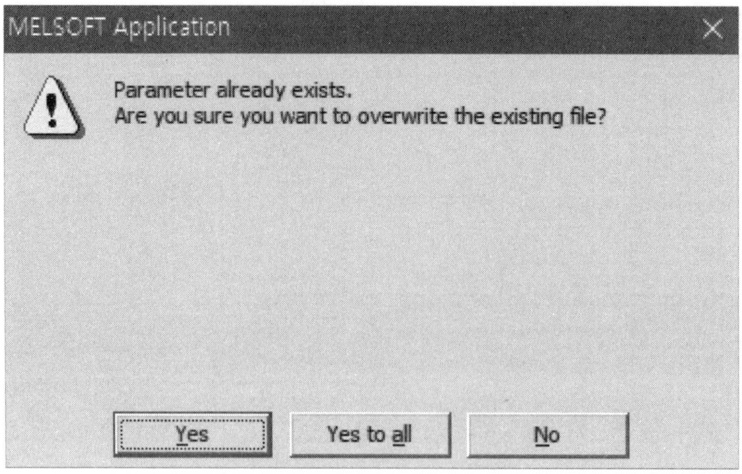

그림 1-39 파라미터가 존재하여 덮어 쓸 경우

메모리에 파라미터와 프로그램등이 존재할 경우 덮어쓰기에 대한 경고 메시지를 띄운다.

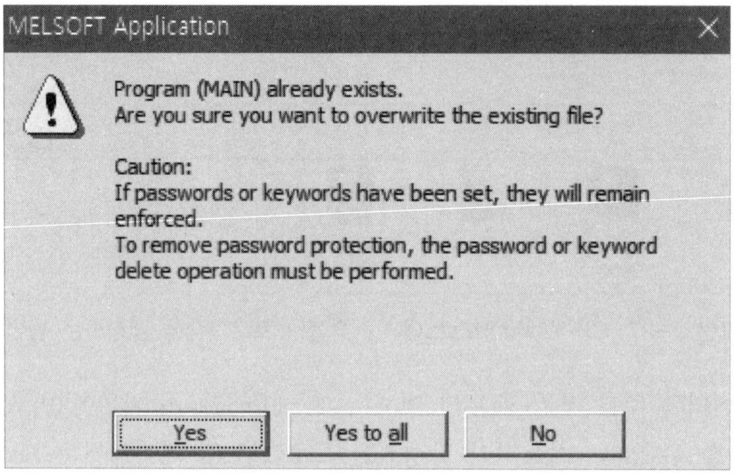

그림 1-40 메인프로그램이 존재하여 덮어 쓸 경우

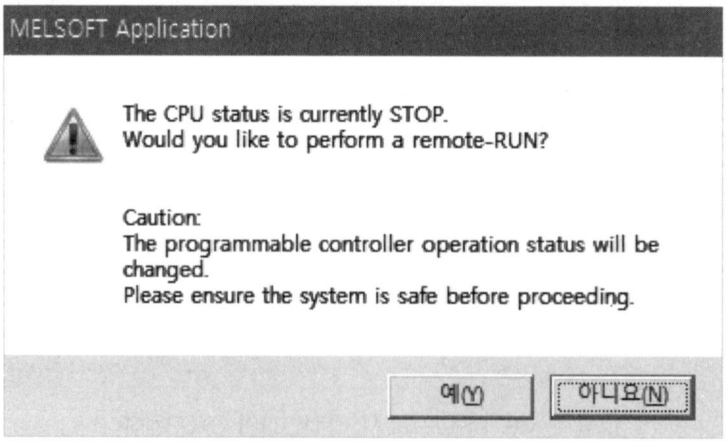

그림 1-41 프로그램을 쓴 이후 CPU 재시작 확인

프로그램 쓰기가 끝나면 CPU를 실행할 것인가를 물어보며, 예를 누르면 바로 연산이 시작되고 아니오를 누르면 사용자가 별도로 RUN을 실행해 주어야 한다.

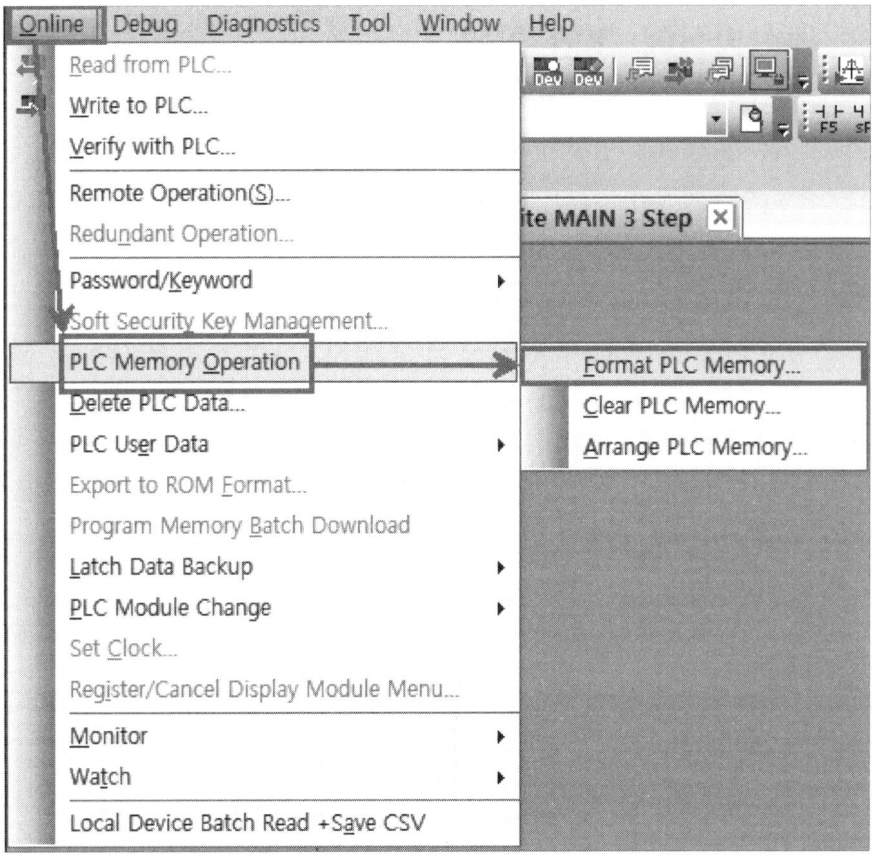

그림 1-42 Gx-Works2프로그램 – 메모리 포맷 메뉴

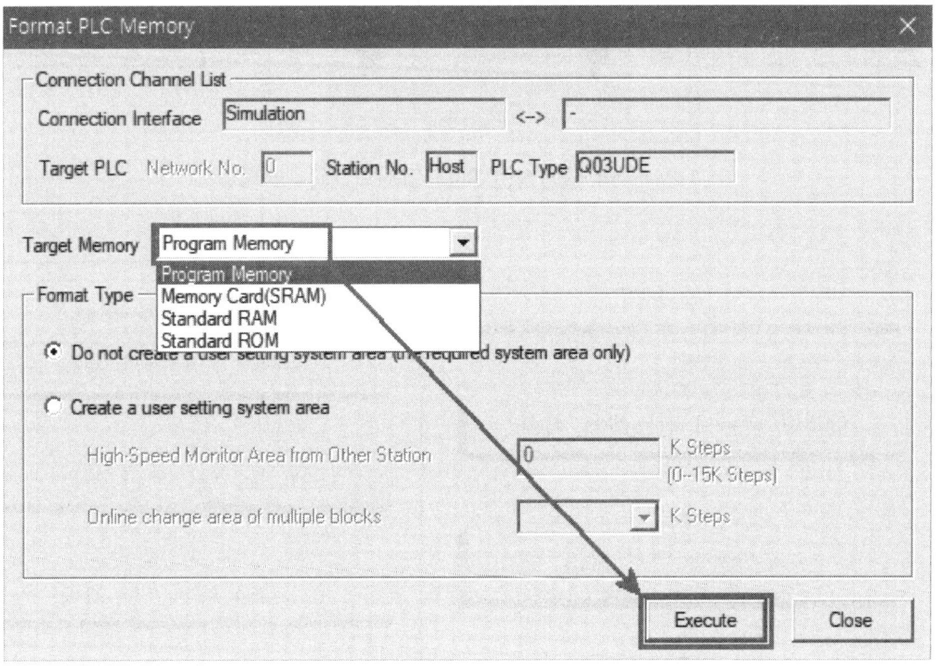

그림 1-43 Gx-Works2프로그램 – 메모리 포맷 방법

PLC를 처음 사용하는 것이라면 프로그램 메모리와 표준RAM은 반드시 포맷해야 한다. 별도로 메모리카드(SRAM카드, ATA카드, Flash 카드 제외)를 구입하여 사용할 경우에도 Gx-Works2를 이용하여 포맷을 진행해야 한다.

10 PLC의 연산방식에 대한 이해

기존의 릴레이 제어반은 병렬로 연산이 이루어진다. 즉 전기선이 연결되어 있고, 신호가 발생되면 어느곳이나 동작이 이루어진다. 그러나 PLC의 CPU는 직렬로 연산하기 때문에(어느 한순간에 CPU는 하나의 연산밖에 하지 못한다) 기존의 릴레이 제어반을 대체하려면 병렬로 연산되는 효과를 나타내야 한다.

입력모듈은 입력기기로부터 신호를 전달 받고, 이렇게 전달 받은 신호를 PLC CPU는 한번에 값을 읽어와 입력메모리에 저장(입력 리프레시(Refresh))하게 된다. 이 값을 저장된 프로그램에 대입하여 순차적으로 연산을 진행하고, 연산이 종료되면 결과값을 출력 메모리에 저장하여 동시에 출력기기로 신호를 전송(출력 Refresh)한다. PLC는 이렇게 함으로써 기존 릴레이 제어반의 병렬연산을 대체할 수 있도록 하였다. 즉, PLC CPU 자체는 직렬연산만 하기 때문에 기존의 시스템을 동일하게 제어하기 위해 이와 같은 방법으로 대체하였다.

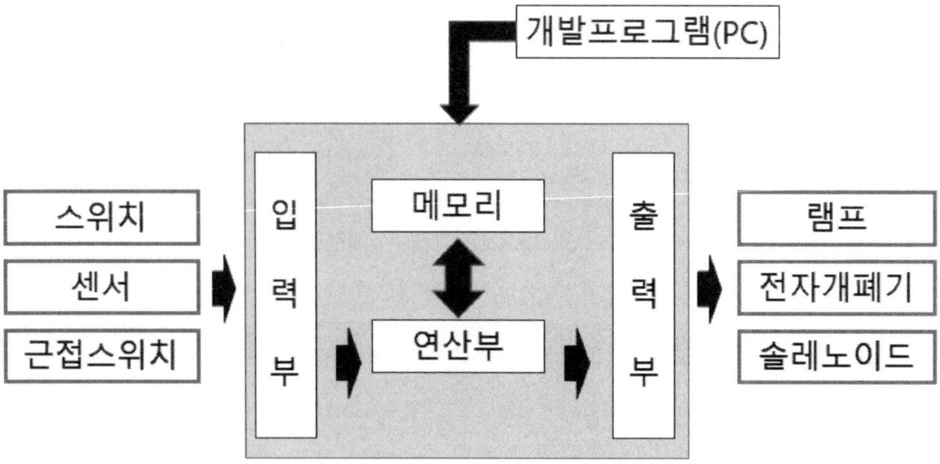

그림 1-44 일반적인 PLC CPU의 연산 흐름

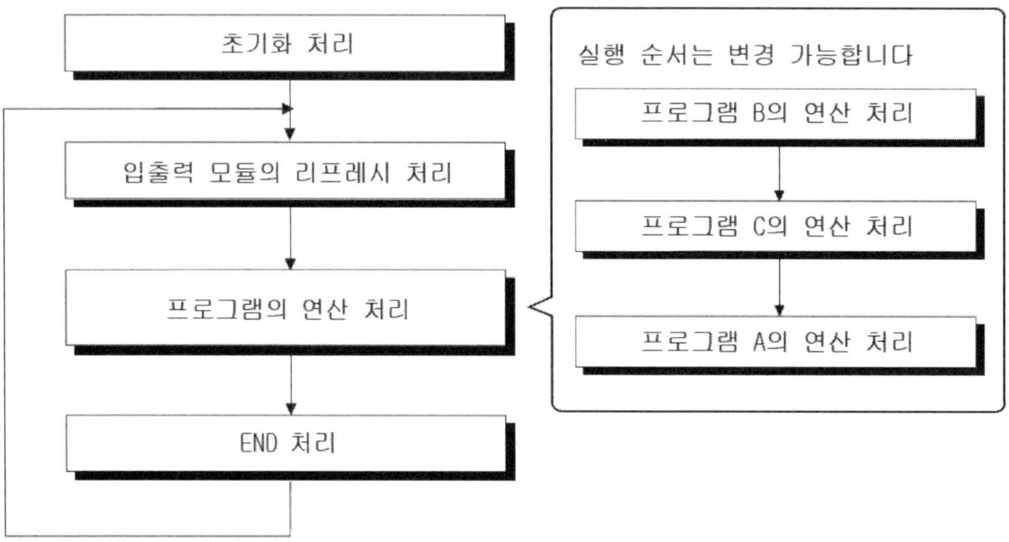

그림 1-45 QCPU 시퀀스 프로그램의 실행 순서

출처 : QCPU기능해설 및 프로그램 기초편(한국미쓰비시 전기오토메이션, 2007)

이러한 입출력 방식은 스캔방식이라고도 하며, CPU가 입력모듈로부터 값을 읽고 저장된 프로그램에 대입하여 연산 후 결과값을 출력모듈에 출력하는데 걸리는 시간을 스캔타임이라고도 한다. 미쓰비시 매뉴얼에서는 이를 제어방식은 Stored program 반복연산, 입출력 제어방식은 리프레시 방식이라고 정의하였다. 또한 메이커마다 시퀀스 프로그램의 실행 순서가 조금씩 다른데 예를 들어 LS산전의 PLC의 경우 [입력리프레지 → 프로그램 연산 → 출력리프레시 → END처리]로 이뤄지는 반면 미쓰비시 QPLC의 경우 [입출력모듈의 리프레시 처리 → 프로그램 연산 → END처리]로 이뤄진다.

11 PLC 시퀀스 프로그램의 이해

[1] 래더 프로그램의 연산 순서

래더 프로그램은 릴레이 제어의 시퀀스 회로를 기본으로 하는 프로그램이다. 시퀀스 회로에 가까운 표현 방식으로 프로그래밍 할 수 있기 때문에 초보자도 쉽게 이해하며 프로그램할 수 있다. 그러나 프로그램의 재활용면에 있어서는 구조적으로 취약하다. 래더 모드에서는 래더 블록단위로 프로그래밍을 한다. 래더 블록은 시퀀스 프로그램을 연산하는 최소단위를 의미한다. 래더 블록은 왼쪽의 세로모선에서 시작하여 오른쪽의 세로모선으로 끝나는 회로를 의미하며, 시퀀스 프로그램은 스텝 0에서 END/FEND 명령까지 차례로 연산을 진행한다. 래더 모드의 래더 블록에서는 왼쪽의 세로모선에서 오른쪽으로, 위에서 아래의 순으로 연산을 진행한다.

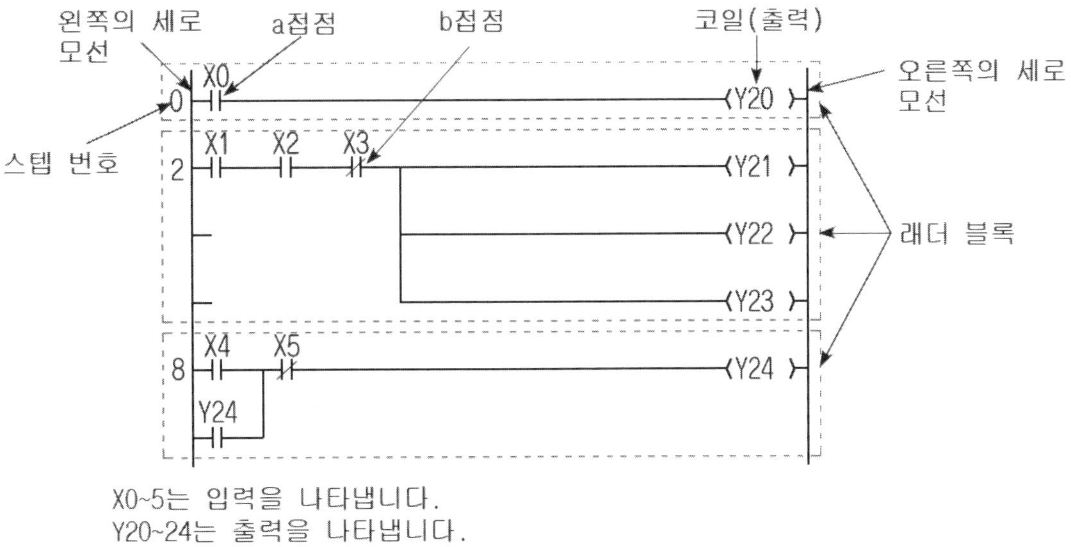

그림 1-46 래더 프로그램에서 사용되는 용어

출처 : QCPU기능해설 및 프로그램 기초편(한국미쓰비시 전기오토메이션, 2007)

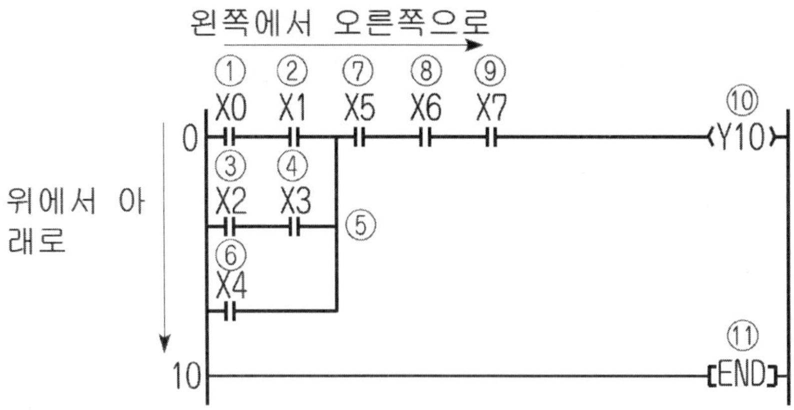

그림 1-47 Q-CPU의 래더(Ladder) 프로그램 연산 순서

출처 : QCPU기능해설 및 프로그램 기초편(한국미쓰비시 전기오토메이션, 2007)

[2] 시퀀스 프로그램의 분류

시퀀스 프로그램은 메인루틴 프로그램, 서브루틴 프로그램, 인터럽트 프로그램으로 나뉘며, 메인 루틴 프로그램은 스텝 0에서 END/FEND 명령까지의 프로그램을 의미한다. 메인 루틴 프로그램은 초기실행 타입 프로그램, 스캔실행 타입 프로그램, 저속실행 타입 프로그램, 대기 타입 프로그램, 고정스캔실행 타입 프로그램으로 설정할 수 있다.

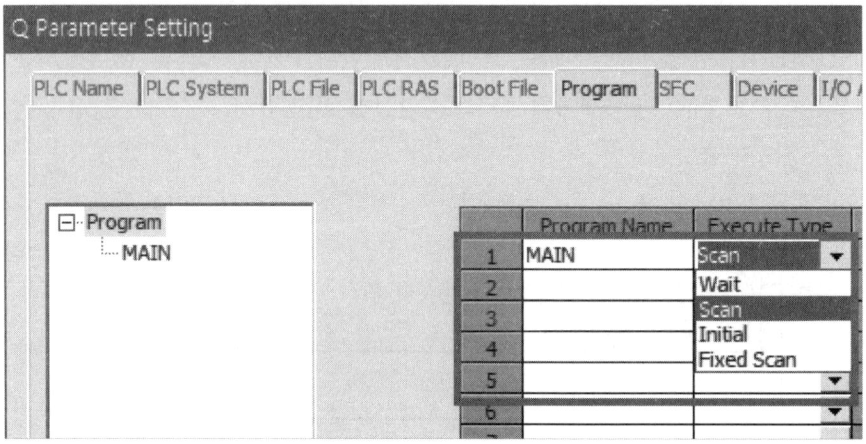

그림 1-48 메인 루틴 프로그램의 실행 방식 설정

서브 루틴프로그램은 포인터(P)에서 RET 명령까지의 프로그램이다. 서브 루틴프로그램은 메인 루틴 프로그램 내에서 서브루틴 프로그램의 호출 명령(CALL(P), FCALL(P) 등)에 의해 호출된 경우에만 실행된다. 서브루틴 프로그램을 사용하면 1스캔내에 여러 차례 실행되는 프로그램을 서브 루틴 프로그램으로 만들어 전체의 스텝수를 줄일 수 있고, 특정 조건이 성립되었을 때만 실행하는 프로그램을 서브루틴 프로그램으로 하여 항시 실행하는 프로그램의 스텝수를 줄일 수 있어 CPU의 효율을 올릴 수 있다.

인터럽트 프로그램은 인터럽트 포인터(I) 에서 IRET 명령까지의 프로그램이다. 인터럽트 요인이 발생하면, 그 요인에 대응하는 인터럽트 포인터 번호의 인터럽트 프로그램이 실행된다. 메인프로그램과 상관없이 긴급을 요하거나, 스캔타임의 변동에 상관없이 고정시간으로 프로그램을 처리할 때 사용할 수 있다.

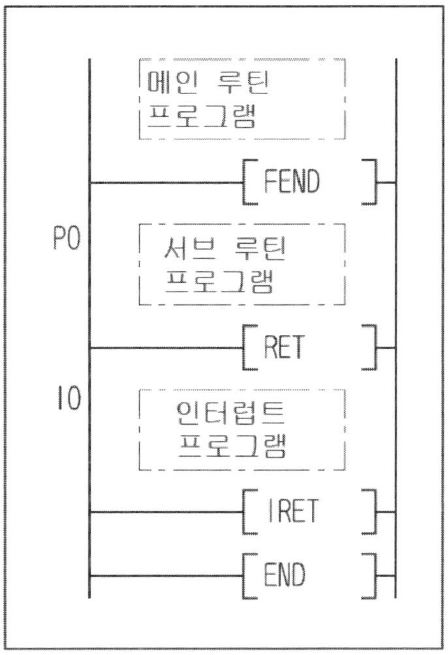

그림 1-49 시퀀스 프로그램의 분류

출처 : QCPU기능해설 및 프로그램 기초편(한국미쓰비시 전기오토메이션, 2007)

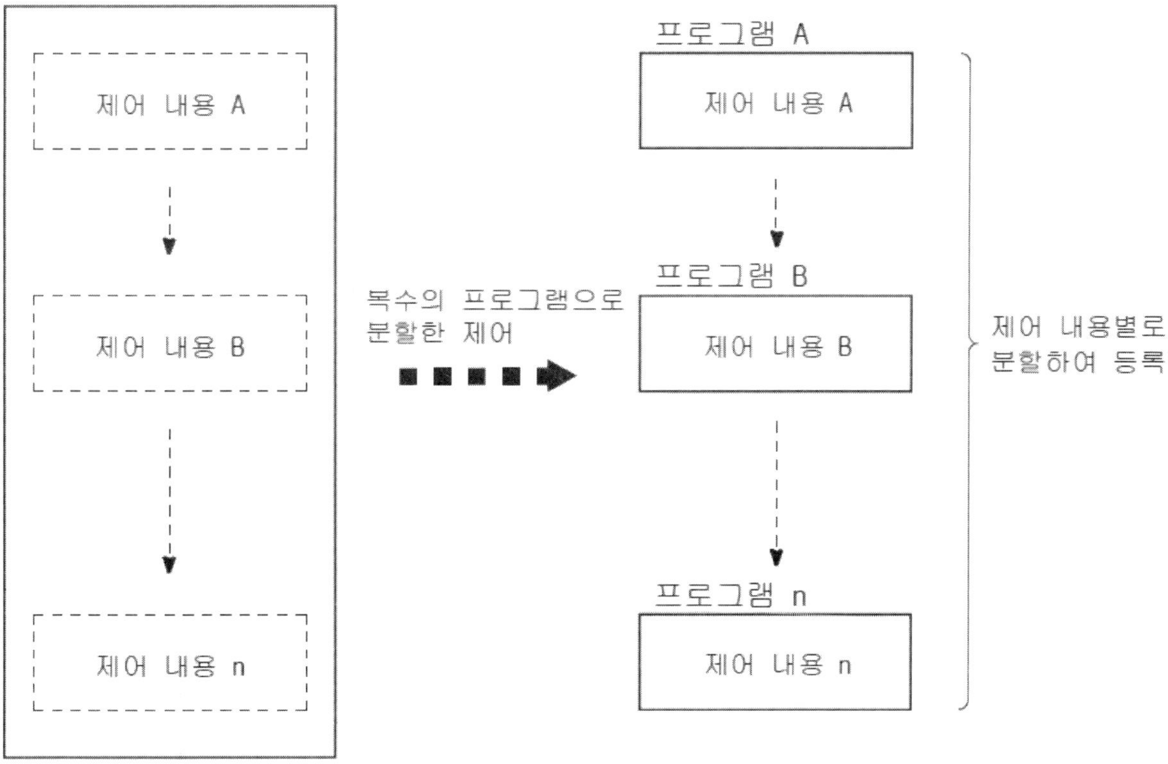

그림 1-50 복수 프로그램으로 분할한 제어

출처 : QCPU기능해설 및 프로그램 기초편(한국미쓰비시 전기오토메이션, 2007)

프로그램을 작성할 경우 하나의 스캔프로그램에 프로그램을 작성해도 되지만, 이럴 경우 프로그램의 양이 많아지면 관리하거나 개발 속도에 있어 제약을 받게 된다. 그렇기 때문에 위와 같이 제어 내용에 따라 분류해서 프로그램을 작성할 수도 있다.

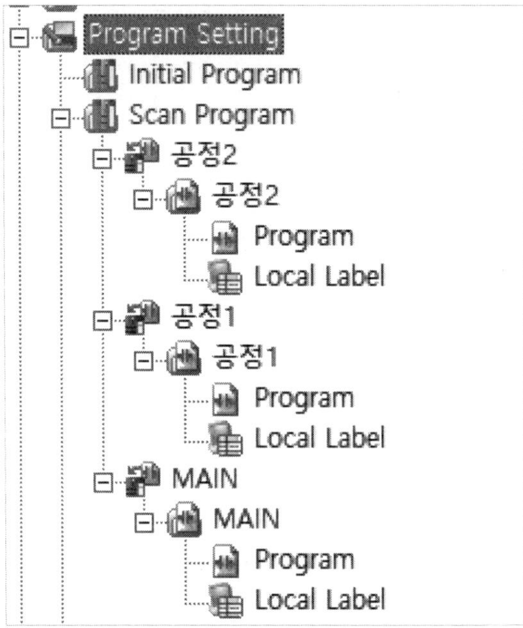

그림 1-51 복수의 프로그램으로 작성한 경우

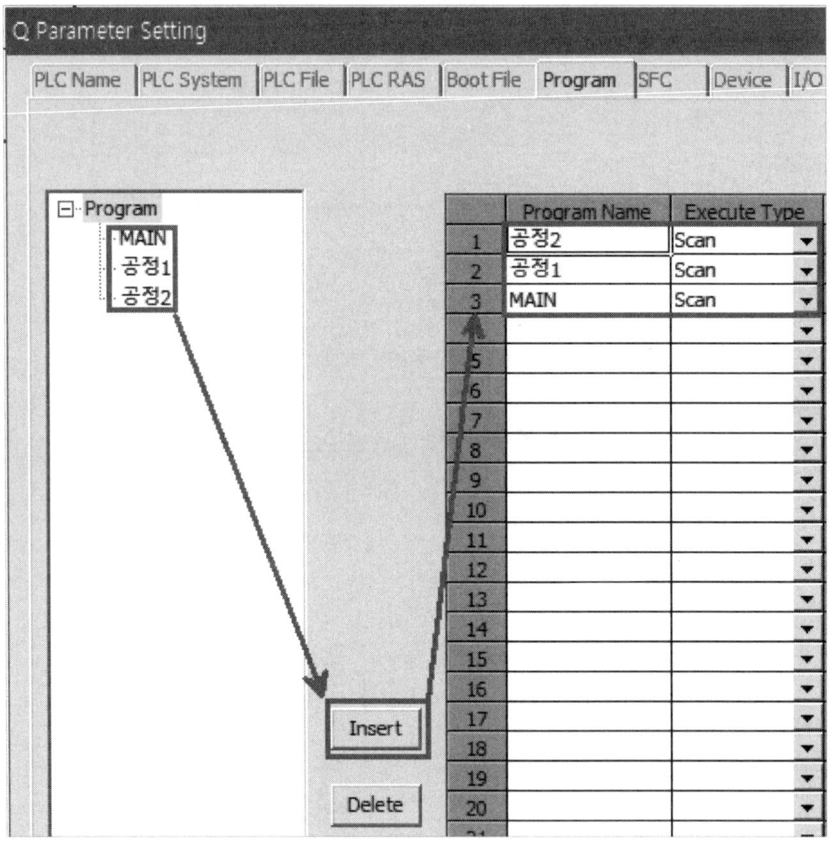

그림 1-52 복수의 프로그램으로 작성후 파라미터에 SCAN 방식으로 등록

프로그램을 효율적으로 개발하기 위해서는 기능별로 메인프로그램을 분류하여 프로그램을 개발하고 공통으로 사용할 메모리와 프로그램 개별로 사용할 메모리 영역을 사전에 분리하여 개발하는 것이 필요하며, 각 메인프로그램에서도 스텝수를 줄이고 효율적인 동작을 위해 서브프로그램과 인터럽트 프로그램을 병행하는 것이 바람직하다.

Gx-Works2 환경설정 및 활용법

1. 새프로젝트 생성
2. 프로그램의 작성

Chapter | 2

Chapter 2 Gx-Works2 환경설정 및 활용법

1 새프로젝트 생성

[1] 언어설정

새로운 프로젝트를 만들기 전에 Tool - Language Selection에서 언어를 korean으로 변경하는 것을 권장한다. 변경하지 않아도 프로그램을 작성할 수는 있으나, 레이블 활용시 한글을 사용하려면 미리 변경해 두어야 한다. 언어설정의 경우 한번만 변경하면 이후 변경하지 않아도 된다.

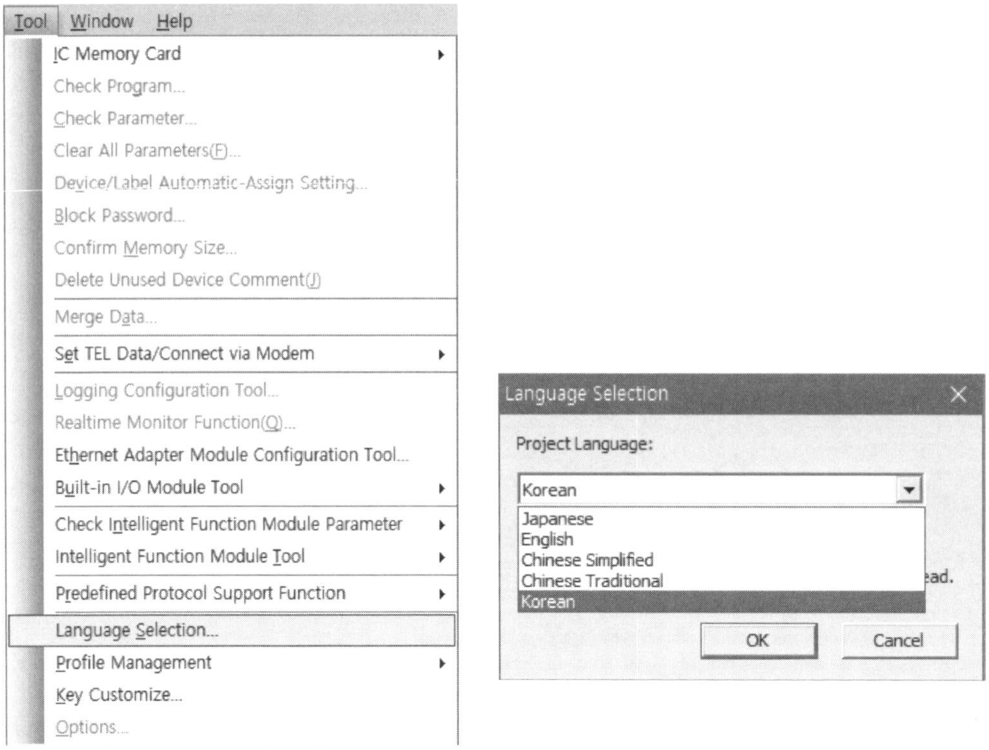

그림 2-1 언어를 korean으로 변경

[2] 프로젝트 생성

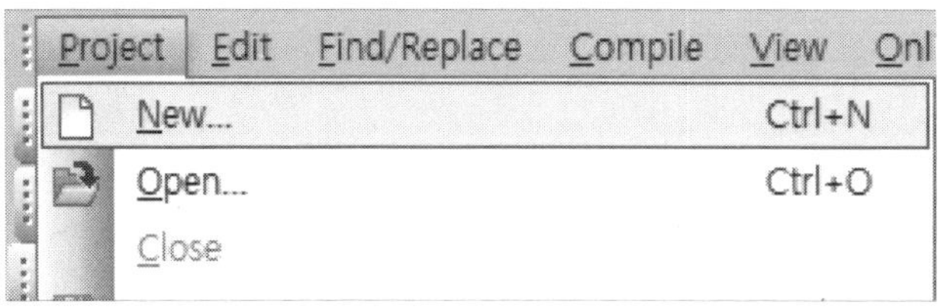

그림 2-2 새 프로젝트 생성

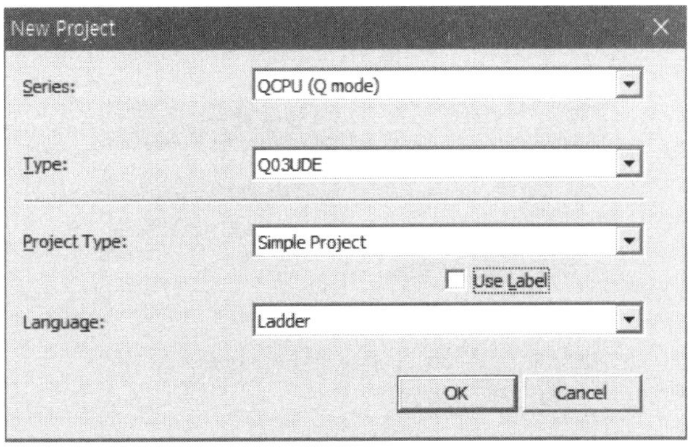

그림 2-3 CPU, 프로젝트 타입, 언어 선택

CPU Series와 Type은 사용하고 있는 기종을 선택하면 된다. 만약 사용하고 있는 기종의 Type에 없다면 프로그램을 업데이트해야 한다. 또한 A시리즈 등 구 기종은 Gx-Developer[2]에서만 지원하기도 한다. 그리고 Q시리즈 이후에 나온 IQ-R시리즈는 Gx-Works3에서 지원되기 때문에 본인이 사용하고 있는 CPU의 모델명을 잘 확인하여야 한다. 본 교재에서는 QCPU중 Q03UDE를 사용한다. 프로젝트 타입의 경우 현장에서도 대부분 Simple Project로 사용되고 있으나, 제어를 세분화하여 프로그램의 공통부분을 부품화 하려면 Structured Project로 프로그램을 작성하는 것을 권장한다. 다만 Structured Project로 프로그램을 작성할 경우에는 Label을 필수로 사용해야 한다. 본 교재에서는 Simple Project 프로그램을 범위로 한다.

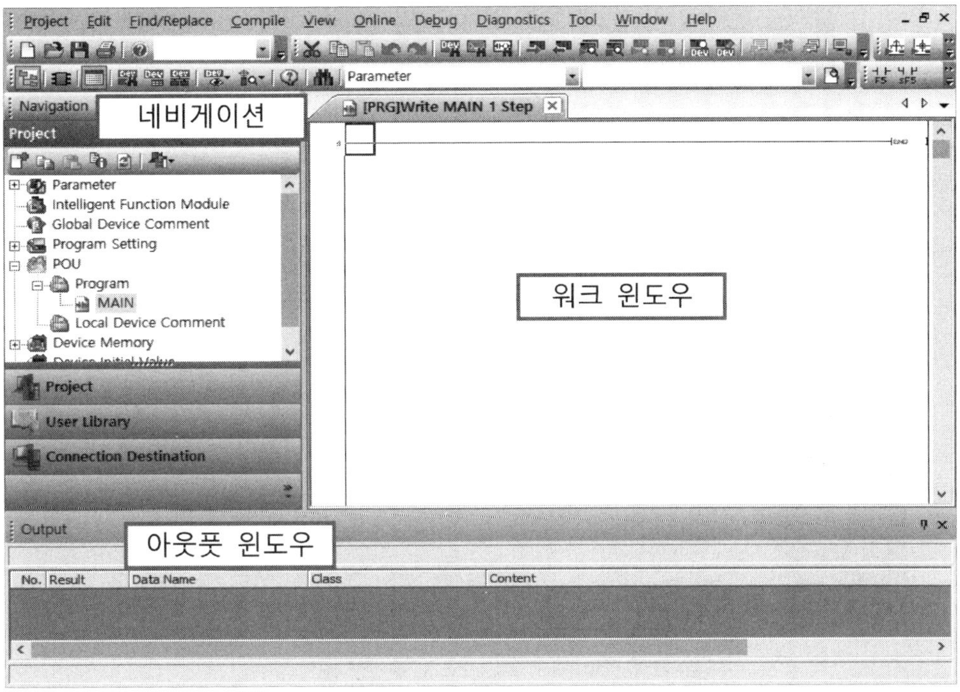

그림 2-4 생성된 프로젝트

네비게이션 윈도우는 프로그램 작성과 관련된 Project 탭, 사용자 함수 관리를 위한 User Library 탭, 통신환경 설정을 위한 Connection Destination 탭으로 구성되어 있다. 프로그램은 워크 윈도우에 작성하며, 작성된 프로그램을 컴파일 한 후 에러, 경고 사항이 Output 윈도우에 표시 된다.

2) Gx-Works2이전에 나온 개발 프로그램이다.

[3] 통신환경 설정

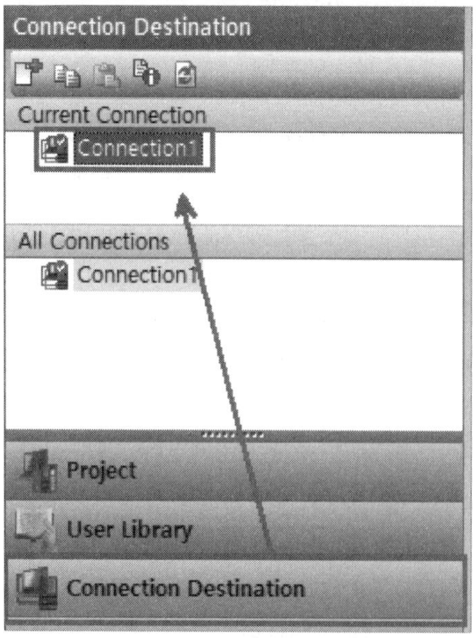

그림 2-5 PC ↔ PLC통신 환경 설정

프로젝트가 생성되면 Gx-Works2가 설치된 PC와 PLC를 연결하기 위해 통신 환경을 설정해야 한다. 통신 방법에는 직렬통신(RS-232), USB, 이더넷 등을 지원하며, 별도로 통신 카드를 구입할 경우 해당 카드를 통해 PLC에 접속이 가능하다.

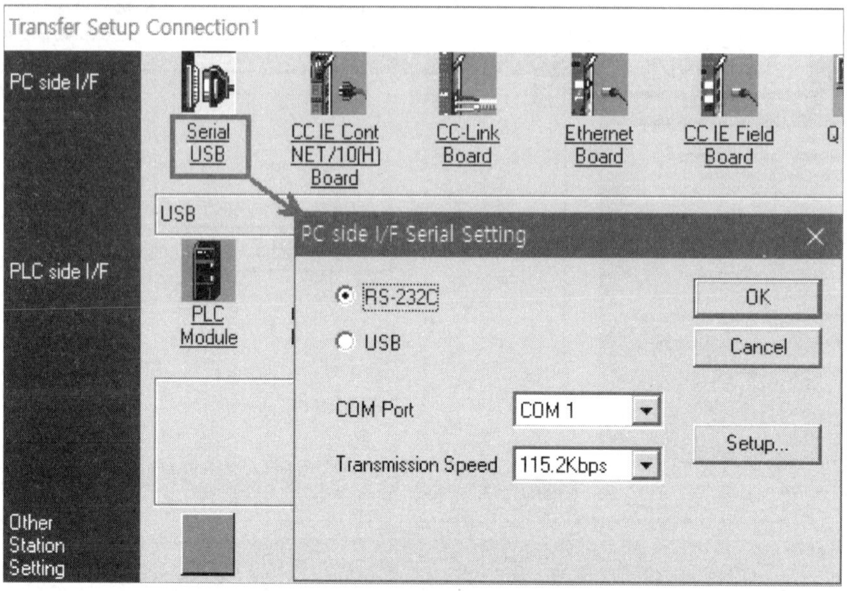

그림 2-6 Serial - RS-232C를 선택한 경우

일반적으로 Serial은 통신 속도가 느리기 때문에 사용하는 일은 없겠지만, Serial을 선택한 경우 PC의 제어판에서 실제 PLC와 연결된 COM port의 번호를 확인할 필요가 있다. 참고로 교재에 사용된 Q03UDE모델은 Serial 통신 포트를 지원하지 않는다.

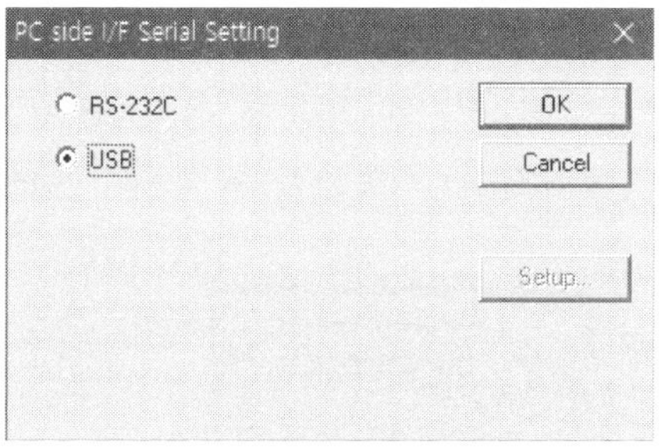

그림 2-7 USB를 선택한 경우

그림 2-8 페라이트코어 부착 케이블

Serial 대비 USB(Universal Serial Bus)의 통신속도가 빠르기 때문에 USB로 전송하는 것을 권장한다. USB케이블의 경우 PC에는 USB Type-A 타입 이며, PLC 측은 Mini-B 타입으로 구성되어 있다. USB케이블의 길이가 2m 이상이거나, 주변에 노이즈가 많은 환경, 또는 접지공사가 제대로 되지 않은 환경에서는 PLC와의 접속이 잘 이뤄지지 않는 경우가 있다. 이럴 경우에는 필히 페라이트코어(Ferrite core[3])가 부착된 케이블을 활용하면 접속을 할 수 있다.

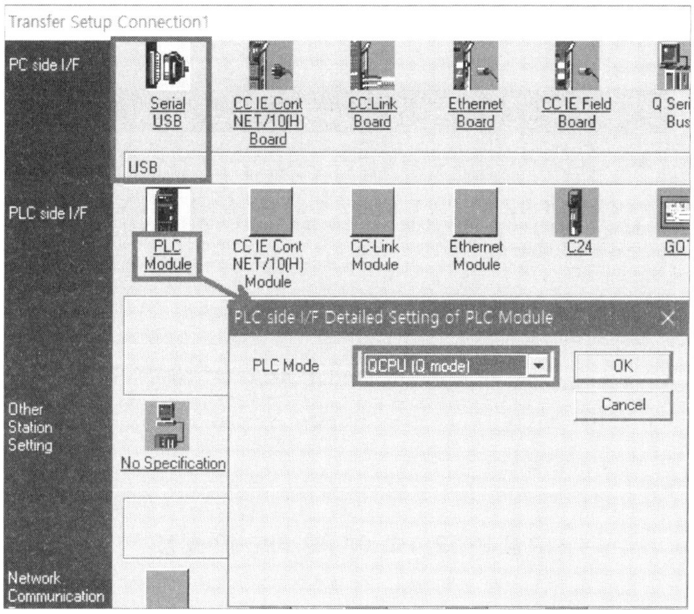

그림 2-9 USB로 PLC에 접속 하는 경우, PLC는 QCPU 선택

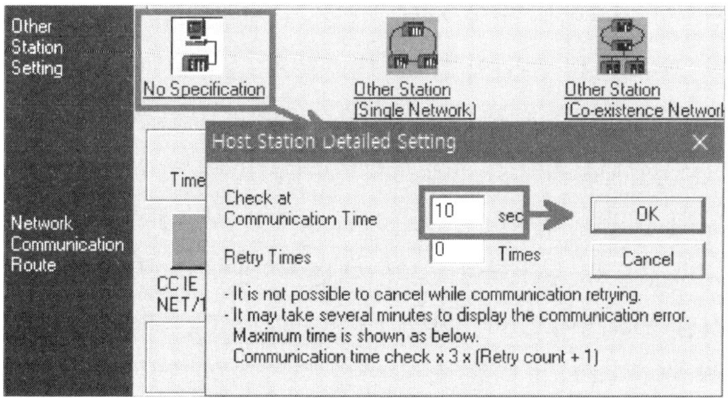

그림 2-10 PLC CPU에 직접 접속하는 경우 No Specification 선택

3) 페라이트로 만들어진 자기 철심이다. 투자율이 높고 전도성이 낮은 특성이 있는데 고주파 노이즈를 제거하는 효과가 있다.

PLC CPU에 직접 접속하는 경우 No Specification 선택하고, 실습 시에는 Check at Communication Time은 되도록 짧게 가지고 간다. 이유는 통신이 중단될 경우(전원 OFF 등으로) 해당 시간 동안 재접속을 시도하기 때문에 '응답없음' 메시지가 오랫동안 표시되기 때문이다.

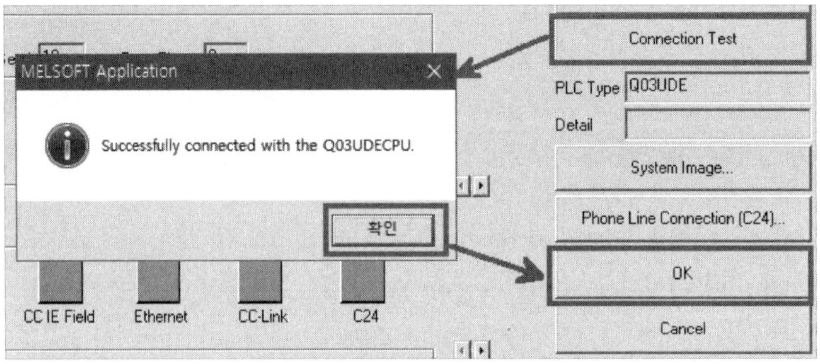

그림 2-11 접속이 정상적인 경우

접속이 정상일 경우 Connection Test로 확인이 가능하며, 필히 OK버튼을 클릭해야 해당 설정 내용이 저장된다.

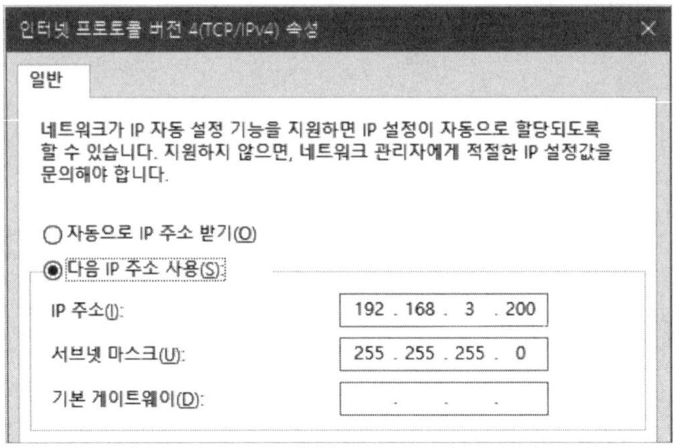

그림 2-12 PC 이더넷 카드 IP 설정

이더넷을 이용한 접속은 PLC CPU가 이더넷 포트를 지원하거나 또는 별도로 이더넷 모듈이 추가되어있는 경우 가능하다. PC와 PLC의 이더넷 포트가 직접 연결되는 경우라면 크게 문제되지 않지만, 허브를 경유하여 접속할 경우에는 IP와 서브넷 마스크 설정에 유의하여야 한다. 서브넷 마스크의 값이 255.255.255.0일 경우 PLC CPU의 IP도 192.168.3.xxx로 대역이 동일해야 통신이 이뤄진다. 192.168.3.xxx 대역은 C클래스 네트워크 주소로 C클래스는 192.0.0.0~223.255.255.255까지이며, 해당 IP가 모두 동일한 네트워크 대역에 있다면 너무 많은 트래픽이 발생하기 때문에 서브넷마스크로 좀 더 좁은 네트워크 망을 생성하여 효율적인 통신을 유도한다. 미쓰비시 Q PLC의 경우 기본 IP값이 192.168.3.39값으로 설정되어 있기 때문에 내 컴퓨터의 네트워크 카드의 IP대역을 192.168.3.xx 로 설정할 필요성이 있다. 만약 IP가 변경된 PLC와의 접속을 한다면 다음에 나올 Find CPU 기능을 통해 PLC CPU의 IP를 회신 받을 수 있으며, 이 정보를 이용해 내 PC의 네트워크 카드 IP를 변경하여 PLC에 접속할 수 있다.

그림 2-13 이더넷 카드가 여러 개 일 경우 메트릭 설정

PC에 이더넷 카드가 2장 이상일 경우 우선 접속 가능한 이더넷 카드를 선택해 주어야 하는데, 이때는 연결되는 이더넷 카드의 인터페이스 메트릭 값을 낮게 설정해야 한다. 메트릭 값은 특정 네트워크 인터페이스에 대한 IP 경로에 할당되는 값이다. 자동메트릭으로 설정하게 되면 PC에 연결된 네트워크카드(랜카드)중 통신속도 등이 빠른 랜카드를 통해 통신을 시도하기 때문에 PLC를 검색하지 못할 수도 있다. 그렇기 때문에 PLC가 연결되어 있는 네트워크 카드의 메트릭 값을 낮게 설정해야(우선 순위를 높게) PLC를 쉽게 검색할 수 있다.

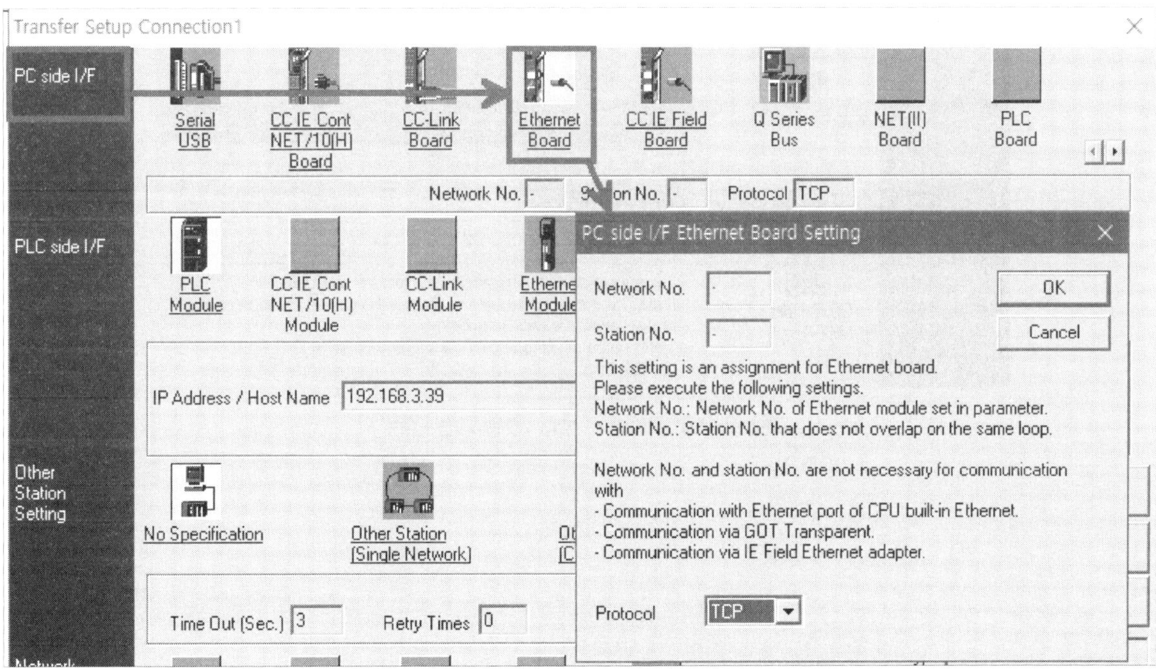

그림 2-14 이더넷을 이용한 접속, PC side

PC의 이더넷카드 환경이 파악되었으면 PC side I/F(Inter Face)에서 Ethernet Board를 더블 클릭하면 프로토콜을 선택할 수가 있으며, 이때는 UDP, TCP 모두 무관하나, 되도록 TCP포트를 권장한다. TCP(Transmission Control Protocol)는 근거리 통신망이나 인트라넷, 인터넷에 연결된 컴퓨터에서 실행되는 프로그램 간에 안정적으로, 순서대로, 에러 없이 교환할 수 있게 한다. UDP(User Datagram Protocol, UDP)는 연결의 설정, 해제 과정이 존재하지 않고, 흐름 제어 또는 혼잡 제어와 같은 기능도 처리하지 않기 때문에 TCP보다 속도는 빠르나 신뢰성이 떨어진다. 그래서 신뢰성보다는 연속성이 중요한 서비스에 사용된다. 또한, Q03UDE CPU는 16개의 커넥션이 가능한데, UDP포트 1개와 TCP포트 15개로 기본 설정이 되어있기 때문이다. 이와 관련한 설정은 PLC Parameter - Built-in Ethernet Port Setting에서 설정할 수 있다.

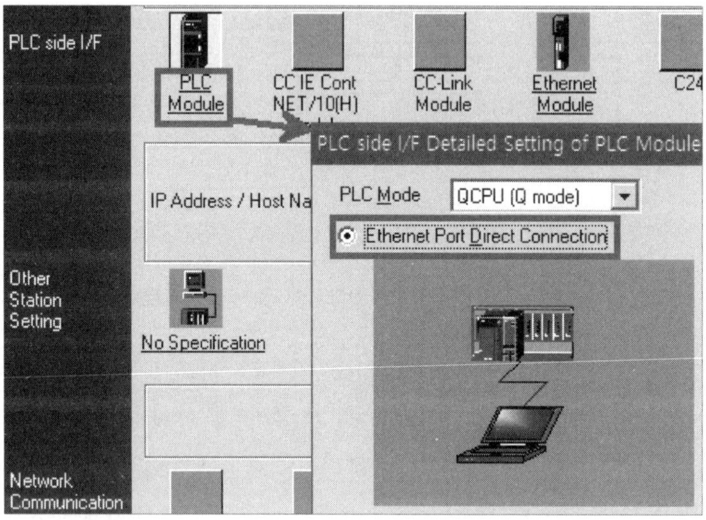

그림 2-15 PC와 PLC CPU가 직접 연결되어 있는 경우

PC와 PLC가 직접 연결된 경우는 Ethernet Port Direct Connection메뉴로 접속한다.

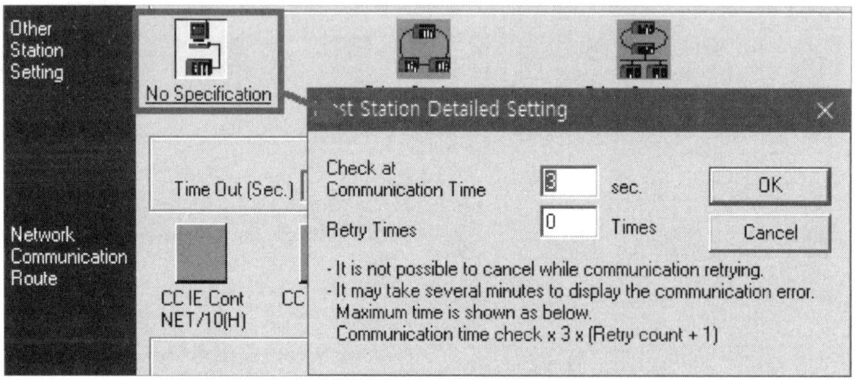

그림 2-16 PLC와 직접 연결되는 경우

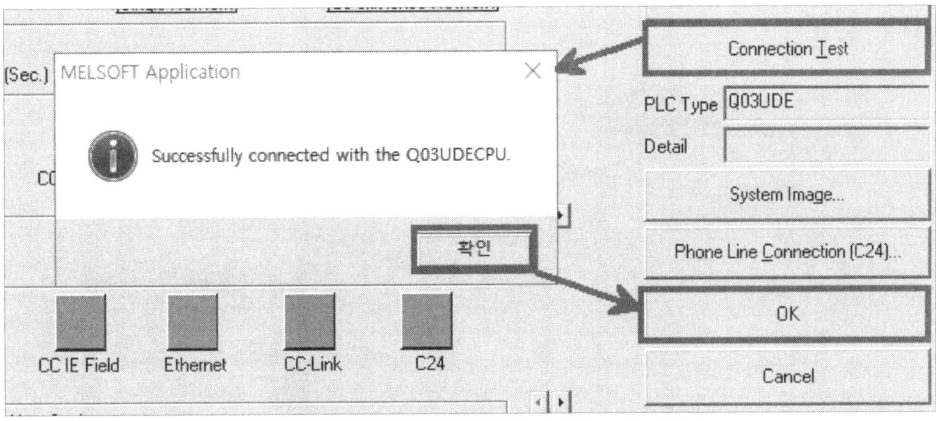

그림 2-17 정상적으로 접속이 된 경우

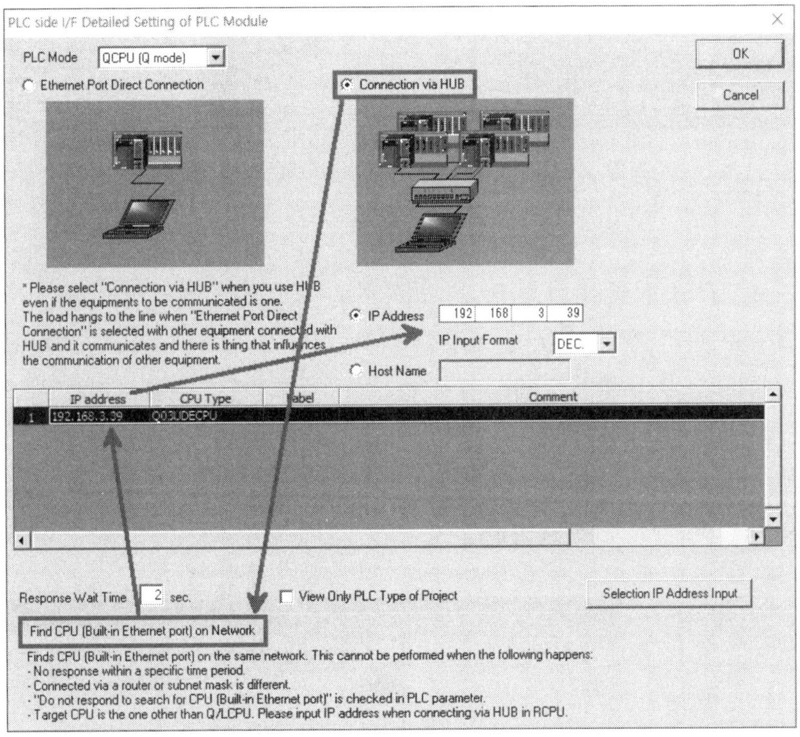

그림 2-18 허브를 통해서 연결된 경우

만약 PC와 PLC의 연결이 허브를 통해서 연결되어 있다면 Find CPU 기능을 이용하여 네트워크에 연결되어 있는 PLC를 검색할 수 있다. Works2에서 Find CPU버튼을 클릭하면 네트워크에 연결되어 있는 PLC로부터 IP를 전달 받게 되고(여러대의 PLC CPU가 연결되어 있다면 여러 개의 IP가 리스트업 된다.) 해당 IP를 더블클릭하게 되면 IP Address에 등록되며, 직접 입력도 가능하다. 이후의 과정은 PLC CPU와 직접 연결된 상황과 동일하다.

[4] 파라미터 설정

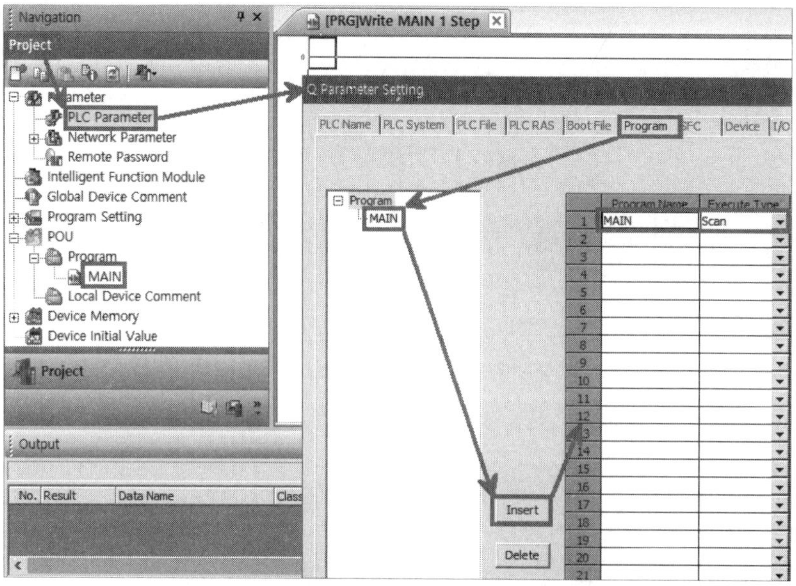

그림 2-19 Parameter - Main 프로그램 등록

프로그램을 작성하기 전 중요한 사항으로 파라미터를 설정해야 한다. 그중에서도 우리가 앞으로 작성하는 Main 프로그램의 실행 방식을 Scan 방식으로 설정해야 에러 없이 프로그램을 실행할 수 있다. 물론 프로그램을 여러 개로 나누어 작성할 경우 해당 프로그램들도 추가하고 실행방식을 결정해 주어야 프로그램 다운 시 에러가 발생하지 않는다. 여러 개의 프로그램을 등록할 때는 등록한 순서대로 연산이 수행되므로 프로그램 우선순위에 주의해야 한다.

파라미터 메뉴의 탭 부분의 색이 분홍색일 경우 기본값을 나타내며, 파란색으로 변경한 것은 사용자에 의해 기본값이 변경된 것을 의미한다.

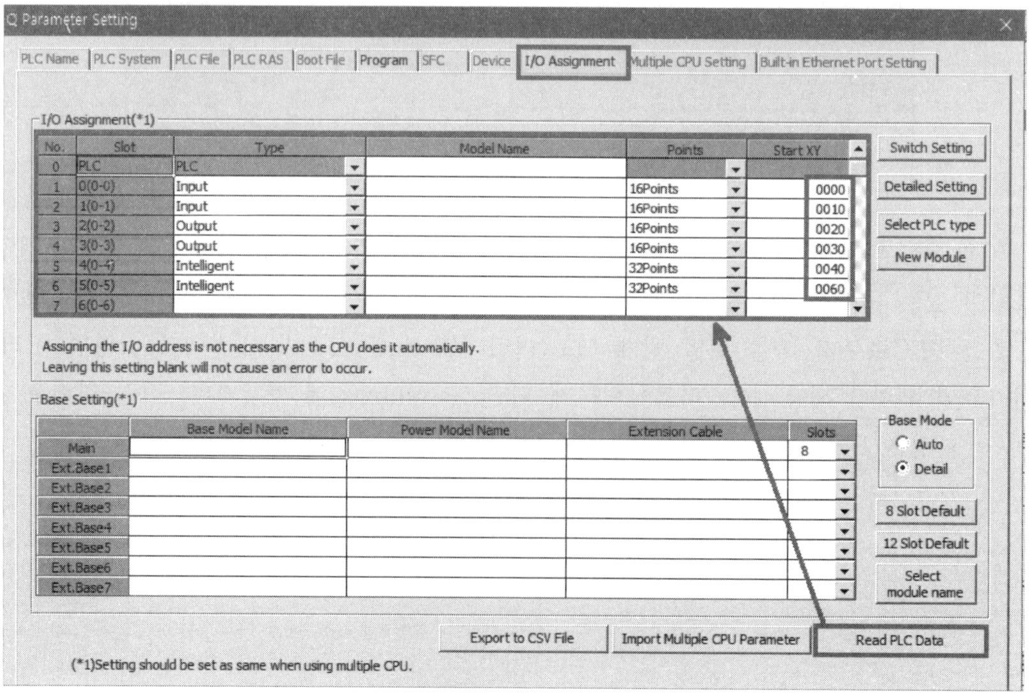

그림 2-20 I/O할당

또한 PLC모듈에 장착되어 있는 모듈의 I/O Address를 할당할 수 있다. 입출력 주소의 표현은 16진수로 표현한다. PLC와 접속이 되어 있는 경우에는 Read PLC Data 버튼을 클릭하여 장착되어 있는 모듈의 정보를 읽어 올 수 있다. 그러면 슬롯에 장착되어 있는 모듈의 Type과 점수(Points)가 자동으로 등록된다. Start XY는 모듈의 시작 주소로 기입하지 않으면 0번부터 자동으로 증가(16진법)되어 할당되나(표시 되지는 않음), 향후 슬롯에 사용되는 모듈의 점수가 변경되는 것을 고려하여 수동으로 설정할 수도 있으며, Start XY값도 자동으로 변경되는 것을 방지하기 위해 수동으로 설정하는 것이 가능하다.

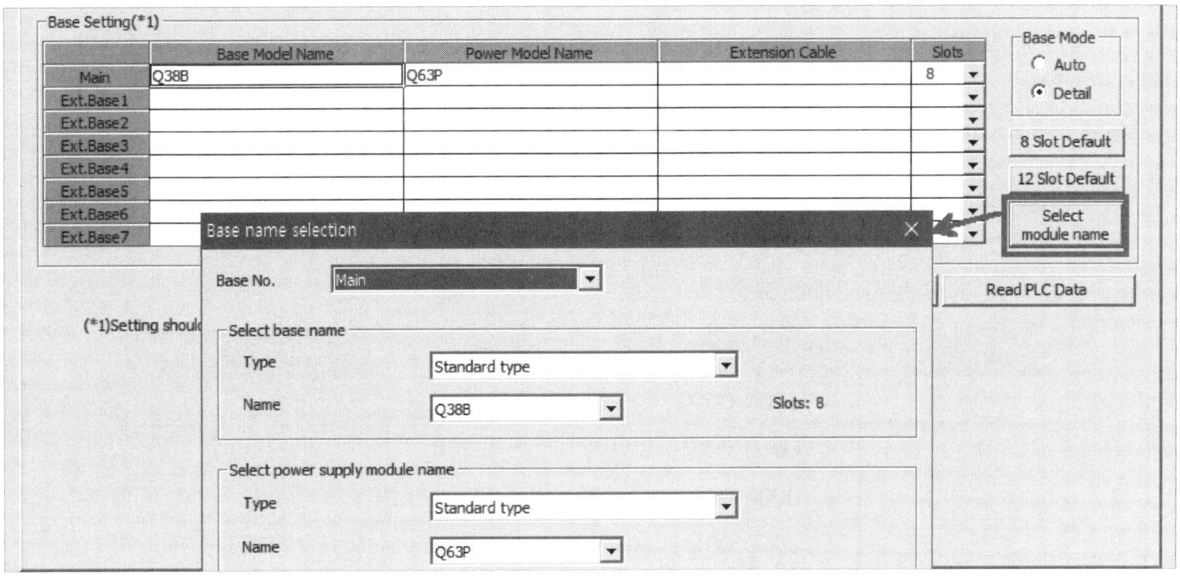

그림 2-21 베이스 설정, 기본베이스만 있는 경우 특별히 설정하지 않아도 된다.

알고 넘어 갑시다 - 진수, 진법

진법은 수를 셀 때, 자릿수가 올라가는 단위를 기준으로 하는 셈법의 총칭이다. '위치적 기수법'이라고도 한다. 프로그래밍에서는 일반적으로 2진법과 10진법, 16진법을 주로 사용한다. 프로그래밍에서 2진법을 사용하는 이유는 메모리에 데이터를 저장하는 방법이 충전(1)과 방전(0)으로 구분되기 때문이다. 즉 10진수 10을 메모리에 저장하면 메모리에는 [5V, 0V, 5V, 0V]로 저장된다고 생각하면 된다. 이를 표현하기에는 2진법 즉, 0과 1로 표현하기에 적당하기 때문이다. 그러나 2진법의 경우 0과 1의 배열이 너무 길기 때문에 프로그래밍 시 구분도 잘 되지 않을뿐더러 오타가 생길 수 도 있다. 그래서 이를 16진법으로 표현 하면 2진수를 매우 효과적으로 표현할 수 있기 때문에 16진법을 사용한다. 즉, 2진수 4자리는 16진수 1자리와 동일하기 때문에 표현에 있어 매우 유리하다. 그렇기 때문에 가능하다면 2진법과 16진법은 외우는 것을 권장한다.

- 10진법 : 0~9, 문자 10개로 표현
- 2진법 : 0, 1 문자 2개로 표현
- 3진법 : 0, 1, 2 문자 3개로 표현

10진법	2진법	3진법(예)	16진법
0	0000 0000	0	0
1	0000 0001	1	1
2	0000 0010	2	2
3	0000 0011	10	3
4	0000 0100	11	4
5	0000 0101	12	5
6	0000 0110	20	6
7	0000 0111	21	7
8	0000 1000	22	8
9	0000 1001	100	9
10	0000 1010	101	A
11	0000 1011	102	B
12	0000 1100	110	C
13	0000 1101	111	D
14	0000 1110	120	E
15	0000 1111	121	F
16	0001 0000	122	10
17	0001 0001	200	11
18	0001 0010	201	12

- 2진법 → 16진법 변환

  10110101101010100010111101110 → 16진법

  1 / 0110 / 1011 / 0101 / 0100 / 0101 / 1110 / 1110 → 16B545EE(16진법)

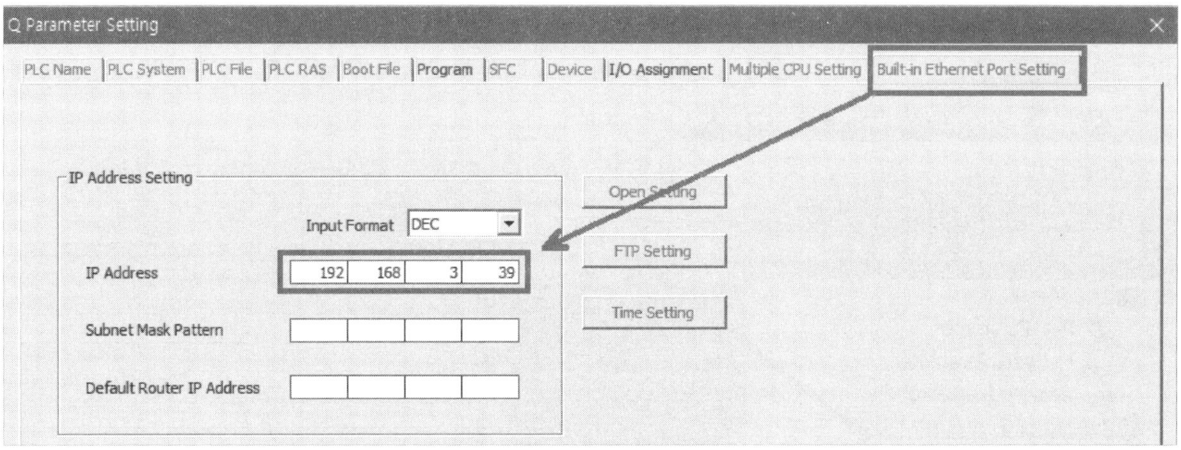

그림 2-22 PLC IP의 설정

PLC CPU의 종류에 따라 파라미터의 내용은 약간씩 변경된다. Q03UDE 모델의 경우 Ethernet 포트를 지원하기 때문에 파라미터 메뉴에 Built-in Ethernet Port Setting 메뉴를 제공한다. 해당 메뉴에서 IP Address를 변경하여 PLC에 다운로드 하고, PLC CPU의 전원을 ON/OFF하거나 리셋하면 PLC CPU의 IP가 변경된다. 이러한 경우 앞서 설명한 Connection Destination 메뉴에서 다시 접속해야 PLC에 접속할 수 있다.

2 프로그램의 작성

[1] 래더 프로그램의 작성

파라미터의 설정이 끝나면 바로 프로그램을 작성해도 되나, 외부기기에 대한 코멘트 작업을 우선 진행하면 프로그램의 작성과 해석에 도움이 된다.

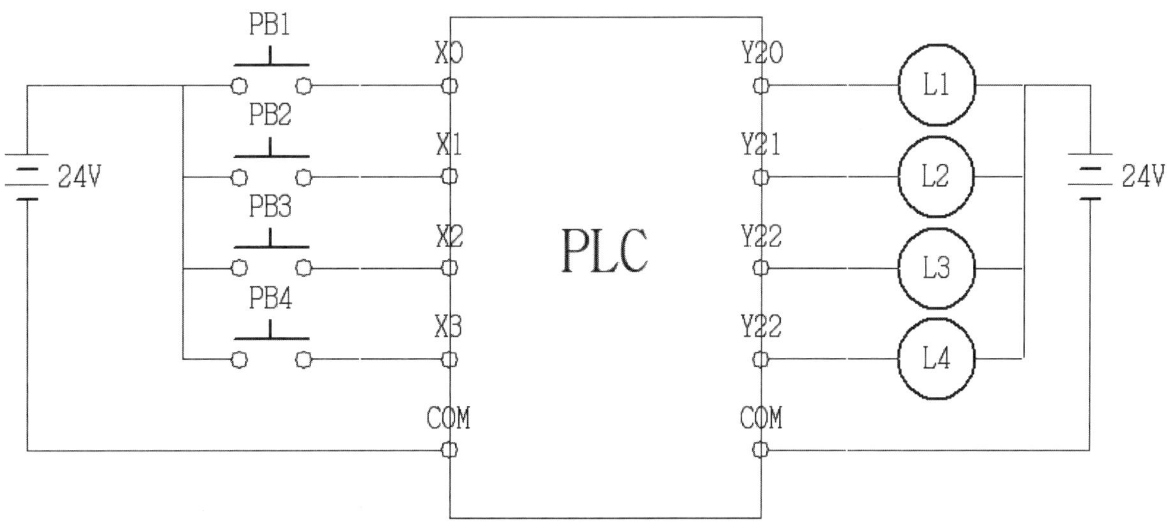

그림 2-23 PLC 외부 기기 결선도 예시

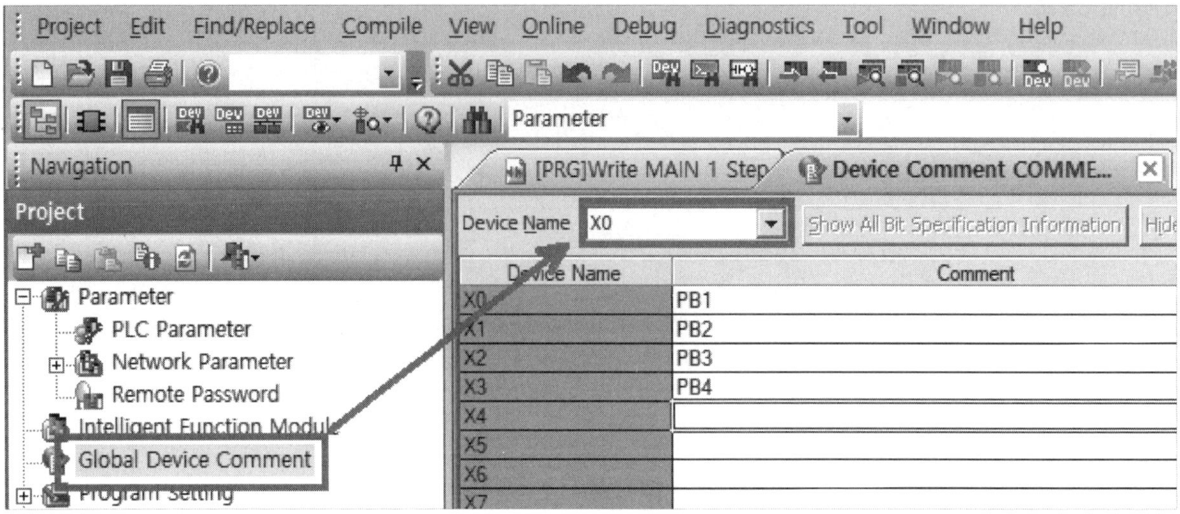

그림 2-24 입력부 코멘트 작업

글로벌 디바이스 코멘트 항목에서 연결 접점에 대한 코멘트 작성이 가능하다.

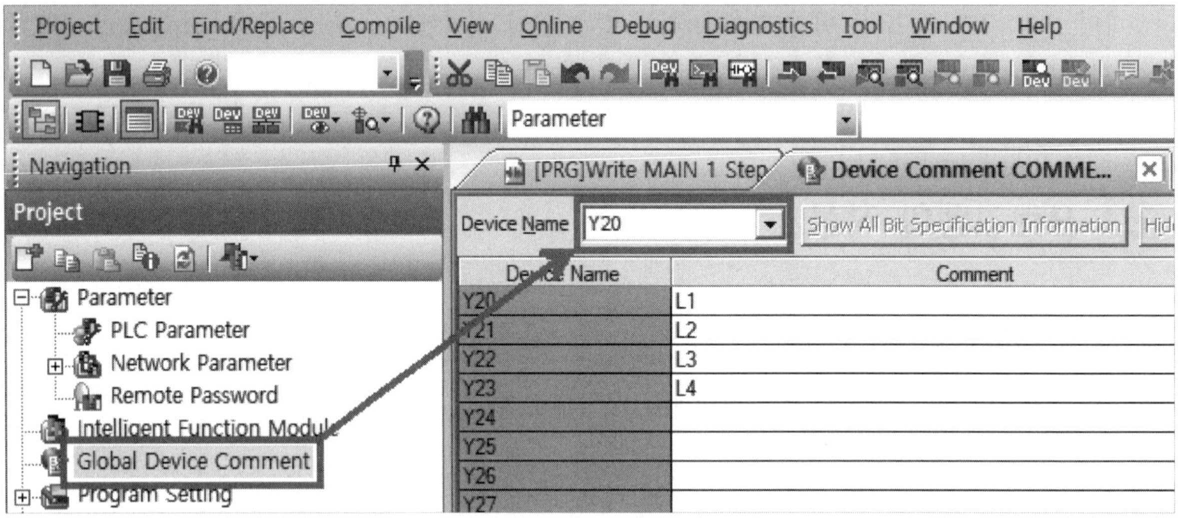

그림 2-25 출력부 코멘트 작업

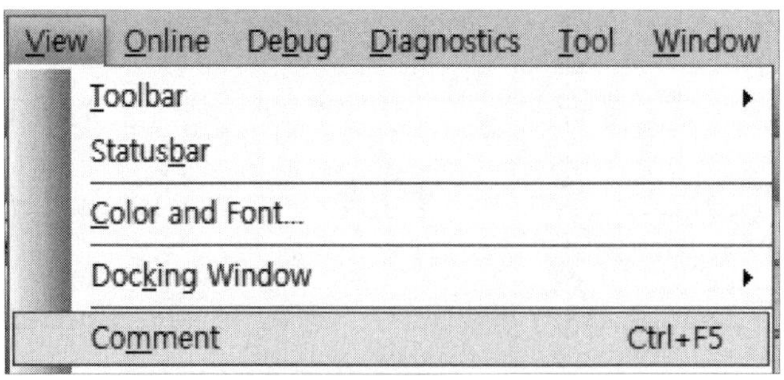

그림 2-26 코멘트 보기

작성된 코멘트 내용을 보이게 하려면 View-Comment를 선택해야 볼 수 있다.

코멘트 작업이 완료되면 래더편집도구를 이용하여 프로그램을 작성할 수 있다. 아래는 래더편집 도구 및 단축키이며, 프로그램의 빠른 작성을 위해 단축키를 활용할 것을 권장한다.

그림 2-27 래더 편집 단축키

또한 가로선 세로선을 편집하는 경우에도 Ctrl+방향키를 활용하여 쉽게 그리고 삭제할 수 있다. 그 외 자주 쓰이는 단축키로는 Home, End키가 있으며, 래더 화면에서 커서를 맨 앞으로 할 때 또는 맨 뒤로 이동할 때 사용된다. Shift + Home, End 키를 활용하면 범위를 선택하여 한번에 삭제하거나 복사할 수도 있기 때문에 자주 활용하여 손에 익히는 것이 바람직하다.

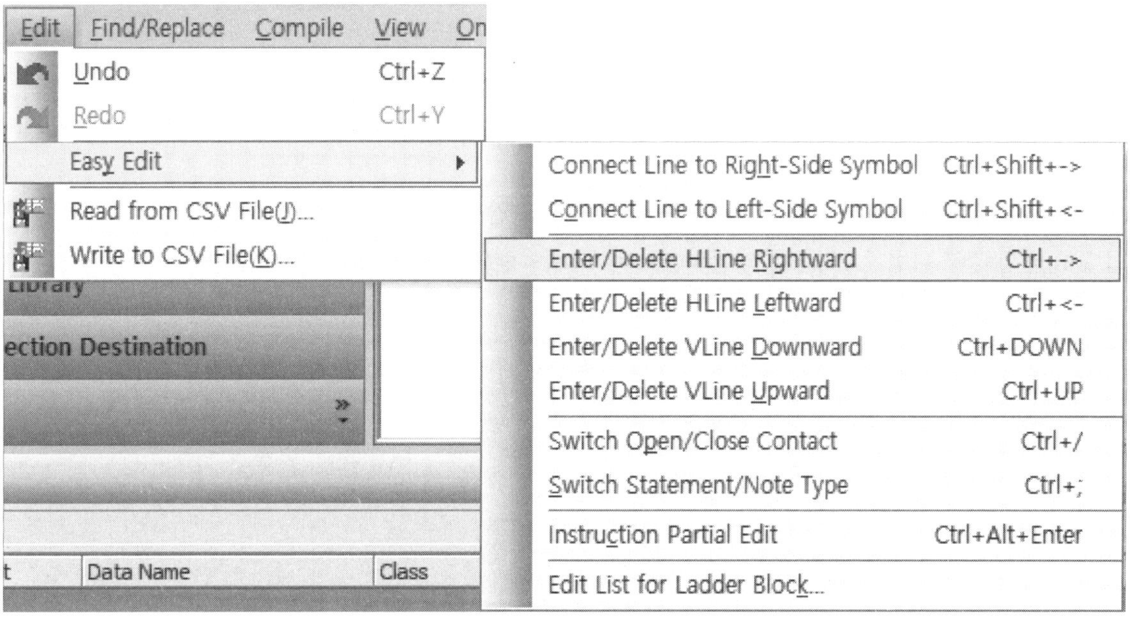

그림 2-28 Easy Edit 기능, Ctrl + 방향키를 이용하여 라인을 그리거나 삭제할 수 있다.

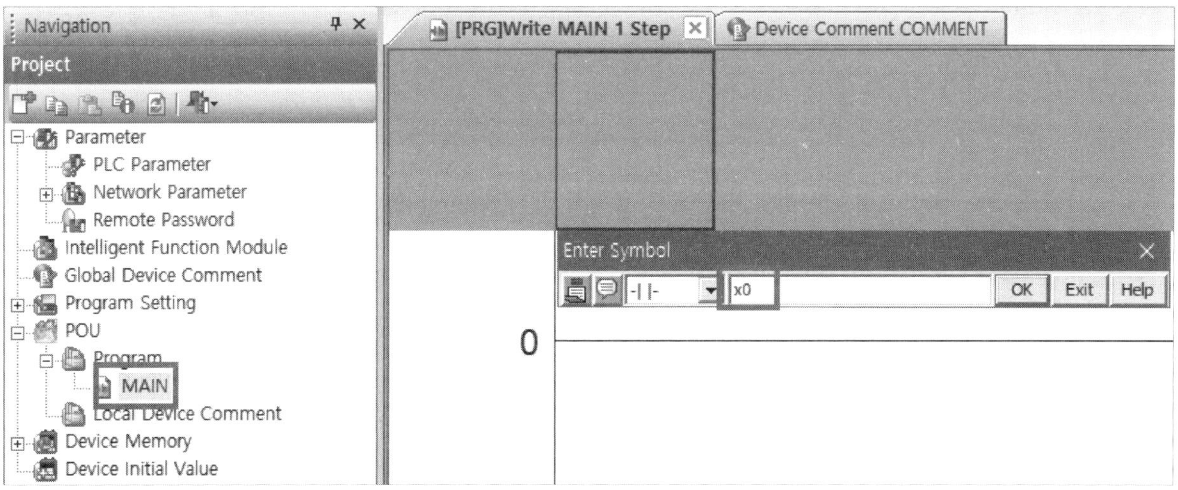

그림 2-29 a접점(F5) X0을 입력한 경우

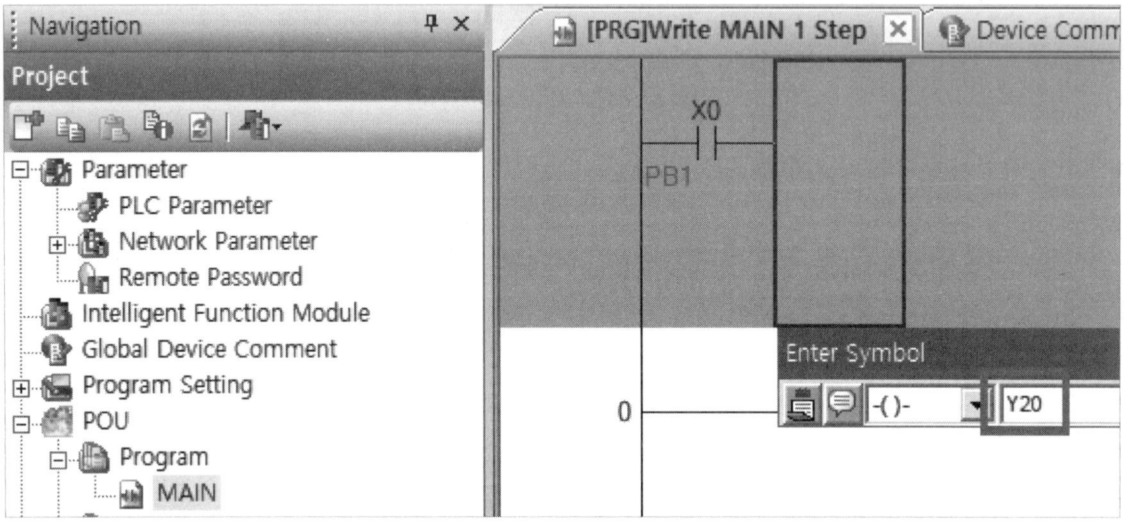

그림 2-30 코일입력, 단축키 F7

a접점을 추가하여 X0 어드레스를 부여 하였으면 코일을 입력하여 보자. 커서를 위 그림 위치에 놓고 F7을 입력한 다음 Y20을 부여한다. 래더 프로그램의 규칙상 코일은 오른쪽 모선에 연결된다.

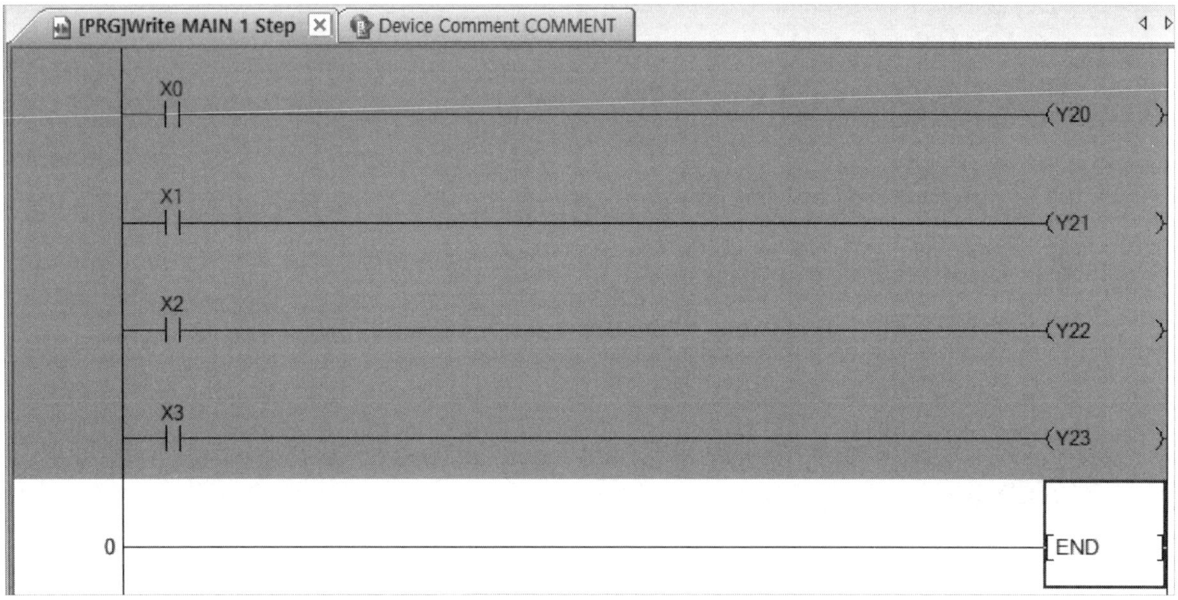

그림 2-31 래더 프로그램 작성, 코멘트를 활성화 시키면 편집화면이 넓어지기에 비활성화 함

편집 기능(복사, 붙여넣기 또는 직접 작성 등)을 이용하여 위와 같은 프로그램을 작성한다. 작성된 프로그램은 회색으로 표시되며, 이는 컴파일(Compile) 되지 않았다는 의미이다. 컴파일 되지 않은 상태에서 파라미터창이나 옵션 창으로 이동하려면 프로그램이 삭제된다는 메시지가 나오고, 이동할 경우 애써 작성한 프로그램이 삭제되는 일이 발생되니 주의하도록 한다.

코멘트를 표시하게 되면 편집 화면의 간격이 넓어지게 되어 지면을 많이 차지하는 관계로 본 교재에서는 필요할 경우만 사용하도록 한다.

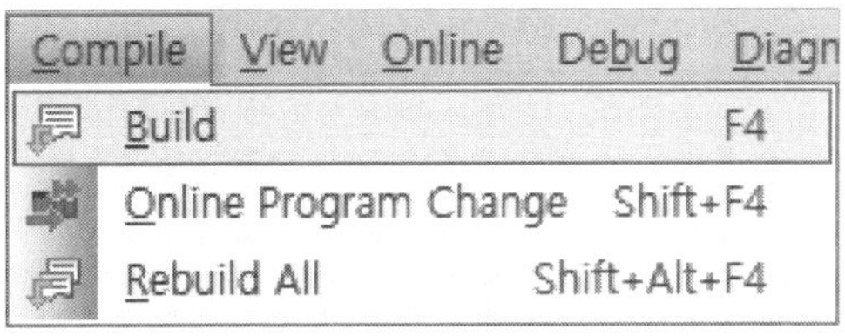

그림 2-32 컴파일하기, F4

그림 2-33 컴파일 이후의 프로그램 화면

작성된 프로그램을 컴파일(F4) 하면, 프로그램에 오류가 없을 경우 배경색이 흰색으로 변경된다. 오류가 발생하면 하단의 출력창(Output Window)에 에러 내용이 표시된다. 이렇게 정상적으로 컴파일이 되면 프로그램을 PLC에 다운로드할 수 있다. 또한 정상적으로 컴파일 되어야 프로젝트를 저장도 할 수 있다.

[2] 래더 프로그램의 PLC쓰기

프로그램의 작성과 컴파일이 정상적으로 완료되면 프로그램을 PLC에 쓸 수 있다. 메뉴의 Online - Write to PLC 사용하여 프로그램을 PLC에 쓸 수 있으며, 이는 사전에 PC와 PLC의 통신이 접속된 이후에 가능한 작업이다.

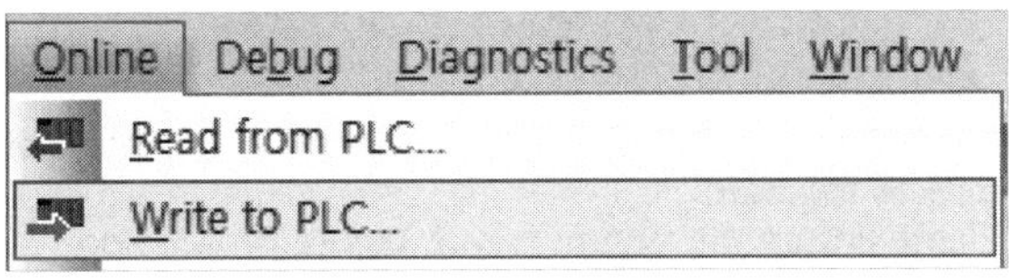

그림 2-34 PLC 다운로드 하기

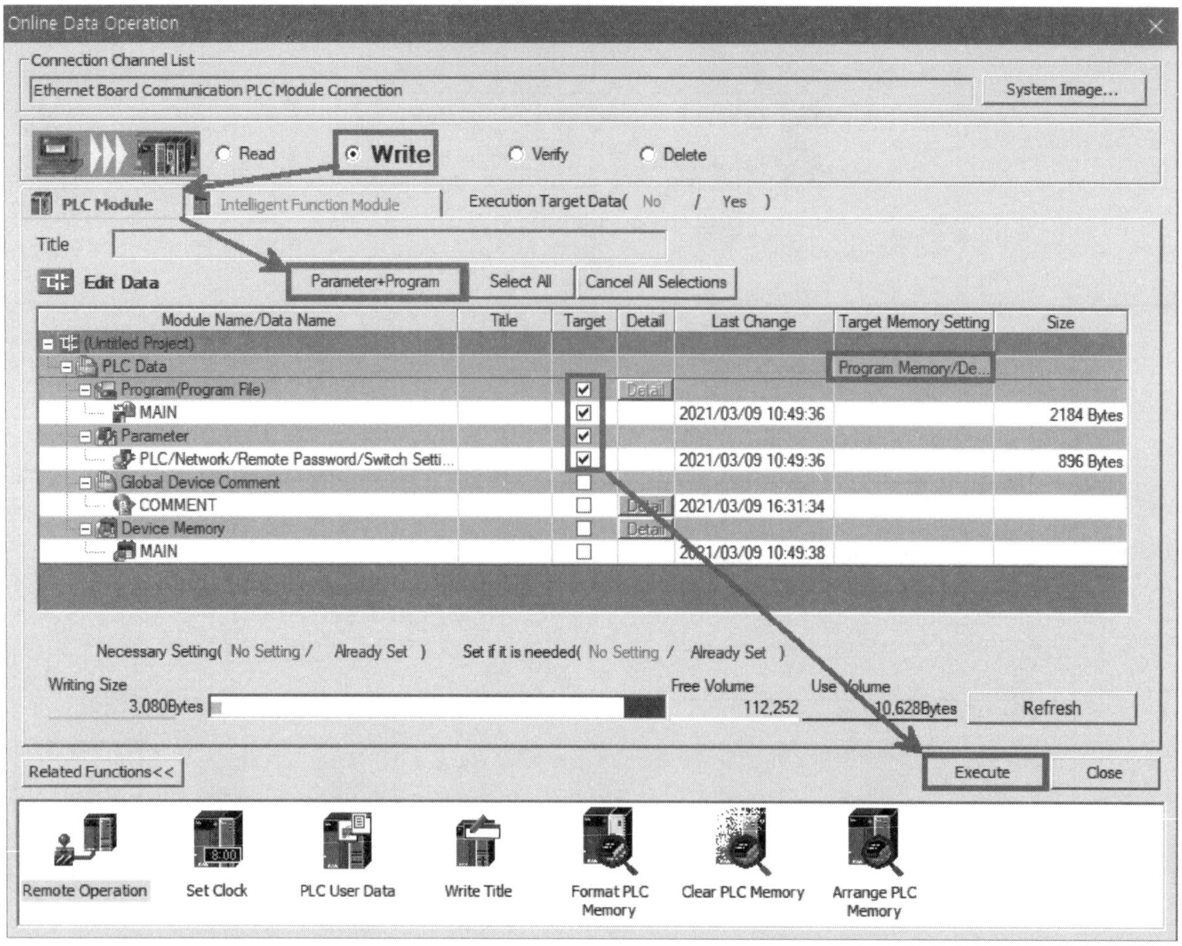

그림 2-35 컴파일 된 프로그램의 PLC Write

Write 메뉴가 선택되어 있으면, Parameter+Program을 선택하면 작성된 MAIN프로그램과 파라미터가 자동으로 선택된다. 코멘트로 PLC에 저장하려면 체크하여 저장 시킬 수 있다. Target Memory Setting은 Program Memory를 선택하면 된다. 모든 선택이 완료되면 실행(Execute)버튼을 누르면 프로그램이 다운로드 된다. 프로그램이 다운로드 될 때는 CPU의 연산이 정지되며, 이에 대한 경고 창이 열린다.

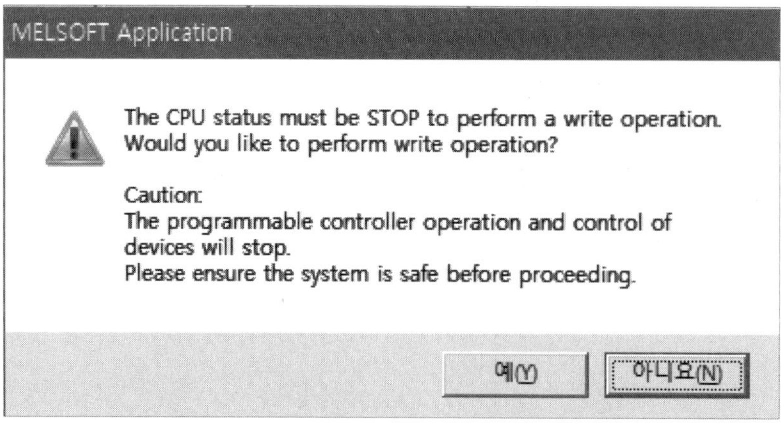

그림 2-36 다운로드 시 메시지, CPU가 정지된다.

현장의 경우 PLC CPU가 정지하는 것은 매우 중대한 문제가 될 수 있으므로 CPU가 STOP되기 전 사용자에게 알리는 단계이다. 또한 사용하던 PLC라면 파라미터가 내부에 저장되어 있기 때문에 파라미터를 덮어 쓸 것인지 물어보는 창의 뜬다. 우리는 새로운 파라미터를 덮어 쓸 것이기 때문에 'YES'를 누르면 된다.

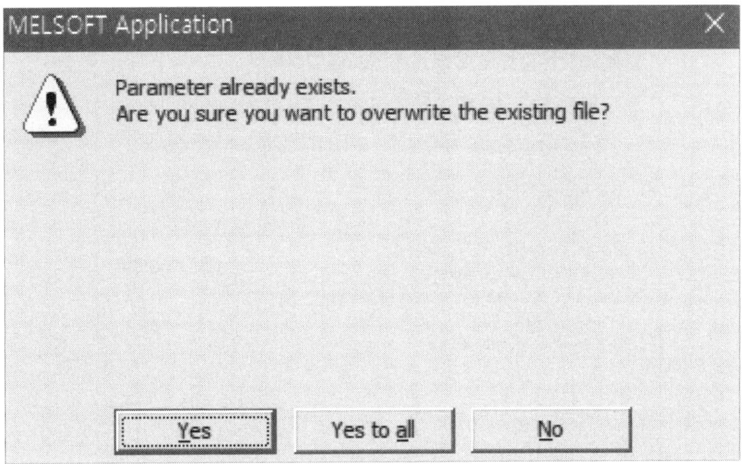

그림 2-37 파라미터가 PLC에 존재하는 경우의 경고창

MAIN프로그램도 미리 다운로드 되어 있는 MAIN프로그램이 있다면 이를 덮어 쓸 것인지 물어보는 경고 창이 뜬다. 매 프로그램을 다운로드할 때마다 해당 창이 뜨기 때문에 향후에는 'Yes to all' 버튼을 누르는 것이 편리하다.

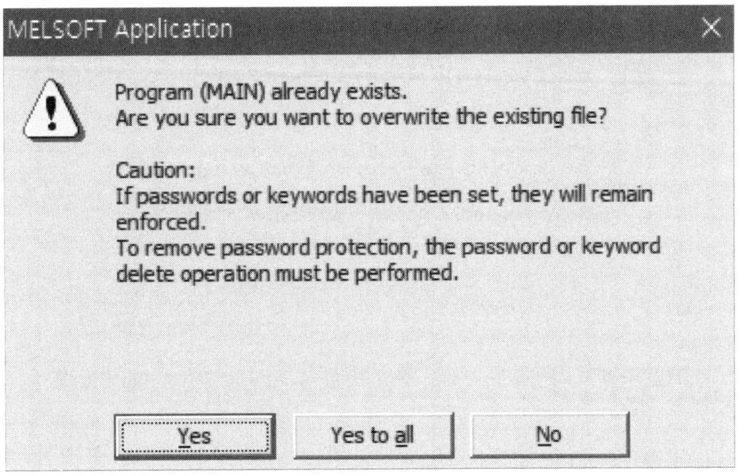

그림 2-38 MAIN 프로그램이 CPU에 존재하는 경우의 경고창

쓰기(Write) 결과는 별도의 창에 표시되며, 파라미터와 MAIN 프로그램을 모두 다운로드한 후 Close 버튼을 누르면 PLC를 다시 RUN 상태로 변경할 것인 묻는 창이 뜨는데 '예(Y)'를 클릭하여야 PLC CPU가 RUN으로 변경된다.

만약 이때 '예(Y)'를 클릭하지 아니하고 '아니요(N)'를 클릭하면 CPU는 STOP 상태이며, 연산을 수행하지 않는다.

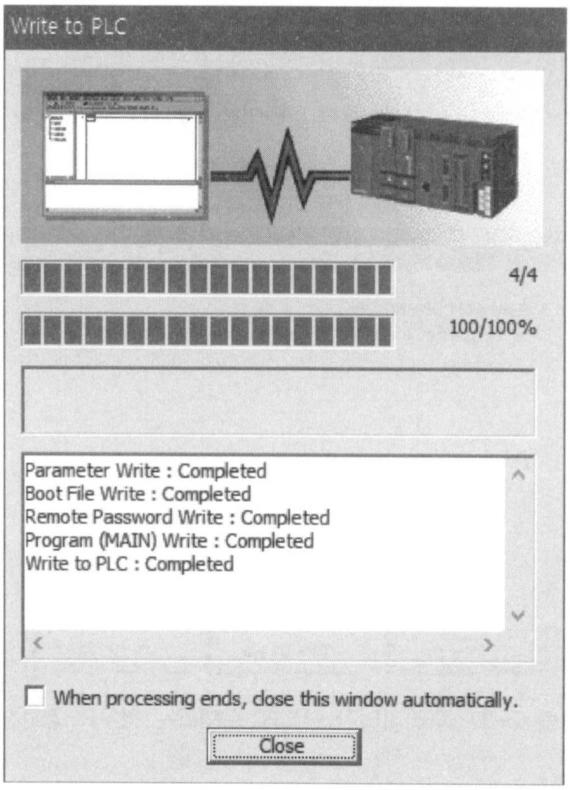

그림 2-39 파라미터와 MAIN 프로그램이 다운된 경우

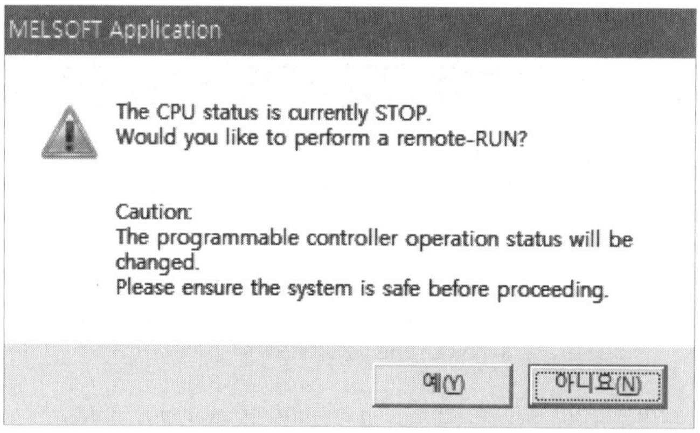

그림 2-40 다운로드 완료 후 CPU를 다시 RUN한다. 예(Y)클릭

이때에는 Online - Remote operation 메뉴에서 다시 RUN 모드로 변경할 수 있다. 단 리모트에서 RUN, STOP을 제어하려면 CPU 모듈의 'RUN/STOP/RESET 스위치' 가 RUN에 위치해 있어야 한다.

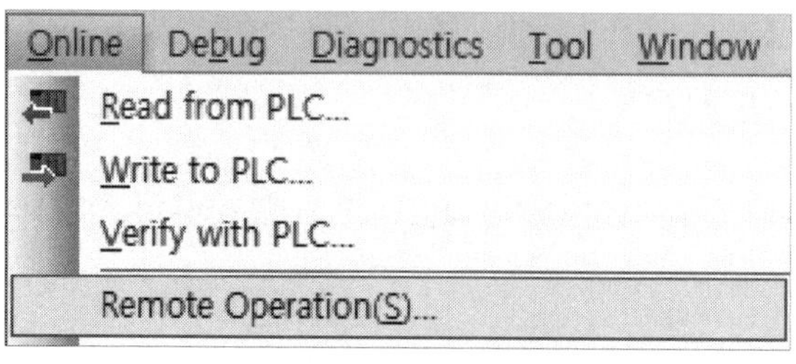

그림 2-41 원격으로 PLC CPU모드 변경 시

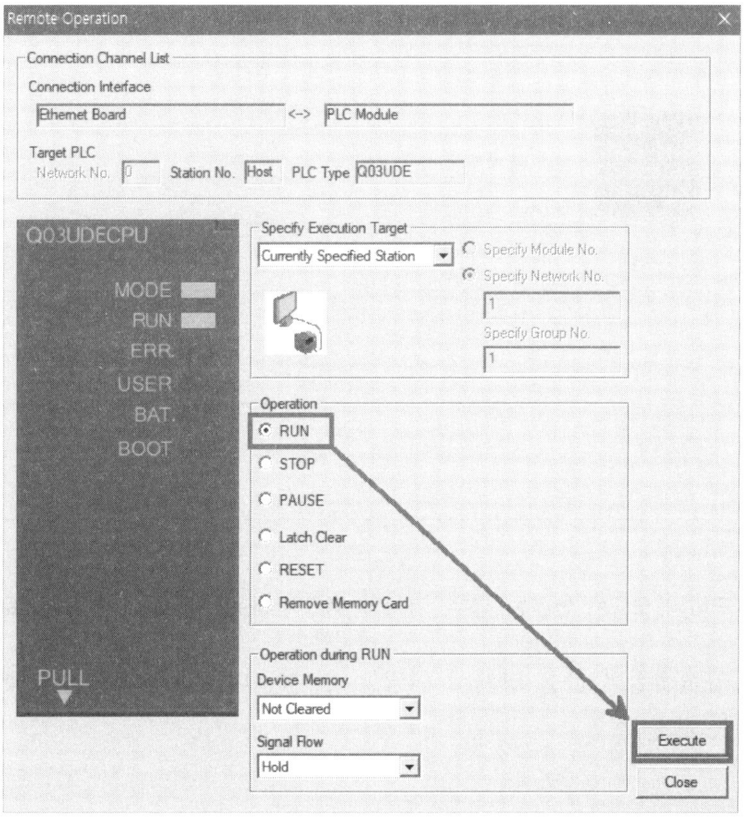

그림 2-42 Remote Operation, STOP일 경우 RUN 선택 후 실행을 클릭한다.

[3] 프로그램 모니터링

프로그램을 다운로드한 후 프로그램의 동작 상태를 모니터링 할 수 있는데, 이는 모니터 모드로 변경(단축키 F3)하면 된다. 그러나 모니터 모드에서는 프로그램 편집을 할 수 없기 때문에 프로그램을 수정하려면 다시 쓰기모드(단축키 F2)로 변경해야 한다.

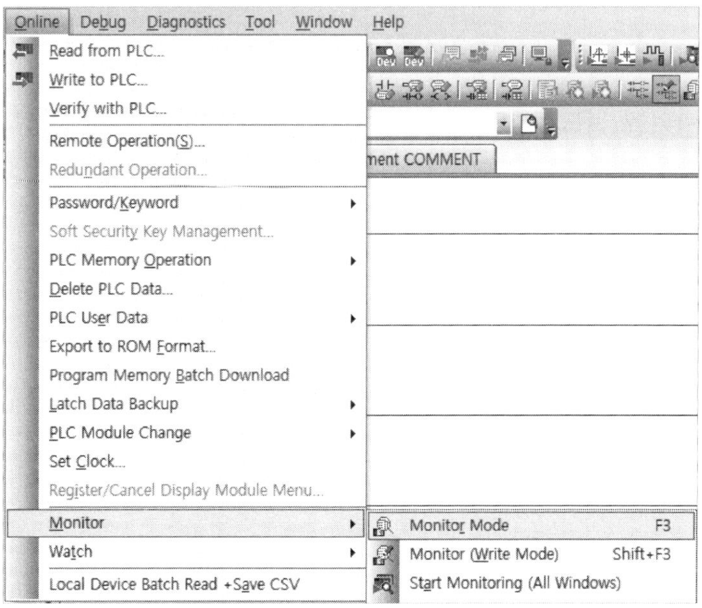

그림 2-43 프로그램의 모니터링

그림 2-44 모니터 모드로 변경된 경우, 커서의 색깔이 채워진 파란색 사각형으로 변경된다.

모니터링 중에는 입력접점의 값을 강제로 변경할 수 있는데, 단축키 Shift+Enter 또는 Modify Value 메뉴에서 가능하다.

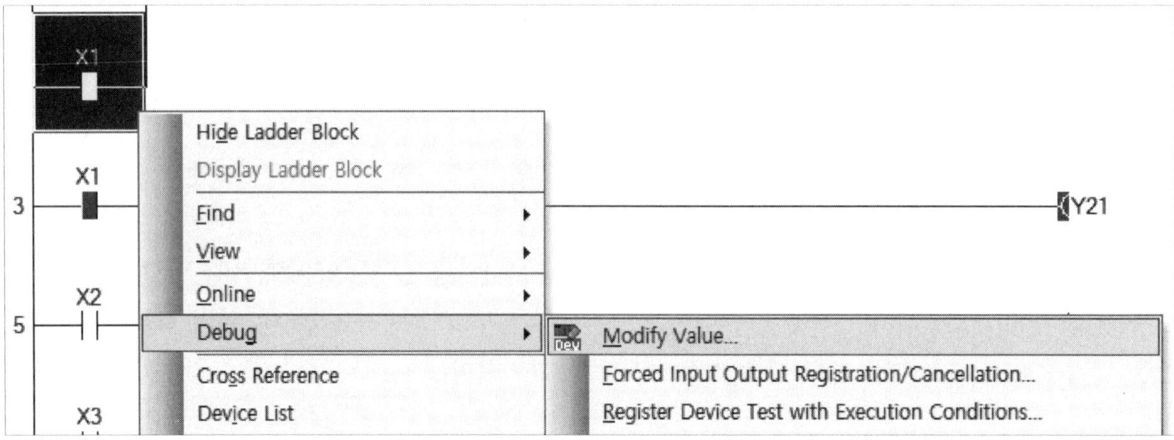

그림 2-45 Modify Value 메뉴

비트 데이터 타입 이외에 워드타입인 경우 그 값을 변경할 수 도 있다. 이러한 부분은 앞으로 나올 예제에서 설명하도록 한다.

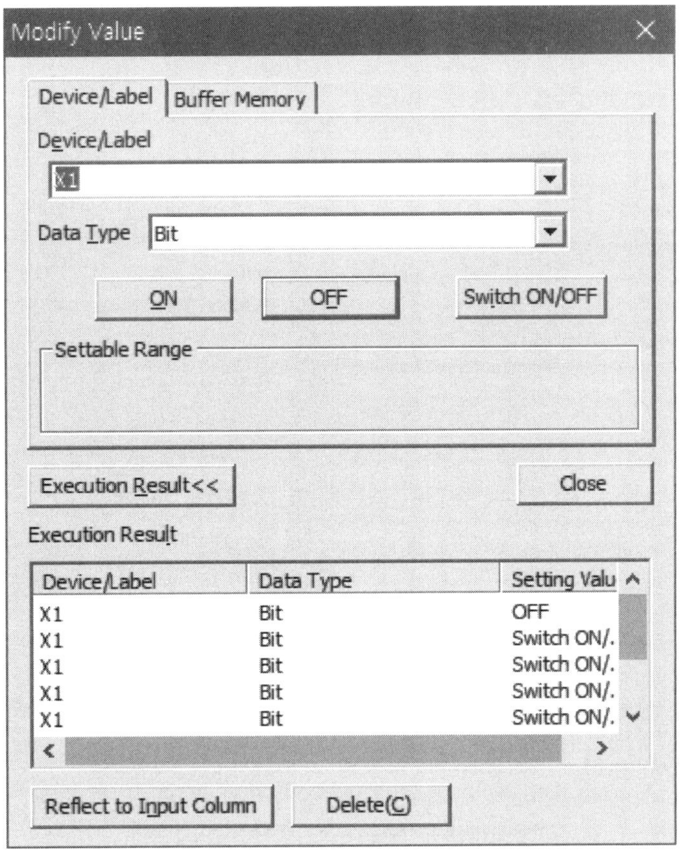

그림 2-46 Modify Value창. 메모리 값을 변경할 수 있다.

Modify Value 메뉴는 Debug – Modify Value에서도 찾아 볼 수 있다. 그 외에도 사용되는 모든 메모리에 대한 값을 모니터링 할 수 있는데, 이는 Device/Buffer Memory Batch Monitor에서 확인할 수 있다.

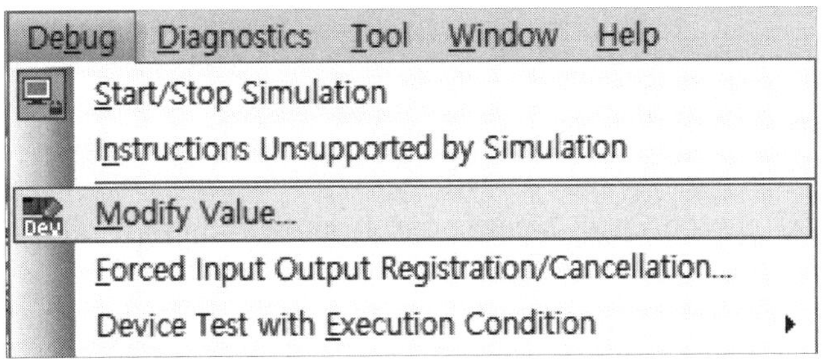

그림 2-47 Debug – Modify Value

아래는 Device/Buffer Memory Batch Monitor 아이콘 모양이다.

그림 2-48 Device/Buffer Memory Batch Monitor 아이콘

아래는 Device/Buffer Memory Batch 의 메뉴이다.

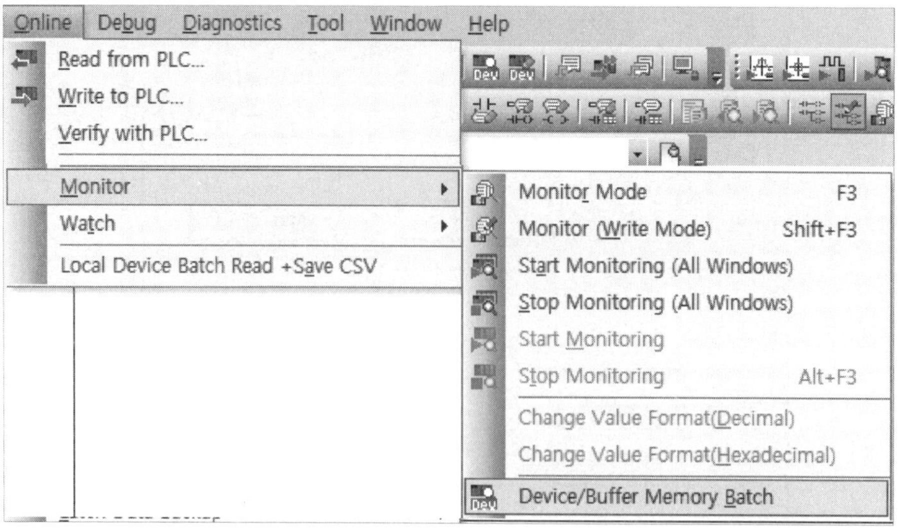

그림 2-49 Device/Buffer Memory Batch Monitor 메뉴 위치

Device/Buffer Memory Batch Monitor 메뉴는 앞으로 프로그램을 작성하면서 사용할 일이 많기 때문에 과제를 해결하면서 다시 설명하도록 하겠다.

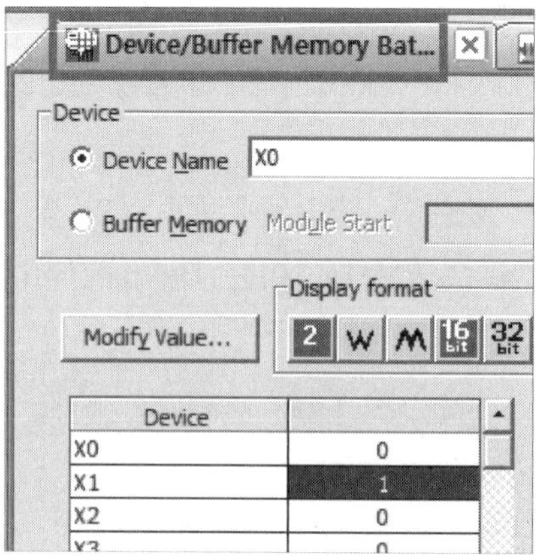

그림 2-50 Device/Buffer Memory Batch Monitor를 이용한 값 모니터링

모니터링을 마치고 다시 프로그램을 수정하려면 쓰기모드(F2)로 변경해야 한다. 그렇지 않으면 프로그램을 수정할 수 없다.

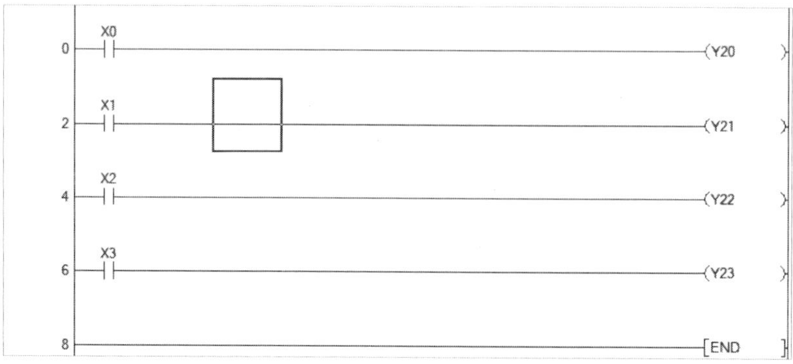

그림 2-51 쓰기모드(F2), 커서의 색깔이 빈 파란색 사각형이다.

쓰기모드(F2)에서 주의할 점은 Insert key 인데, 쓰기모드에서 커서의 색깔이 파란색인 경우 '덮어쓰기' 모드이며, 보라색일 경우 '삽입'이 된다.

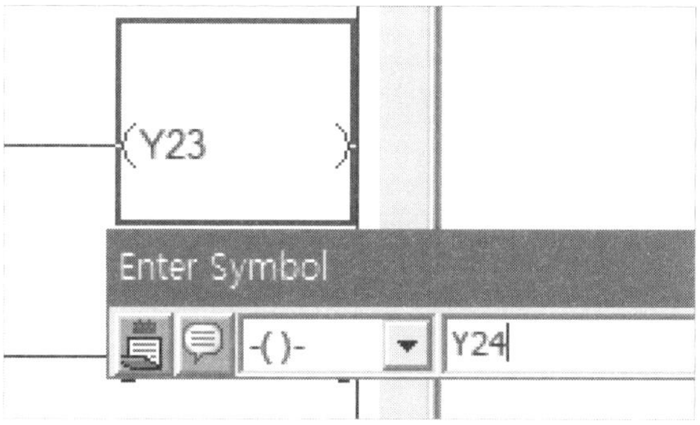

그림 2-52 편집모드 - 덮어쓰기의 경우(파란색)

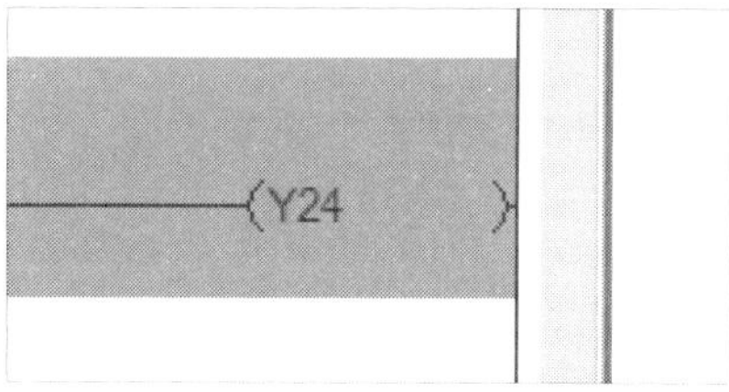

그림 2-53 어드레스가 변경됨

그림 2-54 편집모드 - 삽입의 경우(보라색)

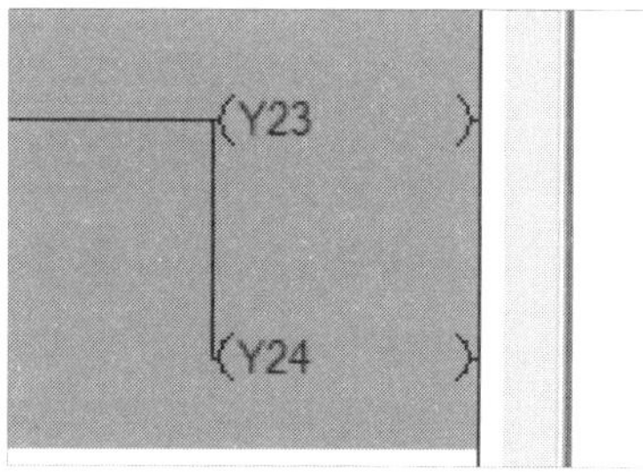

그림 2-55 코일이 추가됨

[4] 모니터 쓰기모드(런 중 편집)

모니터모드(F3)에서는 프로그램을 수정할 수 없지만 모니터 쓰기 모드(Monitor(Write Mode), Shift+F3)를 사용하면 프로그램을 모니터링 하면서 수정할 수 있다. 이는 현장에서 PLC를 STOP 시키지 않고 프로그램을 변경하는 용도로도 사용된다.

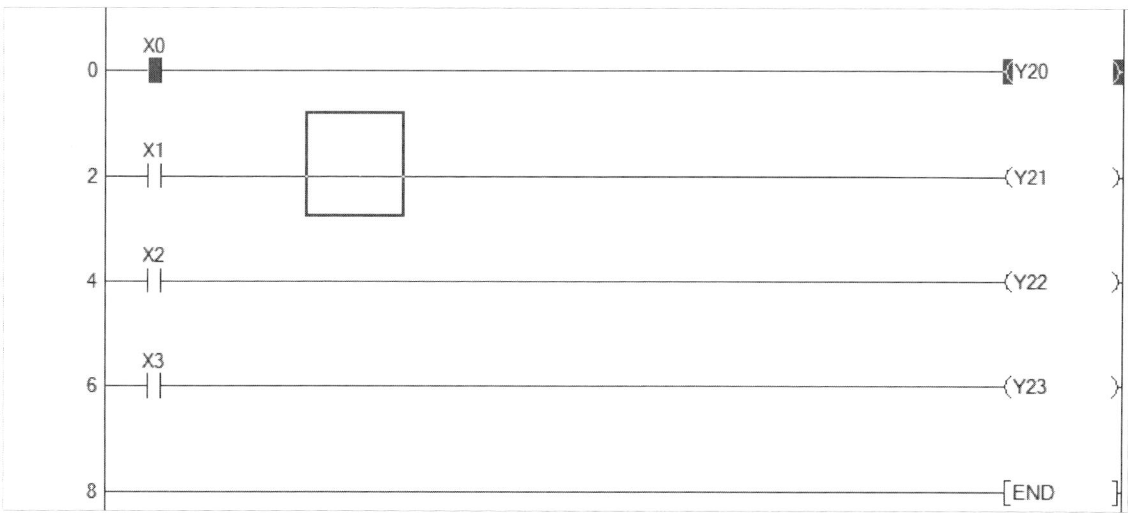

그림 2-56 모니터 쓰기모드(Shift + F3), 모니터 중 프로그램을 수정할 수 있다.

그림 2-57 모니터 중 편집된 프로그램. 중간 라인 삽입은 Shift + Insert 이다.

모니터 쓰기모드에서 수정된 프로그램을 다시 PLC에 다운로드 하기 위해서는 Online Program Change(Shift+F4)메뉴를 이용한다.

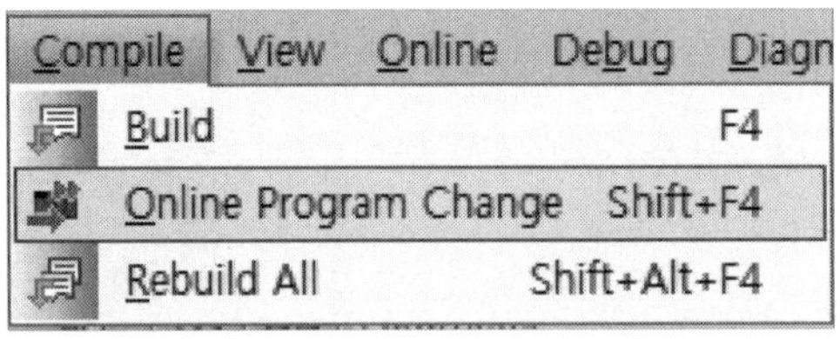

그림 2-58 Online Program Change

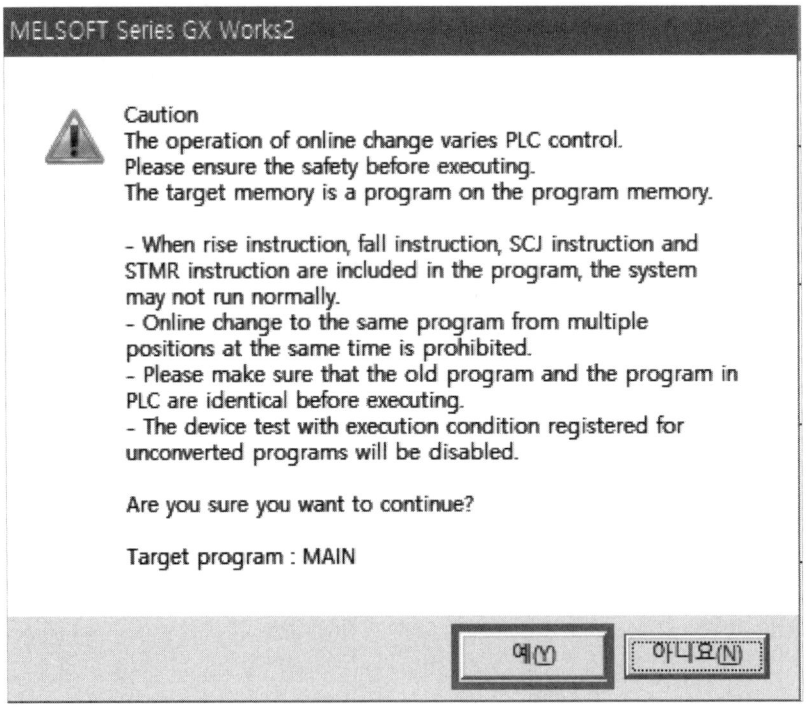

그림 2-59 Online Program Change를 실행할 경우 경고사항

Online Program Change를 할 경우 상승펄스, 하강펄스, SCJ 명령 등이 정상적으로 동작하지 않을 수 있음을 알리고 있다.

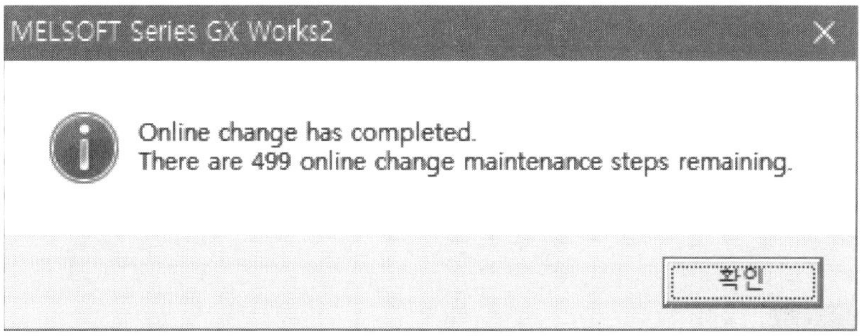

그림 2-60 Online Program Change 완료 후 메시지

그림 2-61 Online Program Change후 변경된 프로그램이 정상적으로 동작됨

[5] 시뮬레이터의 활용

PLC 실제 장비가 있다면 굳이 시뮬레이터를 실행할 필요가 없겠지만 PLC가 없더라도 시뮬레이터를 이용하여 실제 래더 프로그램이 어떻게 동작하는지를 확인할 수 있다. 시뮬레이터 아이콘을 클릭하면 시뮬레이터 박스가 팝업되며, 프로그램을 테스트해 볼 수 있다.

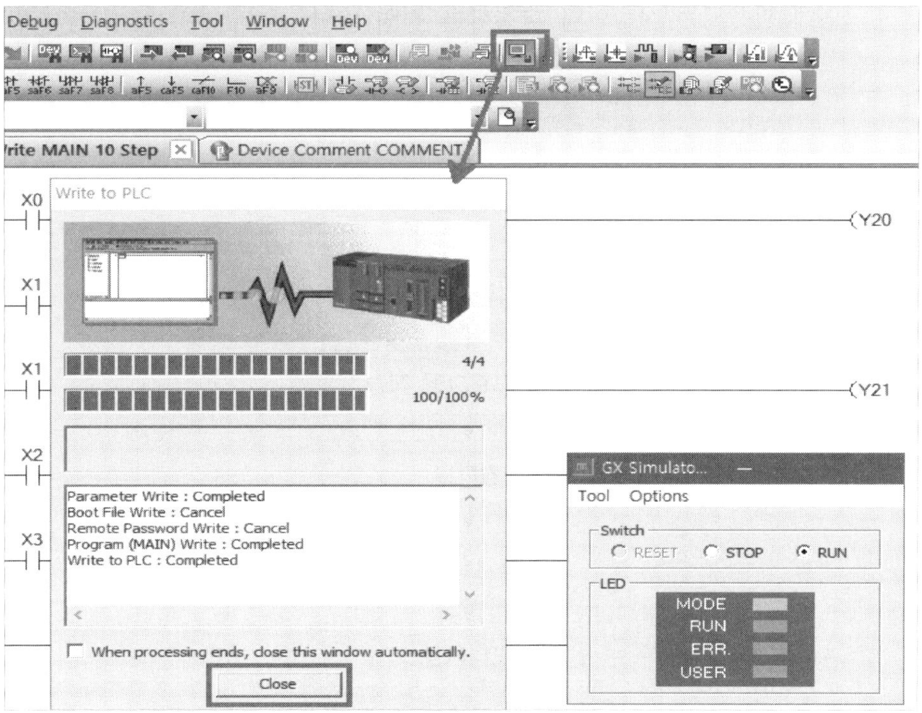

그림 2-62 시뮬레이터 실행

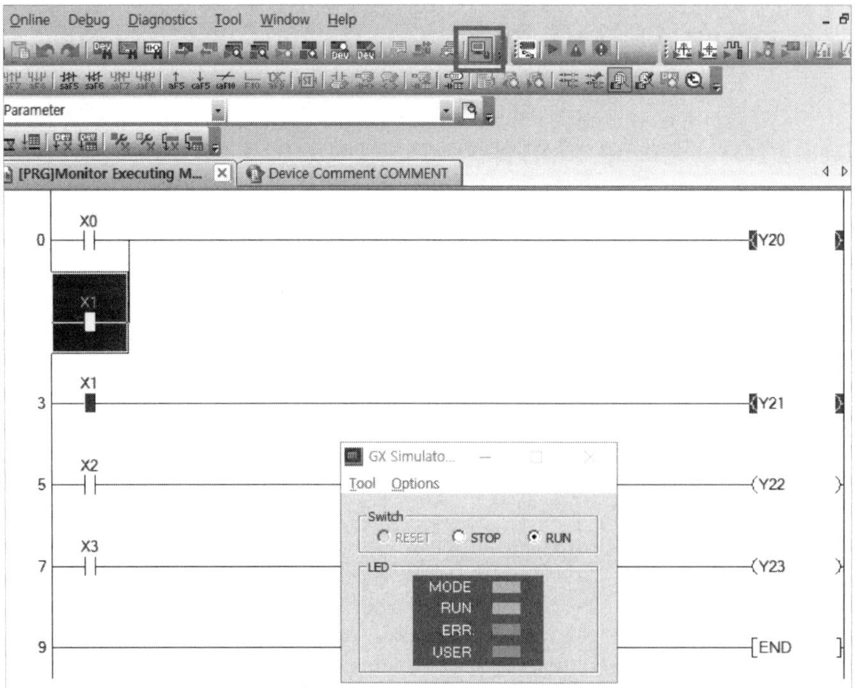

그림 2-63 시뮬레이터로 연산이 실행된 경우 X1의 강제 입력은 Shift+Enter

실제 장비와 함께 시뮬레이터를 사용하면 주의할 점이 있다. 시뮬레이터를 동작시킨 상태에서 프로그램을 다운로드하면 실제 PLC 장비로 프로그램이 다운로드 되는 것이 아니라 시뮬레이터로 프로그램이 다운로드 되므로, 장비로 프로그램을 다운로드할 경우에는 다시 시뮬레이터 버튼을 클릭하여 시뮬레이터를 OFF 시킨 후 'PLC Write'를 실시해야 한다.

지금까지 프로젝트의 생성 → 통신설정 → 파라미터 수정 → 래더 프로그램 작성 → 컴파일 → 프로그램 쓰기(다운로드) → 모니터링 → 다시 수정하는 절차를 알아보았다. 이 과정은 앞으로 작성할 모든 프로그램에 활용되는 사항이니 숙지하는 것이 좋다.

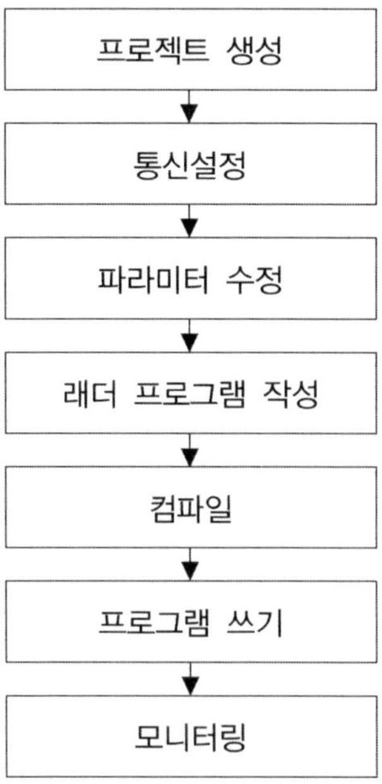

그림 2-64 작업순서

시퀀스 프로그램의 기초

1. 한줄 프로그램 다시 보기
2. 자기유지 프로그램
3. 내부 릴레이(M디바이스)
4. 타이머의 활용
5. 카운터의 활용
6. 타이머 카운터를 활용한 예제
7. 기타 접점명령
8. 기타 출력명

Chapter | 3

1 한줄 프로그램 다시 보기

[1] 디바이스 값의 변화

입출력 회로의 경우 아래 회로로 구성되어 있다고 가정하자.

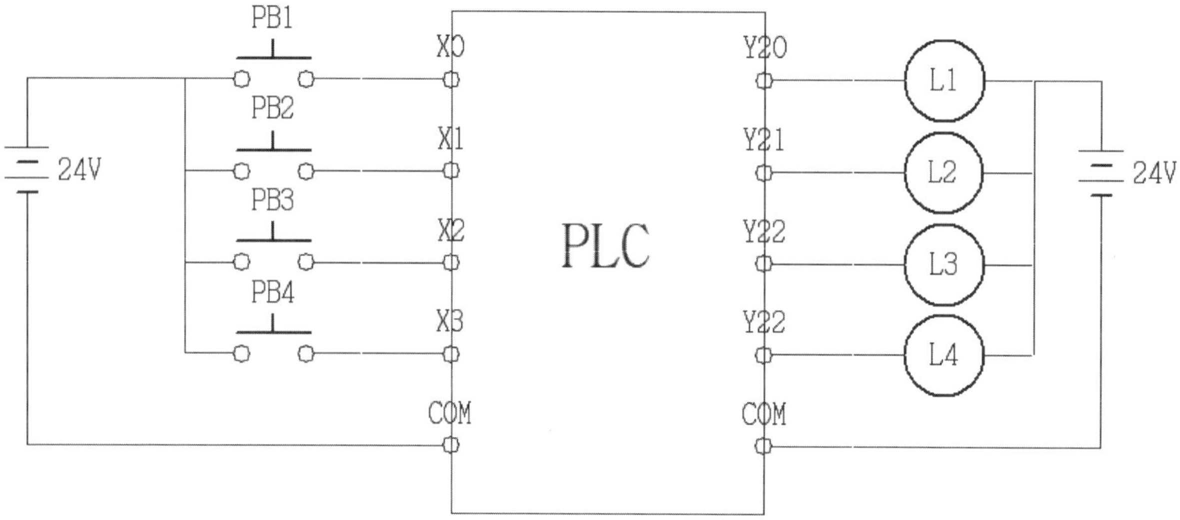

그림 3-1 PLC 외부 기기 결선도 예시

아래와 같이 간단하게 프로그램을 작성하고, 메모리 값을 확인해보자.

그림 3-2 한줄 프로그램

'X'는 멜섹 PLC에서 입력디바이스를 의미하며, 대부분의 QCPU의 경우 실제 입출력모듈의 액세스 가능 점수는 X0~XFFF까지(Q02의 경우 X7FF까지)이다. 그러나 프로그램 상에서 사용 가능한 점수는 X0~X1FFF까지 이다. XFFF까지는 베이스 모듈(기본+확장)에 연결되는 모듈의 주소이며, X1000 이후는 통신 등에서 사용할 수 있는 입출력 주소로 보면 된다. 물론 현재 장착된 모듈이 X3F까지 사용되었다면 통신에서 40부터 사용해도 된다. 'Y'는 출력어드레스를 의미하며, 액세스 가능 점수는 X디바이스와 동일하다. 즉, 실제 입출력모듈로 액세스 가능한 점수는 4096점(X/Y0~FFF)이며 논리적으로 사용할 수 있는 점수는 8096점(X/Y0~1FFF)까지 이다.

프로그램을 작성하지 않더라도 X0에 연결된 스위치를 누르면 X0값은 '1'로 변하며, 스위치를 OFF하면 X0값은 '0'으로 변한다. 즉 입력 접점에 전류가 흘러 포토커플러가 동작하면 연결된 해당 메모리는1값으로 변경되며, a접점(┤├)에 할당되면 a접점은 연결된다. 이렇게 하면 논리값 '1'을 코일(-( )-)로 보내게 되고, Y20메모리가 '1'이 된다. 그러면 실제 Y20 출력접점이 동작되어 연결되어 있는 램프에 전류가 흐르게 되고 램프가 동작하게 된다. 디바이스의 값은 Device/Buffer Memory Batch Monitor를 이용하여 확인할 수 있다.

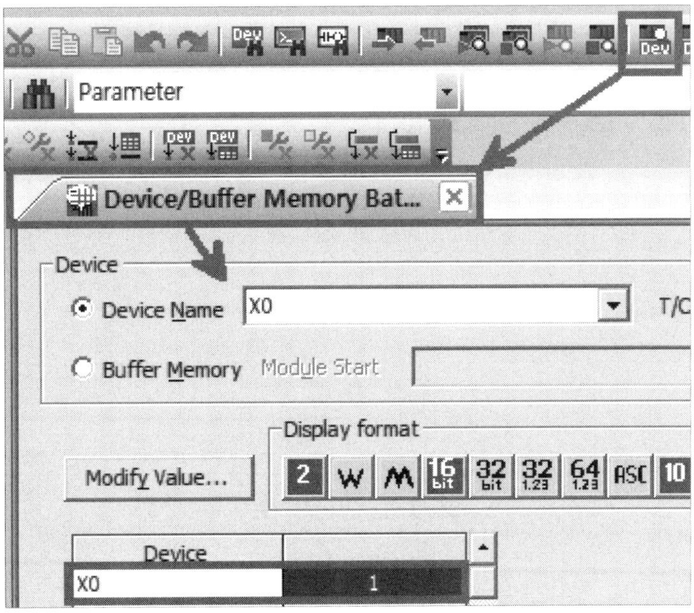

그림 3-3 Device/Buffer Memory Batch Monitor

앞서 기술된 LD 프로그램을 IL언어[4]로 변경하면

```
0 LD X0
1 OUT Y20
2 END
```

가 된다. 즉 'X0값을 Y20값에 넣는다'가 된다.

4) 어셈블리언어의 한 종류, 0과 1로된 기계어(CPU가 실제 연산하는 방식과 유사한 언어)와 가장 흡사한 언어 방식. Instruction Language의 약어, 참고만 하면 된다. Gx Developer에서 사용되었다.

[2] OR 논리 프로그램

아래와 같은 프로그램을 작성하고 실행하여 결과를 확인한다.

그림 3-4 OR연산 프로그램. X0, X1 둘 중 하나 또는 둘 모두에 신호가 들어오면 Y20이 ON(1)된다.

X0, X1에 연결되어 있는 스위치 둘 중 하나 또는 둘 모두를 ON하면 Y20이 ON된다. 이는 OR 진리표와도 동일하기 때문에 OR회로 라고도 한다. 물론 입력 조건이 여러 개 여도 상관은 없으나 하나의 출력코일에 최대 24라인만 연결이 가능하다. 이를 초과하면 컴파일 되지 않는다.

입력1(X0)	입력2(X1)	출력(Y20)
0	0	0
0	1	1
1	0	1
1	1	1

표 3-1 OR 진리표

위에 작성된 래더 프로그램은 IL언어로 아래와 같이 작성된다.

```
0 LD X0
1 OR X1
2 OUT Y20
3 END
```

[3] AND 논리 프로그램

아래와 같은 프로그램을 작성하고 실행하여 결과를 확인한다.

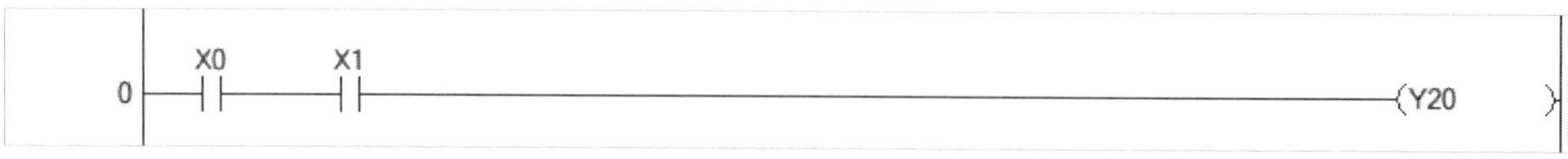

그림 3-5 AND연산 프로그램. X0, X1 둘 모두에 신호가 들어오면 Y20이 ON(1)된다.

X0, X1에 연결되어 있는 스위치 둘 모두를 ON하면 Y20이 ON된다. 이는 AND진리표와도 동일하기 때문에 AND회로 라고도 한다.

입력1(X0)	입력2(X1)	출력(Y20)
0	0	0
0	1	0
1	0	0
1	1	1

표 3-2 AND 진리표

위에 작성된 래더 프로그램은 IL언어로 아래와 같이 작성된다.

```
0 LD X0
1 AND X1
2 OUT Y20
3 END
```

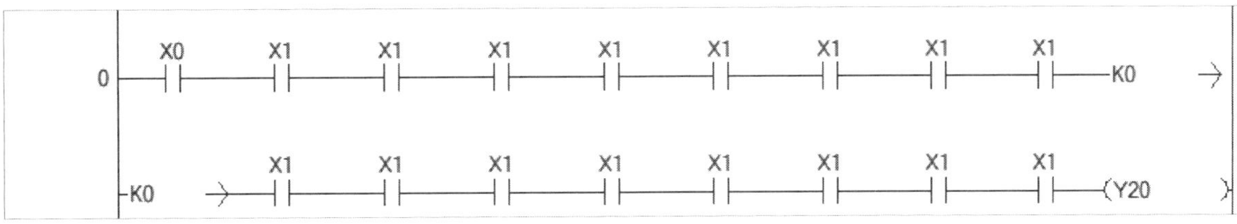

그림 3-6 직렬로 접점을 계속 연결한 경우

프로그램을 편집하다보면 직렬로 많은 접점을 추가해야 할 경우가 발생하며 위와 같이 첫 번째 줄에서 두 번째 줄로 -K0→-K0→로 표시되는 것을 볼 수 있다. 이는 오른쪽 모선이 뒤로 밀려나지 않기 때문에 발생되는 문제로 같은 문자로 표기(K0[5], K1 등) 되는 것은 같은 라인을 의미한다. 표시되는 문자는 자동으로 표시되며, 컴파일을 실행하면 자동으로 정리된다. 또한 접점과 접점 사이에 추가로 접점을 넣으려면 공간을 늘려야 하는데 이는 Edit - Insert Column을 사용하면 된다.

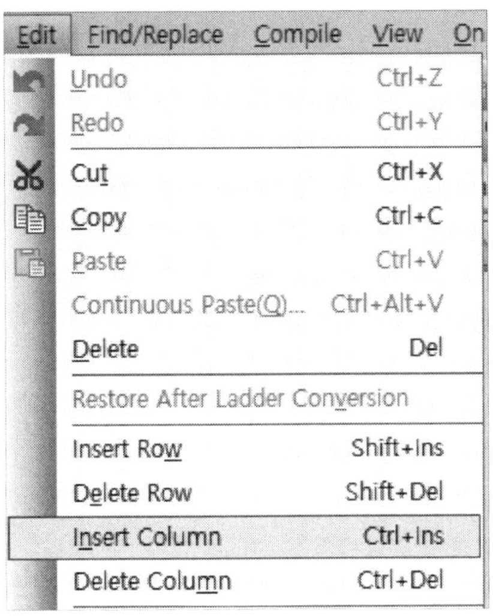

그림 3-7 편집 행, 렬 추가 방법

5) 멜섹 PLC에서 K숫자 는 10진수를 의미한다.

[4] NOT 논리 프로그램

아래와 같은 프로그램을 작성하고 실행하여 결과를 확인한다.

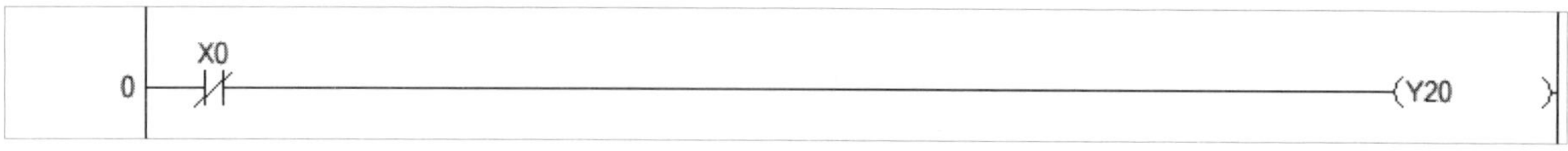

그림 3-8 NOT 연산 프로그램, X0에 신호가 들어오면 Y20가 OFF된다.

X0연결되어 있는 스위치를 ON하면 Y20이 OFF된다. 이는 NOT진리표와도 동일하기 때문에 NOT회로 라고도 한다.

입력1(X0)	출력(Y20)
0	1
1	0

표 3-3 NOT 진리표

위에 작성된 래더 프로그램은 IL언어로 아래와 같이 작성된다.

```
0 LDI X0
1 OUT Y20
2 END
```

[5] XOR(Exclusive OR) 논리 프로그램

그림 3-9 XOR 연산 프로그램, X0, X1 둘 중 한 개만 신호가 들어올 때 Y20이 ON된다.

입력1(X)	입력2(X1)	출력(Y20)
0	0	0
0	1	1
1	0	1
1	1	0

표 3-4 XOR 진리표

위에 작성된 래더 프로그램은 IL언어로 아래와 같이 작성된다.

```
0 LD X0
1 ANI X1
2 LD X1
3 ANI X0
4 ORB
5 OUT Y20
6 END
```

[6] LD 프로그램의 여러 표현

아래처럼 LD 프로그램을 작성하면, X0에 연결되어 있는 스위치를 누르면 Y20, Y21 모두 ON되고, X1에 연결되어 있는 스위치를 눌러도 동일하게 동작한다. LD 프로그램에서는 위와 같은 LD 프로그램도 허용된다.

그림 3-10 시퀀스 프로그램 예제1

그림 3-11 시퀀스 프로그램 예제2

그림 3-12 위와 같은 LD 프로그램은 허용되지 않는다(컴파일 되지 않음).

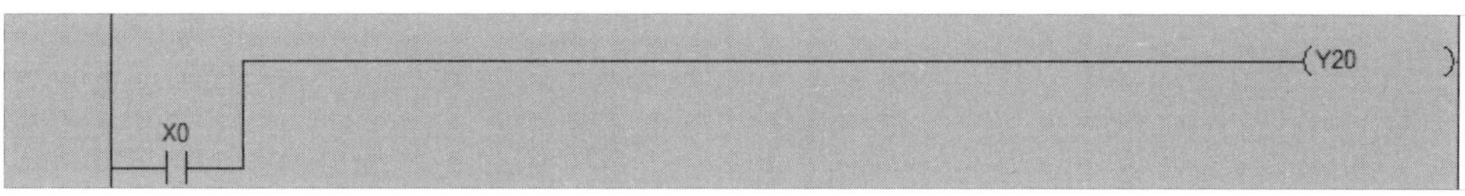

그림 3-13 위와 같은 LD 프로그램은 허용되지 않는다(컴파일 되지 않음).

[7] 이중코일

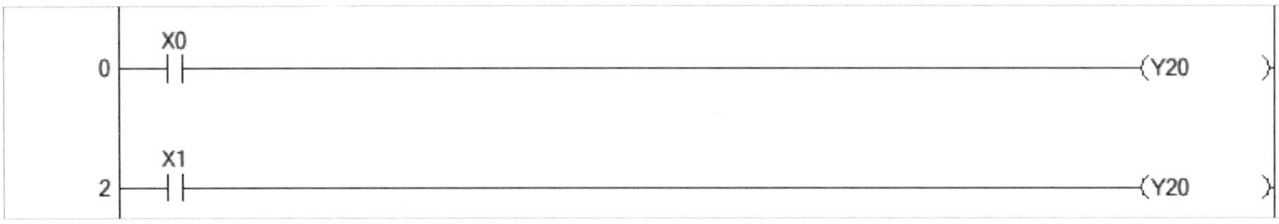

그림 3-14 이중코일로 작성된 예

위와 같이 코일의 어드레스가 동일한 것을 이중코일이라고 한다. 위 프로그램을 실행하여 X0만 ON되면 Y20는 ON되지 않는다. 이유는 연산의 최종결과에서 Y20이 '0'이기 때문이다. 즉, X0가 ON되면 해당 라인에서의 Y20값은 1이 되지만 두 번째 라인에서 X1이 '0이면 Y20도 OFF즉 0이 된다. 그렇기 때문에 위 프로그램은 두 번째 줄의 연산결과만 출력된다. 이중코일은 에러는 아니기 때문에 컴파일은 되지만, 첫 번째 라인의 경우 프로그래머의 의도대로 동작하지 않았기 때문에 주의를 필요로 한다. 아래의 옵션을 체크하면 프로그램 단계에서 이중코일을 체크할 수 있다.

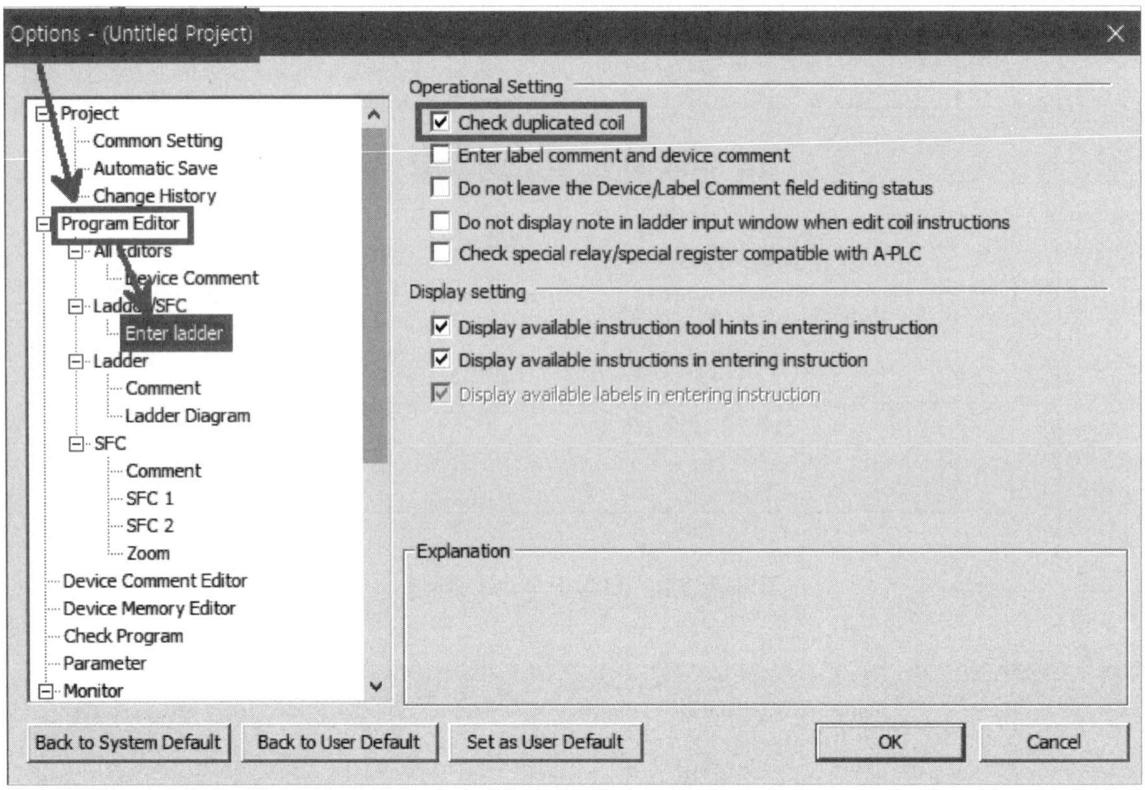

그림 3-15 프로그램 단계에서 이중코일을 체크할 수 있다.

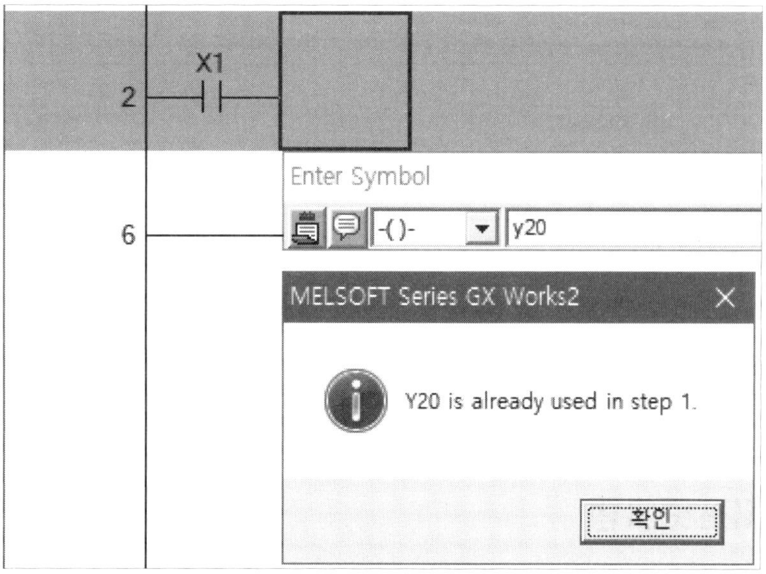

그림 3-16 Y20이 사용되었음이 표시된다.

별도로 프로그램 체크 기능도 제공하여 한다. Tool-Check Program을 실행한 뒤 Duplicated Coil Check를 체크하고 실행을 클릭하면 이중코일 부분을 결과창에 보여준다.

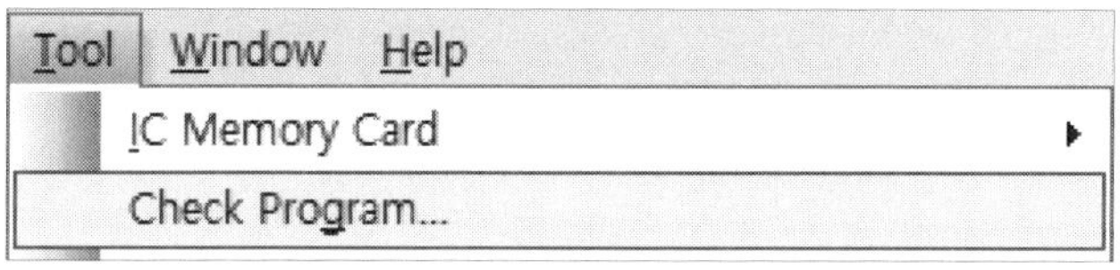

그림 3-17 프로그램 체크 기능

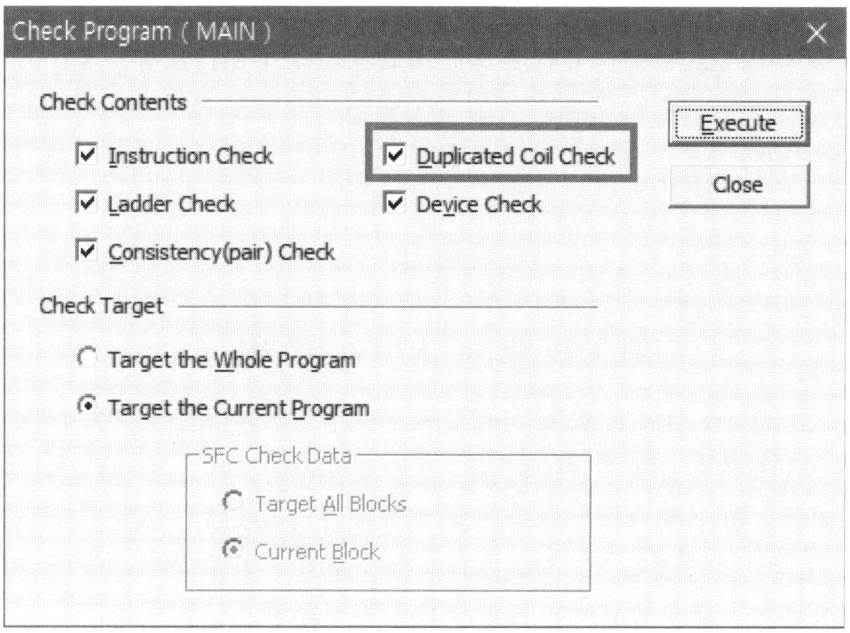

그림 3-18 이중코일 등 프로그램의 오류 체크 기능

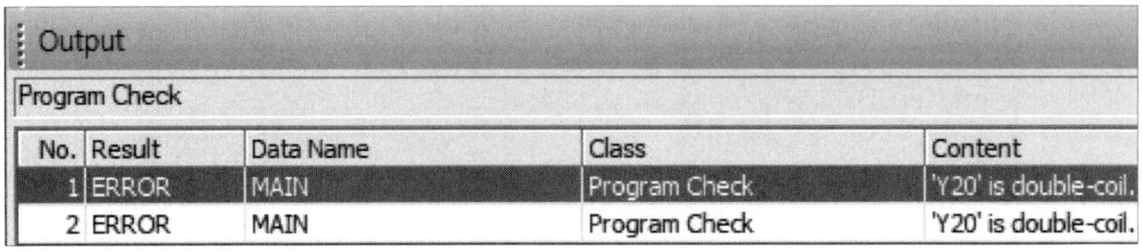

No.	Result	Data Name	Class	Content
1	ERROR	MAIN	Program Check	'Y20' is double-coil.
2	ERROR	MAIN	Program Check	'Y20' is double-coil.

그림 3-19 ERROR로 표시는 되어 있으나 프로그램의 다운로드는 가능하다.

프로젝트 생성 시 Label을 사용하면 컴파일 시 이중코일 내용을 알려주는 기능도 있다. 이 부분은 레이블을 이용한 프로젝트 생성 시 설명하도록 한다.

2 자기유지프로그램

아래와 같은 프로그램을 작성하고 실행하여 결과를 확인한다.

그림 3-20 자기유지 프로그램

X0에 연결된 스위치를 누르면 코일 Y20이 '1'이 된다. 그 결과 값을 출력모듈에 반영하여 램프 L1이 ON된다. X0에 연결된 스위치를 OFF해도 Y20 메모리 값이 1이기 때문에 코일 Y20에는 다시 1값이 출력(저장) 된다. 그렇기 때문에 PB1(X0)을 한번 누르면 램프1은 ON되어 있다. 기능적으로 한번밖에 동작하지 않기 때문에 위 회로는 일반적으로 아래와 같이 작성한다.

그림 3-21 일반적인 자기유지 프로그램

X0에 연결된 스위치를 누르면 a접점이 연결되어 Y20가 '1'이 된다. 다음 연산에서 X0에 연결된 스위치를 OFF하더라도 Y20값이 1이기 때문에 Y20 a접점이 연결되고 그 결과값이 다시 Y20 코일로 전달되어 자기유지 된다. X1에 연결되어 있는 스위치를 누르면 X1의 값은 1이 되지만 b접점으로 연결되어 있기 때문에 연결이 차단되고 0값이 Y20 코일로 전달되고 Y20값은 '0'이 된다.
위에 작성된 래더 프로그램은 IL언어로 아래와 같이 작성된다.

```
0 LD X0
1 OR Y20
2 ANI X1
3 OUT Y20
4 END
```

자기유지 프로그램은 동작 신호의 '기억요소'로 작동한다. 즉 X0에 신호가 한번 들어오면 그 값을 저장하는 용도로 사용될 수 있다. 래더 프로그램을 작성하는 중요한 이유 중 하나는 순차동작제어 인데, 이 자기유지 프로그램이 하나의 동작을 기억하게 된다. 이전 동작과 다음 동작을 구분하려면 현재 동작하고 있는 정보를 PLC가 기억하고 있어야 하는데, 그러한 요소로 자기유지 프로그램을 사용한다.

아래 프로그램의 경우 X0에 신호가 한번 들어오면 Y20은 자기유지 된다. X0에 신호가 한번 들어 왔다는 것을 기억하고 있으며, 그 신호에 의해 동작이 이루어지고 있다. 두 번째 동작 요소인 Y21은 Y20이 먼저 구동되어야 동작할 수 있도록 Y20 a접점을 시작신호로 사용되고 있다. 그리고 두 번째 동작요소는 두 번째 동작조건인 X1신호가 '1'값이 됨으로써 동작할 수 있다. 이렇게 프로그램을 작성함으로서 신호의 간섭이 없는 순차 동작을 만들 수 있다. 즉 Y20가 동작하지 않으면 Y21은 절대 동작할 수 없으며, Y22 또한 Y21동작한 이후에 작동할 수 있도록 되어 있다. 이러한 프로그램 기법을 스텝퍼 제어라 한다. 순차제어에서 많이 사용되는 기법으로 앞으로 나올 램프제어나 실린더 제어에 많이 활용된다.

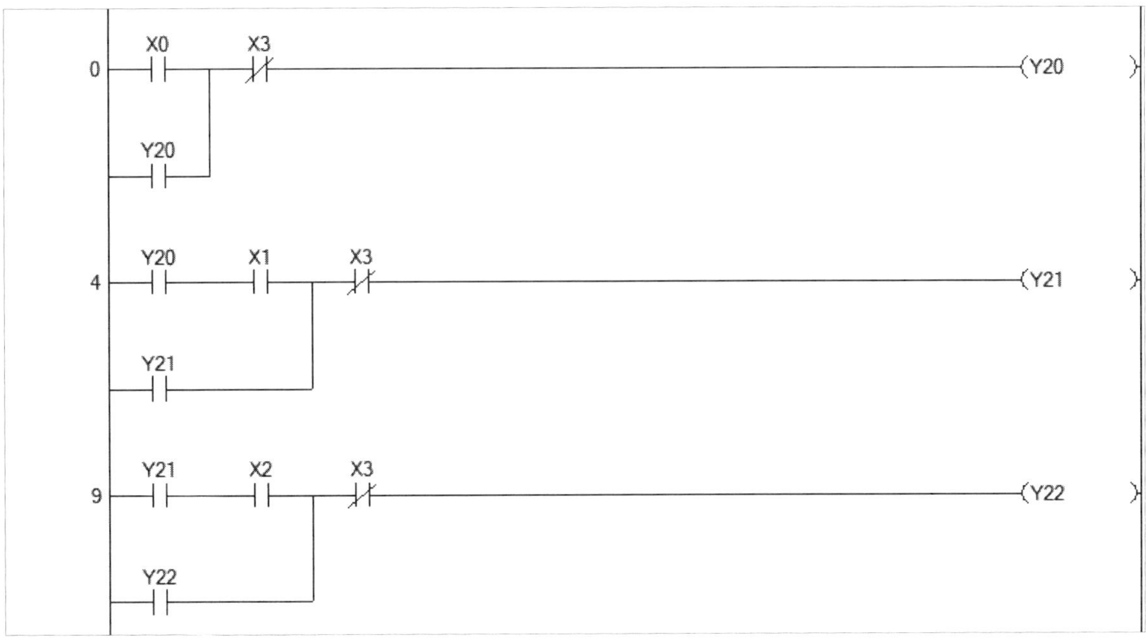

그림 3-22 스텝퍼 제어방식 프로그램 예

3 내부 릴레이(M디바이스)

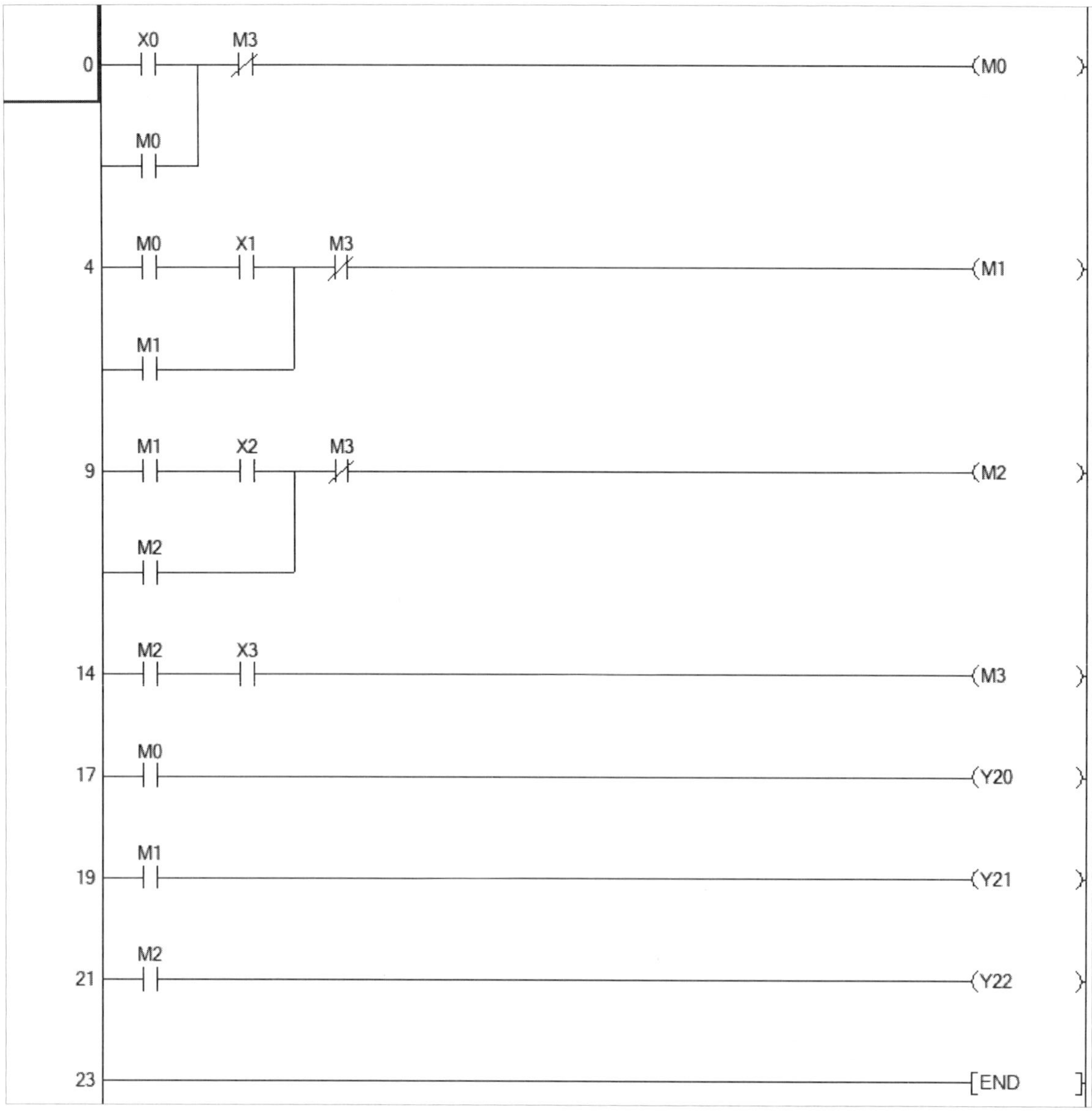

그림 3-23 내부 릴레이를 활용한 스텝퍼 제어 프로그램

래더 프로그램을 작성하다 보면 위와 같이 1비트값을 자기유지시켜 기억해야할 공간이 필요한데, Y디바이스는 실제 출력모듈의 메모리이기 때문에 연산의 결과가 바로 출력으로 이뤄진다. 출력을 하지 않고 연산값을 내부적으로 기억해야할 경우가 많은데, 그런 경우에 내부 비트디바이스 중 M메모리를 사용한다. M메모리는 M0~M8091번까지 사용할 수 있도록 기본설정이 되어 있으며, 변경도 가능하다.

M0위치에 Y20이 있어도 동작은 동일하나, 실제 출력 접점인 Y디바이스를 아래쪽으로 모음으로써 이중코일을 방지할 수 있고, 부가적인 동작을 Y20에 부여할 때 위와 같이 프로그램을 작성하면 프로그램의 관리상 용이하기 때문에 위와 같이 프로그램 한다. 또한 위와 같은 프로그램은 전통적으로 시퀀스 배선에서 유래되기도 하였다. 릴레이 제어반으로 구성 시에는 각 릴레이로 시퀀스 동작을 만들고, 릴레이 접점을 출력기기에 연결하여 구성하였기 때문이다.

4 타이머의 활용

[1] 타이머 디바이스

타이머는 T0~T2047까지 총 2048개를 사용할 수 있도록 되어 있다. 이 값은 수정이 가능한데, 하이퍼포먼스 모델 Q-CPU, 이중화 CPU, 유니버설모델 QCPU는 내부 사용자 디바이스 중 비트 디바이스와 워드디바이스를 합쳐 29k워드(29*210)이내에서 변경이 가능하다. 지멘스PLC나 LS산전의 XGI계열은 타이머 사용 시 메모리를 공유하여 사용하기 때문에 타이머의 사용에 특별한 제한은 없으나, 미쓰비시 PLC의 경우 용도에 따른 메모리를 분류해 놓은 것은 특징이기 때문에 메모리 한도 내에서 범위를 16점 단위로 정해야 한다.

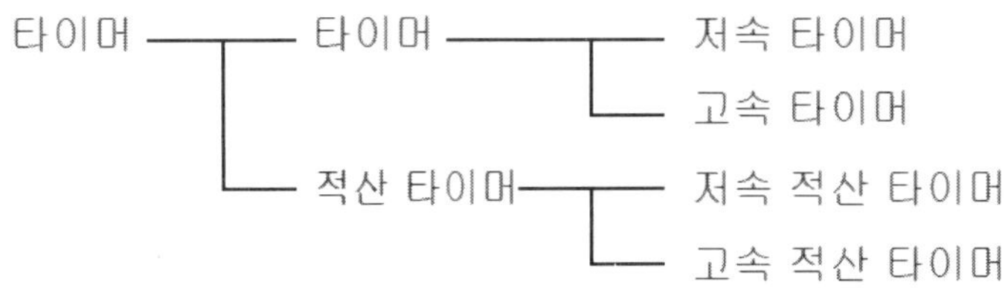

그림 3-24 타이머의 종류

출처 : QCPU기능해설 및 프로그램 기초편(한국미쓰비시 전기오토메이션, 2007)

정해진 디바이스의 범위 내에서 일반 온-딜레이(On-Delay) 타이머(이하 타이머)와 적산타이머를 활용할 수 있으며, 적산타이머의 경우 디바이스 할당이 되어 있지 않기 때문에 적산타이머를 사용하려면 디바이스를 할당하고 사용해야 한다.

분 류	종 류	디바이스명	디폴트값 점 수	디폴트값 사용 범위		파라미터 설정에 따른 설정 범위
내부 사용자 디바이스	비트 디바이스	입력	8192 점	X0 ~ 1FFF	16 진	29k워드 이내에서 변경 가능*3
		출력	8192 점	Y0 ~ 1FFF	16 진	
		내부 릴레이	8192 점	M0 ~ 8191	10 진	
		래치 릴레이	8192 점	L0 ~ 8191	10 진	
		어넌시에이터	2048 점	F0 ~ 2047	10 진	
		에지 릴레이	2048 점	V0 ~ 2047	10 진	
		스텝 릴레이	8192 점	S0 ~ 511 / 블록	10 진	
		링크 특수 릴레이	2048 점	SB0 ~ 7FF	16 진	
		링크 릴레이	8192 점	B0 ~ 1FFF	16 진	
	워드 디바이스	타이머*1	2048 점	T0 ~ 2047	10 진	
		적산 타이머*1	0 점	(ST0 ~ 2047)	10 진	
		카운터*1	1024 점	C0 ~ 1023	10 진	
		데이터 레지스터	12288 점	D0 ~ 12287	10 진	
		링크 레지스터	8192 점	W0 ~ 1FFF	16 진	
		링크 특수 레지스터	2048 점	SW0 ~ 7FF	16 진	

그림 3-25 디바이스 일람표 일부, 적산타이머의 경우 0점으로 되어 있다.

출처 : QCPU기능해설 및 프로그램 기초편

적산타이머를 사용하려면 PLC Parameter - Device 탭에서 Retentive Timer의 값을 전체 29K워드 내에서 16점 단위로 기입해서 사용할 수 있다.

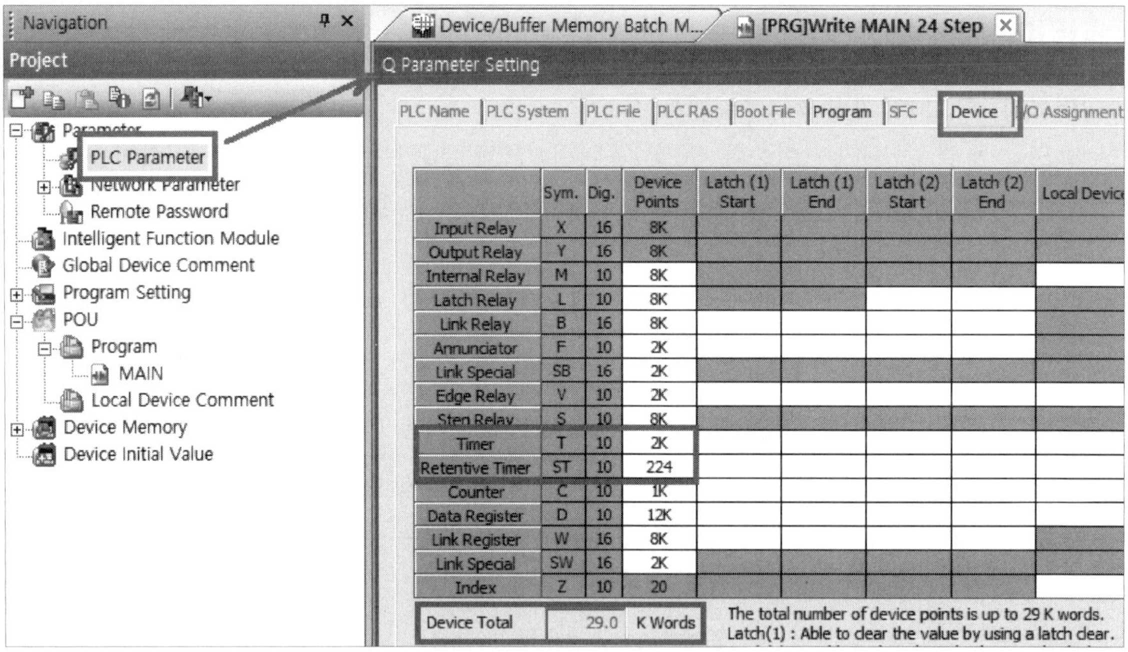

그림 3-26 내부 디바이스 할당

[2] 타이머 프로그램

타이머를 이용한 프로그램을 작성해보자.

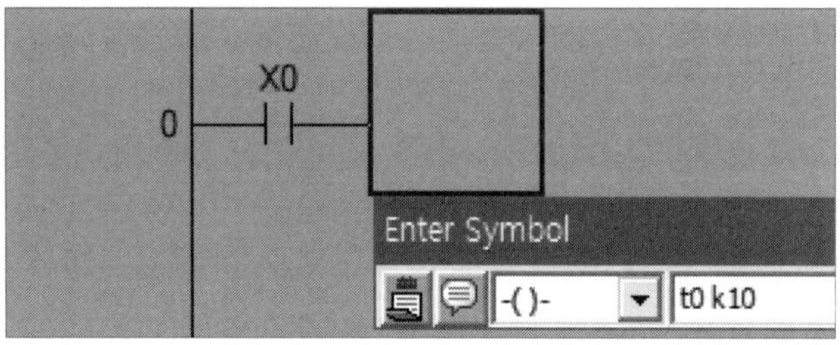

그림 3-27 타이머 사용. 타이머도 코일(F7)이다.

타이머도 코일로 작동하기 때문에 위와 같이 a접점(F2, X0)을 배치하고, 코일(F7)을 입력한 다음 T0 K10을 입력(대소문자 무관)한다. 단 T0와 K10은 한 칸을 띄운다. 미쓰비시 PLC는 디바이스와 숫자, 명령어와 디바이스를 빈칸으로 구분한다. 아래와 같이 프로그램을 완성한다.

그림 3-28 타이머 예제1

스위치를 누르면 1초 후 Y20이 ON된다. 여기서 T0는 타이머 '0'번 디바이스를 의미하며, K10은 십진수 10을 의미한다. 미쓰비시 PLC에서 정수앞에 K는 십진수를 의미한다. 그렇다면 왜 10일 입력하였는데, 1초일까? 그 답은 파라미터에서 찾을 수 있다.

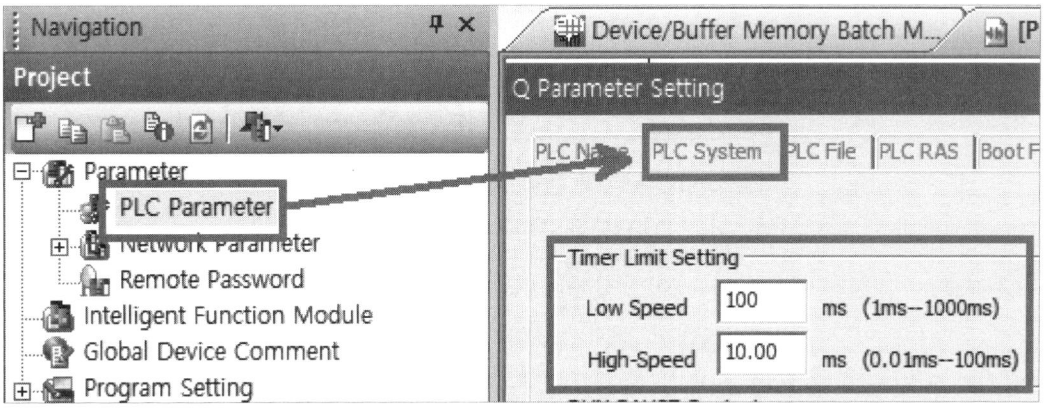

그림 3-29 타이머 제한 값 설정 파라미터

위와 같이 Low Speed 타이머의 제한 값이 100ms로 설정되어 있기 때문에

k10 * 100ms = 1000ms = 1sec

로 동작한 것이다.

물론 파라미터의 값을 1000으로 변경하면 T0 K1으로 하면 1초로 동작한다. 그러나 이렇게 변경했을 경우 0.1초에 대한 프로그램을 작성할 수도 없을뿐더러, 기계제어에서는 일반적으로 0.1초단위로 제어하기 때문에 기본값이 100ms로 되어 있다. 고속타이머는 아래와 같이 프로그램 한다.

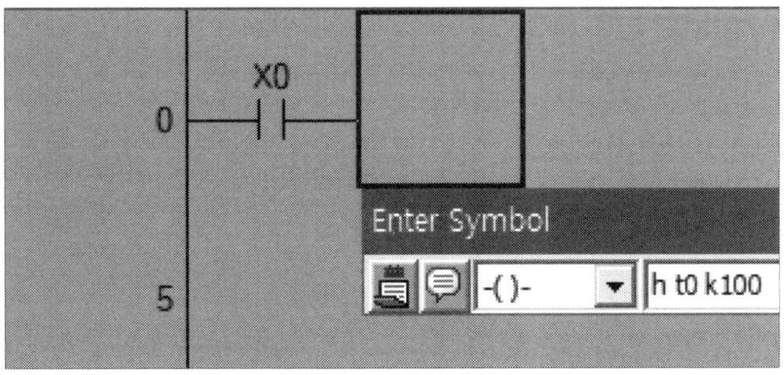

그림 3-30 고속타이머 사용방법

코일을 선택하고 'H T0 K100'을 입력하면 고속파라미터를 참조하여 타이머가 작동한다. 고속타이머의 파라미터 제한값은 10ms로 되어 있기 때문에 동작은 동일하게 1초후 Y20이 ON된다.

그림 3-31 고속타이머 예제1

동작을 시켜보면 알겠지만 타이머는 아래와 같이 동작한다.

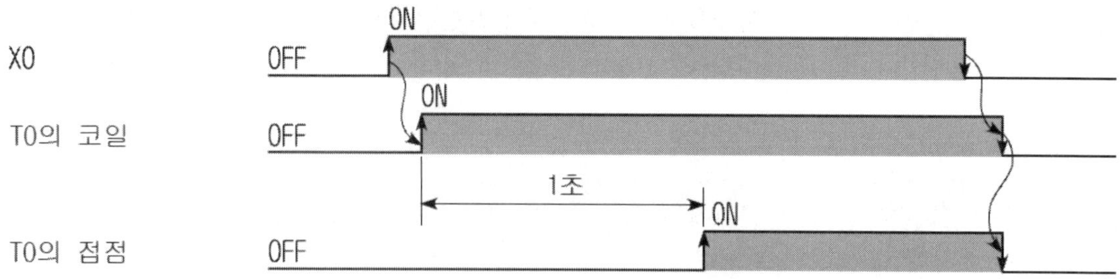

그림 3-32 타이머 동작 타임차트

출처 : QCPU기능해설 및 프로그램 기초편

타이머에 지속적으로 신호가 인가되면 타이머 값이 파라미터에 설정한 limit Setting값 시간으로 카운트되고, 카운트 된 값이 사용자가 설정한 값과 같으면 타이머의 접점이 동작하도록 되어 있다. 만약 중간에 신호가 인가되지 않으면 카운팅 되었던 값은 '0'으로 리셋된다. 또한 동작이 된 이후라도 X0를 OFF하면 타이머의 값은 0으로 바뀌고 타이머의 접점은 OFF된다. 이를 보통은 On-Delay Timer라고 하며, 일반적으로 타이머를 말할 때는 이를 말한다.

이번에는 아래와 같이 프로그램을 작성해보자.

그림 3-33 타이머 예제2

X0스위치를 누르고 있으면 T0부터 T3까지 1초간격으로 ON되며 그에 따라 Y20~Y22까지도 ON된다. 그리고 X0스위치를 OFF하면 동시에 T0~T3, Y20~Y22가 OFF된다.

위 프로그램의 첫 번째 줄을 아래와 같이 변경해보자.

그림 3-34 타이머 예제2 수정

X0를 누르고 있으면(시뮬레이터로 동작시킬 경우 Shift+Enter 로 강제 ON 할 수 있다.) T0부터 T2까지 차례대로 동작하다가 T3가 동작하는 순간 T3 b접점에 의해 T0~T2코일이 모두 OFF되고 T3코일도 OFF되기 다음번 연산에서 T3 b접점은 다시 연결된다. X0를 계속 누르고 있었다면 T0~T3가 반복적으로 ON/OFF되는 것을 확인할 수 있다.

프로그램을 아래와 같이 수정해 보도록 하자.

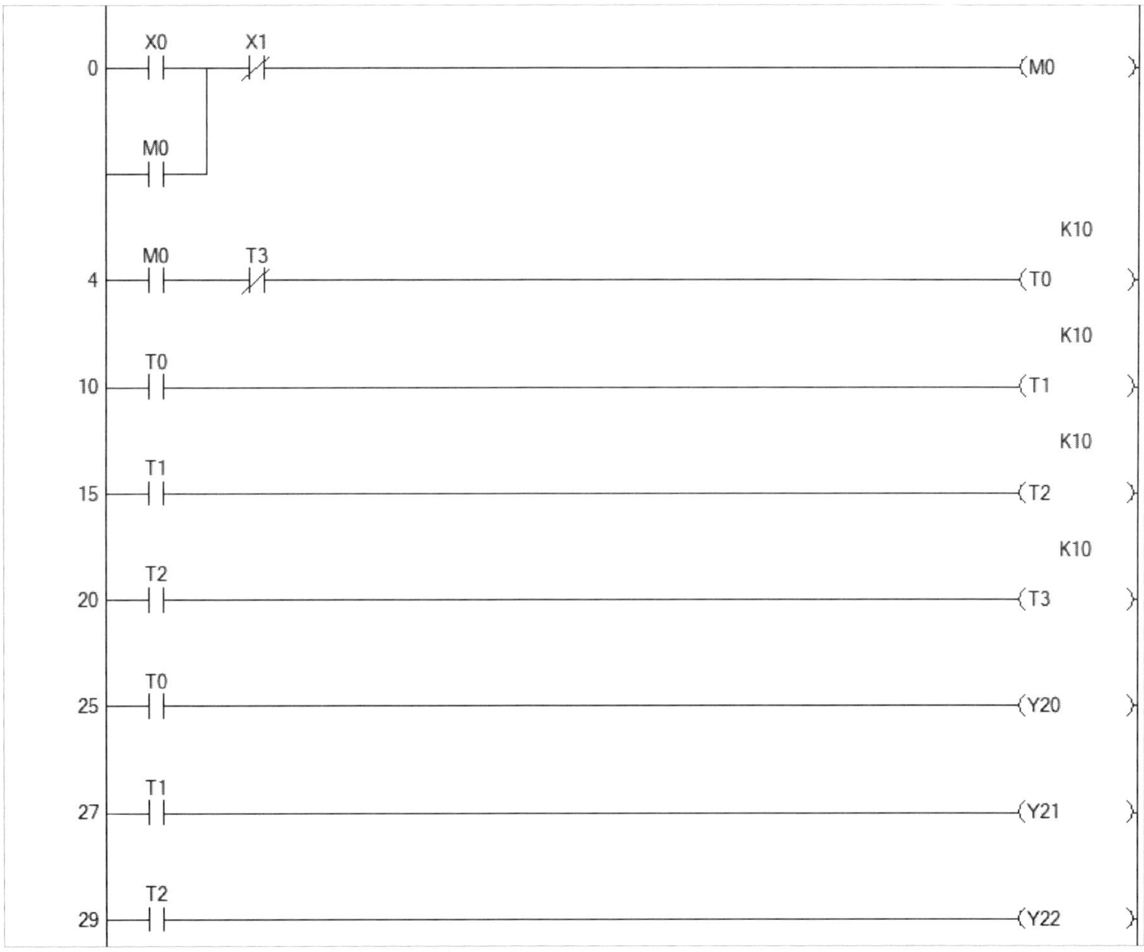

그림 3-35 타이머 예제3

X0를 한번만 ON/OFF하면 M0는 자기 유지되어 있고 T0부터 T3코일까지 순서대로 동작하며, T3가 1초가 되어 T3 b접점이 동작하면 T0~T3코일이 OFF되어 T3b접점도 다시 연결된다. 그러면 다시 T0부터 점등되기 시작한다. 이렇게 타이머를 활용하여 반복적인 동작을 만들어 낼 수 있다. 기계를 만드는 목적 중 하나가 작업을 반복하기 위함이므로 위와 같은 형태의 프로그램을 작성하여 반복작업을 만들어 낼 수 있다. 반복 도중 X1을 ON/OFF 하면 M0가 OFF되므로 T0~T3는 즉시 OFF된다. 위 프로그램의 출력부를 아래와 같이 변경하면 출력을 1개씩만 동작 시킬 수도 있다.

그림 3-36 타이머 예제3 수정

그림 3-37 타이머 예제4

위와 같이 프로그램하면 Y20값은 1초간격(1초 ON, 1초 OFF)으로 점멸한다. 이유는 타이머 예제3과 같다. 그러나 여기서 주의할 점이 있다. T0가 0.1초마다 카운팅 되어 '10'이 되고 T0접점이 ON된 다음 T1의 카운터가 0.1초 후에 1이 카운팅 되어야 하는데, T0가 ON이 되면 타이머리밋에 의해 발생된 타이머의 카운터가 바로 카운팅되어 T0 a접점이 ON되자마자 T1의 카운팅 값이 1이 된다. 즉 0.9초 만에 T1이 동작한다. 그렇기 때문에 위 프로그램은 아래와 같이 변경하는 것이 옳다.

그림 3-38 타이머 예제4 수정

[3] 적산타이머(Retentive Timer) 프로그램

적산타이머는 아래와 같이 입력한다.

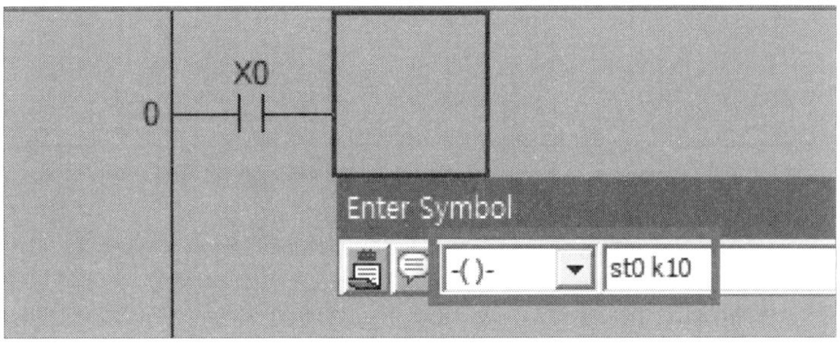

그림 3-39 적산타이머 활용 방법

그림 3-40 적산타이머 예제

X0를 ON하면 ST0에 시간이 적산(積算)된다. 일반 타이머와 다르게 적산타이머는 X0를 OFF해도 ST0에 적산된 시간 카운팅 값이 0으로 초기화 되지 않는다. 적산타이머의 초기화는 RST 함수를 사용한다. RST는 해당 디바이스를 0으로 초기화 하는 명령어이다. 아래와 같이 프로그램하여 테스트 해보자.

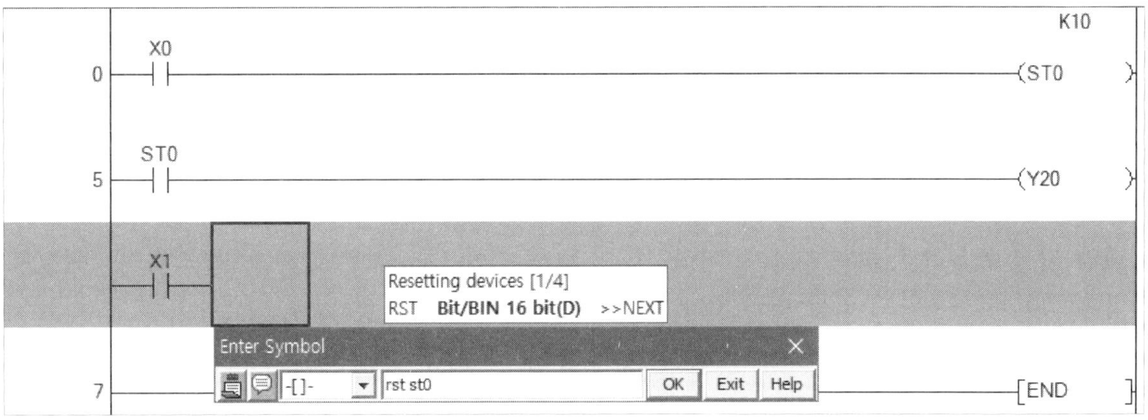

그림 3-41 적산타이머 리셋 방법

그림 3-42 적산타이머 리셋 상태

적산타이머의 경우 이상발생 신호의 간헐적 발생을 누적했다가 일정시간 이상 누적되면 에러를 처리하는 용도로도 사용될 수 있다.

5 카운터의 활용

카운터는 시퀀스프로그램으로 입력조건의 펄스상승 횟수를 카운트 하는 디바이스이다. 카운트값과 설정값이 동일하게 되면 카운트 업하여 접점이 ON된다. C0 ~ C1023까지 총 1024개가 기본값으로 설정되어 있으며, 타이머와 마찬가지로 Parameter-Device에서 그 수를 변경할 수 있다. 카운터를 아래와 같이 프로그래밍한다.

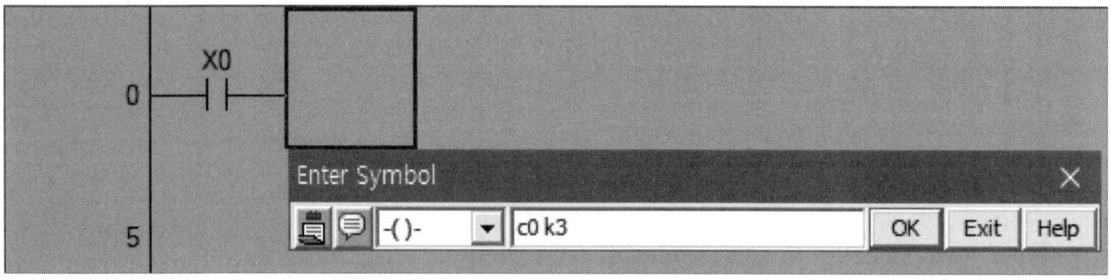

그림 3-43 카운터 프로그램 방법

아래와 같이 프로그램 하여 테스트 하여 보자. X0을 3번 ON/OFF 하면 C0 a접점이 ON되어 Y20이 ON된다. 카운터도 리셋 명령(RST)을 사용하여 초기화 할 수 있다.

그림 3-44 카운터 프로그램 예제

카운터 사용 시 아래와 같은 프로그램 적용 시 주의를 요해야 한다.

그림 3-45 카운터 사용 시 주의 사항 예제

위와 같이 현재 C0의 값이 2이며, X0가 다시 ON 된다면 C0는 3이 되어 C0 a접점이 동작한다. 그러면, RST 명령이 실행되어 C0를 0이 되지만 다음번 연산에서 X0가 ON되어 있다면 이를 ON 신호로 입력받아 C0값이 1이 된다. 즉 카운터의 a접점으로 카운터 자신을 RST할 때는 연산순서에 주의를 요한다. 아래 프로그램은 X0를 ON/OFF한 뒤 Y20이 3번 ON/OFF하고 정지되는 것을 목표로 작성된 프로그램이다. 작성 후 테스트 해보자.

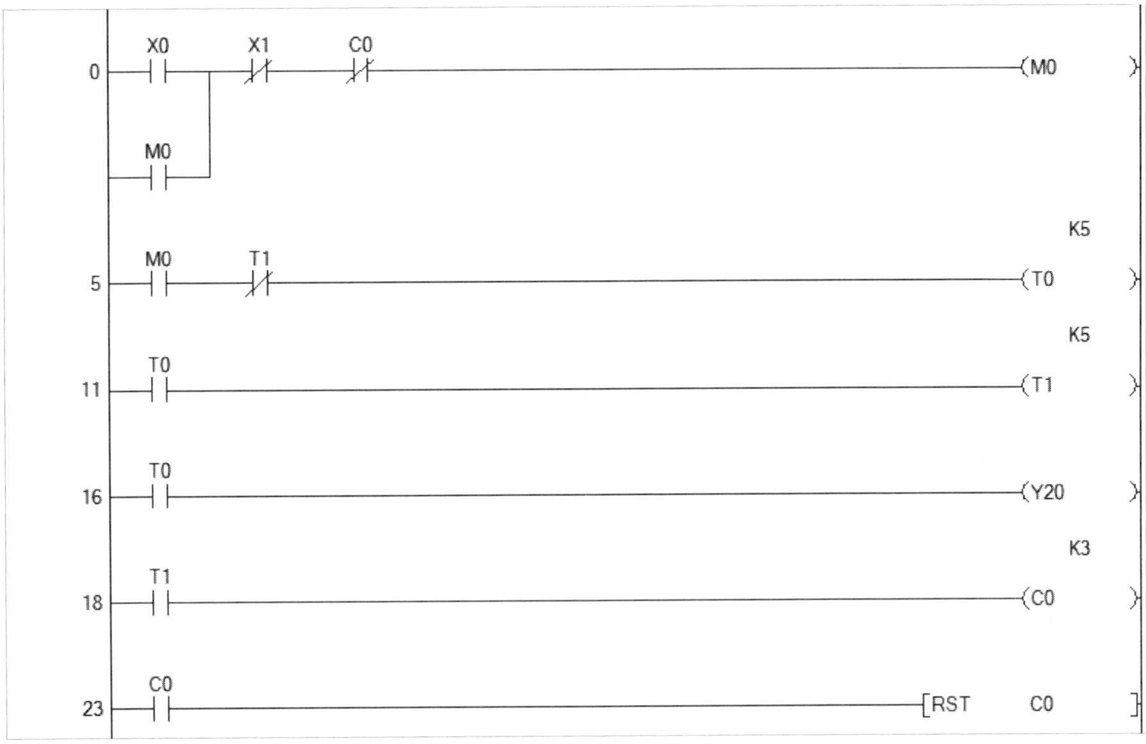

그림 3-46 카운터 리셋 예제

위 프로그램은 X0를 ON하면 M0가 자기유지되고, T0와 T1에 의해 T0신호가 0.5초 간격으로 점멸되도록 한 뒤 램프의 OFF신호인 T1을 3번 카운팅하여 종료하도록 하는 프로그램이다. 그러나, 위 프로그램을 실행하면 카운터 C0값은 분명 초기화 되어 0부터 다시 카운팅 되지만 M0값은 OFF되지 않는다. 즉 C0의 b접점이 원하는 대로 동작하지 않는다. 이유는 C0가 3이 되면 해당 스캔타임에서 C0가 리셋되기 때문에 C0 b접점이 동작하지 않기 때문이다. 그렇기 때문에 위 프로그램은 아래와 같이 수정되어야 한다.

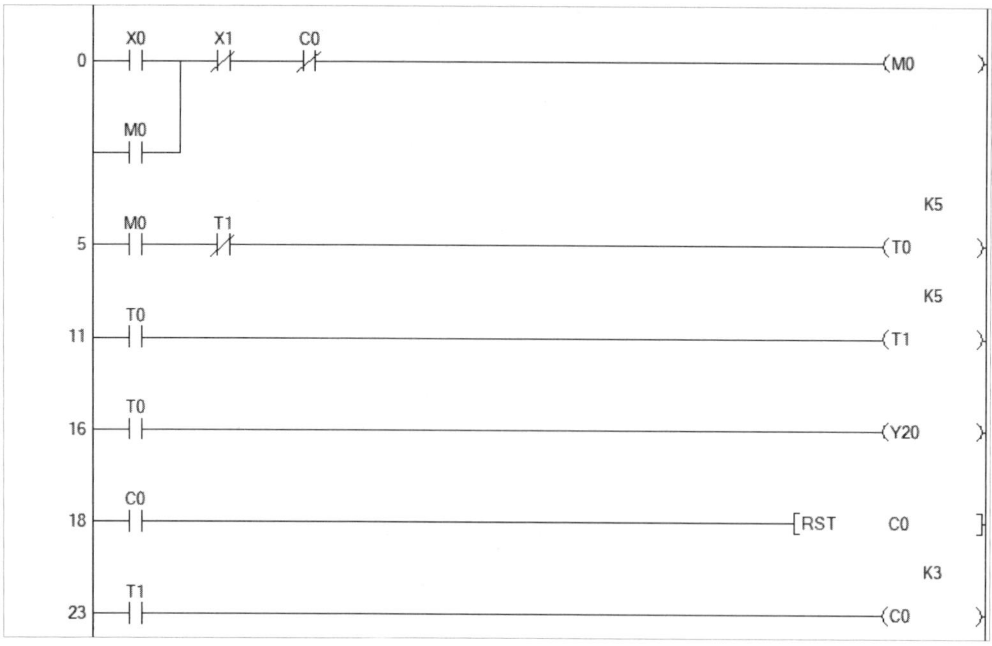

그림 3-47 수정된 카운터 리셋 프로그램

위 프로그램에서 T1 a접점이 3번 ON되었을 때, 카운터 C0가 동작하고, 다음번 연산때 C0 b접점이 동작하기 때문에 M0자기 유지가 OFF된다. 그 후 RST 명령이 실행되기 때문에 원했던 대로 Y20이 3번 ON/OFF된 후 정지되고, 카운터 C0도 리셋된다.

6 타이머 카운터를 활용한 예제

타이머와 카운터를 이용하여 램프1 세 번 ON/OFF → 램프2 세번 ON/OFF → 램프3 세번 ON/OFF 가 반복되는 프로그램을 작성해보자.

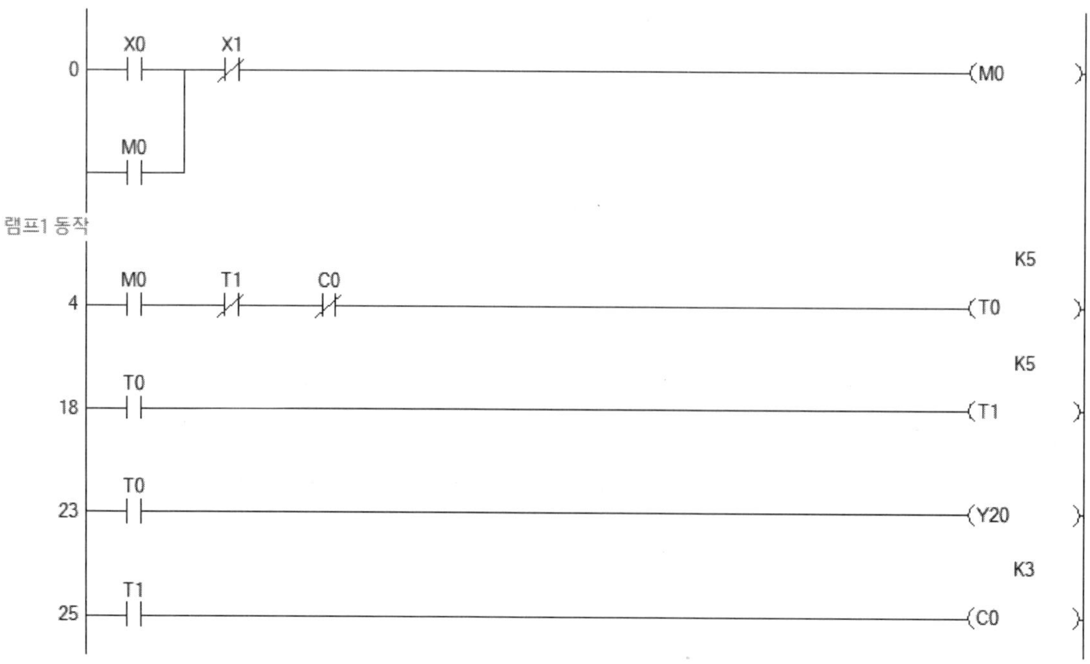

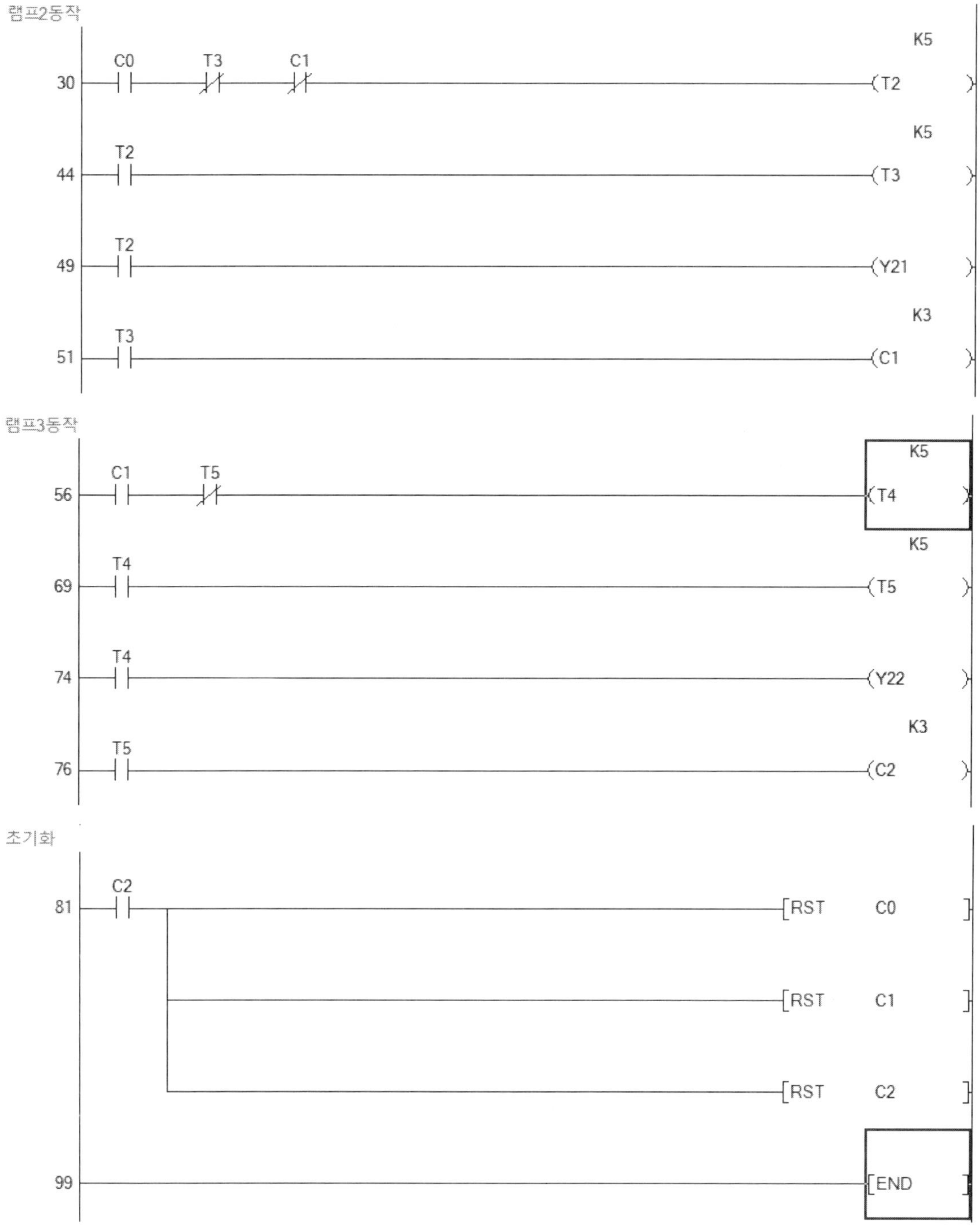

그림 3-48 미니프로젝트1

알고 넘어 갑시다 - statement, note

Works2에서 제공하는 주석 코멘트, 스테이트먼트, 노트로 나뉜다. 코멘트(Comment)는 각 디바이스에 대한 설명으로 앞서 설명되었으며, 스테이트먼트(Statement)는 래더 프로그램 블록에 대한 설명이다. 아래는 스테이트먼트 작성방법이다. 래더블록 왼쪽(스텝번호 기록위치)에 커서를 놓고 Enter를 입력한 후, 세미콜론(;)을 기입하고 설명을 작성한다.(반각 64자, 전각 32자) 표시가 되게 하려면 View-Statement를 체크한다.

그림 3-49 스테이트먼트 입력 방법

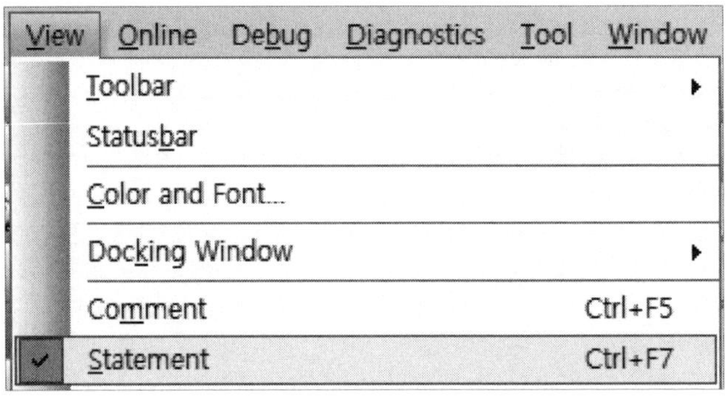

그림 3-50 스테이트먼트 표시방법

노트는 프로그램 상의 코일/응용명령에 대해 설명을 부가할 수 있는 기능이다. 코일이나 응용명령을 입력한 후 세미콜론(;)을 입력한 뒤, 설명을 기입하면 된다. 노트는 반각 32문자(전각16문자)이다. 노트 또한 View-Note를 체크한다.

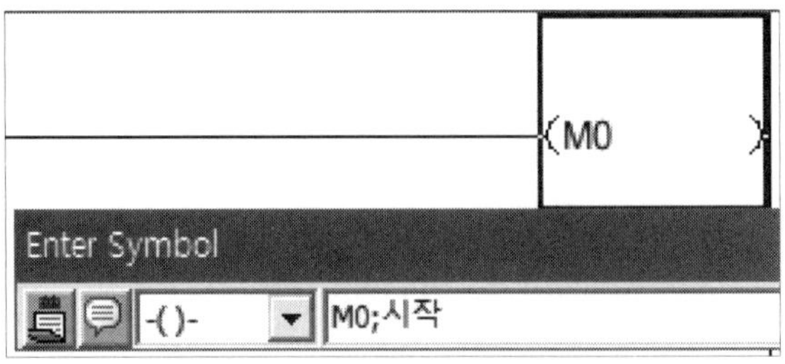

그림 3-51 노트 입력 방법

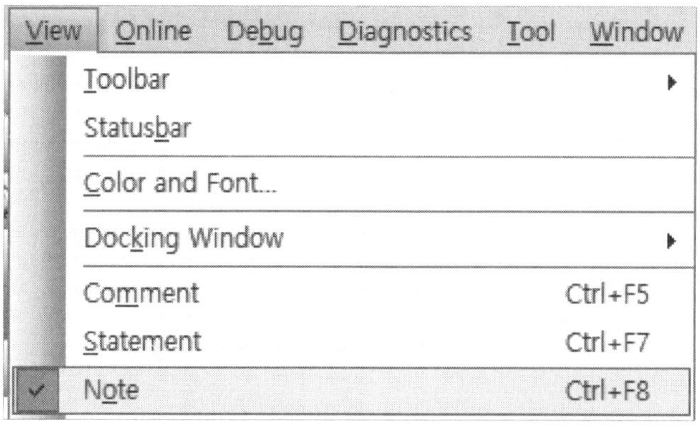

그림 3-52 노트 표시 방법

7 기타 접점명령

[1] 펄스상승 및 하강 접점

시퀀스 명령에서 자주 사용되는 접점으로 펄스상승(─|↑|─) 및 펄스하강(─|↓|─) 접점이 있다. 펄스상승 접점의 경우 P접점(Positive), 펄스하강 접점의 경우 N접점(Negative)로 불리기도 한다. 펄스상승 접점은 접점에 연결되어 있는 메모리의 값이 이전연산에서 '0'이었다가 현재연산에서 '1'로 변경되면 1 스캔타임동안 해당 접점이 ON된다. 아래의 경우를 실행해보자.

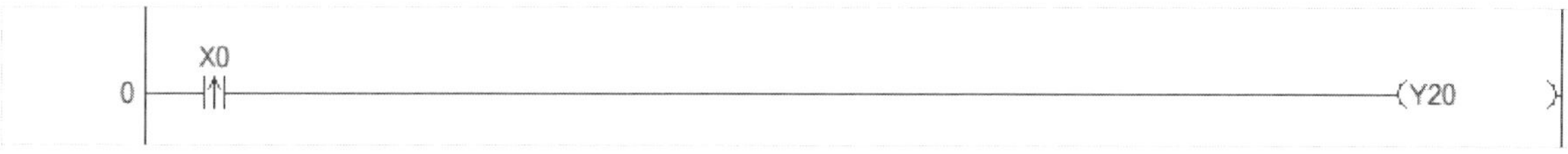

그림 3-53 펄스상승 접점예제

X0에 연결되어 있는 스위치를 누르는 순간, 아주 짧은 시간 동안 출력모듈의 표시부가 ON/OFF 된다. ON/OFF되는 시간이 매우 짧기 때문에 켜지지 않는 경우도 있지만, 몇 번 시도 하다 보면 출력값을 확인할 수 있다. 펄스하강의 경우에는 스위치를 눌렀다 떼면 출력값을 확인할 수 있다.

그림 3-54 출력 부분 확인

아래 프로그램이 어떻게 동작할지 고민해보자.

그림 3-55 출력 반전 프로그램 예제

X0에 연결된 버튼을 누르면 해당 스캔타임에 M0값이 1이 되고, Y20 코일 값도 1이 된다. 다음 번 연산 시 스위치가 눌려져 있더라도 M0값은 0이다. 그렇기 때문에 세 번째 라인의 M0 b접점 이 ON되며, Y20 a접점은 이전 스캔타임에서 Y20에 1값이 저장되었기 때문에 자기유지 된다. 다시 X0에 연결된 스위치를 OFF→ON하면 M0값이 1이 되어 자기유지라인의 M0 b접점이 OFF 되어 자기유지가 해제된다. 위 프로그램은 펄스상승 접점의 기본적인 예제로 자주 사용된다. 실제 사용 시에는 아래와 같은 함수를 지원한다.

그림 3-56 FF, Flip Flop 명령, 비트디바이스의 출력을 반전한다.

알고 넘어 갑시다 - 래더 명령과 변환된 명령

래더 프로그램 작성 시 펄스상승 접점은 로 쓰이며 OR로 연결된 펄스상승 접점()도 동일한 단축키로 프로그램 된다. 그러나 프로그램이 컴파일(변환)되면 다른 명령으로 작동한다. 예로 는 ANDP 명령으로 변환되며, 는 ORP로 변환 된다. 이런 부분이 래더 프로그램을 많이 사용하는 이유 중 하나이다. 즉 래더 프로그램은 프로그래머가 쉽게 프로그램을 작성할 수 있도록 되어 있기 때문에 아직도 많은 분야에서 사용되고 있다.

LD		• 논리 연산 시작 (a 접점 논리 연산 시작)
LDI		• 논리 부정 연산 시작 (b 접점 논리 연산 시작)
AND		• 논리적 (a 접점 직렬 접속)
ANI		• 논리적 부정 (b 접점 직렬 접속)
OR		• 논리합 (a 접점 병렬 접속)
ORI		• 논리합 부정 (b 접점 병렬 접속)
LDP		• 펄스상승 연산 시작
LDF	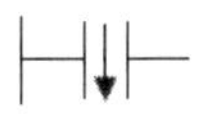	• 펄스하강 연산 시작
ANDP		• 펄스상승 직렬 접속
ANDF		• 펄스하강 직렬 접속
ORP		• 펄스상승 병렬 접속
ORF		• 펄스하강 병렬 접속

그림 3-57 시퀀스 명령에 사용되는 접점명령어

출처 : QCPU공통명령어편(한국미쓰비시 전기오토메이션)

8 기타 출력명령

명령	기호	설명
OUT	—( )—	• 디바이스 출력
SET	[SET D]	• 디바이스 세트
RST	[RST D]	• 디바이스 리셋
PLS	[PLS D]	• 입력 신호의 펄스상승 시에 프로그램 1주기 분의 펄스를 발생시킨다.
PLF	[PLF D]	• 입력 신호의 펄스하강 시에 프로그램 1주기 분의 펄스를 발생시킨다.
FF	[FF D]	• 디바이스 출력 반전
DELTA	[DELTA D]	• 다이렉트 출력 펄스화
DELTAP	[DELTAP D]	

그림 3-58 래더 프로그램에서 사용되는 출력명령

출처 : QCPU공통명령어편(한국미쓰비시 전기오토메이션)

SET 명령은 해당 디바이스(비트, 워드)를 1로 변경한다. (타이머, 카운터 디바이스 제외). SET 명령으로 1이 된 디바이스는 RST 명령을 이용하여 0으로 변경할 수 있다.

그림 3-59 SET, RESET 명령

PLS 명령 또는 PLF 명령은 1스캔타입 동안 펄스를 출력한다.

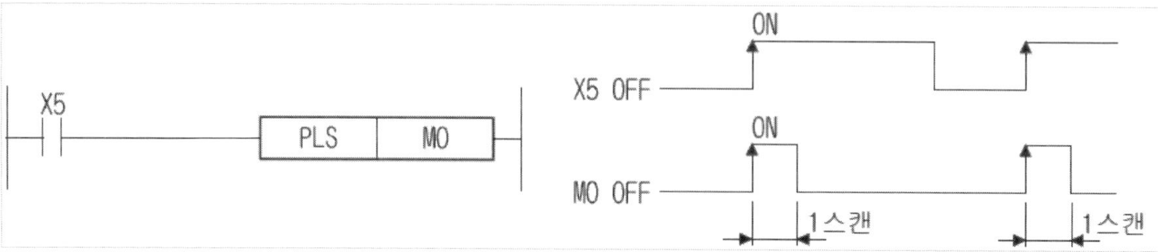

그림 3-60 PLS 명령

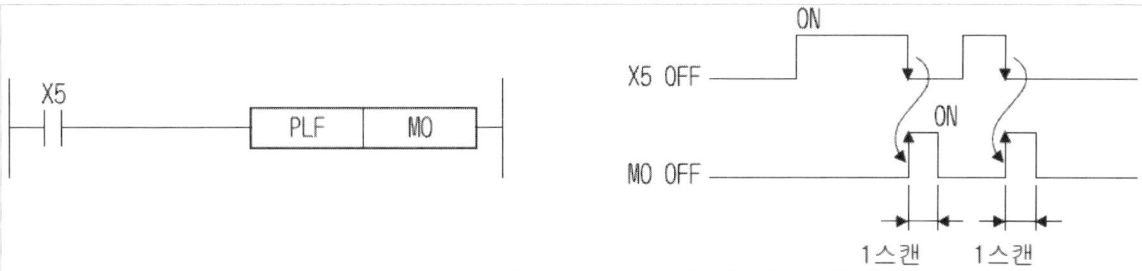

그림 3-61 PLF 명령

알고 넘어 갑시다 - 접점과 PLS 명령의 차이점

펄스상승 접점( )은 Q시리즈 PLC에서 새로 만들어진 명령어이다. 이전 A시리즈 또는 QCPU-A시리즈에서는 PLS 명령만 지원했다. 현재도 예전에 프로그램을 하시는 분들은 PLS를 많이 사용하고 있다. 실제 프로그램에서 사용되는 용도는 크게 다르지 않다.

Classi-fication	Unit	Instruction Symbol	Symbol	Contents of Processing
Contact	—	LD		Logical operation start (NO contact operation start)
		LDI		Logical NOT operation start (NC contact operation start)
		AND	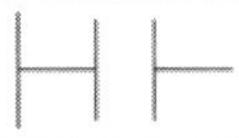	Logical product (NO contact series connection)
		ANI		Logical product NOT (NC contact series connection)
		OR		Logical add (NO contact parallel connection)
		ORI	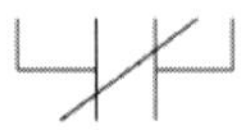	Logical add NOT (NC contact parallel connection)

그림 3-62 A시리즈에서 사용되었던 접점명령

Classi-fication	Unit	Instruction Symbol	Symbol	Contents of Processing
OUT	—	OUT	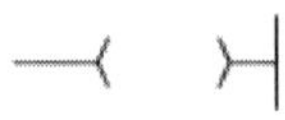	Device output
		SET	SET D	Device set
		RST	RST D	Device reset
		PLS	PLS D	Generates one-program cycle pulses on the leading edge of input signal.
		PLF	PLF D	Generates one-program cycle pulses on the trailing edge of input signal.
		CHK	CHK D1 D2	Device output reverse Valid in I/O refresh mode

그림 3-63 A시리즈에서 사용되었던 출력명령

디바이스의 종류와 공통명령어 활용

1. 디바이스 일람표
2. 내부 디바이스의 설정
3. 공통명령어
4. 명령어 활용 예제

Chapter | 4

Chapter 4 디바이스의 종류와 공통명령어 활용

1 디바이스 일람표

분류	종류	디바이스명	디폴트값			파라미터 설정에 의한 설정 범위
			점수	사용 범위		
내부 사용자 디바이스	비트 디바이스	입력	8192점	X0 ~ 1FFF	16진	29K워드 이내에서 변경 가능*3
		출력	8192점	Y0 ~ 1FFF	16진	
		내부 릴레이	8192점	M0 ~ 8191	10진	
		래치 릴레이	8192점	L0 ~ 8191	10진	
		어넌시에이터	2048점	F0 ~ 2047	10진	
		에지 릴레이	2048점	V0 ~ 2047	10진	
		스텝 릴레이	8192점	S0 ~ 8191	10진	
		링크 릴레이	8192점	B0 ~ 1FFF	16진	
		링크 특수 릴레이	2048점	SB0 ~ 7FF	16진	
	워드 디바이스	타이머*1	2048점	T0 ~ 2047	10진	
		적산 타이머*1	0점	(ST0 ~ 2047)	10진	
		카운터*1	1024점	C0 ~ 1023	10진	
		데이터 레지스터	12288점	D0 ~ 12287	10진	
		링크 레지스터	8192점	W0 ~ 1FFF	16진	
		링크 특수 레지스터	2048점	SW0 ~ 7FF	16진	
내부 시스템 디바이스	비트 디바이스	펑션 입력	16점	FX0 ~ F	16진	변경 불가능
		펑션 출력	16점	FY0 ~ F	16진	
		특수 릴레이	2048점	SM0 ~ 2047	10진	
	워드 디바이스	펑션 레지스터	5점	FD0 ~ 4	10진	
		특수 레지스터	2048점	SD0 ~ 2047	10진	
링크 다이렉트 디바이스	비트 디바이스	링크 입력	16384점 *7	Jn₩X0 ~ 3FFF *8	16진	변경 불가능
		링크 출력	16384점 *7	Jn₩Y0 ~ 3FFF *8	16진	
		링크 릴레이	32768점	Jn₩B0 ~ 7FFF	16진	
		링크 특수 릴레이	512점	Jn₩SB0 ~ 1FF	16진	
	워드 디바이스	링크 레지스터	131072점	Jn₩W0 ~ 1FFFF	16진	
		링크 특수 레지스터	512점	Jn₩SW0 ~ 1FF	16진	
모듈 액세스 디바이스	워드 디바이스	인텔리전트 기능 모듈 디바이스	65536점	Un₩G0 ~ 65535 *2	10진	변경 불가능
		멀티 CPU 간 공유 디바이스*4	4096점	U3En₩G0 ~ 4095	10진	변경 불가능
			14336점	U3En₩G10000 ~ 24335	10진	변경 가능
인덱스 레지스터/범용 연산 레지스터	워드 디바이스	인덱스 레지스터/범용 연산 레지스터	20점	Z0 ~ 19	10진	변경 불가능
파일 레지스터	워드 디바이스	파일 레지스터	0점	–	–	0~4086K점 *6
확장 데이터 레지스터	워드 디바이스	확장 데이터 레지스터	0점 *9	–	–	
확장 링크 레지스터	워드 디바이스	확장 링크 레지스터	0점	–	–	
네스팅	–	네스팅	15점	N0 ~ 14	10진	변경 불가능
포인터	–	포인터	4096점 *10	P0 ~ 4095 *11	10진	변경 불가능
		인터럽트 포인터	256점	I0 ~ 255	10진	

분류	종류	디바이스명	디폴트값			파라미터 설정에 의한 설정 범위
			점수	사용 범위		
파일 레지스터 * 7	워드 디바이스	파일 레지스터	0점	–	–	0~4086K점 * 6
확장 데이터 레지스터 * 7	워드 디바이스	확장 데이터 레지스터	0점	–	–	
확장 링크 레지스터 * 7	워드 디바이스	확장 링크 레지스터	0점	–	–	
네스팅	–	네스팅	15점	N0 ~ 14	10진	변경 불가능
포인터	–	포인터	4096점 * 11	P0 ~ 4095 * 12	10진	변경 불가능
		인터럽트 포인터	256점 * 8	I0 ~ 255 * 9	10진	
기타	비트 디바이스	SFC 블록 디바이스	128점	BL0 ~ 127	10진	변경 불가능
	–	네트워크 No. 지정 디바이스	255점	J1 ~ 255	10진	
		I/O No. 지정 디바이스	–	U0 ~ 7F, U3E0 ~ 3E2 * 10	16진	
		매크로 명령 인수 디바이스	10점	VD0 ~ 9	10진	
상수	–	10진 상수	K-2147483648 ~ 2147483647			
		16진 상수	H0 ~ FFFFFFFF			
		실수 상수	단정밀도 부동 소수점 데이터 : E ± 1.17549435 – 38 ~ E ± 3.40282347 + 38			
			배정밀도 부동 소수점 데이터 * 5 : E ± 2.2250738585072014 – 308 ~ E ± 1.7976931348623157 + 308			
		문자열 상수	"ABC", "123" 등 최대 32문자			

그림 4-1 디바이스 일람

* 1 타이머, 적산 타이머, 카운터는 접점·코일이 비트디바이스, 현재값이 워드디바이스이다.
* 2 실제로 사용할 수 있는 점수는 인텔리전트 기능 모듈에 따라 다르다. 버퍼메모리의 점수에 대해서는 사용하는 인텔리전트 기능 모듈의 매뉴얼을 참조해야한다.
* 3 디바이스 점수를 변경하는 경우, Works2의 파라미터에서 설정한다.
* 4 멀티 CPU 시스템 구성 시만 사용할 수 있다.
* 5 프로그래밍 툴에서 입력할 수 있는 자리는 15자리이다.
* 6 파일 레지스터, 확장 데이터 레지스터(D), 확장 링크 레지스터(W)의 합계 점수이다.
* 7 Q00UJCPU에서는 사용할 수 없다.
* 8 Q00UJCPU, Q00UCPU, Q01UCPU에서는 128점이다.
* 9 Q00UJCPU, Q00UCPU, Q01UCPU에서는 I0 ~ I127 이다.
* 10 Q00UJCPU에서는 U0 ~ F, Q00UCPU, Q01UCPU에서는 U0 ~ 3F, U3E0 ~ 3E2 이다.
* 11 Q00UJCPU, Q00UCPU, Q01UCPU에서는 512점이다.
* 12 Q00UJCPU, Q00UCPU, Q01UCPU에서는 P0 ~ 511이다.

출처 : QnUCPU 사용자 매뉴얼 기능해설·프로그램 기초편(한국미쓰비시 전기오토메이션, 2013)

릴레이는 비트메모리이며, 레지스터는 16비트 메모리입니다. 다음은 각 디바이스에 대한 간략 설명입니다.

◇ 입력(X)

기본값은 X0~X1FFF까지 사용 가능하며 비트메모리이다. 입력은 누름 버튼, 전환 스위치, 리미트 스위치, 디지털 스위치 등을 연결하는 입력모듈, 인텔리전트 모듈의 입력신호, 통신에서의 입력신호 등을 CPU모듈에 보내기 위한 것이며 CPU가 주변기기의 값을 읽기 위한 디바이스이다.

◇ 출력(Y)

기본값은 Y0~Y1FFF까지 사용 가능하며, 비트메모리이다. 출력은 프로그램의 제어 결과를 외부의 신호 등 디지털 표시기, 전자개폐기(콘택터), 솔레노이드, 인텔리전트 모듈의 출력신호, 통신에서의 출력신호등을 CPU모듈에서 각 모듈에 출력하기 위한 것이며 CPU가 주변기기에게 값을 출력하기 위한 디바이스이다.

◇ 내부 릴레이(M)

기본값은 M0~M8191까지(Q03UDE) 사용 가능하며, 비트메모리이다. 내부 릴레이는 CPU 모듈 내부에서 사용하는 보조 릴레이이다. 아래와 같이 조작하면 내부 릴레이는 모두 OFF된다.

- PLC의 전원 OFF→ON 시
- CPU 모듈의 리셋 조작 시
- 래치 클리어 시

◇ 래치[6] 릴레이(L)

래치 릴레이는 CPU 모듈 내부에서 사용하는 래치(정전유지)를 사용할 수 있는 보조 릴레이로 비트메모리이다. 래치 릴레이는 아래와 같이 조작해도 연산 결과(ON/OFF 정보)를 유지한다.

- PLC의 전원 OFF→ON 시
- CPU 모듈의 리셋 조작 시

  ※ 래치는 CPU 모듈 본체의 배터리로 실행한다.

◇ 어넌시에이터(F)

어넌시에이터는 사용자가 작성하는 설비의 이상·고장 검출용 프로그램에 사용하면 편리한 내부 릴레이로 비트메모리이다.

어넌시에이터 ON시의 특수 릴레이와 특수 레지스터

- 어넌시에이터를 ON하면, 특수 릴레이(SM62)가 ON되어, 특수 레지스터(SD62~79)에 ON된 어넌시에이터의 개수와 번호가 저장된다.
  - 특수 릴레이 : SM62……… 어넌시에이터가 1개라도 ON되면 ON한다.
  - 특수 레지스터 : SD62……… 최초로 ON된 어넌시에이터 번호를 저장한다.
    SD63……… ON되어 있는 어넌시에이터의 개수를 저장한다. ON된 순서로 어넌시에이터 번호를 저장한다.

---

6) 래치는 연속된 제어로 데이터를 관리하고 있을 때, PLC의 전원 OFF, 리셋조작, 허용 순간정전 시간을 초과하여 정전된 경우에도, 상기 데이터를 유지하여 제어를 계속하는 경우에 사용할 수 있다.

SD64~79… (SD62와 SD64는 동일 어넌시에이터 번호가 저장된다.)
또한, SD62에 저장되어 있는 어넌시에이터 번호는 고장이력 저장 영역에도 등록된다.

어넌시에이터의 용도

- 고장 검출 프로그램에 어넌시에이터를 사용하여 특수 릴레이(SM62)가 ON되었을 때, 특수 레지스터(SD62~79)를 모니터하면, 설비를 이상 · 고장 발생 유무(어넌시에이터번호)를 확인할 수 있다.

◈ 에지 릴레이(V)

에지 릴레이는 래더 블록의 선두에서의 연산 결과(ON/OFF정보)를 기억하는 디바이스로 접점에서만 사용할 수 있다. 에지 릴레이는 코일로 사용할 수 없다.

◈ 링크 릴레이(B)

링크 릴레이는 MELSECNET/H 네트워크 모듈 등의 링크 릴레이(LB)를 CPU 모듈에 리프레시하는 경우 또는 CPU 모듈 내 데이터를 MELSECNET/H 네트워크 모듈 등의 링크 레이(LB)에 리프레시하는 경우에 사용하는 CPU 모듈측 릴레이이다.

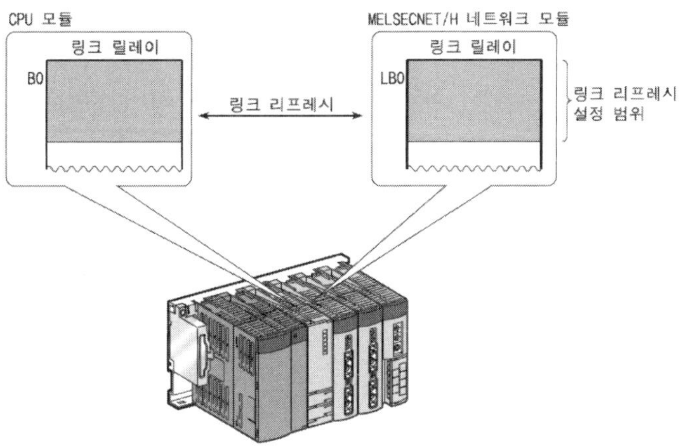

그림 4-2 링크 릴레이(B) 사용

출처 : QnUCPU 사용자 매뉴얼 기능해설·프로그램 기초편(한국미쓰비시 전기오토메이션, 2013)

◈ 링크 특수 릴레이(SB)

링크 특수 릴레이는 CC-Link IE모듈, MELSECNET/H 네트워크 모듈 등의 인텔리전트 기능 모듈의 통신 상태·이상 검출상태를 나타내는 릴레이이다. 데이터 링크 시에 발생하는 다양한 요인에 의해 ON/OFF 제어를 한다. 링크 특수 릴레이를 모니터하면, 데이터 링크의 통신상태·이상상태 등을 파악할 수 있다.

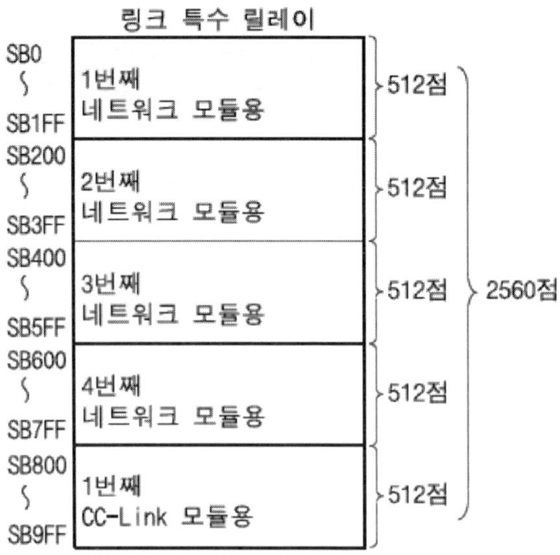

그림 4-3 링크 특수 릴레이 할당 예시

출처 : QnUCPU 사용자 매뉴얼 기능해설·프로그램 기초편(한국미쓰비시 전기오토메이션, 2013)

◇ 스텝 릴레이(S)

스텝 릴레이는 SFC(Sequence Flow Chart) 프로그램용 디바이스이다.

◇ 타이머(T)

타이머(T)는 타이머의 코일이 ON되면 계측을 시작하고, 현재값이 설정값 이상이 되면 타임업 하여 접점이 ON되는 디바이스이다. 타이머는 덧셈이며, 타이머가 타임업 하였을 때, 현재값과 설정값은 동일한 값이 된다. 타이머는 16비트 워드메모리, 접점 비트메모리, 코일 비트메모리로 구성되어 있다.

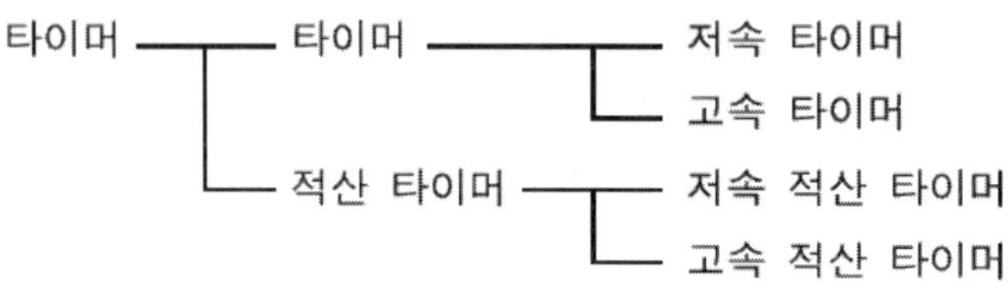

◇ 카운터(C)

카운터는 시퀀스 프로그램으로 입력 조건의 펄스상승 횟수를 카운트 하는 디바이스 이다. 카운트값과 설정값이 동일하게 되면 카운트업하여 접점이 ON된다. 카운터는 덧셈 방식이며, 카운터는 16비트 워드메모리, 접점 비트메모리, 코일 비트메모리로 구성되어 있다.

◇ 데이터 레지스터(D)

데이터 레지스터는 수치 데이터(- 32768 ~ 32767 또는0000H ~ FFFFH)를 저장할 수 있는 16비트 워드 메모리이다.

◇ 링크 레지스터(W)

링크 레지스터는 MELSECNET/H 네트워크 모듈 등 인텔리전트 기능 모듈 링크 레지스터(LW)의 데이터를 CPU 모듈에 리프레시 하는 경우의 CPU 모듈측의 메모리이다. 링크 레지스터는 1점 16비트로 구성되어 16비트 단위로 읽고 쓸 수 있다.

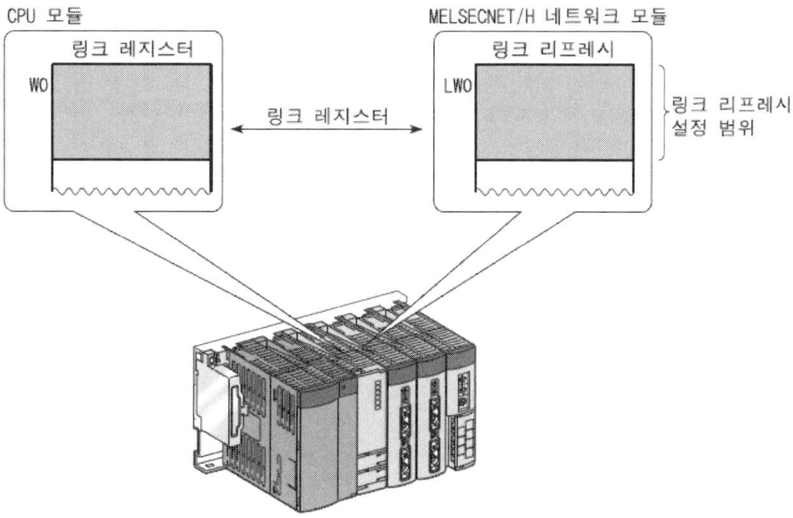

그림 4-4 링크 레지스터 활용 예

출처 : QnUCPU 사용자 매뉴얼 기능해설·프로그램 기초편(한국미쓰비시 전기오토메이션, 2013)

◇ 링크 특수 레지스터(SW)

링크 특수 레지스터는 MELSECNET/H 네트워크 모듈 등의 인텔리전트 기능 모듈의 통신 상태·이상 내용을 저장하는 레지스터이다. 데이터 링크 시의 정보가 수치로 저장되므로, 링크 특수 레지스터를 모니터하면 이상 위치 및 원인을 조사할 수 있다.

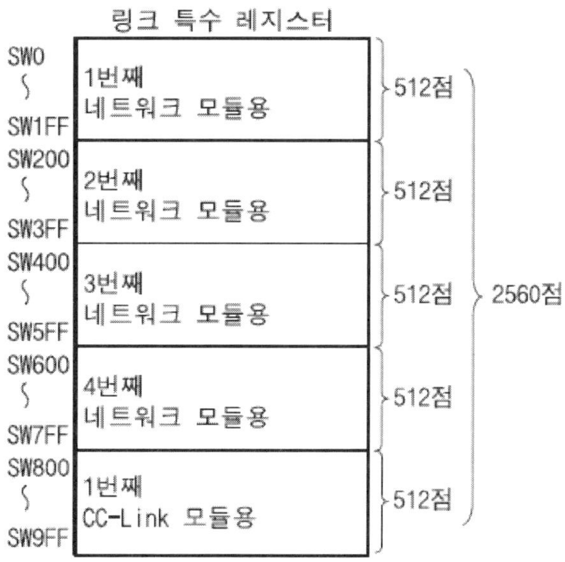

그림 4-5 링크 특수 레지스터 점유

출처 : QnUCPU 사용자 매뉴얼 기능해설·프로그램 기초편(한국미쓰비시 전기오토메이션, 2013)

◇ 펑션 디바이스(FX, FY, FD)

펑션 디바이스는 인수부착 서브루틴 프로그램에서 사용하는 디바이스이다. 펑션 디바이스는 인수부착 서브루틴 호출 소스와 인수부착 서브루틴 프로그램 간에 데이터를 읽기/쓰기 한다. X1에 의해 서브프로그램을 호출 하면 D0에 입력된 값이 FD1에 전달되며, 서브프로그램에서 연산된 결과값은 D10번에 저장된다. X2에 의해 호출 되면 D20에 있는 값이 FD1에 전달되며, 연산된 결과값은 D30번에 저장된다.

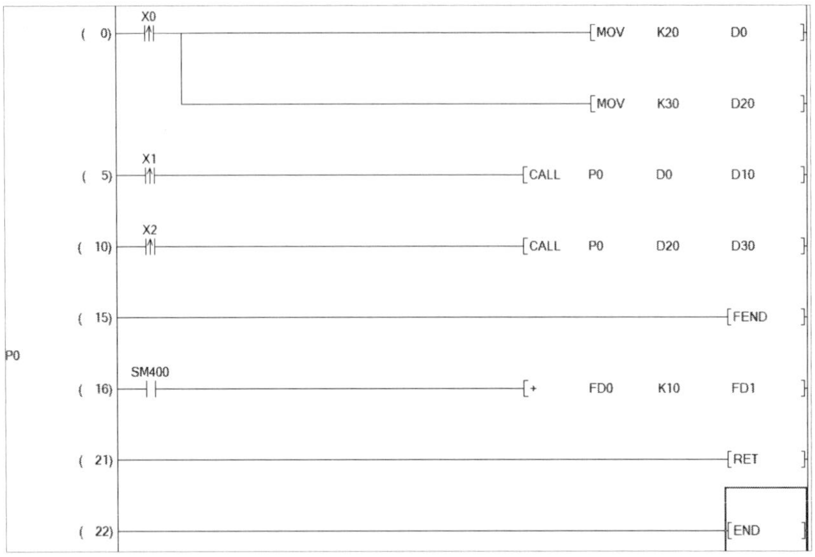

그림 4-6 펑션 디바이스의 사용 예

◇ 특수 릴레이(SM)

특수 릴레이는 PLC내부에서 사양이 정해져 있는 내부 릴레이로, CPU모듈의 상태가 저장된다. 시간과 관련된 값은 SM400번대에 있으며 SM0번대역은 진단에 대한 정보가 저장된다. 자세한 내용은 Gx-Works2의 Help에 정의되어 있다.

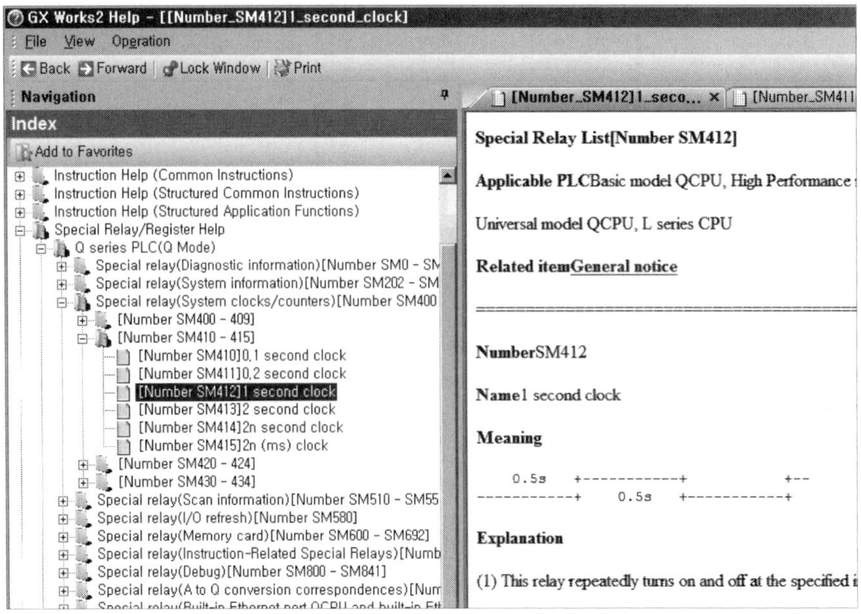

그림 4-7 특수 릴레이 설명

◇ 특수 레지스터(SD)

특수 레지스터는 CPU 모듈 상태(고장 진단·시스템 정보 등)가 저장되어 있는 레지스터이다.

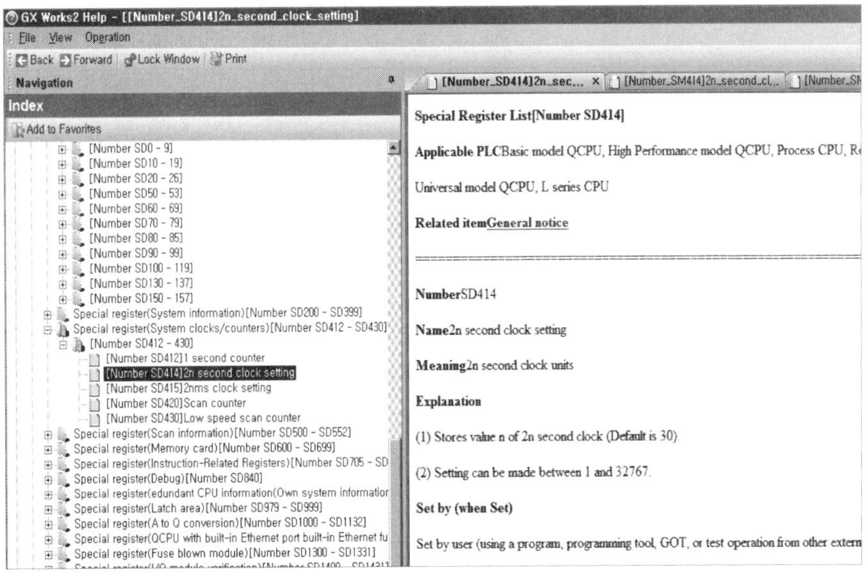

그림 4-8 특수 레지스터 설명

◇ 링크 다이렉트 디바이스(Jn₩Dn)

링크 다이렉트 디바이스는 MELSECNET/H의 네트워크 모듈내의 링크 디바이스를 직접 액세스 하는 디바이스 이다. CPU 모듈과 MELSECNET/H 네트워크 시스템의 네트워크 모듈 간의 리프레시(데이터 전송)는 시퀀스프로그램의 END처리 시에 실행된다.

※ D는 디바이스

※ n는 숫자

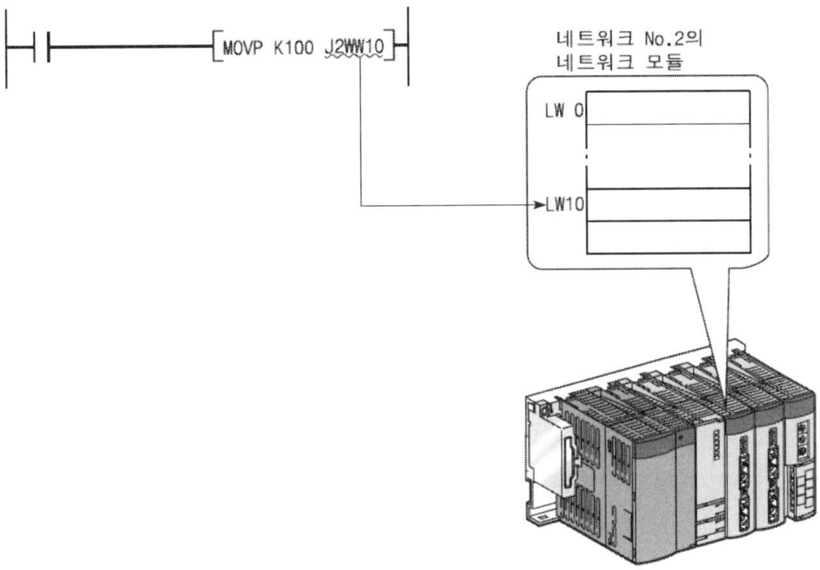

그림 4-9 링크 다이렉트 디바이스 접속 방식

출처 : QnUCPU 사용자 매뉴얼 기능해설·프로그램 기초편(한국미쓰비시 전기오토메이션, 2013)

◇ 인텔리전트 기능 모듈 디바이스(Un₩Gn)

인텔리전트 기능 모듈 디바이스는 기본 베이스모듈 및 증설베이스 모듈에 장착되어 있는 인텔리전트 기능 모듈/특수 기능 모듈의 버퍼메모리에 CPU 모듈에서 직접 액세스하는 디바이스이다.

※ Un의 n은 I/O 할당 번호이다. n은 0을 제외하고 기입한다. 즉 시작어드레스가 40H일 경우 n은 4가 된다.

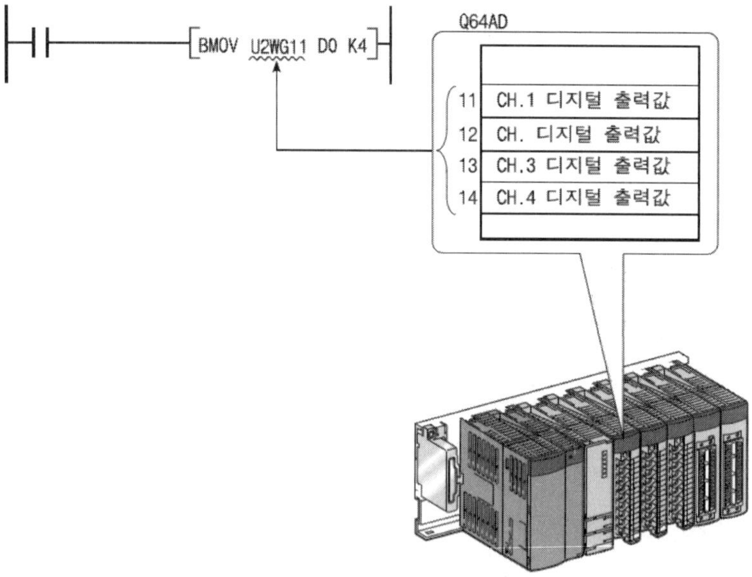

그림 4-10 인텔리전트 기능 모듈 디바이스 접속 방식

출처 : QnUCPU 사용자 매뉴얼 기능해설·프로그램 기초편(한국미쓰비시 전기오토메이션, 2013)

◇ 인덱스 레지스터(Z)

인덱스 레지스터는 시퀀스 프로그램에서 사용하는 디바이스의 간접 설정(인덱스 수식)에 사용하는 디바이스이다. 인덱스 수식은 인덱스 레지스터 1점을 사용한다.

◇ 파일 레지스터(R,ZR)

- 비트 구성과 읽기 및 쓰기 단위파일 레지스터는 1점 16비트로 구성되어 16비트단위로 읽고 쓸 수 있다.
- 32비트 명령으로 파일 레지스터를 사용
  32비트 명령으로 파일 레지스터를 사용할 때는 Rn와 Rn+1이 처리 대상이 된다.
  시퀀스 프로그램으로 지정하고 있는 파일 레지스터 번호(Rn)가 하위 16비트, 시퀀스 프로그램으로 지정하고 있는 파일 레지스터 번호+1의 파일 레지스터가 상위 16비트가 된다.

◇ 네스팅(N)

네스팅은 마스터 컨트롤 명령(MC 명령, MCR 명령)을 사용하여 동작 조건을 상자(네스트) 구조로 프로그래밍하기 위한 디바이스이다.

◇ 포인터

포인터는 점프 명령(CJ, SCJ, JUMP)이나 서브 루틴 호출명령(CALL 등)에 사용하는 디바이스이다.

◇ 인터럽트 포인터(I)

인터럽트 포인터는 인터럽트 프로그램의 선두에 레이블로서 사용하는 디바이스이다. 인터럽트 포인터는 실행하고 있는 모든 프로그램에서 사용 가능하다.

◇ 10진 상수(K)

10진 상수는 시퀀스 프로그램으로 10진수의 데이터를 지정하는 디바이스이다. 시퀀스 프로그램에서는 Kn (예 : K1234)로 지정한다.

※ 10진 상수의 지정 범위는 다음과 같다.

- 워드 데이터(16비트) 사용 시 : K-32768~32767
- 2워드 데이터(32비트) 사용 시 : K-2147483648~2147483647

◇ 16진 상수(H)

16진 상수는 시퀀스 프로그램으로 16진수 또는 BCD 데이터를 지정하는 디바이스이다.
(BCD로 데이터 지정 시는 16진수의 각 자리를 0~9로 지정한다.)
시퀀스 프로그램에서는 H(예 : H1234)로 지정한다.

◇ 실수(E)

실수는 시퀀스 프로그램으로 실수를 지정한 디바이스이다.
시퀀스 프로그램에서는 E (예 : E1.234)로 지정한다.

※ 지정 범위

실수의 설정 범위는 다음과 같다.

- ±2^-126≤디바이스≤±2^128 (다만 —0은 제외)

◇ 문자열(" ")

문자열 상수는 시퀀스 프로그램으로 문자열을 지정한 디바이스이다.
“ ”로 둘러싸인 반각문자(예 : "ABCD1234")로 지정한다.

※ 사용할 수 있는 문자

문자열에는 JIS8 코드를 사용할 수 있다.
CPU 모듈에서는 대문자와 소문자를 구분한다.

※ 지정 문자수

문자열은 지정 문자부터 NUL 코드(00H)까지가 단위가 된다.
다만 문자열을 사용한 명령($MOV 명령 등)으로 지정할 수 있는 문자열은 최대 32문자까지 가능하다.

2 내부 디바이스의 설정

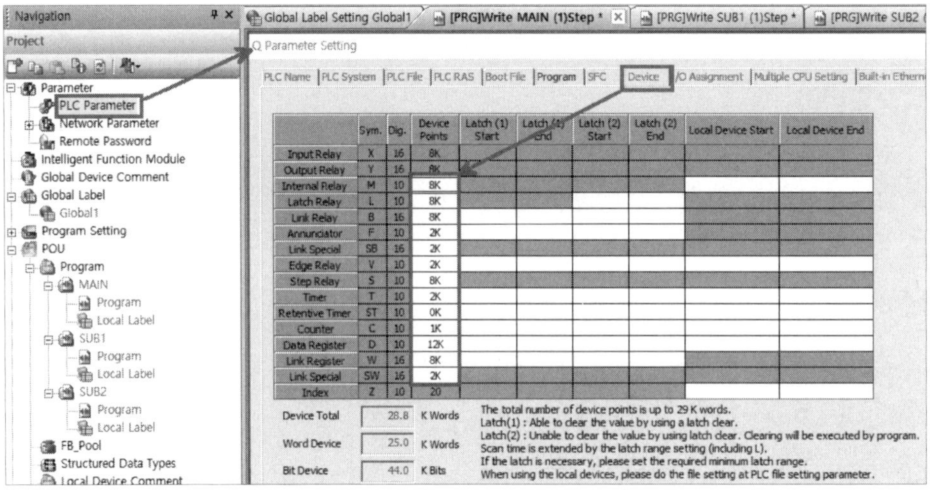

그림 4-11 내부 디바이스 영역 할당

내부 디바이스의 경우 29K Words 내에서 16점 단위로 할당하여 사용할 수 있다. 또한 내부 디바이스 별로 래치 영역을 할당할 수 있는데, 래치 릴레이(L), 링크 릴레이(B), 어넌시에이터(F),에지 릴레이(V), 타이머(T), 적산 타이머(ST), 카운터(C), 데이터 레지스터(D), 링크 레지스터(W)를 래치로 설정하여 사용할 수 있다. Latch(1) 영역은 Latch Clear 기능으로 데이터를 삭제할 수 있으며, Latch(2)영역은 Clear PLC Memory 기능으로 데이터를 삭제할 수 있다.

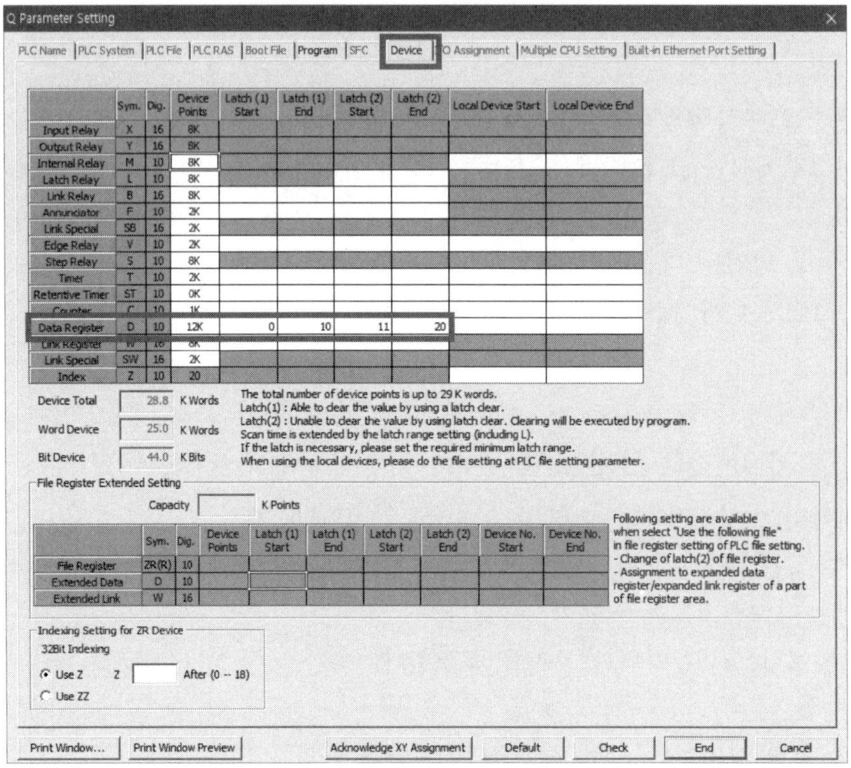

그림 4-12 디바이스 래치 설정

위와 같이 설정한 경우 D0~D20번 메모리는 PLC의 전원이 OFF되어도 데이터가 삭제되지 않으며, D0~D10은 Latch Clear 기능으로, D11~D20은 Clear PLC Memory 기능으로 데이터를 삭제할 수 있다.

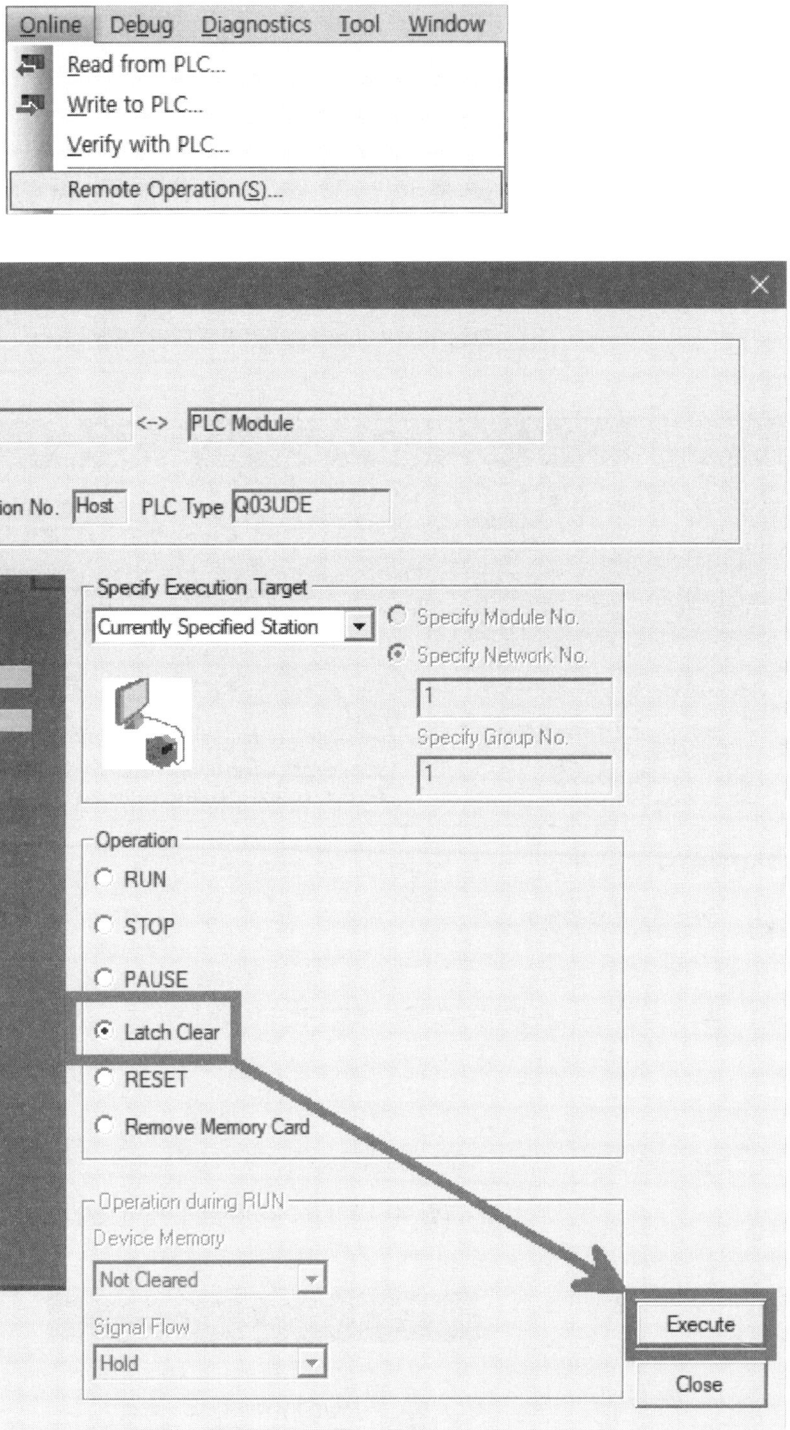

그림 4-13 Latch(1)영역 클리어 방법

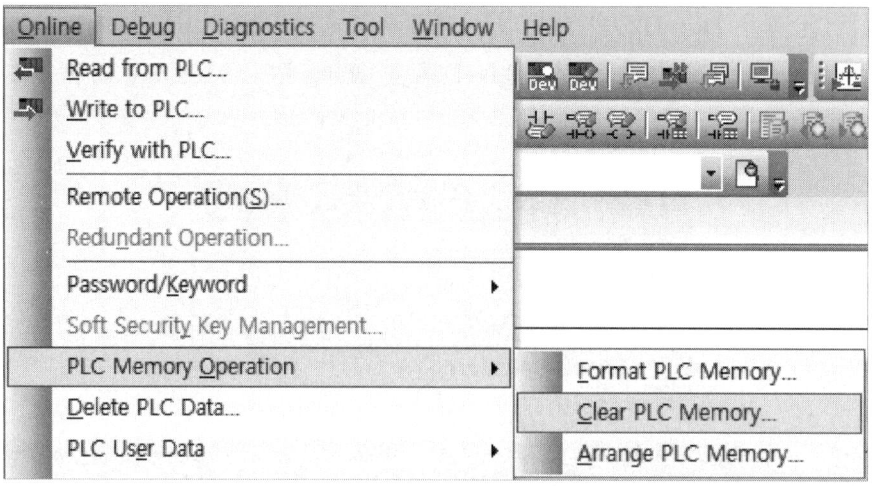

그림 4-14 Latch(2)영역 클리어 메뉴 위치

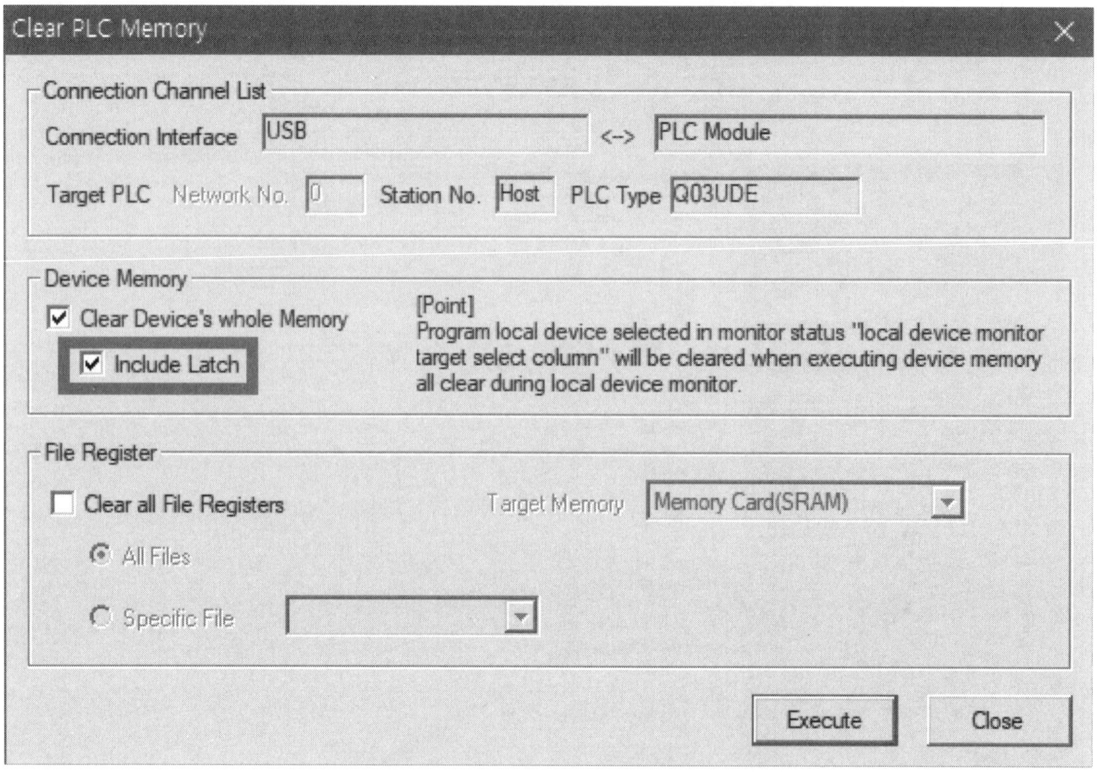

그림 4-15 Latch(2)영역 클리어 방법

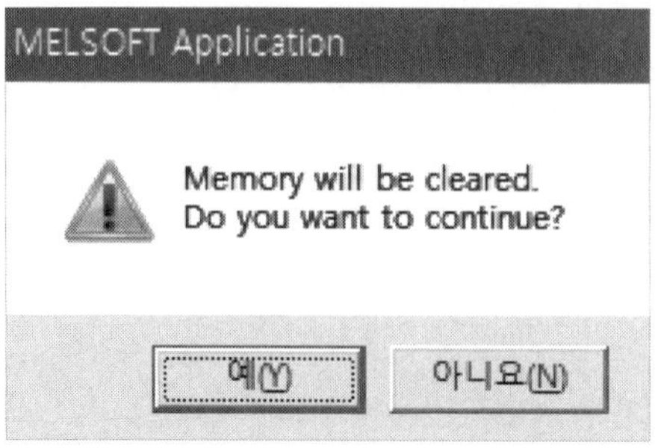

그림 4-16 삭제 경고창

그림 4-17 STOP상태에서만 가능하다.

3 공통명령어

[1] 비교연산명령

비교연산명령은 16비트 데이터, 32비트 데이터, 실수데이터, 문자열데이터, 블록데이터로 나뉜다. 16비트 데이터 명령어에서 'D', 'E', '$', 'BKCMP' 등이 추가되어 사용된다.

분류	명령 기호	심 볼	처리 내용	실행 조건	기본 스텝수	서브셋	설명 페이지
16비트 데이터 비교	LD=	= S1 S2	· (S1)=(S2)일 때 ON 상태 · (S1)≠(S2)일 때 OFF 상태		3	●	6-2
	AND=	= S1 S2					
	OR=	= S1 S2					
	LD<>	<> S1 S2	· (S1)≠(S2)일 때 ON 상태 · (S1)=(S2)일 때 OFF 상태		3	●	6-2
	AND<>	<> S1 S2					
	OR<>	<> S1 S2					
	LD>	> S1 S2	· (S1)>(S2)일 때 ON 상태 · (S1)≤(S2)일 때 OFF 상태		3	●	6-2
	AND>	> S1 S2					
	OR>	> S1 S2					
	LD<=	<= S1 S2	· (S1)≤(S2)일 때 ON 상태 · (S1)>(S2)일 때 OFF 상태		3	●	6-2
	AND<=	<= S1 S2					
	OR<=	<= S1 S2					
	LD<	< S1 S2	· (S1)<(S2)일 때 ON 상태 · (S1)≥(S2)일 때 OFF 상태		3	●	6-2
	AND<	< S1 S2					
	OR<	< S1 S2					
	LD>=	>= S1 S2	· (S1)≥(S2)일 때 ON 상태 · (S1)<(S2)일 때 OFF 상태		3	●	6-2
	AND>=	>= S1 S2					
	OR>=	>= S1 S2					

그림 4-18 비교명령 일람표

출처 : QCPU 공통 명령어편(한국미쓰비시 전기오토메이션, 2007)

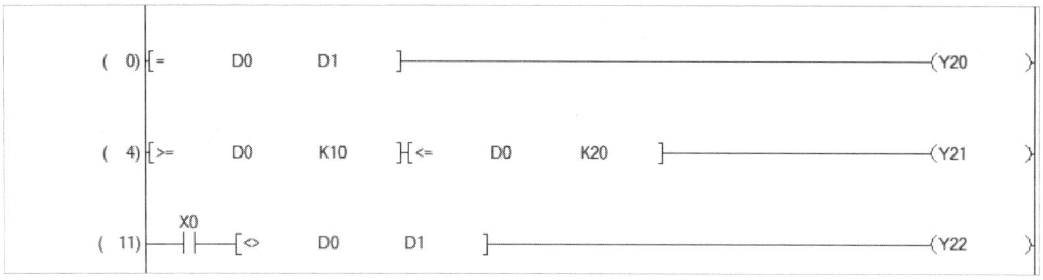

그림 4-19 16비트 비교연산자

연산자가 디바이스 사이에 위치한다고 생각하면 된다. D0 값과 D1값이 같으면 Y20이 ON된다. D0값이 10보다 크거나 같고 20보다 작거나 같으면 Y21이 ON된다. X0가 ON이된 상태에서 D0와 D1이 다르면 Y22값이 ON된다.

분류	명령 기호	심 볼	처리 내용	실행 조건	기본 스텝수
32비트 데이터 비교	LDD=	D= S1 S2	·(S1+1, S1)=(S2+1, S2)일 때 ON 상태 ·(S1+1, S1)≠(S2+1, S2)일 때 OFF 상태		*1
	ANDD=	D= S1 S2			
	ORD=	D= S1 S2			
	LDD<>	D<> S1 S2	·(S1+1, S1)≠(S2+1, S2)일 때 ON 상태 ·(S1+1, S1)=(S2+1, S2)일 때 OFF 상태		*1
	ANDD<>	D<> S1 S2			
	ORD<>	D<> S1 S2			
	LDD>	D> S1 S2	·(S1+1, S1)>(S2+1, S2)일 때 ON 상태 ·(S1+1, S1)≤(S2+1, S2)일 때 OFF 상태		*1
	ANDD>	D> S1 S2			
	ORD>	D> S1 S2			
	LDD<=	D<= S1 S2	·(S1+1, S1)≤(S2+1, S2)일 때 ON 상태 ·(S1+1, S1)>(S2+1, S2)일 때 OFF 상태		*1
	ANDD<=	D<= S1 S2			
	ORD<=	D<= S1 S2			
	LDD<	D< S1 S2	·(S1+1, S1)<(S2+1, S2)일 때 ON 상태 ·(S1+1, S1)≥(S2+1, S2)일 때 OFF 상태		*1
	ANDD<	D< S1 S2			
	ORD<	D< S1 S2			
	LDD>=	D>= S1 S2	·(S1+1, S1)≥(S2+1, S2)일 때 ON 상태 ·(S1+1, S1)<(S2+1, S2)일 때 OFF 상태		*1
	ANDD>=	D>= S1 S2			
	ORD>=	D>= S1 S2			

그림 4-20 32비트 비교연산자 일람표

출처 : QCPU 공통 명령어편(한국미쓰비시 전기오토메이션, 2007)

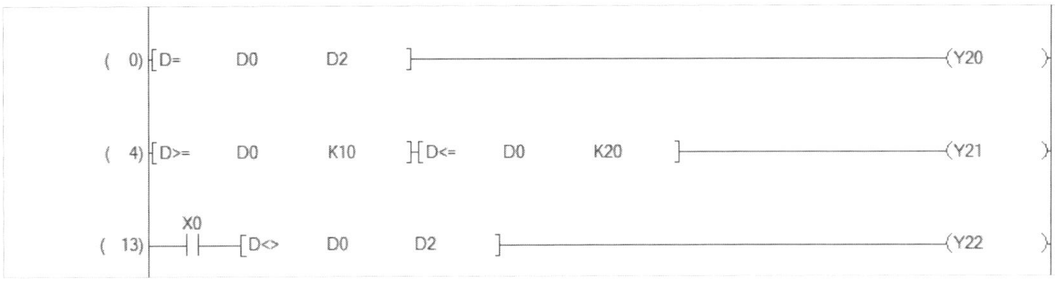

그림 4-21 32비트 비교연산자 예제

32비트 연산자를 사용할 때는 어드레스 증가분을 주의해서 사용해야 한다. [D= D0 D1] 과 같이 프로그램을 하면 D0, D1(S1+1,S1)을 하나로 보기 때문에(32bit) D1을 사용해서는 안 된다.

분류	명령 기호	심 볼	처리 내용	실행 조건	기본 스텝수
실수 데이터 비교	LDE=	E= S1 S2	• (S1+1, S1)=(S2+1, S2)일 때 ON 상태 • (S1+1, S1)≠(S2+1, S2)일 때 OFF 상태		3
	ANDE=	E= S1 S2			
	ORE=	E= S1 S2			
	LDE<>	E<> S1 S2	• (S1+1, S1)≠(S2+1, S2)일 때 ON 상태 • (S1+1, S1)=(S2+1, S2)일 때 OFF 상태		3
	ANDE<>	E<> S1 S2			
	ORE<>	E<> S1 S2			
	LDE>	E> S1 S2	• (S1+1, S1)>(S2+1, S2)일 때 ON 상태 • (S1+1, S1)≤(S2+1, S2)일 때 OFF 상태		3
	ANDE>	E> S1 S2			
	ORE>	E> S1 S2			
	LDE<=	E<= S1 S2	• (S1+1, S1)≤(S2+1, S2)일 때 ON 상태 • (S1+1, S1)>(S2+1, S2)일 때 OFF 상태		3
	ANDE<=	E<= S1 S2			
	ORE<=	E<= S1 S2			
	LDE<	E< S1 S2	• (S1+1, S1)<(S2+1, S2)일 때 ON 상태 • (S1+1, S1)≥(S2+1, S2)일 때 OFF 상태		3
	ANDE<	E< S1 S2			
	ORE<	E< S1 S2			
	LDE>=	E>= S1 S2	• (S1+1, S1)≥(S2+1, S2)일 때 ON 상태 • (S1+1, S1)<(S2+1, S2)일 때 OFF 상태		3
	ANDE>=	E>= S1 S2			
	ORE>=	E>= S1 S2			

그림 4-22 실수데이터 비교연산자

출처 : QCPU 공통 명령어편(한국미쓰비시 전기오토메이션, 2007)

지수(exponential) 데이터의 경우 자연수와 연산이 되지 않으므로 데이터 형을 변환하여 연산하여야 한다.

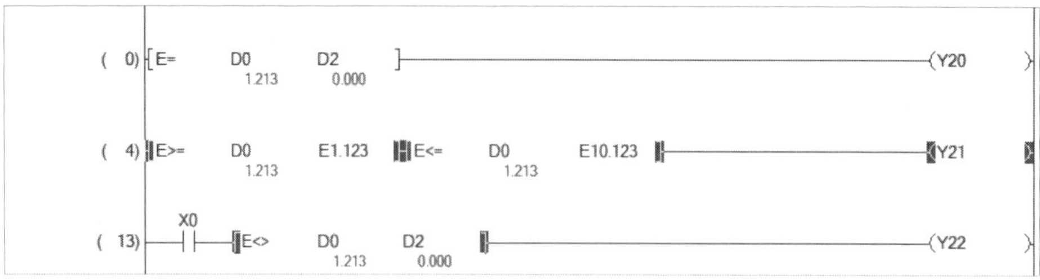

그림 4-23 실수데이터 비교연산자 예제

기존에 D0, D2 등에 저장된 데이터가 실수가 아닐 경우, 에러가 발생(데이터 타입의 불일치)할 수 있기 때문에 CPU리셋 후 사용해야 한다.

분류	명령 기호	심 볼	처리 내용	실행 조건	기본 스텝수
문자열 데이터 비교	LD$=	$= S1 S2	· S1의 문자열과 S2의 문자열을 1문자씩 비교한다. * 2 · (S1의 문자열)=(S2의 문자열)일 때 ON 상태 · (S1의 문자열)≠(S2의 문자열)일 때 OFF 상태		3
	AND$=	$= S1 S2			
	OR$=	$= S1 S2			
	LD$<>	$<> S1 S2	· S1의 문자열과 S2의 문자열을 1문자씩 비교한다. * 2 · (S1의 문자열)≠(S2의 문자열)일 때 ON 상태 · (S1의 문자열)=(S2의 문자열)일 때 OFF 상태		3
	AND$<>	$<> S1 S2			
	OR$<>	$<> S1 S2			
	LD$>	$> S1 S2	· S1의 문자열과 S2의 문자열을 1문자씩 비교한다. * 2 · (S1의 문자열)>(S2의 문자열)일 때 ON 상태 · (S1의 문자열)≤(S2의 문자열)일 때 OFF 상태		3
	AND$>	$> S1 S2			
	OR$>	$> S1 S2			
	LD$<=	$<= S1 S2	· S1의 문자열과 S2의 문자열을 1문자씩 비교한다. * 2 · (S1의 문자열)≤(S2의 문자열)일 때 ON 상태 · (S1의 문자열)>(S2의 문자열)일 때 OFF 상태		3
	AND$<=	$<= S1 S2			
	OR$<=	$<= S1 S2			
	LD$<	$< S1 S2	· S1의 문자열과 S2의 문자열을 1문자씩 비교한다. * 2 · (S1의 문자열)<(S2의 문자열)일 때 ON 상태 · (S1의 문자열)≥(S2의 문자열)일 때 OFF 상태		3
	AND$<	$< S1 S2			
	OR$<	$< S1 S2			
	LD$>=	$>= S1 S2	· S1의 문자열과 S2의 문자열을 1문자씩 비교한다. * 2 · (S1의 문자열)≥(S2의 문자열)일 때 ON 상태 · (S1의 문자열)<(S2의 문자열)일 때 OFF 상태		3
	AND$>=	$>= S1 S2			
	OR$>=	$>= S1 S2			

그림 4-24 문자열데이터 비교연산자 일람표

출처 : QCPU 공통 명령어편(한국미쓰비시 전기오토메이션, 2007)

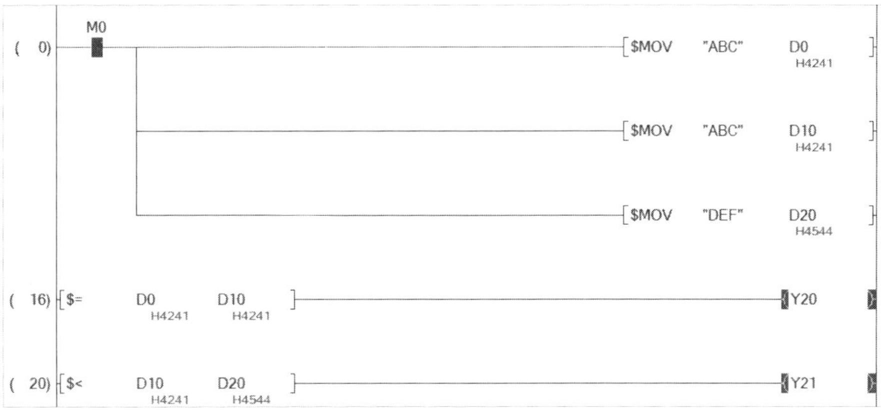

그림 4-25 문자열데이터 비교

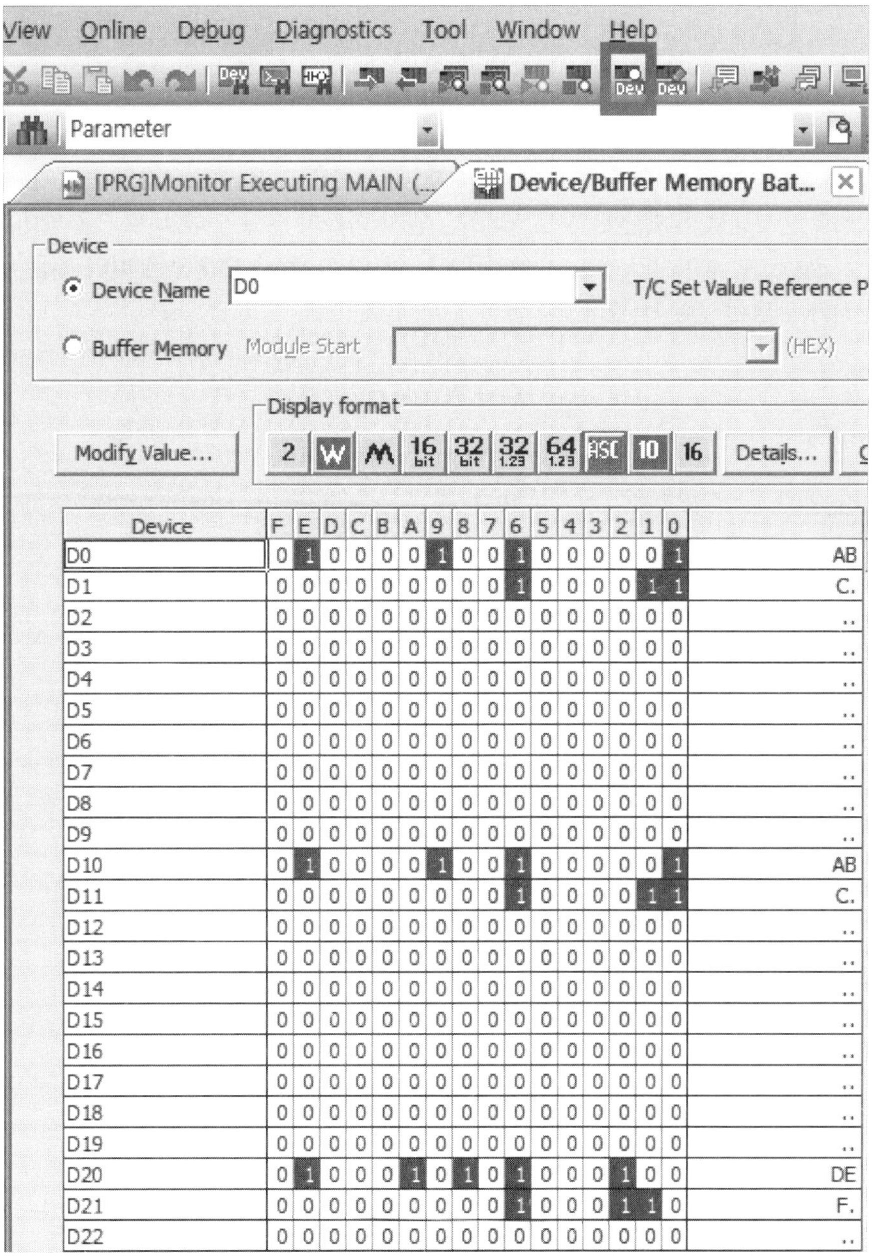

그림 4-26 문자데이터 내용 확인방법

메모리에 입력된 문자열을 확인하기 위해서는 Device Buffer Memory Batch Monitor 메뉴에서 ASC를 클릭하면 확인할 수 있다. ASC는 ASCII의를 의미하며, 영문 알파벳을 사용하는 대표적인 문자 인코딩이다. 메모리 자체에는 실제 문자를 저장할 수 없기 때문에 이를 숫자의 형태로 저장하고 이 정보를 다시 문자로 보기 위한 과정으로 보면 된다.

알고 넘어 갑시다 - ASCII CODE

미국정보교환표준부호(영어: American Standard Code for Information Interchange), 또는 줄여서 ASCII(아스키)는 영문 알파벳을 사용하는 대표적인 문자 인코딩이다. 아스키는 컴퓨터와 통신 장비를 비롯한 문자를 사용하는 많은 장치에서 사용되며, 대부분의 문자 인코딩이 아스키에 기초를 두고 있다. 아스키는 7비트 인코딩으로, 33개의 출력 불가능한 제어 문자들과 공백을 비롯한 95개의 출력 가능한 문자들로 총128개로 이루어진다. 제어 문자들은 역사적인 이유로 남아 있으며 대부분은 더 이상 사용되지 않는다. 출력 가능한 문자들은 52개의 영문 알파벳 대소문자와, 10개의 숫자, 32개의 특수 문자, 그리고 하나의 공백 문자로 이루어진다. 아스키가 널리 사용되면서 다양한 아스키 기반의 확장 인코딩들이 등장했으며, 이들을 묶어서 아스키라고 부르기도 한다. 대표적으로 7비트 인코딩을 유지한 ISO/IEC 646과, 원래 아스키 코드 앞에 비트 0을 넣어 8비트 인코딩을 만든 IBM 코드 페이지와 ISO 8859가 있다. 이 인코딩들은 언어군에 따라 같은 숫자에 서로 다른 문자가 배당된 경우가 많다.

(출처: https://ko.wikipedia.org/wiki/ASCII)

□ 제어 문자표

10진법	16진법	약자	한국어 설명
0	0	NUL	NULL
1	1	SOH	헤더 시작
2	2	STX	본문 시작, 헤더 종료
3	3	ETX	본문 종료
4	4	EOT	전송 종료, 데이터 링크 초기화
5	5	ENQ	응답 요구
6	6	ACK	긍정응답
7	7	BEL	경고음
8	8	BS	백스페이스
9	9	HT	수평 탭
10	0A	LF	개행
11	0B	VT	수직 탭
12	0C	FF	다음 페이지
13	0D	CR	복귀
14	0E	SO	확장문자 시작
15	0F	SI	확장문자 종료
16	10	DLE	전송 제어 확장
17	11	DC1	장치 제어 1
18	12	DC2	장치 제어 2

10진법	16진법	약자	한국어 설명
19	13	DC3	장치 제어 3
20	14	DC4	장치 제어 4
21	15	NAK	부정응답
22	16	SYN	동기
23	17	ETB	전송블록 종료
24	18	CAN	무시
25	19	EM	매체 종료
26	1A	SUB	치환
27	1B	ESC	제어 기능 추가
28	1C	FS	파일경계 할당
29	1D	GS	레코드 그룹경계 할당
30	1E	RS	레코드 경계 할당
31	1F	US	장치 경계 할당
127	7F	DEL	삭제

□ 출력 가능 아스키 문자표

10 진법	16 진법	모양	10 진법	16 진법	모양	10 진법	16 진법	모양
32	20	SP	64	40	@	96	60	`
33	21	!	65	41	A	97	61	a
34	22	"	66	42	B	98	62	b
35	23	#	67	43	C	99	63	c
36	24	$	68	44	D	100	64	d
37	25	%	69	45	E	101	65	e
38	26	&	70	46	F	102	66	f
39	27	'	71	47	G	103	67	g
40	28	(	72	48	H	104	68	h
41	29	)	73	49	I	105	69	i
42	2A	*	74	4A	J	106	6A	j
43	2B	+	75	4B	K	107	6B	k
44	2C	,	76	4C	L	108	6C	l
45	2D	–	77	4D	M	109	6D	m
46	2E	.	78	4E	N	110	6E	n
47	2F	/	79	4F	O	111	6F	o
48	30	0	80	50	P	112	70	p
49	31	1	81	51	Q	113	71	q
50	32	2	82	52	R	114	72	r
51	33	3	83	53	S	115	73	s
52	34	4	84	54	T	116	74	t
53	35	5	85	55	U	117	75	u
54	36	6	86	56	V	118	76	v
55	37	7	87	57	W	119	77	w
56	38	8	88	58	X	120	78	x

10 진법	16 진법	모양	10 진법	16 진법	모양	10 진법	16 진법	모양
57	39	9	89	59	Y	121	79	y
58	3A	:	90	5A	Z	122	7A	z
59	3B	;	91	5B	[	123	7B	{
60	3C	〈	92	5C	₩	124	7C	|
61	3D	=	93	5D	]	125	7D	}
62	3E	〉	94	5E	^	126	7E	~
63	3F	?	95	5F	_			

분류	명령 기호	심 볼	처리 내용	실행 조건	기본 스텝수
BIN 블록 데이터 비교	BKCMP=	BKCMP= S1 S2 D n	· (S1)부터 n점의 데이터와(S2)부터 n점의 데이터를 1워드 단위로 비교하여, 비교 결과를 (D)로 지정된 비트 디바이스부터 n점분에 저장한다.	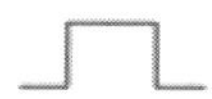	5
	BKCMP<>	BKCMP<> S1 S2 D n			
	BKCMP>	BKCMP> S1 S2 D n			
	BKCMP<=	BKCMP<= S1 S2 D n			
	BKCMP<	BKCMP< S1 S2 D n			
	BKCMP>=	BKCMP>= S1 S2 D n			
	BKCMP=P	BKCMP=P S1 S2 D n			
	BKCMP<>P	BKCMP<>P S1 S2 D n			
	BKCMP>P	BKCMP>P S1 S2 D n			
	BKCMP<=P	BKCMP<=P S1 S2 D n			
	BKCMP<P	BKCMP<P S1 S2 D n			
	BKCMP>=P	BKCMP>=P S1 S2 D n			

그림 4-27 블록데이터 비교연산자

출처 : QCPU 공통 명령어편(한국미쓰비시 전기오토메이션, 2007)

블록데이터 비교연산자는 한 번에 연속된 데이터의 비교를 수행할 수 있다.

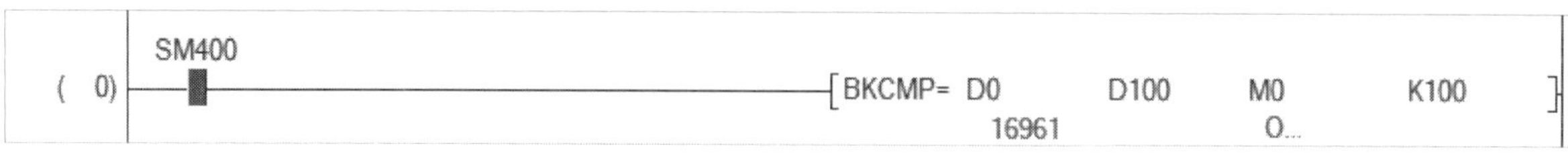

그림 4-28 블록데이터 비교연산자 사용 방법

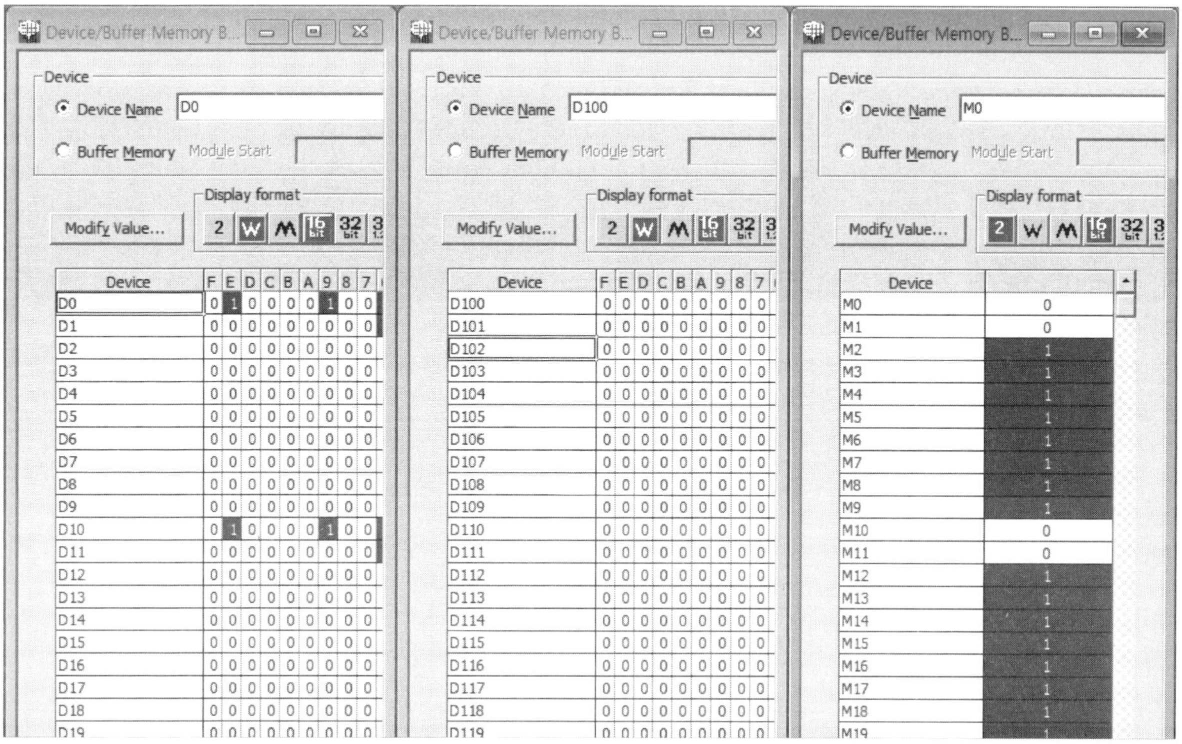

그림 4-29 D0~D99, D100~D199까지 비교한 결과를 M0~M99에 저장함

[2] 산술연산명령

분류	명령 기호	심 볼	처리 내용	실행 조건
BIN 16비트 덧셈/뺄셈	+	[+ S D]	· (D)+(S)→(D)	
	+P	[+P S D]		
	+	[+ S1 S2 D]	· (S1)+(S2)→(D)	
	+P	[+P S1 S2 D]		
	−	[− S D]	· (D)−(S)→(D)	
	−P	[−P S D]		
	−	[− S1 S2 D]	· (S1)−(S2)→(D)	
	−P	[−P S1 S2 D]		
BIN 32비트 덧셈/뺄셈	D+	[D+ S D]	· (D+1,D)+(S+1,S)→(D+1,D)	
	D+P	[D+P S D]		
	D+	[D+ S1 S2 D]	· (S1+1,S1)+(S2+1,S2)→(D+1,D)	
	D+P	[D+P S1 S2 D]		
	D−	[D− S D]	· (D+1,D)−(S+1,S)→(D+1,D)	
	D−P	[D−P S D]		
	D−	[D− S1 S2 D]	· (S1+1,S1)−(S2+1,S2)→(D+1,D)	
	D−P	[D−P S1 S2 D]		
BIN 16비트 곱셈/나눗셈	*	[* S1 S2 D]	· (S1) × (S2)→(D+1,D)	
	*P	[*P S1 S2 D]		
	/	[/ S1 S2 D]	· (S1) ÷ (S2)→ 몫(D), 나머지(D+1)	
	/P	[/P S1 S2 D]		
BIN 32비트 곱셈/나눗셈	D*	[D* S1 S2 D]	· (S1+1,S1) × (S2+1,S2) →(D+3,D+2,D+1,D)	
	D*P	[D*P S1 S2 D]		
	D/	[D/ S1 S2 D]	· (S1+1,S1) ÷ (S2+1,S2) →몫 (D+1,D), 나머지(D+3,D+2)	
	D/P	[D/P S1 S2 D]		

그림 4-30 산술연산자

출처 : QCPU 공통 명령어편(한국미쓰비시 전기오토메이션, 2007)

그림 4-31 연산 수행 전

그림 4-32 연산 결과 Destination(D1) + Source(D0) = Destination(D1) 결과

그림 4-33 연산 결과 전, D30 - D20 = D30

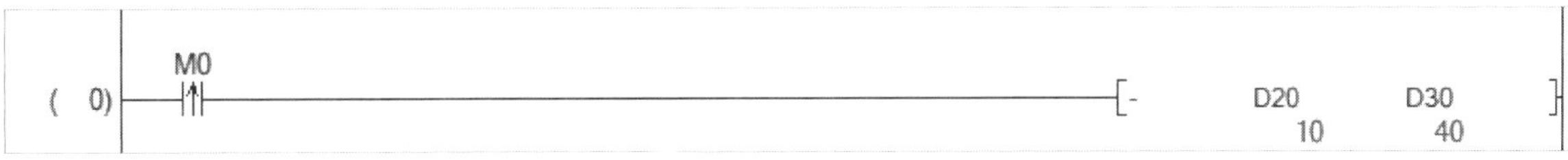

그림 4-34 연산 결과 후

그림 4-35 D40 - D41 = D42

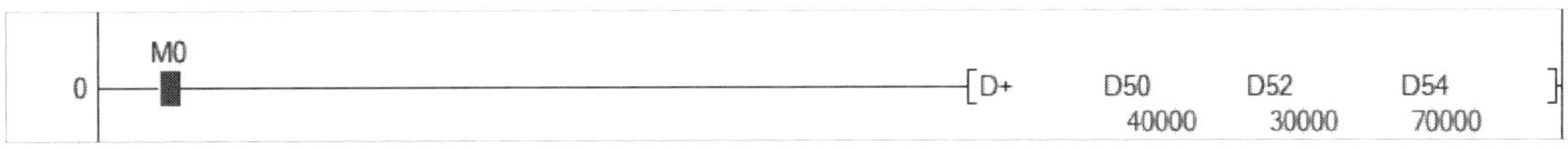

그림 4-36 32bit 데이터 연산

Device	F	E	D	C	B	A	9	8	7	6	5	4	3	2	1	0	
D50	1	0	0	1	1	1	0	0	0	1	0	0	0	0	0	0	40000
D51	0	0	0	0	0	0	0	0	0	0	0	0	0	0	0	0	
D52	0	1	1	1	0	1	0	1	0	0	1	1	0	0	0	0	30000
D53	0	0	0	0	0	0	0	0	0	0	0	0	0	0	0	0	
D54	0	0	0	1	0	0	0	1	0	1	1	1	0	0	0	0	70000
D55	0	0	0	0	0	0	0	0	0	0	0	0	0	0	0	1	

그림 4-37 32bit 데이터 저장상태

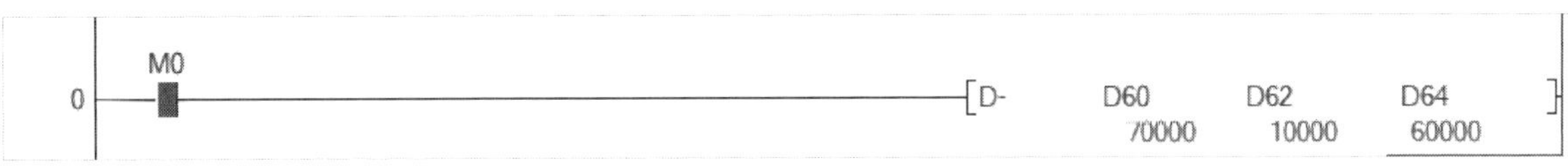

그림 4-38 D60 - D62 = D64

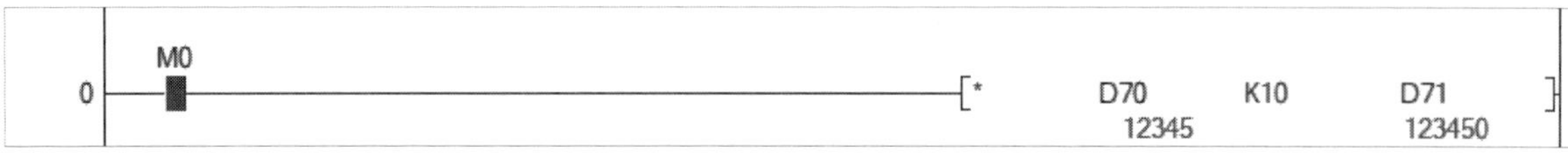

그림 4-39 D70(16bit) * K10(16bit, 10진수) = D71(32bit)

16비트(1워드) 곱하기 및 나누기의 경우 결과값이 32비트로(2워드) 저장되며, 32비트(2워드) 곱하기 및 나누기의 경우 결과값이 64비트로(4워드)저장 된다. 위 예제의 경우 D70과 k10을 곱한 값이 D71에 저장되지만 실제 저장되는 값은 D71+D72에 저장되기 때문에 프로그램에서 D72를 다른용도로 사용하지 않도록 주의해야 한다. 만약 다른 용도로 사용하여도 PLC컴파일 시에는 에러를 발생시키기 않기 때문에 이러한 부분들은 사전에 어드레스를 미리 정해 놓고 하는 것이 바람직하다.

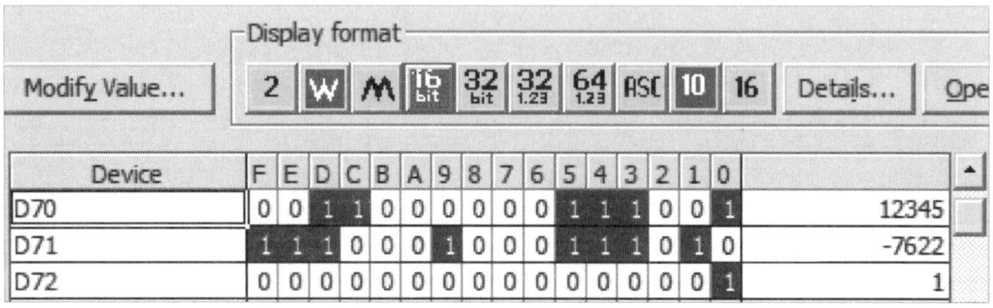

그림 4-40 16bit로 모니터링 했을 경우

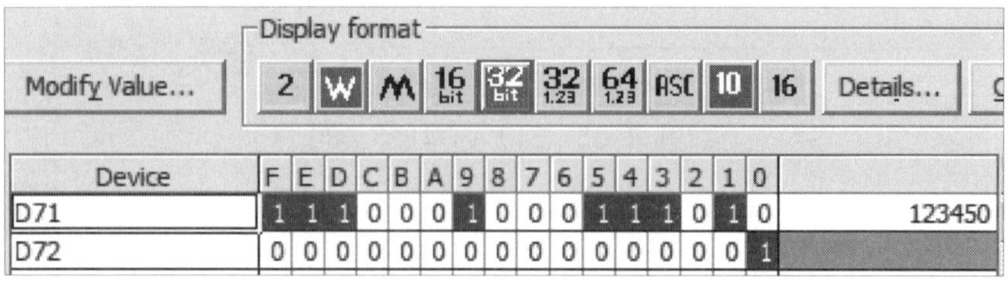

그림 4-41 32bit로 모니터링 했을 경우

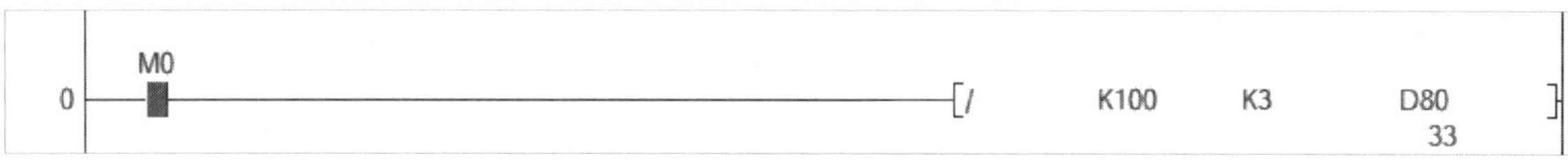

그림 4-42 K100/K3 = 33, 몫은 D80에 저장되고, 나머지가 D81에 저장된다.

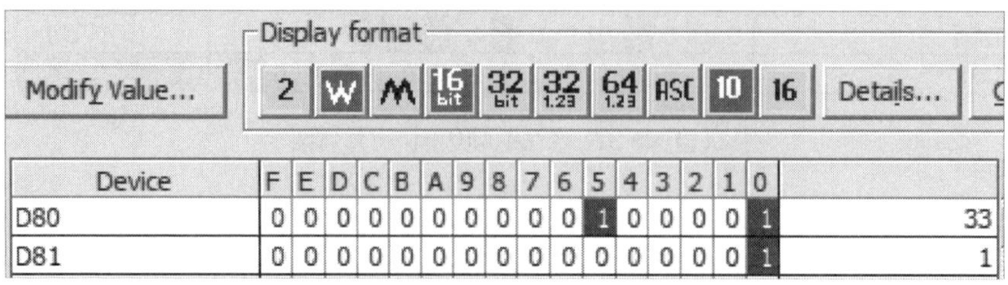

그림 4-43 나누기 연산자 저장 결과

그림 4-44 32bit 데이터 곱셈, 나눗셈 연산

Device	F	E	D	C	B	A	9	8	7	6	5	4	3	2	1	0	
D100	1	0	0	1	1	1	0	0	0	1	0	0	0	0	0	0	40000
D101	0	0	0	0	0	0	0	0	0	0	0	0	0	0	0	0	
D102	0	1	0	0	1	1	1	0	0	0	1	0	0	0	0	0	20000
D103	0	0	0	0	0	0	0	0	0	0	0	0	0	0	0	0	
D104	0	0	0	0	1	0	0	0	0	0	0	0	0	0	0	0	800000000
D105	0	0	1	0	1	1	1	1	1	0	1	0	1	1	1	1	

그림 4-45 32bit 곱셈 저장 결과

Device	F	E	D	C	B	A	9	8	7	6	5	4	3	2	1	0	
D108	1	1	0	0	0	0	1	1	0	1	0	1	0	0	0	0	50000
D109	0	0	0	0	0	0	0	0	0	0	0	0	0	0	0	0	
D110	0	1	1	1	0	1	0	1	0	0	1	1	0	0	0	0	30000
D111	0	0	0	0	0	0	0	0	0	0	0	0	0	0	0	0	
D112	0	0	0	0	0	0	0	0	0	0	0	0	0	0	0	1	1
D113	0	0	0	0	0	0	0	0	0	0	0	0	0	0	0	0	
D114	0	1	0	0	1	1	1	0	0	0	1	0	0	0	0	0	20000
D115	0	0	0	0	0	0	0	0	0	0	0	0	0	0	0	0	

그림 4-46 32bit 나눗셈 연산 결과

수학적으로 0으로 나누는 것을 정의하지 않기 때문에, 0으로 연산할 경우 에러를 발생시킨다. 디바이스에 초기값을 저장하지 않은 상태에서 나눗셈이 연산되면 아래와 같이 CPU ERR. LED가 점멸된다.

그림 4-47 ERR. 점멸

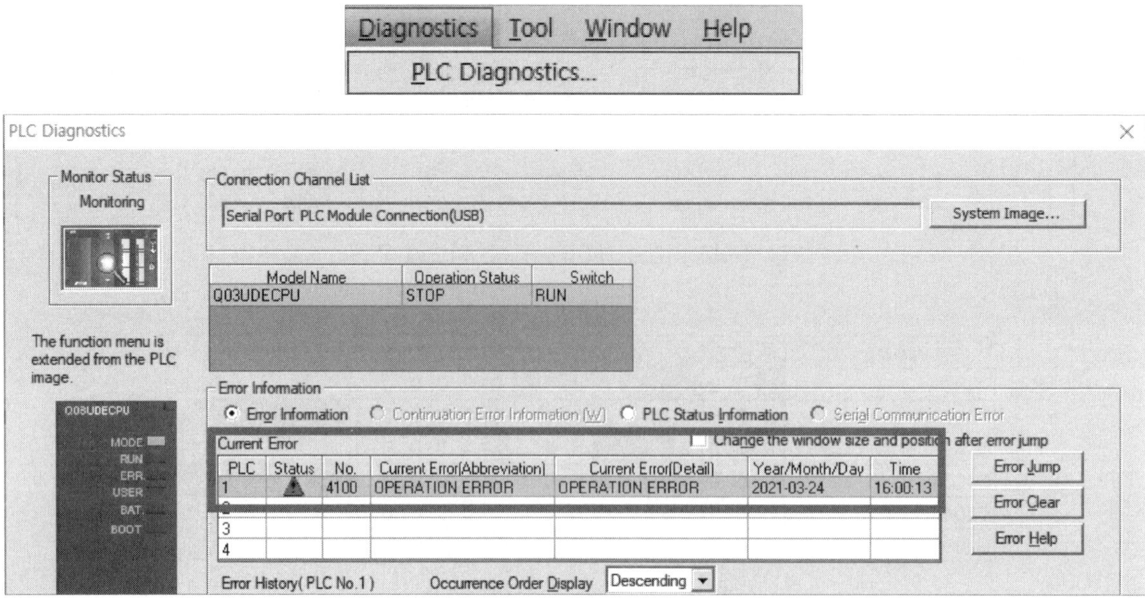

그림 4-48 에러 내용 확인

에러가 발생되면 프로그램이 정상적으로 운영되도록 수정 후, 다시 프로그램을 다운로드하고 PLC CPU를 리셋하면 정상 운영이 가능하다. 또는 PLC Parameter에서 옵션을 수정하면 CPU를 정지시키지 않고 계속 동작이 되도록 할 수 있으나, 권장하지 않는다.

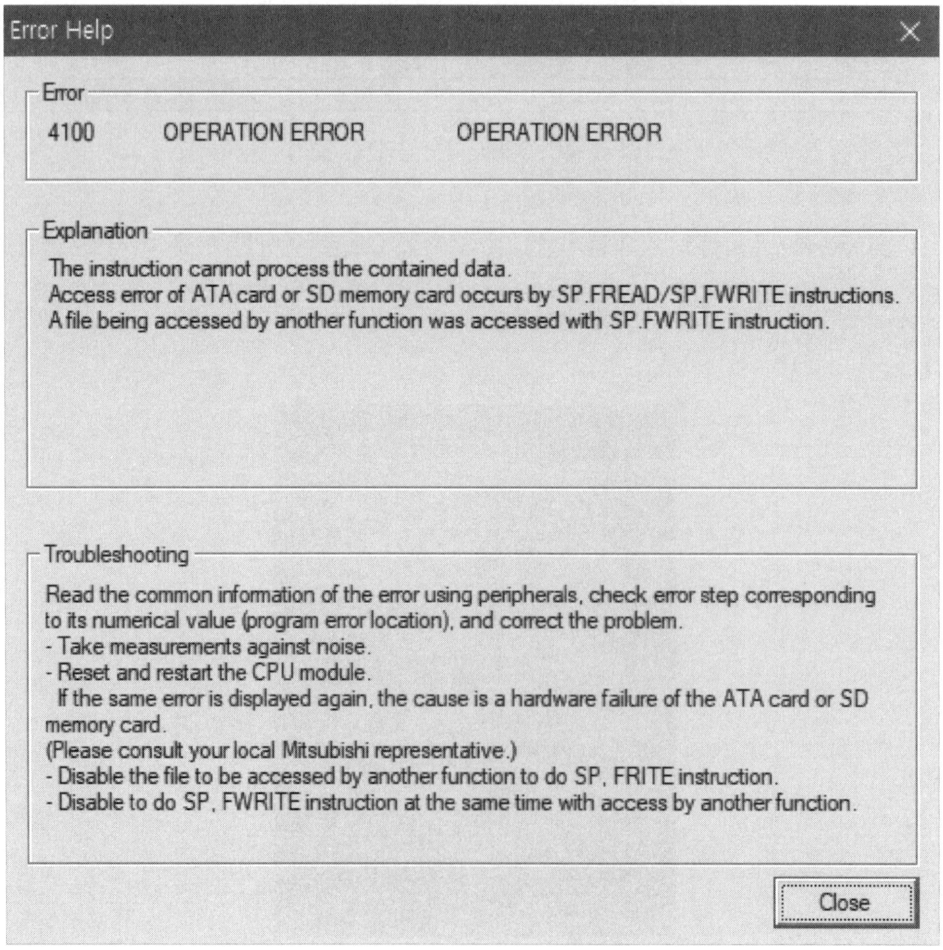

그림 4-49 Error Help 내용

에러가 발생되면 PLC 진단메뉴에서 관련 정보를 확인할 수 있으며, 세부 정보는 Error Help에서 확인할 수 있다.

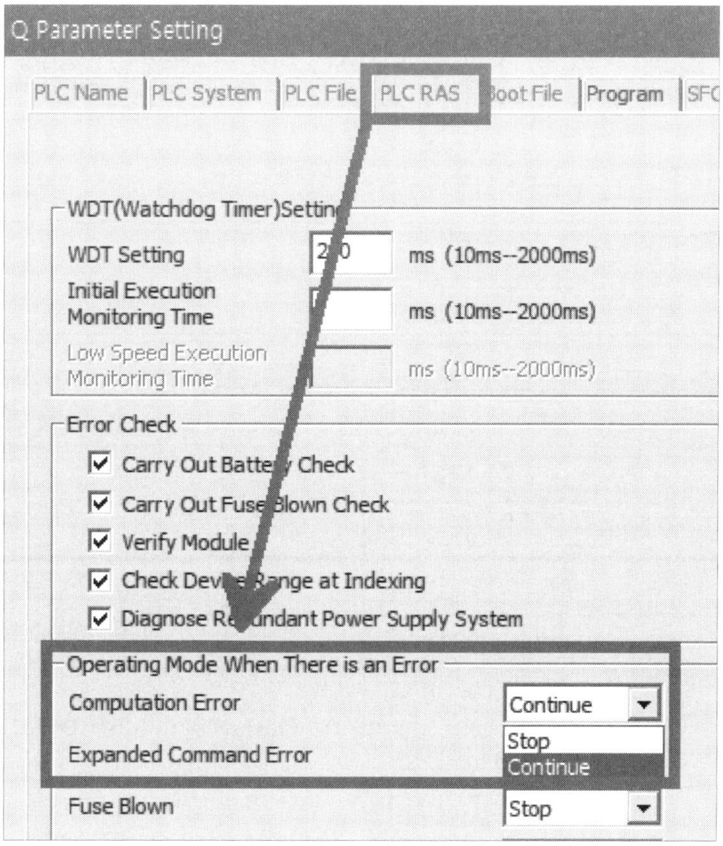

그림 4-50 연산에러 발생 시 STOP/Continue를 선택할 수 있음

연산에러 시 CPU를 STOP 시키지 않고 계속 연산하려면 파라미터에서 값을 수정할 수 있다.

분류	명령 기호	심 볼	처리 내용	실행 조건
BCD4자리 덧셈/뺄셈	B+	B+ S D	· (D)+(S)→(D)	
	B+P	B+P S D		
	B+	B+ S1 S2 D	· (S1)+(S2)→(D)	
	B+P	B+P S1 S2 D		
	B −	B − S D	· (D)−(S)→(D)	
	B − P	B −P S D		
	B −	B − S1 S2 D	· (S1)−(S2)→(D)	
	B − P	B−P S1 S2 D		
BCD8자리 덧셈/뺄셈	DB+	DB+ S D	· (D+1,D)+(S+1,S)→(D+1,D)	
	DB+P	DB+P S D		
	DB+	DB+ S1 S2 D	· (S1+1,S1)+(S2+1,S2)→(D+1,D)	
	DB+P	DB+P S1 S2 D		
	DB −	DB − S D	· (D+1,D)−(S+1,S)→(D+1,D)	
	DB − P	DB −P S D		
	DB −	DB − S1 S2 D	· (S1+1,S1)−(S2+1,S2)→(D+1,D)	
	DB − P	DB −P S1 S2 D		
BCD4자리 곱셈/나눗셈	B *	B* S1 S2 D	· (S1) × (S2)→(D+1,D)	
	B * P	B*P S1 S2 D		
	B/	B/ S1 S2 D	· (S1) ÷ (S2)→몫 (D), 나머지(D+1)	
	B/P	B/P S1 S2 D		
BCD8자리 곱셈/나눗셈	DB *	DB * S1 S2 D	· (S1+1,S1) × (S2+1,S2) →(D+3,D+2,D+1,D)	
	DB * P	DB *P S1 S2 D		
	DB/	DB/ S1 S2 D	· (S1+1,S1) ÷ (S2+1,S2) →몫 (D+1,D), 나머지(D+3,D+2)	
	DB/P	DB/P S1 S2 D		

그림 4-51 BCD 산술연산자 일람

출처 : QCPU 공통 명령어편(한국미쓰비시 전기오토메이션, 2007)

BCD (Binary-coded decimal, BCD)는 2진화 십진법으로, 이진수 네 자리를 묶어 십진수 한 자리로 사용하는 기수법이다. BCD코드는 디지털 값을 입력받기 위한 썸휠 스위치 또는 디지털 값을 표시하기 위한 7Segment 등을 활용하기 위한 데이터 타입이다. 현재는 HMI(Human Machine

Interface), 터치 패널 등을 이용하여 입출력 값을 처리하기 때문에 많이 사용되고 있지 않지만, 예전장비의 경우 사용자로부터 숫자값을 입력 받거나, 숫자정보를 출력하기 위해 많이 사용되었다. BCD 산술연산자는 이러한 기기로부터 입력 받은 값을 연산하기 위해 사용된 명령어이다.

10진수	Binary	BCD코드
0	0000 0000	0000 0000
1	0000 0001	0000 0001
2	0000 0010	0000 0010
3	0000 0011	0000 0011
4	0000 0100	0000 0100
5	0000 0101	0000 0101
6	0000 0110	0000 0110
7	0000 0111	0000 0111
8	0000 1000	0000 1000
9	0000 1001	0000 1001
10	0000 1010	0001 0000
11	0000 1011	0001 0001
12	0000 1100	0001 0010
13	0000 1101	0001 0011

〈 BCD 코드표 〉

그림 4-52 썸 휠 스위치

출처 : https://ko.aliexpress.com/i/2026727174.html

그림 4-53 7 Segment, 숫자표시기, TTL7447과 함께 사용되며 숫자표시에 4bit 필요

출처 : https://dokkodai.tistory.com/89

분류	명령 기호	심 볼	처리 내용	실행 조건
부동 소수점 데이터 덧셈/뺄셈	E+	E+ S D	· (D+1,D)+(S+1,S)→(D+1,D)	
	E+P	E+P S D		
	E+	E+ S1 S2 D	· (S1+1,S1)+(S2+1,S2)→(D+1,D)	
	E+P	E+P S1 S2 D		
	E −	E − S D	· (D+1,D)−(S+1,S)→(D+1,D)	
	E − P	E − P S D		
	E −	E − S1 S2 D	· (S1+1,S1)−(S2+1,S2)→(D+1,D)	
	E − P	E − P S1 S2 D		
부동 소수점 데이터 곱셈/나눗셈	E *	E * S1 S2 D	· (S1+1,S1) × (S2+1,S2)→(D+1,D)	
	E * P	E *P S1 S2 D		
	E/	E/ S1 S2 D	· (S1+1,S1) ÷ (S2+1,S2)→몫 (D+1,D)	
	E/P	E/P S1 S2 D		
블록 덧셈/뺄셈	BK+	BK+ S1 S2 D n	· (S1)부터 n점의 데이터와(S2)부터 n점의 데이터를 일괄로 더한다.	
	BK+P	BK+P S1 S2 D n		
	BK −	BK − S1 S2 D n	· (S1)부터 n점의 데이터와(S2)부터 n점의 데이터를 일괄로 뺀다.	
	BK − P	BK −P S1 S2 D n		
문자열 데이터 결합	$+	$+ S D	· (D)로 지정된 문자열에 (S)로 지정된 문자열을 결합하여, (D) 이후에 저장한다.	
	$+P	$+P S D		
	$+	$+ S1 S2 D	· (S1)로 지정된 문자열에 (S2)로 지정된 문자열을 결합하여, (D) 이후에 저장한다.	
	$+P	$+P S1 S2 D		

그림 4-54 부동소수점 연산자 일람표

출처 : QCPU 공통 명령어편(한국미쓰비시 전기오토메이션, 2007)

부동소수점 연산의 경우 기본적으로 32bit로 처리하며, 배정밀도로 설정가능한 CPU의 경우 내부 연산을 배정밀도(64bit)로 처리 가능하다. 또한 기존에 메모리에 실수로 표현할 수 없는 데이터가 남아 있는 경우 에러가 발생할 수 있으며, 이때는 CPU를 리셋하여 에러를 처리할 수 있다.

그림 4-55 실수의 연산, 상수앞에 E를 붙인다.

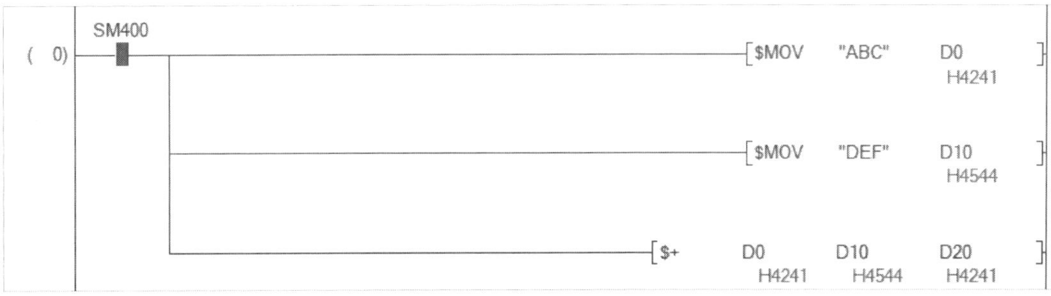

그림 4-56 문자열의 연산

Device	F	E	D	C	B	A	9	8	7	6	5	4	3	2	1	0	
D0	0	1	0	0	0	0	1	0	0	1	0	0	0	0	0	1	AB
D1	0	0	0	0	0	0	0	0	0	1	0	0	0	0	1	1	C.
D2	0	0	0	0	0	0	0	0	0	0	0	0	0	0	0	0	..
D3	0	0	0	0	0	0	0	0	0	0	0	0	0	0	0	0	..
D10	0	1	0	0	0	1	0	1	0	1	0	0	0	1	0	0	DE
D11	0	0	0	0	0	0	0	0	0	1	0	0	0	1	1	0	F.
D12	0	0	0	0	0	0	0	0	0	0	0	0	0	0	0	0	..
D20	0	1	0	0	0	0	1	0	0	1	0	0	0	0	0	1	AB
D21	0	1	0	0	0	1	0	0	0	1	0	0	0	0	1	1	CD
D22	0	1	0	0	0	1	1	0	0	1	0	0	0	1	0	1	EF

그림 4-57 문자열의 연산 결과

분류	명령 기호	심 볼	처리 내용	실행 조건
BIN 데이터 인크리먼트	INC	[INC D]	· (D)+1→(D)	ON 중
	INCP	[INCP D]		상승 시
	DINC	[DINC D]	· (D+1,D)+1→(D+1,D)	ON 중
	DINCP	[DINCP D]		상승 시
	DEC	[DEC D]	· (D)−1→(D)	ON 중
	DECP	[DECP D]		상승 시
	DDEC	[DDEC D]	· (D+1,D)−1→(D+1,D)	ON 중
	DDECP	[DDECP D]		상승 시

그림 4-58 증가, 감소 명령 일람표

출처 : QCPU 공통 명령어편(한국미쓰비시 전기오토메이션, 2007)

그림 4-59 M0는 D0를 1씩 증가시킨다. M1은 D0를 1씩 감소시킨다.

INC(Increase, 증가), DEC(Decrease, 감소) 명령의 경우 단순히 1씩 더하거나 뺄 경우 사용하며, 일반 산술명령에 비해 빠르게 동작한다.

◇ 데이터 변환명령

분류	명령 기호	심 볼	처리 내용	실행 조건
BCD 변환	BCD	BCD S D	· (S) —BCD 변환→ (D) BIN(0~9999)	
	BCDP	BCDP S D		
	DBCD	DBCD S D	· (S+1, S) —BCD 변환→ (D+1, D) BIN(0~99999999)	
	DBCDP	DBCDP S D		
BIN 변환	BIN	BIN S D	· (S) —BIN 변환→ (D) BCD(0~9999)	
	BINP	BINP S D		
	DBIN	DBIN S D	· (S+1, S) —BIN 변환→ (D+1, D) BCD(0~99999999)	
	DBINP	DBINP S D		
BIN ↓ 부동 소수점 변환	FLT	FLT S D	· (S+1, S) —부동 소수점으로의 변환→ (D) BIN(−32768~32767)	
	FLTP	FLTP S D		
	DFLT	DFLT S D	· (S+1, S) —부동 소수점으로의 변환→ (D+1, D) 실수(-2147483648~2147483647)	
	DFLTP	DFLTP S D		
부동 소수점 ↓ BIN 변환	INT	INT S D	· (S+1, S) —BIN으로의 변환→ (D) 실수(−32768~32767)	
	INTP	INTP S D		
	DINT	DINT S D	· (S+1, S) —BIN으로의 변환→ (D+1, D) 실수(-2147483648~2147483647)	
	DINTP	DINTP S D		
BIN 16비트 ↕ 32비트 변환	DBL	DBL S D	· (S) —변환→ (D+1, D) BIN(-32768~32767)	
	DBLP	DBLP S D		
	WORD	WORD S D	· (S+1, S) —변환→ (D) BIN(-32768~32767)	
	WORDP	WORDP S D		
BIN ↓ 그레이 코드 변환	GRY	GRY S D	그레이 코드로의 변환 · (S) → (D) BIN(-32768~32767)	
	GRYP	GRYP S D		
	DGRY	DGRY S D	그레이 코드로의 변환 · (S+1, S) → (D+1, D) BIN(-2147483648~2147483647)	
	DGRYP	DGRYP S D		

그림 4-60 데이터 변환명령

출처 : QCPU 공통 명령어편(한국미쓰비시 전기오토메이션, 2007)

각각의 데이터 타입을 변환할 수 있도록 제공된 명령어이다. 실제 연산에 있어 같은 데이터 타입만 연산이 가능하다. 즉, 정수와 실수를 계산할 경우 정수 데이터를 FLT 명령 등을 활용하여 실수로 변경한뒤 연산해야 실제 연산을 수행할 수 있다.

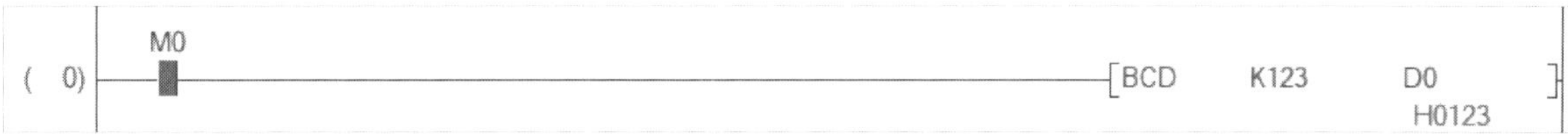

그림 4-61 BCD 명령어

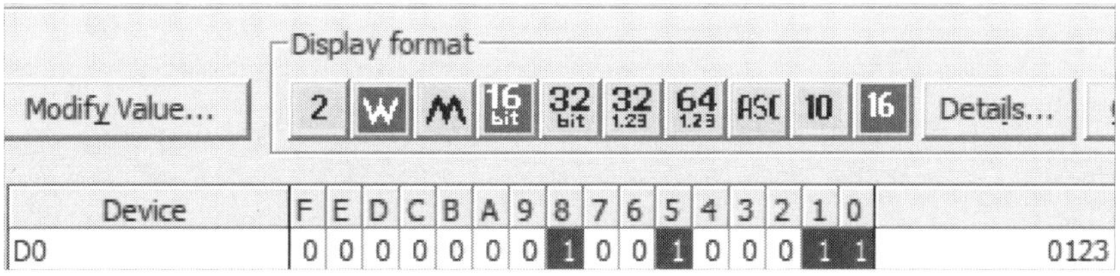

그림 4-62 BCD 명령어의 모니터링

Bin데이터를 BCD 처리하면 4비트 단위로 각 자리의 값을 처리한 것을 확인할 수 있다. D0.0번부터 D0.3번까지 3을 표현하며, D0.4번부터 D0.7번까지 2를 표현한다. D0.8부터 D0.B까지 1을 표현한다.

그림 4-63 BIN 명령어

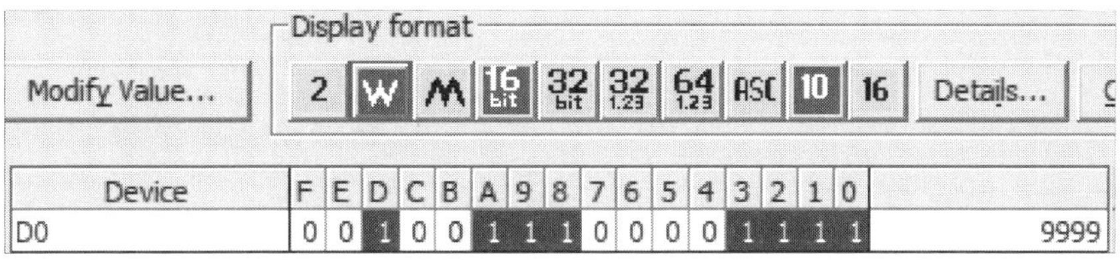

그림 4-64 BIN 명령어의 모니터링

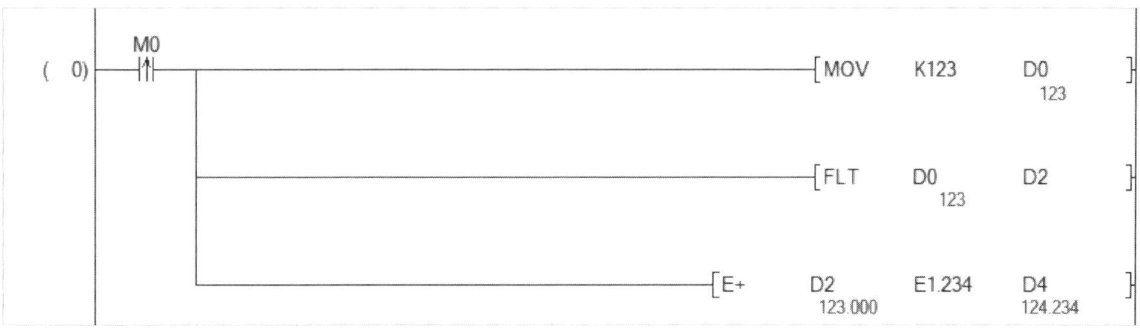

그림 4-65 정수 123과 실수 1.123의 덧셈

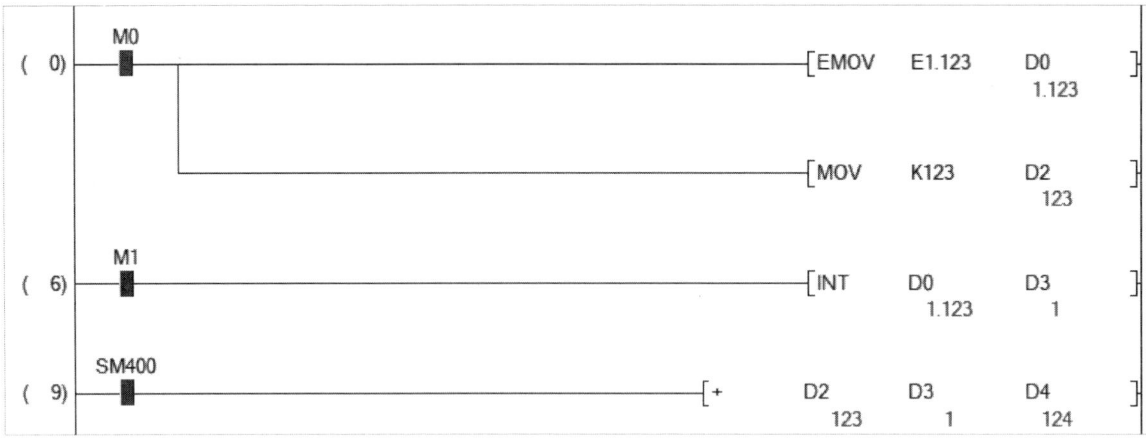

그림 4-66 실수 1.123과 정수 123의 덧셈

그레이코드는 고속으로 동작하는 디지털시스템에서 입력신호의 변화를 잘못 해석할 가능성을 줄이기 위해 개발된 코드로 AD변환기나 통신용로도 사용된다. 만약 2진법으로 설계된 입력 장치에서 11에서 값이 100으로 변하게 되면 총 3개의 비트값이 바뀌는데, 이는 동시에 바뀌어야 하지만 실제 기기에서는 동시에 바뀌지 않을 가능성도 존재한다. 그레이코드는 인접한 두 숫자 값 사이에는 1비트면 변동되기 때문에 이러한 오류를 줄일 수 있다는 장점이 있다.

◈ 데이터 전송명령

분류	명령 기호	심 볼	처리 내용	실행 조건
16비트 데이터 전송	MOV	MOV S D	· (S) → (D)	
	MOVP	MOVP S D		
32비트 데이터 전송	DMOV	DMOV S D	· (S+1, S) → (D+1, D)	
	DMOVP	DMOVP S D		
부동 소수점 데이터 전송	EMOV	EMOV S D	· (S+1, S) → (D+1, D) ↑ 실수 데이터	
	EMOVP	EMOVP S D		
문자열 데이터 전송	$MOV	$MOV S D	· (S)로 지정된 문자열을 (D)로 지정된 디바이스 이후에 전송한다.	
	$MOVP	$MOVP S D		
16비트 데이터 부정 전송	CML	CML S D	· $\overline{(S)}$ → (D)	
	CMLP	CMLP S D		
32비트 데이터 부정 전송	DCML	DCML S D	· $\overline{(S+1, S)}$ → (D+1, D)	
	DCMLP	DCMLP S D		
블록 전송	BMOV	BMOV S D n	(S) → (D), n	
	BMOVP	BMOVP S D n		
동일 데이터 블록 전송	FMOV	FMOV S D n	(S) → (D), n	
	FMOVP	FMOVP S D n		
16비트 데이터 교환	XCH	XCH D1 D2	· (D1) ↔ (D2)	
	XCHP	XCHP D1 D2		
32비트 데이터 교환	DXCH	DXCH D1 D2	· (D1+1, D1) ↔ (D2+1, D2)	
	DXCHP	DXCHP D1 D2		
블록 데이터 교환	BXCH	BXCH S D n	(S) ↔ (D), n	
	BXCHP	BXCHP S D n		
상하 바이트 교환	SWAP	SWAP D	(S) b15 ~ b8 b7 ~ b0 : 8비트 | 8비트 (D) b15 ~ b8 b7 ~ b0 : 8비트 | 8비트	
	SWAPP	SWAPP D		

그림 4-67 데이터 전송명령

출처 : QCPU 공통 명령어편(한국미쓰비시 전기오토메이션, 2007)

가장 기본전인 데이터 전송명령인 MOV외에도 블록단위 데이터 전송(BMOV)과 동일한 데이터를 여러 메모리에 동시에 저장시킬 수 있는 FMOV, 데이터를 교환할 수 있는 XCH 등의 명령을 제공하기 때문에 프로그램 시 유용하게 사용할 수 있다.

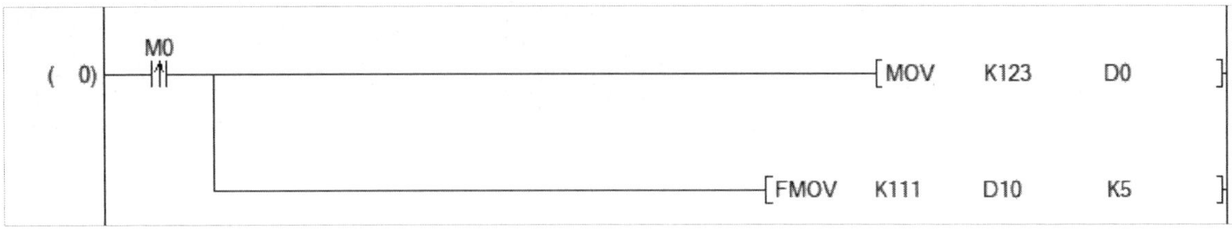

그림 4-68 MOV, FMOV 사용 예

Device	F	E	D	C	B	A	9	8	7	6	5	4	3	2	1	0	
D0	0	0	0	0	0	0	0	0	0	1	1	1	1	0	1	1	123
D1	0	0	0	0	0	0	0	0	0	0	0	0	0	0	0	0	0
D2	0	0	0	0	0	0	0	0	0	0	0	0	0	0	0	0	0
D3	0	0	0	0	0	0	0	0	0	0	0	0	0	0	0	0	0
D4	0	0	0	0	0	0	0	0	0	0	0	0	0	0	0	0	0
D5	0	0	0	0	0	0	0	0	0	0	0	0	0	0	0	0	0
D6	0	0	0	0	0	0	0	0	0	0	0	0	0	0	0	0	0
D7	0	0	0	0	0	0	0	0	0	0	0	0	0	0	0	0	0
D8	0	0	0	0	0	0	0	0	0	0	0	0	0	0	0	0	0
D9	0	0	0	0	0	0	0	0	0	0	0	0	0	0	0	0	0
D10	0	0	0	0	0	0	0	0	0	1	1	0	1	1	1	1	111
D11	0	0	0	0	0	0	0	0	0	1	1	0	1	1	1	1	111
D12	0	0	0	0	0	0	0	0	0	1	1	0	1	1	1	1	111
D13	0	0	0	0	0	0	0	0	0	1	1	0	1	1	1	1	111
D14	0	0	0	0	0	0	0	0	0	1	1	0	1	1	1	1	111
D15	0	0	0	0	0	0	0	0	0	0	0	0	0	0	0	0	0

그림 4-69 MOV, FMOV 명령 실행 후 데이터메모리

◇ 프로그램 분기명령

분류	명령 기호	심 볼	처리 내용	실행 조건
점프	CJ	CJ Pn	· 입력 조건 성립 시에 Pn으로 점프한다.	
	SCJ	SCJ Pn	· 입력 조건이 성립한 다음 스캔에서 Pn으로 점프한다.	
	JMP	JMP Pn	· 무조건 Pn으로 점프한다.	
	GOEND	GOEND	· 입력 조건 성립 시에 END 명령으로 점프한다.	

그림 4-70 프로그램 코드 일부를 점프한다.

출처 : QCPU 공통 명령어편(한국미쓰비시 전기오토메이션, 2007)

그림 4-71 점프 명령 실행 전, 연산이 정상적으로 동작한다.

그림 4-72 CJ 명령 사용 예

점프 명령이 실행되면, [CJ P0] 명령과 포인터(P0)사이는 연산하지 않는다. M2, M3접점이 ON 되어 있으나 CJ 명령이 실행되어 M11, M12코일이 ON되지 않는 것을 확인할 수 있다. P0는 포인터 디바이스로 Q03UDE 기종의 경우 P0~P1023번까지 사용할 수 있다.

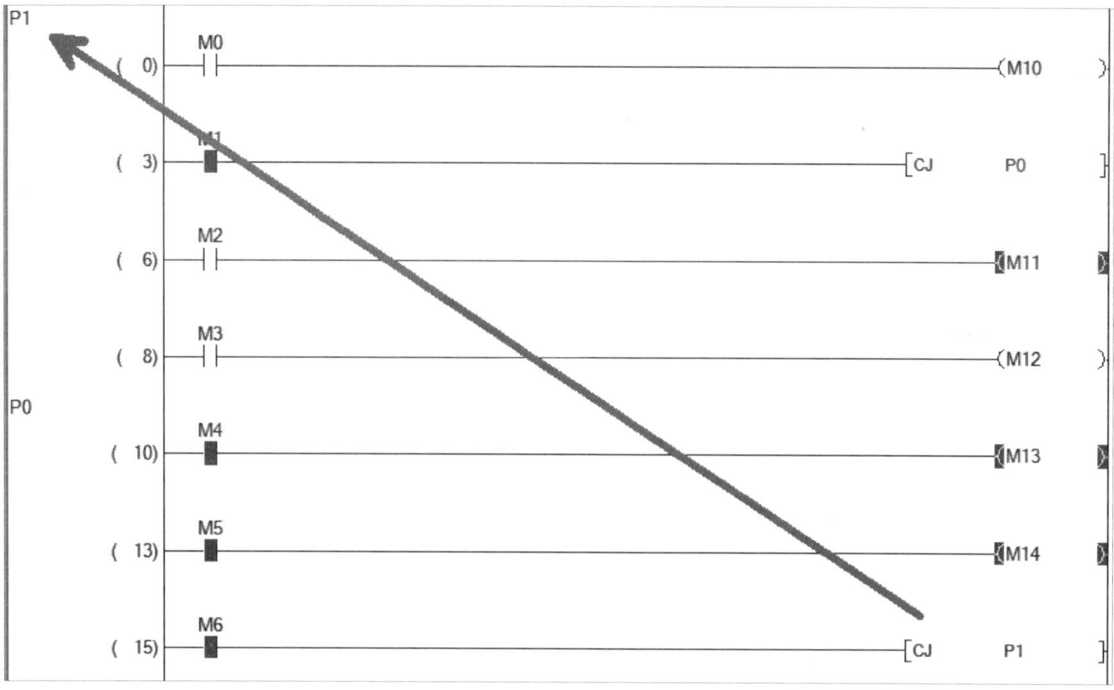

그림 4-73 CJ 명령 시 주의 사항

분기명령을 연산의 역순으로 할 경우 END 명령이 연산 제한 시간내 끝나지 않기 때문에 에러가 발생한다. 위와 같이 P1로 점프가 실행되면 END 명령이 연산되지 않고 반복해서 지속적으로 연산만 실행되기 때문에 결과값이 출력모듈로 리프레시 될 수 없게 된다. 이렇게 되면 실제 PLC는 외부 기기를 제어할 수 없는 상황이기 때문에 심각한 오류에 해당된다. 이런 경우를 대비하여 연산에 주어지는 최대 시간값이 정해져 있고, 그 시간값을 초과해도 연산이 끝나지 않으면 경고를 발생시키는데 이 역할을 Watchdog Timer가 수행한다.

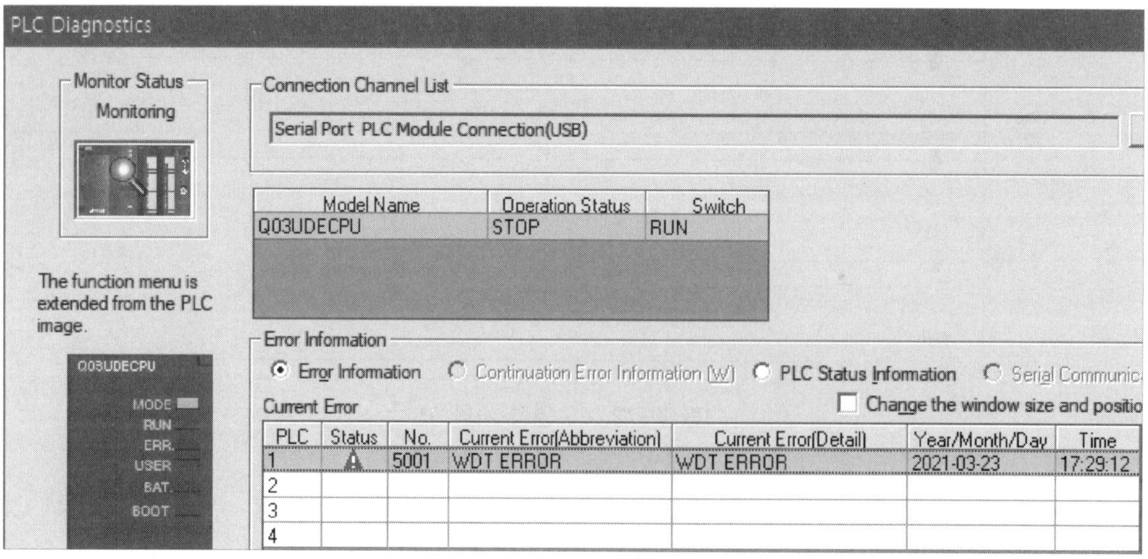

그림 4-74 WDT ERROR

Watchdog Timer는 연산시간을 확인하고 있다. 설정시간이 경과되면 Error를 발생시키고 CPU 모듈의 ERR. LED를 점멸시킨다. Error 발생 내역은 PLC 진단메뉴에서도 확인할 수 있으며, 최대 연산시간의 변경은 아래 파라미터에서 변경한다.

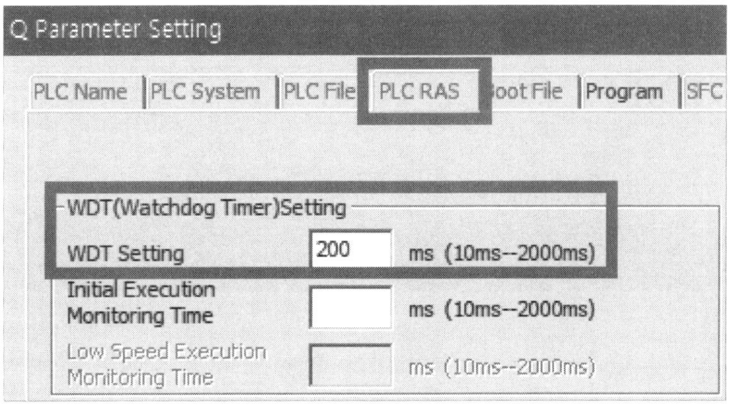

그림 4-75 WDT 값 설정

기본값으로 200ms로 설정되어 있으며 사용자에 의해 변경할 수는 있으나 해당 시간동안 입력모듈로부터 값을 읽지 못한다는 것을 감안하면 되도록 짧게 설정하는 것이 바람직하다. 설정값의 범위는 10ms~2000ms까지 변경할 수 있다.

◇ 기타 편리명령

분류	명령 기호	심 볼	처리 내용	실행 조건
업/다운 카운터	UDCNT1	UDCNT1 | S | D | n	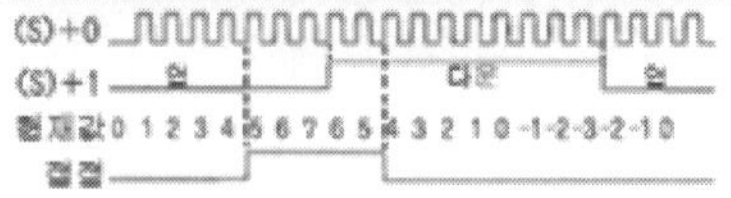	
	UDCNT2	UDCNT2 | S | D | n	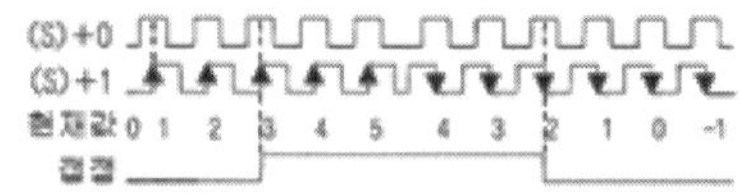	
티칭 타이머	TTMR	TTMR | D | n	· (TTMR의 ON 시간)×n → (D) n=0:1, n=1:10, n=2:100	
특수 타이머	STMR	STMR | S | n | D	· STMR 명령 입력 조건의 ON/OFF에 따라 (D)로 지정된 비트 디바이스부터 4점이 아래와 같이 동작한다. (D)+0 : OFF 지연 타이머 출력 (D)+1 : OFF 후 one-shot 타이머 출력 (D)+2 : ON 후 one-shot 타이머 출력 (D)+3 : ON 지연+ OFF 지연 타이머	
근거리 제어	ROTC	ROTC | S | n1 | n2 | D	· n1로 분할된 로터리 테이블에서 정지 위치부터 (S+1)로 지정된 위치에 근거리로 회전시킨다.	
경사 신호	RAMP	RAMP | n1 | n2 | D1 | n3 | D2	· D1로 지정된 디바이스 데이터를 n1 ~ n2의 n3 스캔으로 변경한다.	
펄스 밀도	SPD	SPD | S | n | D	· (S)로 지정된 디바이스의 펄스 입력을 n으로 지정된 시간을 카운트 하여, (D)로 지정된 디바이스에 저장한다.	
펄스 출력	PLSY	PLSY | n1 | n2 | D	· (n1)Hz → (D) n2회 출력	
펄스폭 변조	PWM	PWM | n1 | n2 | D	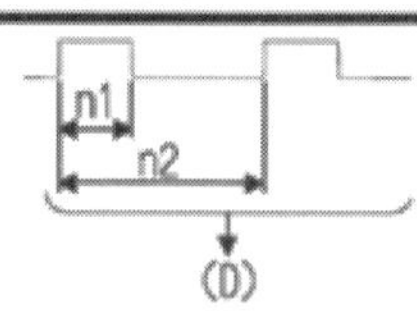	
매트릭스 입력	MTR	MTR | S | D1 | D2 | n	· (S)로 지정된 디바이스부터 16점×n 열의 데이터를 순차적으로 수신하여 (D2)로 지정된 디바이스 이후에 저장한다.	

그림 4-76 기타 편리명령 일람

출처 : QCPU 공통 명령어편(한국미쓰비시 전기오토메이션, 2007)

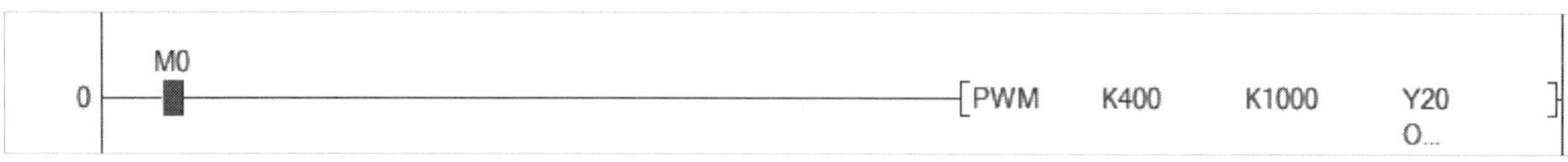

그림 4-77 전체 주기는 1000ms이며, 400ms 동안 Y20이 ON되고 600ms동안 OFF된다. 출력은 Yxx만 가능하다.

PWM의 경우 출력은 Y 디바이스만 가능하며, PWM 명령은 인수의 디바이스데이터를 CPU 모듈의 워크영역에 등록하고, 실제의 출력 동작은 시스템 인터럽트로 처리한다. 따라서 PWM 명령은 CPU 모듈에서 실행하고 있는 모든 프로그램에서 1번만 사용할 수 있다.

◇ 논리연산명령

분류	명령 기호	심 볼	처리 내용	실행 조건
논리적	WAND	WAND S D	· (D)∧(S)→(D)	
	WANDP	WANDP S D		
	WAND	WAND S1 S2 D	· (S1)∧(S2)→(D)	
	WANDP	WANDP S1 S2 D		
	DAND	DAND S D	· (D+1,D)∧(S+1,S)→(D+1,D)	
	DANDP	DANDP S D		
	DAND	DAND S1 S2 D	· (S1+1,S1)∧(S2+1,S2)→(D+1,D)	
	DANDP	DANDP S1 S2 D		
	BKAND	BKAND S1 S2 D n	(S1) ∧ (S2) → (D) n	
	BKANDP	BKANDP S1 S2 D n		
논리합	WOR	WOR S D	· (D)∨(S)→(D)	
	WORP	WORP S D		
	WOR	WOR S1 S2 D	· (S1)∨(S2)→(D)	
	WORP	WORP S1 S2 D		
	DOR	DOR S D	· (D+1,D)∨(S+1,S)→(D+1,D)	
	DORP	DORP S D		
	DOR	DOR S1 S2 D	· (S1+1,S1)∨(S2+1,S2)→(D+1,D)	
	DORP	DORP S1 S2 D		
	BKOR	BKOR S1 S2 D n	(S1) ∨ (S2) → (D) n	
	BKORP	BKORP S1 S2 D n		
배타적 논리합	WXOR	WXOR S D	· (D)⊻(S)→(D)	
	WXORP	WXORP S D		
	WXOR	WXOR S1 S2 D	· (S1)⊻(S2)→(D)	
	WXORP	WXORP S1 S2 D		
	DXOR	DXOR S D	· (D+1,D)⊻(S+1,S)→(D+1,D)	
	DXORP	DXORP S D		

분류	명령 기호	심 볼	처리 내용	실행 조건
배타적 논리합	DXOR	DXOR S1 S2 D	· $(S1+1, S1) \veebar (S2+1, S2) \rightarrow (D+1, D)$	
	DXORP	DXORP S1 S2 D		
	BKXOR	BKXOR S1 S2 D n	(S1) $\veebar$ (S2) → (D) n	
	BKXORP	BKXORP S1 S2 D n		
부정 배타적 논리합	WXNR	WXNR S D	· $\overline{(D) \veebar (S)} \rightarrow (D)$	
	WXNRP	WXNRP S D		
	WXNR	WXNR S1 S2 D	· $\overline{(S1) \veebar (S2)} \rightarrow (D)$	
	WXNRP	WXNRP S1 S2 D		
	DXNR	DXNR S D	· $\overline{(D+1, D) \veebar (S+1, S)} \rightarrow (D+1, D)$	
	DXNRP	DXNRP S D		
	DXNR	DXNR S1 S2 D	· $\overline{(S1+1, S1) \veebar (S2+1, S2)} \rightarrow (D+1, D)$	
	DXNRP	DXNRP S1 S2 D		
	BKXNR	BKXNR S1 S2 D n	(S1) $\veebar$ (S2) → (D) n	
	BKXNRP	BKXNRP S1 S2 D n		

그림 4-78 논리연산명령 일람표

출처 : QCPU 공통 명령어편(한국미쓰비시 전기오토메이션, 2007)

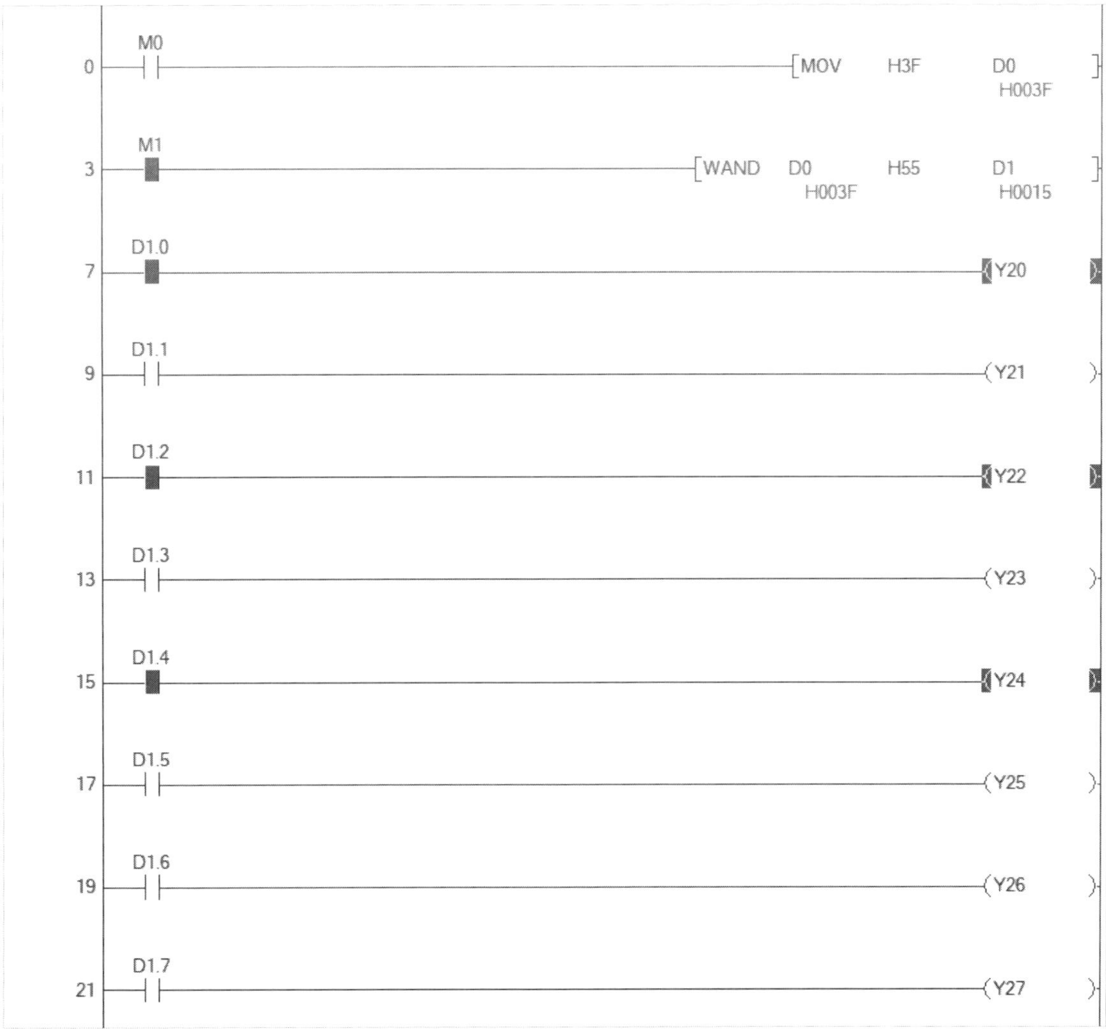

그림 4-79 논리연산명령 일람표 WAND 명령 실행 결과

M0를 실행하면 H3F값이 D0에 저장된다. 이후 M1 명령이 실행되면, WAND 명령이 실행되어 아래와 같이 연산된다.

구분	D0	0	0	1	1	1	1	1	1
WAND	D1	0	1	0	1	0	1	0	1
연산결과		0	0	0	1	0	1	0	1
16진법		1				5			

〈 WAND 연산방식 〉

WAND 및 WOR는 AND MASK, OR MASK라고 하여 특정 비트를 0또는 1로 만들 때 사용된다. 또한 데이터디바이스는 비트 액세스가 가능하다. 즉 D1메모리의 0번 비트는 D1.0으로 비트 액세스를 할 수 있다(D0.0~D0.F까지 가능).

◇ 로테이션 명령

분류	명령 기호	심 볼	처리 내용	실행 조건
오른쪽 로테이션	ROR	ROR D n	b15 (D) b0 SM700	
	RORP	RORP D n	오른쪽으로 n비트 로테이션 캐리 플래그	
	RCR	RCR D n	b15 (D) b0 SM700	
	RCRP	RCRP D n	오른쪽으로 n비트 로테이션 캐리 플래그	
왼쪽 로테이션	ROL	ROL D n	SM700 b15 (D) b0	
	ROLP	ROLP D n	캐리 플래그 왼쪽으로 n비트 로테이션	
	RCL	RCL D n	SM700 b15 (D) b0	
	RCLP	RCLP D n	캐리 플래그 왼쪽으로 n비트 로테이션	
오른쪽 로테이션	DROR	DROR D n	(D+1) b31 ~ b16 (D) b15 ~ b0 SM700	
	DRORP	DRORP D n	오른쪽으로 n비트 로테이션 캐리 플래그	
	DRCR	DRCR D n	(D+1) b31 ~ b16 (D) b15 ~ b0 SM700	
	DRCRP	DRCRP D n	오른쪽으로 n비트 로테이션 캐리 플래그	
왼쪽 로테이션	DROL	DROL D n	SM700 (D+1) b31 ~ b16 (D) b15 ~ b0	
	DROLP	DROLP D n	캐리 플래그 왼쪽으로 n비트 로테이션	
	DRCL	DRCL D n	SM700 (D+1) b31 ~ b16 (D) b15 ~ b0	
	DRCLP	DRCLP D n	캐리 플래그 왼쪽으로 n비트 로테이션	

그림 4-80 논리연산명령 일람표 로테이션 명령 일람

출처 : QCPU 공통 명령어편(한국미쓰비시 전기오토메이션, 2007)

그림 4-81 논리연산명령 일람표 ROL 명령 예제

M0를 실행하면 D0에 1값이 저장되며, SM410(0.1초 CLOCK) 명령에 의해 ROL 명령이 0.1초에 한번씩 실행되어 메모리내에서 1비트씩 왼쪽으로 이동된다. D0값은 MOV 명령에 의해 Y20~Y27번(K4Y20) 코일로 전송된다.

위에서 K4Y20은 출력모듈 Y20부터 니블(Nibble, 4비트) 단위의 출력을 의미한다. 즉 Y20 ~ Y2F까지 출력을 의미한다.

지정 자리 수	16비트 명령시
K1(4점)	0~15
K2(8점)	0~255
K3(12점)	0~4095
K4(16점)	-32768~32767

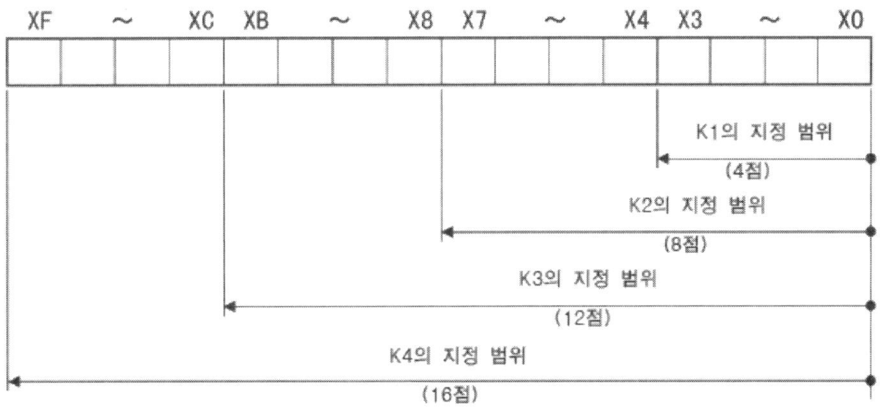

그림 4-82 논리연산명령 일람표 16비트 명령 시의 자리 지정 설정범위

◇ 쉬프트 명령

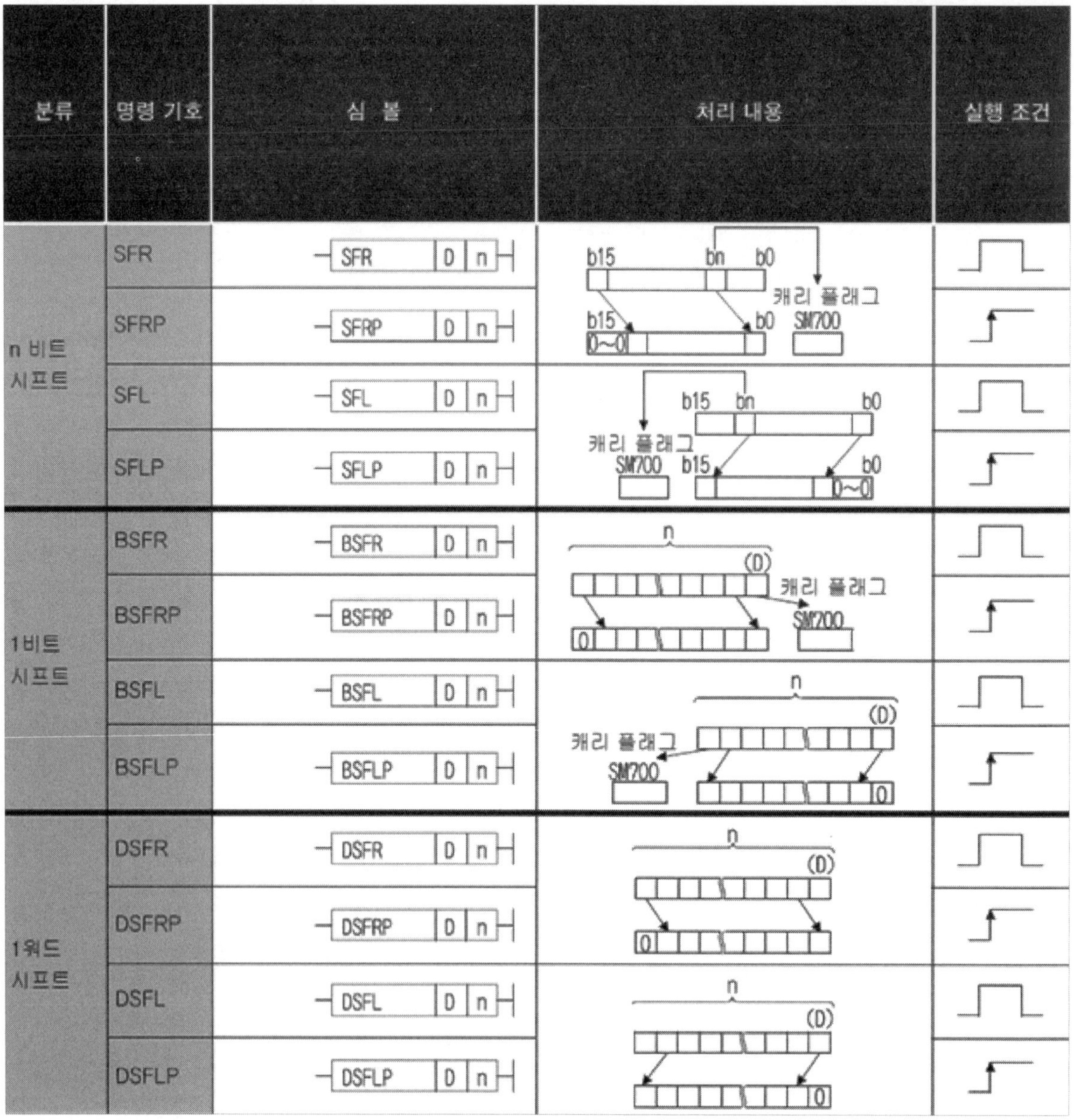

그림 4-83 쉬프트 명령 일람

출처 : QCPU 공통 명령어편(한국미쓰비시 전기오토메이션, 2007)

그림 4-84 SFR 명령 예제

M0를 실행하면 D0에 H80값이 저장되며, SM410(0.1초 CLOCK) 명령에 의해 SFR 명령이 0.1초에 한번씩 실행되어 메모리내에서 1비트씩 오른쪽으로 이동된다. D0값은 MOV 명령에 의해

Y20~Y27번(K4Y20) 코일로 전송된다. 초기값이 H80이므로 Y27이 ON되고, 이후 Y20까지 0.1초 단위로 점등된다.

◈ 비트처리명령

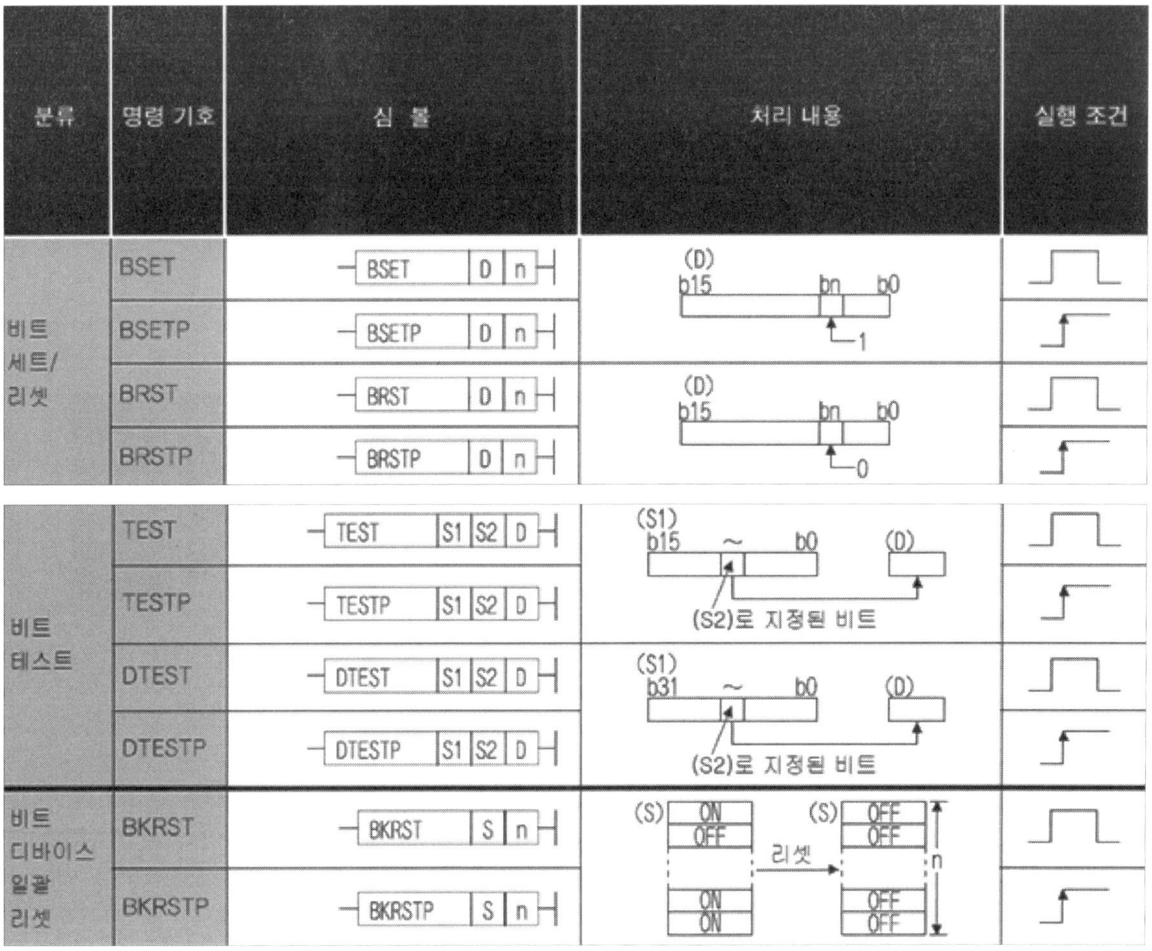

분류	명령 기호	심 볼	처리 내용	실행 조건
비트 세트/리셋	BSET	BSET D n	(D) b15 bn b0 1	
	BSETP	BSETP D n		
	BRST	BRST D n	(D) b15 bn b0 0	
	BRSTP	BRSTP D n		
비트 테스트	TEST	TEST S1 S2 D	(S1) b15 ~ b0 (D) (S2)로 지정된 비트	
	TESTP	TESTP S1 S2 D		
	DTEST	DTEST S1 S2 D	(S1) b31 ~ b0 (D) (S2)로 지정된 비트	
	DTESTP	DTESTP S1 S2 D		
비트 디바이스 일괄 리셋	BKRST	BKRST S n	(S) ON OFF 리셋 ON ON (S) OFF OFF OFF OFF n	
	BKRSTP	BKRSTP S n		

그림 4-85 비트처리명령 일람

출처 : QCPU 공통 명령어편(한국미쓰비시 전기오토메이션, 2007)

BSET 명령은 워드디바이스의 특정 비트를 1로 변경할 수 있으며, BRST 명령은 워드디바이스의 특정 비트를 0으로 변경할 수 있다. TEST 명령은 워드데이터의 특정 비트값을 비트디바이스에 저장할 수 있다. BKRST 명령은 비트디바이스의 연속된 구간을 '0'으로 리셋할 수 있어 초기화 등에 사용될 수있다.

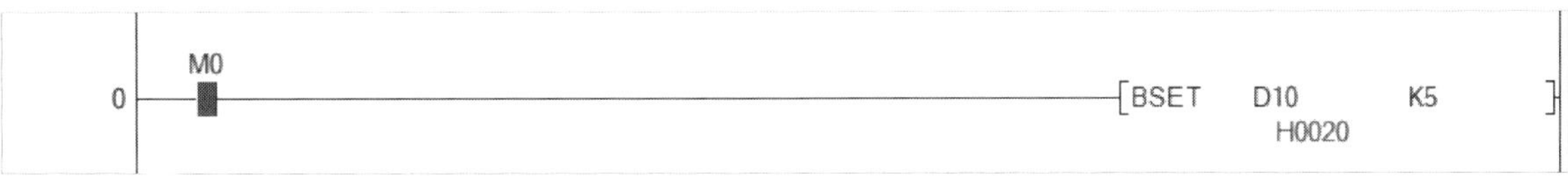

그림 4-86 D10번 메모리의 5번 비트값을 1로 변경함.

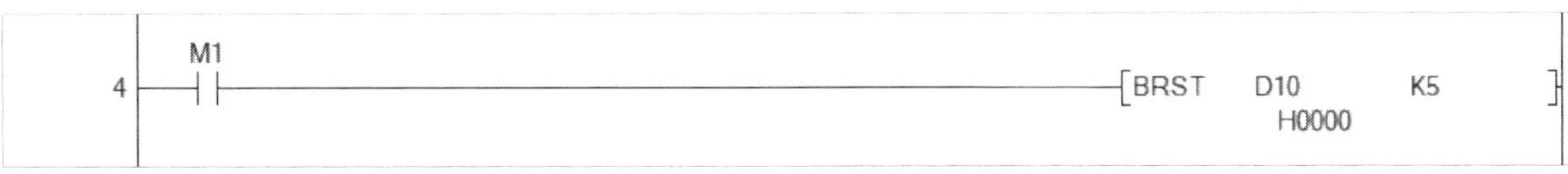

그림 4-87 D10번 메모리의 5번 비트값을 0으로 함.

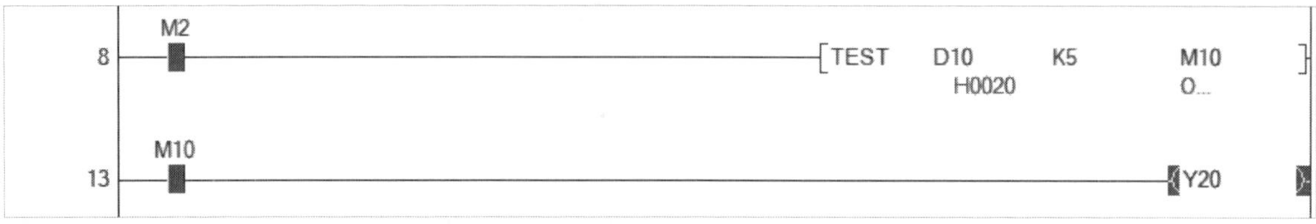

그림 4-88 D10번의 5번 비트값을 M10에 저장함.

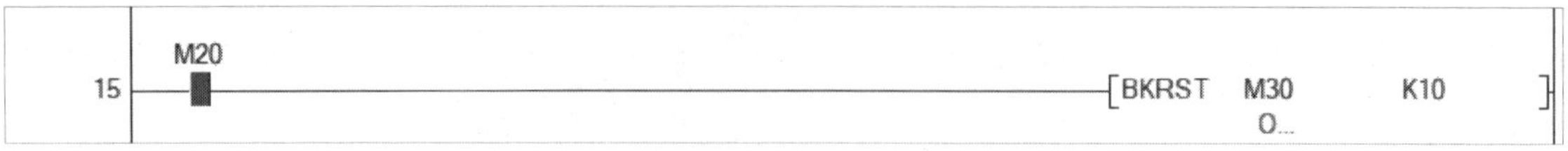

그림 4-89 M30~M39번 메모리 (10개)를 0으로 리셋함.

◇ 구조화 명령

분류	명령 기호	심 볼	처리 내용	실행 조건
반복	FOR	FOR n	· FOR ~ NEXT 사이를 n회 실행한다.	
	NEXT	NEXT		
	BREAK	BREAK D Pn	· FOR와 NEXT 사이의 실행을 강제적으로 종료하고 포인터 Pn으로 점프한다.	
	BREAKP	BREAKP D Pn		
서브 루틴 프로그램 콜	CALL	CALL Pn CALL Pn S1~Sn	· 입력 조건 성립 시에 Pn의 서브 루틴 프로그램을 실행한다. (S1 ~ Sn은 서브 루틴 프로그램에 대한 인수. n≤5)	
	CALLP	CALLP Pn CALLP Pn S1~Sn		
	RET	RET	· 서브 루틴 프로그램으로부터의 복귀.	
	FCALL	FCALL Pn FCALL Pn S1~Sn	· 입력 조건 불성립 시에 Pn의 서브 루틴 프로그램을 비실행으로 처리한다. (S1 ~ Sn은 서브 루틴 프로그램에 대한 인수. n≤5)	
	FCALLP	FCALLP Pn FCALLP Pn S1~Sn		
	ECALL	ECALL * Pn ECALL * Pn S1~Sn * : 파일명	· 입력 조건 성립 시에 지정 프로그램 Pn의 서브 루틴 프로그램을 실행한다. (S1 ~ Sn은 서브 루틴 프로그램에 대한 인수. n≤5)	
	ECALLP	ECALLP * Pn ECALLP * Pn S1~Sn * : 파일명		

그림 4-90 구조화 명령 일람

출처 : QCPU 공통 명령어편(한국미쓰비시 전기오토메이션, 2007)

FOR 명령이 실행되면 FOR-NEXT 사이의 프로그램이 100회(K100) 반복 된다. 반복 시 D1000과 Z0(인덱스메모리)값이 1씩 증가된다. 인덱스메모리 Z0는 디바이스의 간접어드레싱을 가능하게 한다. 만약 Z0값이 5이면 D0[5] = D5와 같다. 그렇기 때문에 위 프로그램이 실행되면 D0=0, D1=1, D2=2, ..., D99=99 가 저장된다. 100회 반복 후 BREAK 명령을 실행하여 P0로 점프하도록 하였다. Break 문은 반복문을 빠져나오는데 사용된다.

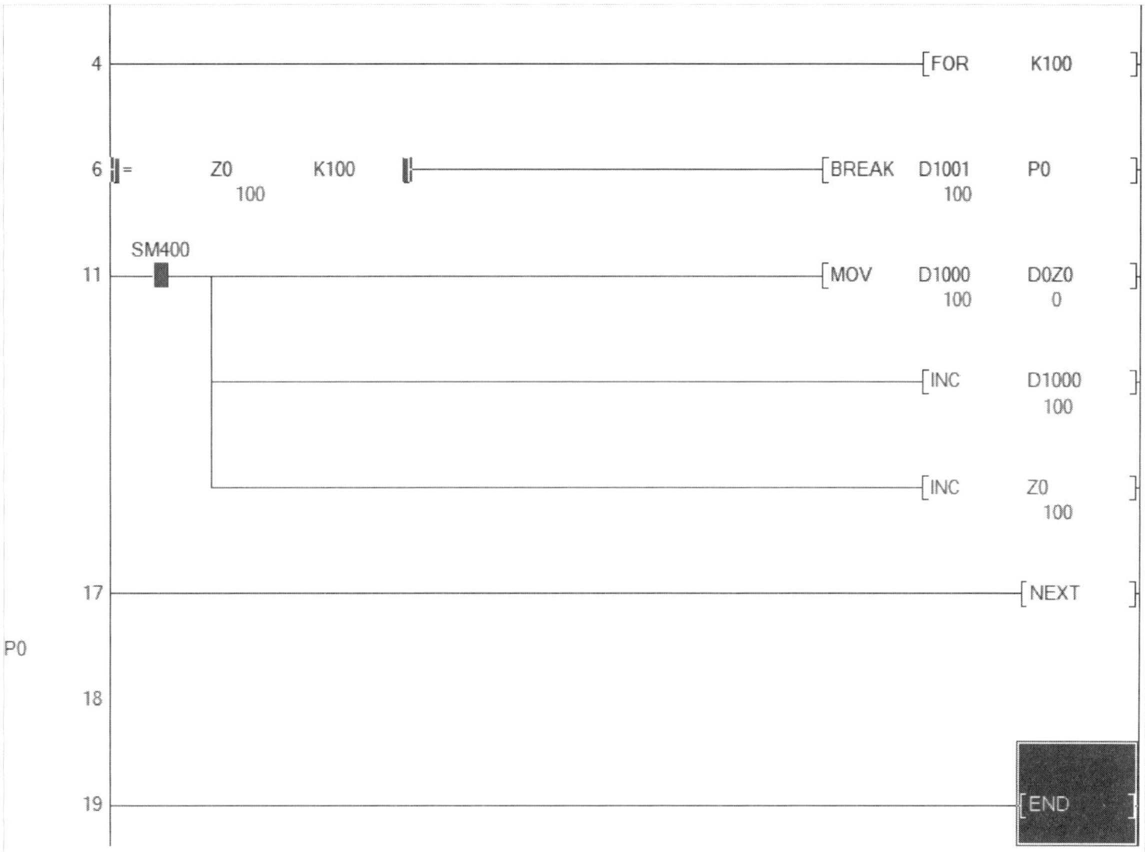

그림 4-91 FOR-NEXT 명령 실행 결과

Device	F	E	D	C	B	A	9	8	7	6	5	4	3	2	1	0	
D0	0	0	0	0	0	0	0	0	0	0	0	0	0	0	0	0	0
D1	0	0	0	0	0	0	0	0	0	0	0	0	0	0	0	1	1
D2	0	0	0	0	0	0	0	0	0	0	0	0	0	0	1	0	2
D3	0	0	0	0	0	0	0	0	0	0	0	0	0	0	1	1	3
D4	0	0	0	0	0	0	0	0	0	0	0	0	0	1	0	0	4
D5	0	0	0	0	0	0	0	0	0	0	0	0	0	1	0	1	5
D6	0	0	0	0	0	0	0	0	0	0	0	0	0	1	1	0	6
D7	0	0	0	0	0	0	0	0	0	0	0	0	0	1	1	1	7
D93	0	0	0	0	0	0	0	0	0	1	0	1	1	1	0	1	93
D94	0	0	0	0	0	0	0	0	0	1	0	1	1	1	1	0	94
D95	0	0	0	0	0	0	0	0	0	1	0	1	1	1	1	1	95
D96	0	0	0	0	0	0	0	0	0	1	1	0	0	0	0	0	96
D97	0	0	0	0	0	0	0	0	0	1	1	0	0	0	0	1	97
D98	0	0	0	0	0	0	0	0	0	1	1	0	0	0	1	0	98
D99	0	0	0	0	0	0	0	0	0	1	1	0	0	0	1	1	99
D100	0	0	0	0	0	0	0	0	0	0	0	0	0	0	0	0	0

그림 4-92 반복연산 후 데이터 레지스터 저장 값

Device	F	E	D	C	B	A	9	8	7	6	5	4	3	2	1	0	
D1000	0	0	0	0	0	0	0	0	0	1	1	0	0	1	0	0	100
D1001	0	0	0	0	0	0	0	0	0	1	1	0	0	1	0	0	100
D1002	0	0	0	0	0	0	0	0	0	0	0	0	0	0	0	0	0

그림 4-93 브레이크 실행 이후 저장값

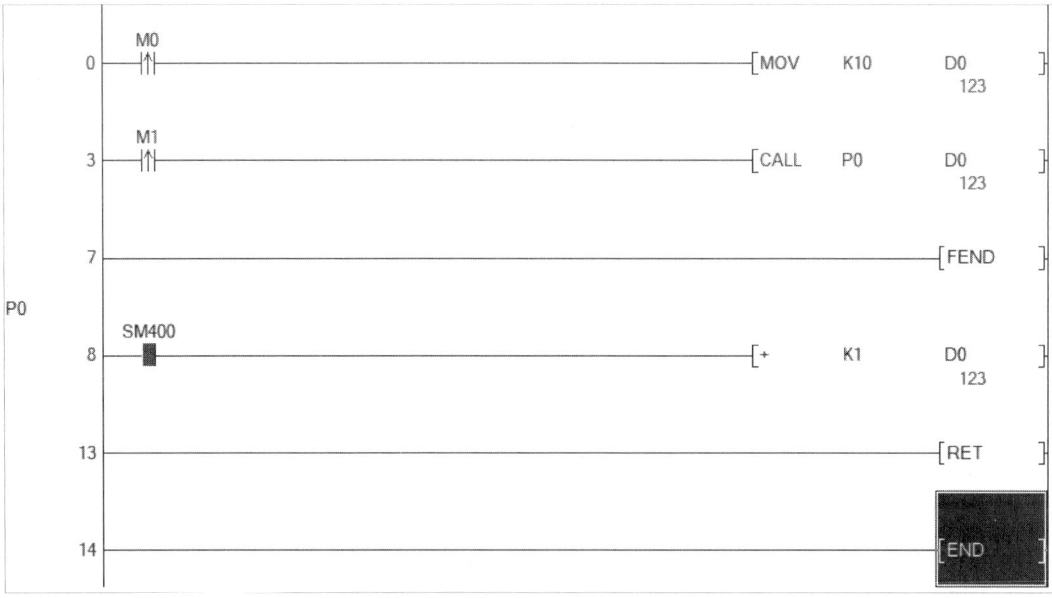

그림 4-94 서브루틴 프로그램 예제

CALL 명령이 실행되지 않으면 서브프로그램(P0 이후)이 동작하지 않으며, M1이 ON이 되면 CALL 함수가 실행되고, P0포인터로 점프하여 프로그램이 실행되어 D0값이 1 증가한다. 이후 RET 명령이 실행되어 CALL 이후로 리턴되어 나머지 연산을 수행하고 END 처리된다.

◇ 버퍼메모리 액세스 명령

분류	명령 기호	심 볼	처리 내용	실행 조건	기본 스텝수	서브셋	설명 페이지
데이터 읽기	FROM	FROM n1 n2 D n3	• 인텔리전트 기능 모듈에서 16비트 단위로 데이터를 읽는다.		5	–	7-136
	FROMP	FROMP n1 n2 D n3					
	DFRO	DFRO n1 n2 D n3	• 인텔리전트 기능 모듈에서 32비트 단위로 데이터를 읽는다.		5	–	7-136
	DFROP	DFROP n1 n2 D n3					
데이터 쓰기	TO	TO n1 n2 S n3	• 인텔리전트 기능 모듈에 16비트 단위로 데이터를 쓴다.		5	–	7-139
	TOP	TOP n1 n2 S n3					
	DTO	DTO n1 n2 S n3	• 인텔리전트 기능 모듈에 32비트 단위로 데이터를 쓴다.		5	–	7-139
	DTOP	DTOP n1 n2 S n3					

그림 4-95 버퍼메모리 액세스 명령 일람

출처 : QCPU 공통 명령어편(한국미쓰비시 전기오토메이션, 2007)

n1 : 인텔리전트 기능모듈의 선두 입출력 번호(BIN16비트)
n2 : 읽은 데이터의 선두어드레스(BIN16비트)
D : 읽은 데이터를 저장할 디바이스의 선두번호(BIN16/32비트)
n3 : 읽기 데이터수(BIN16비트)
• FROM(P) : 1 ~ 6144
• DFRO(P) : 1 ~ 3072(A/QnA만)

FROM, TO 명령은 Q시리즈 이전의 CPU에서 사용되던 인텔리전트 버퍼메모리 액세스 명령으로 지금 사용되는 Q시리즈 이후의 인텔리전트 모듈은 인텔리전트 기능 모듈 디바이스(Un₩Gn) 접속 방법을 사용하여 데이터를 읽거나 쓰는 것이 처리 속도면에서 빠르다.

◇ 시계용 명령

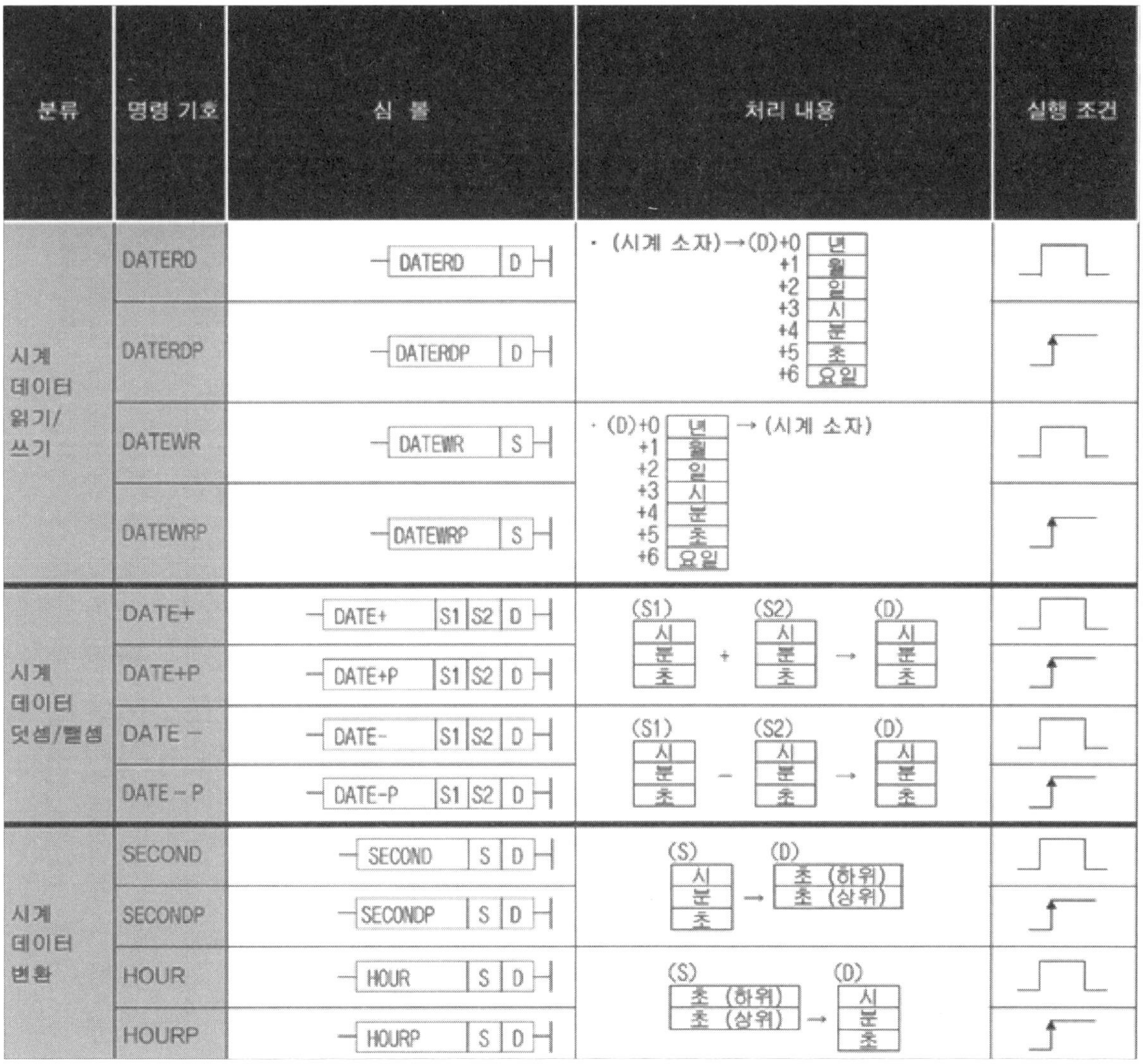

분류	명령 기호	심 볼	처리 내용	실행 조건
시계 데이터 읽기/쓰기	DATERD	DATERD D	• (시계 소자)→(D)+0 년, +1 월, +2 일, +3 시, +4 분, +5 초, +6 요일	
	DATERDP	DATERDP D		
	DATEWR	DATEWR S	• (D)+0 년, +1 월, +2 일, +3 시, +4 분, +5 초, +6 요일 → (시계 소자)	
	DATEWRP	DATEWRP S		
시계 데이터 덧셈/뺄셈	DATE+	DATE+ S1 S2 D	(S1) 시 분 초 + (S2) 시 분 초 → (D) 시 분 초	
	DATE+P	DATE+P S1 S2 D		
	DATE –	DATE- S1 S2 D	(S1) 시 분 초 – (S2) 시 분 초 → (D) 시 분 초	
	DATE – P	DATE-P S1 S2 D		
시계 데이터 변환	SECOND	SECOND S D	(S) 시 분 초 → (D) 초 (하위) 초 (상위)	
	SECONDP	SECONDP S D		
	HOUR	HOUR S D	(S) 초 (하위) 초 (상위) → (D) 시 분 초	
	HOURP	HOURP S D		

그림 4-96 시계용 명령어 일람

출처 : QCPU 공통 명령어편(한국미쓰비시 전기오토메이션, 2007)

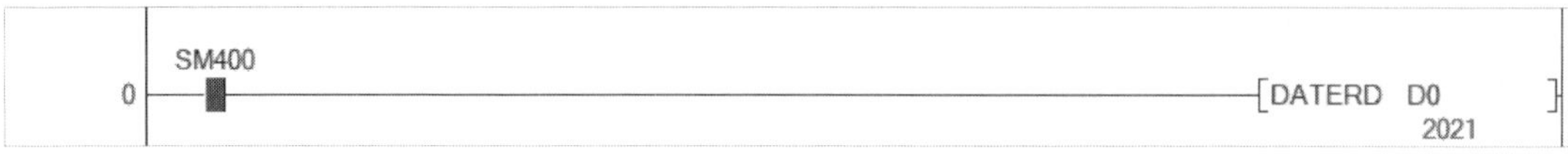

그림 4-97 RTC(Real Time Clock)의 시계값을 읽어와 D0~D6에 저장함.

Device	F	E	D	C	B	A	9	8	7	6	5	4	3	2	1	0	
D0	0	0	0	0	0	1	1	1	1	1	1	0	0	1	0	1	2021
D1	0	0	0	0	0	0	0	0	0	0	0	0	0	0	1	1	3
D2	0	0	0	0	0	0	0	0	0	0	0	1	1	0	0	1	25
D3	0	0	0	0	0	0	0	0	0	0	0	0	1	1	1	0	14
D4	0	0	0	0	0	0	0	0	0	0	0	0	0	1	0	1	5
D5	0	0	0	0	0	0	0	0	0	0	0	1	1	1	0	1	29
D6	0	0	0	0	0	0	0	0	0	0	0	0	0	1	0	0	4

그림 4-98 2021년 3월 25일 14시 5분 29초 목(4)요일

RTC[7] 요일의 경우 일요일을 0으로 토요일을 6으로 표시한다.

◇ 프로그램 제어용 명령

분류	명령 기호	심 볼	처리 내용	실행 조건
프로그램 제어용 명령	PSTOP	PSTOP 파일명	· 지정된 프로그램을 대기 타입으로 한다.	
	PSTOPP	PSTOPP 파일명		
	POFF	POFF 파일명	· 지정된 프로그램의 OUT 명령의 코일을 OFF하여 대기 타입으로 한다.	
	POFFP	POFFP 파일명		
	PSCAN	PSCAN 파일명	· 지정된 프로그램을 스캔 실행 타입으로 등록한다.	
	PSCANP	PSCANP 파일명		
	PLOW	PLOW 파일명	· 지정된 프로그램을 저속 실행 타입으로 등록한다.	
	PLOWP	PLOWP 파일명		
	LDPCHK	PCHK 파일명	· 지정 파일명의 프로그램이 실행 중일 때 ON한다. · 지정 파일명의 프로그램이 실행 중이 아닐 때 OFF한다.	
	ANDPCHK	PCHK 파일명		
	ORPCHK	PCHK 파일명		

그림 4-99 프로그램 제어용 명령

출처 : QCPU 공통 명령어편(한국미쓰비시 전기오토메이션, 2007)

7) 현재의 시간을 유지시키는 컴퓨터 시계이다. 이 용어가 개인용 컴퓨터, 서버, 임베디드 시스템의 장치를 일컫기도 하지만 실시간 시계는 정확한 시간을 유지해야 하는 거의 모든 전자기기에 존재한다. PLC에 장착되어 있는 배터리로 시계값을 유지한다.
*출처 : https://ko.wikipedia.org/wiki/%EC%8B%A4%EC%8B%9C%EA%B0%84_%EC%8B%9C%EA%B3%84

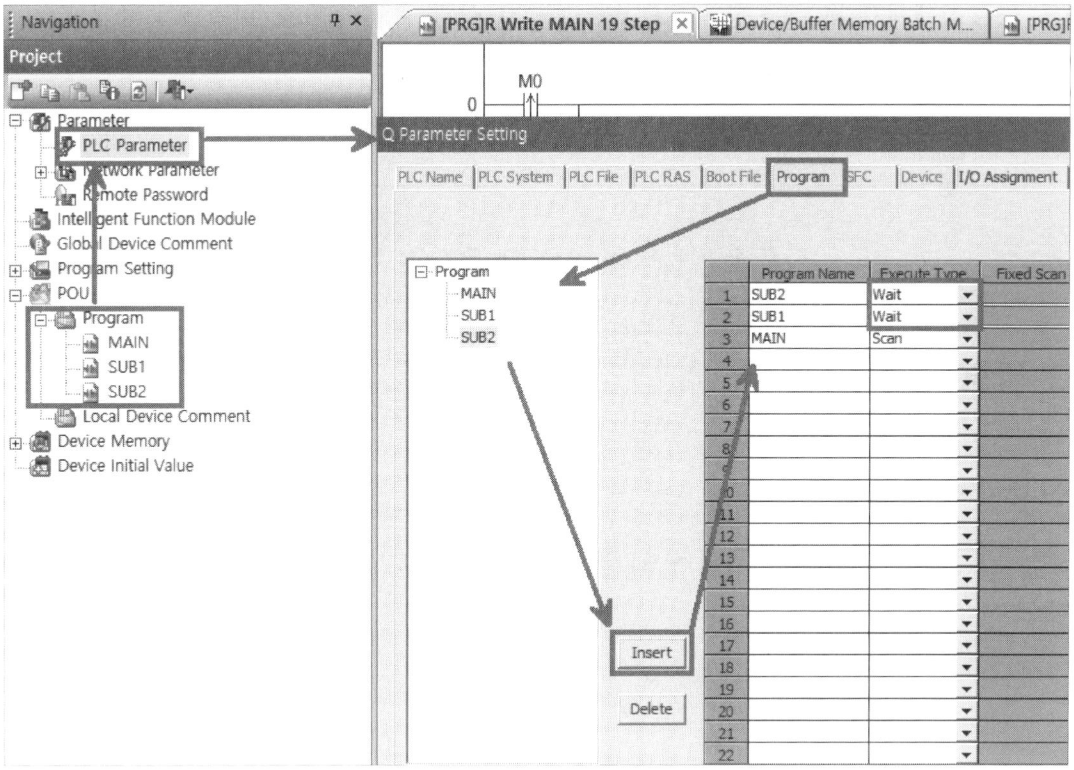

그림 4-100 프로그램 제어용 명령 프로그램 등록 방법

MAIN 프로그램 이외 SUB1과 SUB2 프로그램을 생성 후 PLC 파라미터에서 두 프로그램의 실행타입을 Wait 타입으로 등록한다. Wait 타입으로 등록되면 두 프로그램은 실행되지 않는다.

그림 4-101 프로그램 제어용 명령 MAIN 프로그램

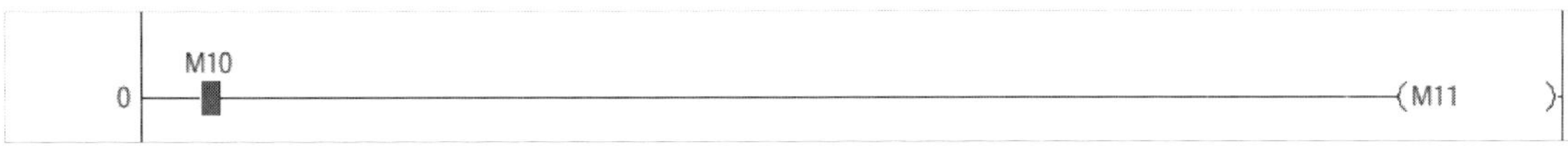

그림 4-102 SUB1 프로그램, PSCAN 실행 전, 연산되지 않는다.

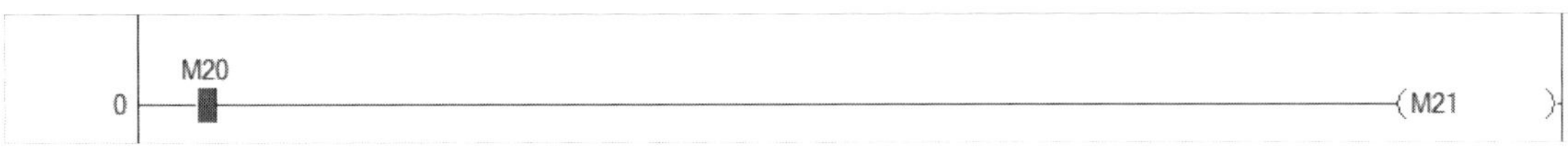

그림 4-103 SUB2 프로그램, PSCAN 실행 전, 연산되지 않는다.

MAIN 프로그램에서 M0를 ON하면 SUB1 프로그램이 스캔타입으로 변경되기 때문에 그 이후 연산이 가능하다.

그림 4-104 SUB1 프로그램, PSCAN 이후 상태

4 명령어 활용 예제

[1] 전자시계 프로그램

시계는 RTC에서 데이터를 취득하면 되지만 명령어 활용을 위해 아래와 같이 시계 프로그램을 작성해보자.

항목(내용)	할당 어드레스
초	D0
분	D1
시	D2
일	D3
모드버튼	X0
증가버튼	X1

〈 어드레스 할당 〉

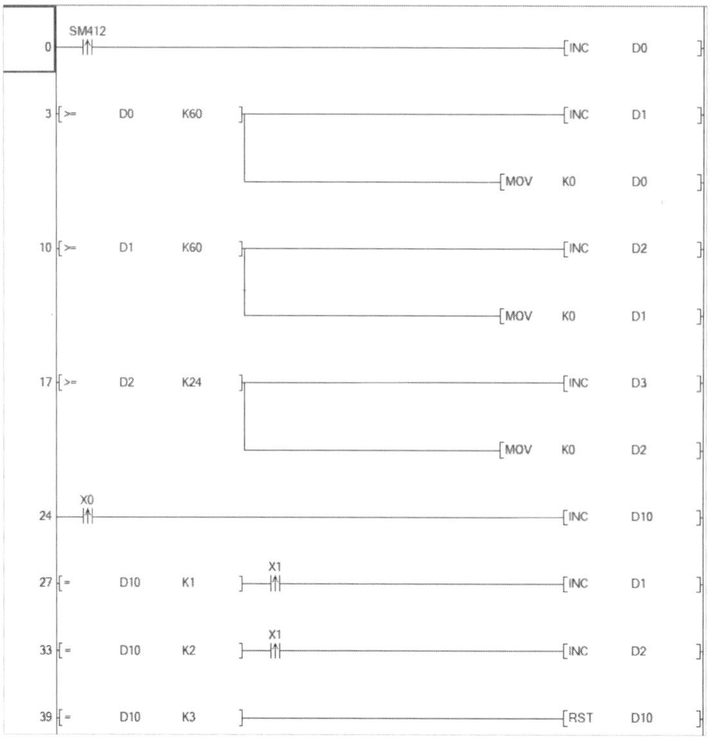

그림 4-105 시계 프로그램 예제

1초마다 D0(초) 값이 1씩 증가하며, 60초가 되면 D1(분)을 증가시키고 D0(초)는 0으로 초기화 한다. 같은 방법으로 D2(시), D3(일) 값을 증가 시킬 수 있다. 사용자로 하여금 시간 값(D1(분), D2(시)을 변경 시킬 수 있도록 X0, X1 버튼을 연결하고, X0를 한번 눌러 D10이 1이 되었을 때 X1 스위치를 누르면 D1(분)값이 1 증가 한다. 다시 X0을 누르면 D10이 2가 되고 X1을 누르면 D2(시)값을 증가 시킬 수 있다.

[2] 신호등 프로그램 작성

우선 신호등 프로그램을 작성하기 위해 아래와 같은 상태값을 정의하자. 신호등은 변환되는 순서가 이미 정해져 있기 때문에, 계속 연산하여 결과값을 처리하는 것 보다는 처리된 결과값을 기억하고 있다가 출력하는 것이 유리하다.

그렇기 때문에 아래와 같이 일반적인 사거리에서 일어 날 수 있는 상황을 구성하여 출력어드레스에 매칭하여 출력하도록 하자.

차로	구분	신호등색	5초	1초	5초	1초	5초	1초	5초	1초	접점
1차로	자동차 신호등	적	●	●	●	●	●	●			Y20
		주								●	Y21
		녹							●		Y22
		좌회전							●		Y23
	보행자신호등	적		●	●	●	●	●	●	●	Y24
		녹	●								Y25
2차로	자동차 신호등	적			●	●	●	●	●	●	Y26
		주		●							Y27
		녹	●								Y28
		좌회전	●								Y29
	보행자신호등	적	●	●		●	●	●	●	●	Y2A
		녹			●						Y2B
3차로	자동차 신호등	적	●	●			●	●	●	●	Y2C
		주				●					Y2D
		녹			●						Y2E
		좌회전			●						Y2F
	보행자신호등	적	●	●	●	●		●	●	●	Y30
		녹					●				Y31
4차로	자동차 신호등	적	●	●	●	●			●	●	Y32
		주						●			Y33
		녹					●				Y34
		좌회전					●				Y35
	보행자신호등	적	●	●	●	●	●	●		●	Y36
		녹							●		Y37

그림 4-106 십자(사거리) 교차로에 대한 신호등 상태값

테스트의 용이성을 위해 표에서 처음 5초간은 1차로의 보행자가 녹색이며, 2차로의 자동차만 주행한다. 모든 차로는 직·좌 동시신호로 가정하며, 5초는 주행 및 보행 시간, 1초는 주황 변경 시간에 한다. 맨 첫줄(회색)의 경우 '●'모양을 램프가 켜진 것으로 계산하면(아래서 위 방향으로),

Y37																							Y20
0	1	0	0	0	1	0	1	0	0	0	1	0	1	1	1	0	0	1	0	0	0	0	1
4				5				1				7				2				1			

이 된다. 이를 16진수로 변환하면 H451721이 된다. 같은 방법으로 모든 열의 비트 배열을 16진수로 변환하면 아래와 같다.

– 각 시점에서의 신호등 출력값

D0	010001010001011100100001	H451721
D1	010001010001010010010001	H451491
D2	010001011100100001010001	H45C851
D3	010001010010010001010001	H452451
D4	011100100001010001010001	H721451
D5	010010010001010001010001	H491451
D6	100001010001010001011100	H85145C
D7	010001010001010001010010	H451452

이제 위와 같이 출력값의 상태가 정해지면, 각 시간에 따라 위 값을 출력모듈에 출력하면 4거리 신호등 시스템이 완성된다. 프로그램은 다음과 같이 구현할 수 있다.

◇ 신호등 LD 프로그램

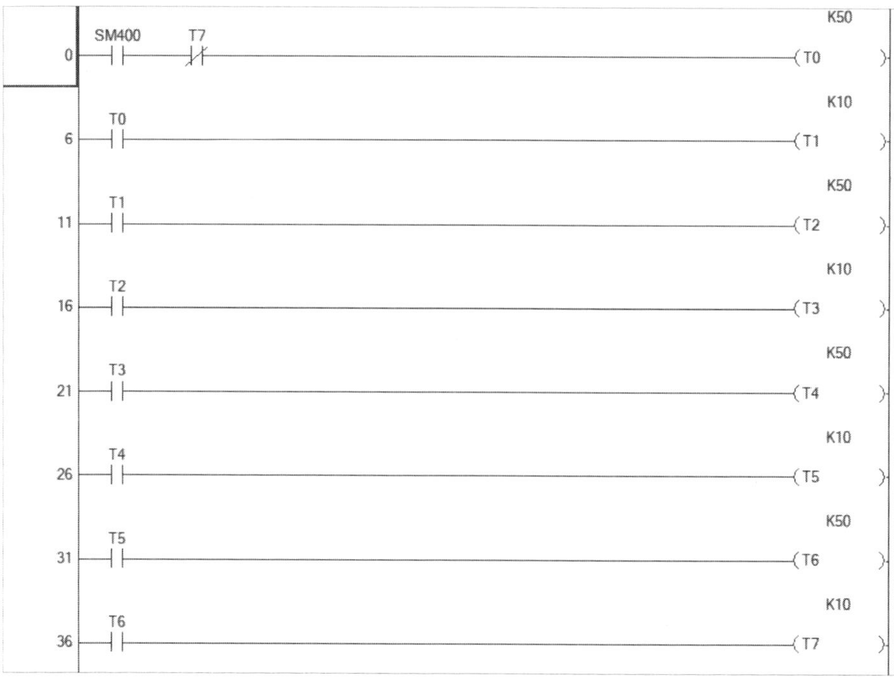

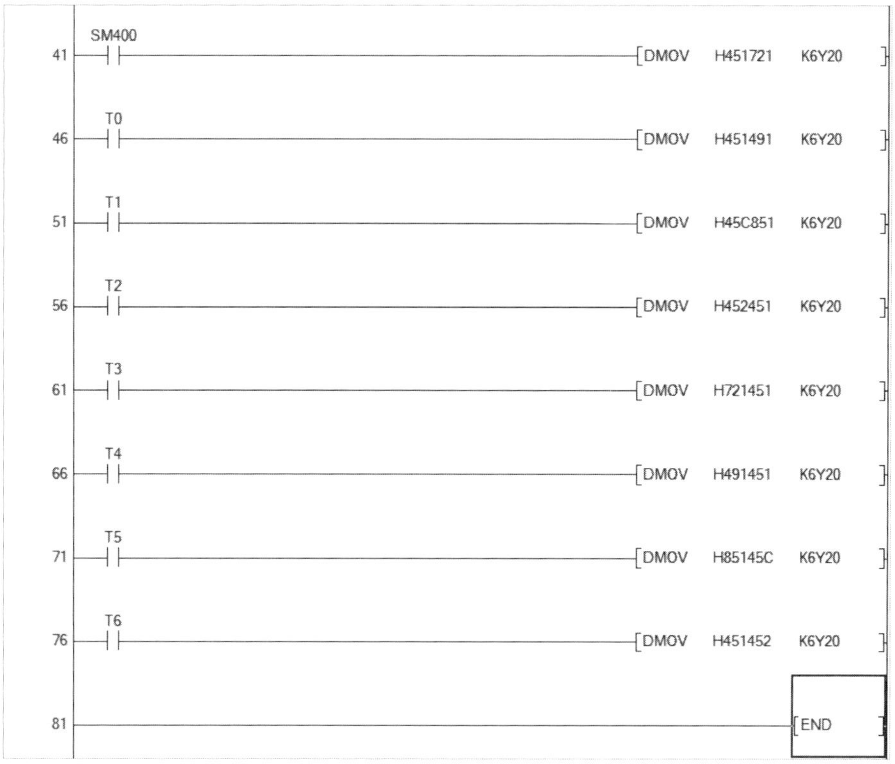

그림 4-107 사거리 신호등 래더 프로그램

SM400 항상 온 접점에 의해 초기값 H451721값이 Y20~Y37까지 출력이 되며, 5초후 T0가 동작하면 H451491값이 Y20~Y37에 출력된다. 이렇게 타이머 T6까지 출력이 되면 1초후 처음값인 H451721이 출력된다.

[3] 가위 바위 보, 프로그램

PLC와 간단한 가위 바위 보 게임을 구현 할 수 있다. PLC가 내는 손을 D0메모리로 가정하고, 0값을 주먹, 1값을 가위, 2값을 보에 매칭한다. D0값을 매우 빠른 속도로 회전시키면 사용자는 PLC의 현재값을 알 수 없다. 사용자의 주먹을 X0, 가위를 X1, 보를 X2로 설정하고, 사용자가 X0~X2 중 하나를 눌렀을 때 판정이 이루어지도록 프로그램한 후 결과값을 램프로 표시한다.

내용	어드레스 할당	비고
PLC 손	D0	D0=0, 주먹 D0=1, 가위 D0=2, 보
사람 주먹	X0	
사람 가위	X1	
사람 보	X2	
판정시작	M0	
판정내용	M10	승리
	M11	패배
	M12	비김
리셋	X3	

〈 어드레스 할당표 〉

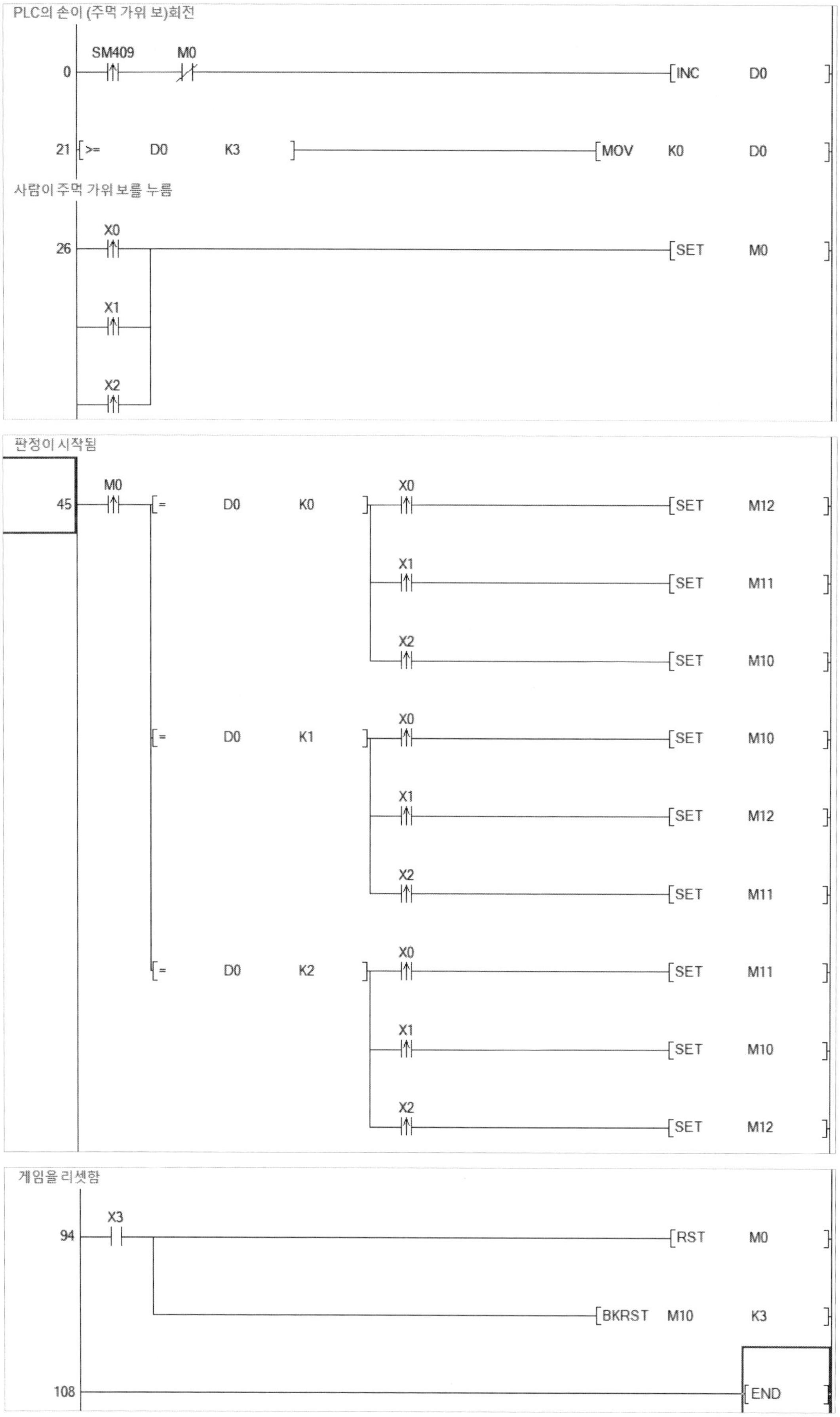

그림 4-108 PLC와 가위 바위 보 프로그램

D0값은 0.01 간격으로 0~2로 변경된다. 즉, 0, 1, 2값이 매우 빠른 속도로 변한다. 사용자는 X0~X2에 연결되어 있는 스위치를 누를 수 있다. 스위치를 누르면 판정이 한번만 시작(M0)되고, D0값도 변화하지 않는다. 판정이 되는 순간 (M0가 1이 되었을 때) D0값과 사용자가 누른 X0~X2의 값을 이용하여 판정 결과를 M10~M12에 저장하여 표시한다. X3버튼을 누르면 SET 되었던 신호를 리셋시켜 다시 게임을 시작할 수 있다.

Label 프로그래밍

1. Label 프로그램

Chapter | 5

Chapter 5

Label 프로그래밍

1 Label 프로그램

[1] Label 프로그램을 사용하는 이유

레이블(LABEL)을 사용하는 이유는 디바이스 넘버(어드레스)를 신경 쓰지 않고 프로그램을 작성할 수 있기 때문이다. 디바이스 넘버 또는 어드레스로 프로그램을 하게 되면 해당 어드레스의 역할을 프로그래머가 기억하고 있어야 하기 때문에 별도로 코멘트 작업 등을 해야 하는 번거로움이 있다. 기존의 미쓰비시 PLC의 개발툴인 GX-Developer에서는 레이블의 사용이나 디바이스의 자동할당 기능이 미미하여 현장에서 많이 사용되지 않은 것이 사실이나, Gx-Works2에서는 레이블의 활용과 디바이스 자동할당에 대한 기능이 추가되어 현장에서도 활용한다면 빠른 개발에 도움이 될 것이다. 메이저급의 자동화 업체들 모두 기존의 디바이스 넘버(어드레스)를 레이블 등을 활용한 프로그램으로 전환되었다. 지멘스 PLC에서는 Tag, LS산전과 OMRON PLC에서는 변수라 명명하고 있다. 또한 Gx-Works2에서 구조화 프로젝트를 진행하려면 필히 레이블을 활용하여야 한다.

[2] 레이블 프로젝트 생성하기

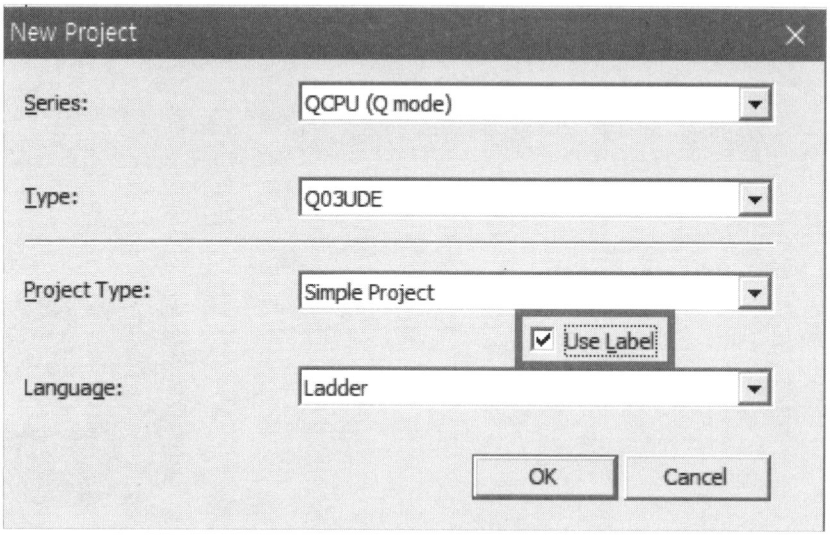

그림 5-1 Use Label을 체크한다.

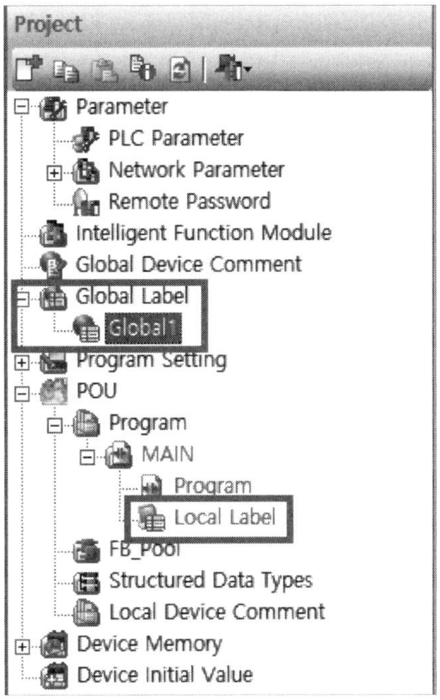

그림 5-2 글로벌레이블, 로컬레이블

레이블을 사용한 프로젝트를 생성하면 Global Label과 Local Label이 프로젝트 창에 추가된다.

[3] 글로벌레이블과 로컬레이블

1) 글로벌레이블

글로벌레이블은 여러 프로그램에서 데이터를 읽거나 쓸 수 있는 레이블을 말한다. 가장 대표적인 것이 입·출력 디바이스 이다. PLC에 여러 프로그램이 등록되어 있을 때 각각의 프로그램에서 모두 활용할 수 있는 레이블이 글로벌레이블이다.

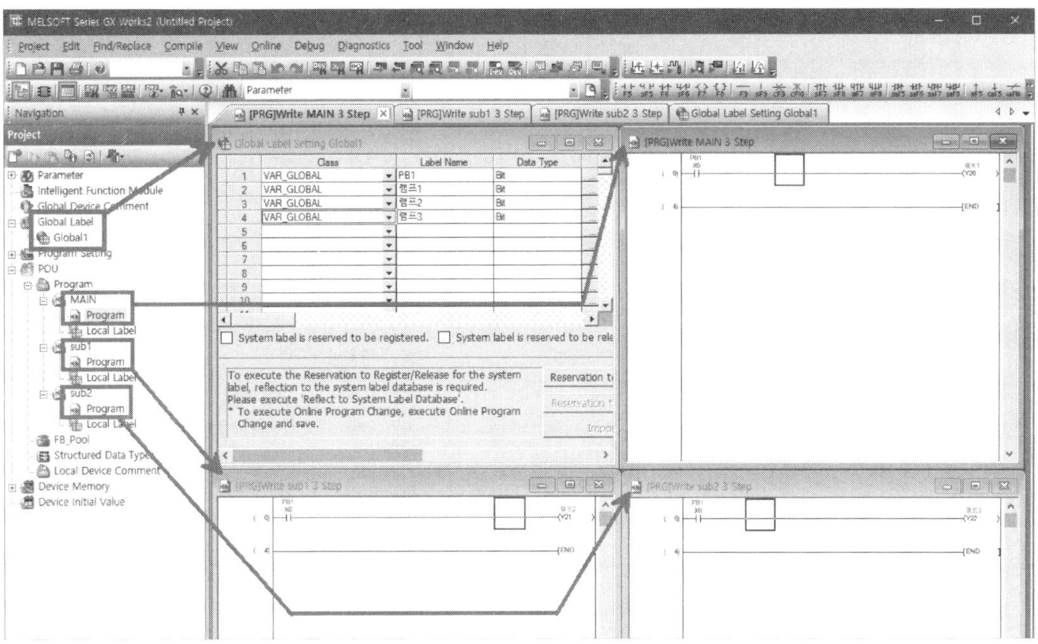

그림 5-3 글로벌레이블 예시, 모든 프로그램에서 사용할 수 있다.

위 그림에서 볼 수 있듯이 글로벌레이블에서 설정한 레이블은 다른 프로그램에서 접속(읽기, 쓰기)이 가능하다. 'PB1'은 각 프로그램에서 a접점으로 사용되었으며, 램프1, 램프2, 램프3 레이블은 각각 MAIN, sub1, sub2에서 사용되었다.

2) 로컬레이블

로컬레이블은 자신의 프로그램에서만 데이터를 읽거나 쓸 수 있는 레이블을 말한다. 로컬레이블의 경우 디바이스의 할당은 컴파일러가 자동으로 해주기 때문에 사용자가 일일이 디바이스를 지정할 필요가 없으며, 디바이스의 영역은 사용자가 변경할 수 있도록 되어 있다.

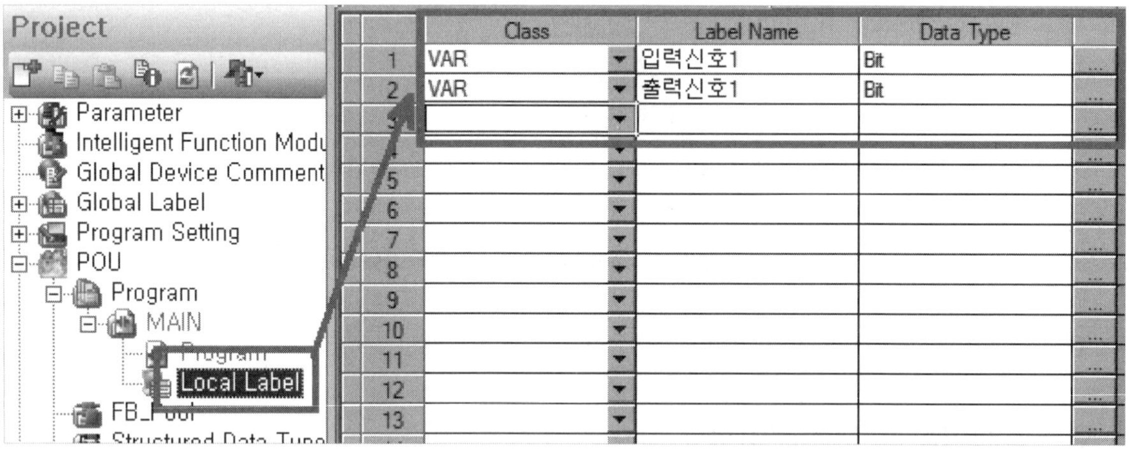

그림 5-4 로컬레이블 활용예시

[4] 글로벌레이블의 구성

1) 글로벌레이블 내용

프로젝트가 생성되면 설계 시 반영된 데이터를 바탕으로 레이블 작업을 진행한다. 앞서 설명한 바와 같이 외부에 실제 연결되는 입출력 기기 또는 컴파일 시 어드레스 값이 변경되어서는 안되는 변수의 경우 글로벌레이블로 지정한다.

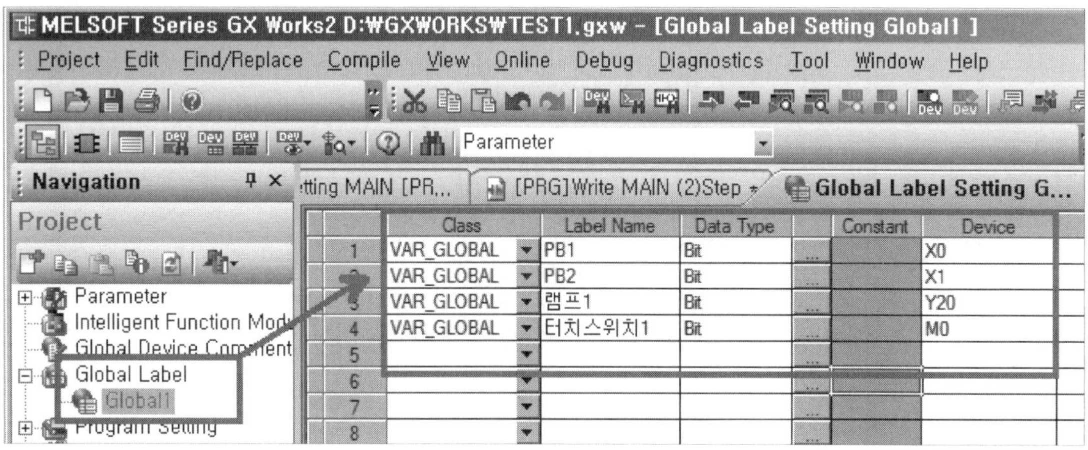

그림 5-5 글로벌레이블 입력 방법

☑ Class

- VAR_GLOBAL : VAR(Variable)은 변수를 의미한다. 저장되는 값이 바뀔 수 있다.
- VAR_GLOVAL_CONSTANT : CONSTANT는 상수를 의미한다. 값을 변경할 수 없다.

상수를 쓰는 이유는 프로그램 개발 시 상수값을 외워서 프로그램을 할 경우가 생기는데,(예, 위치결정모듈의 원점복귀 명령 상수는 k9001이다.) 이러한 숫자 데이터를 외우거나 매뉴얼을 다시 찾아볼 필요가 없어진다.

☑ Label Name

래더/ SFC에서는 반각 32문자(FB 인스턴스명은 반각 16문자), ST에서는 전각 또는 반각 32문자가 가능하며, 특수기호는 '_'만 가능하다. 변수명에 띄어쓰기도 허용되지 않는다. 한글의 경우 16문자까지 가능하다. 연결되는 기기의 특성을 명확히 알 수있으며, 프로그래머가 기억하기 쉬운 이름을 부여하는 것이 바람직하다.

☑ Dada Type

데이터 타입	설명
Bit	비트데이터
Word[Signed]	부호 있는 워드데이터
Word[Unsigned]/Bit String[16-bit]	부호 없는 워드데이터
Double Word[Unsigned]/Bit String[32-bit]	더블 워드 데이터
FLOAT (Single Precision)	단정도 실수
FLOAT (Double Precision)	배정도 실수
String(32)	문자열
Time	시간(ST언어만 가능)
Timer	타이머
Counter	카운터
Retentive Timer	적산 타이머
Pointer	포인터

☑ Comment : 코멘트를 입력합니다. 여러 행을 입력할 수 있다.

☑ Remark : 코멘트의 보충 정보를 기술합니다. 여러 행을 입력할 수 있다.

2) 글로벌레이블 활용

☑ 비트데이터 활용

필요한 비트데이터의 레이블과 디바이스를 설정한다. 디바이스를 미리 입력하면 디바이스에 맞게 데이터 타입이 결정된다. 비트, 타이머, 카운터 등은 디바이스에 맞게 결정되며, Word와 Double Word 데이터는 사용자가 지정해 주어야 한다.

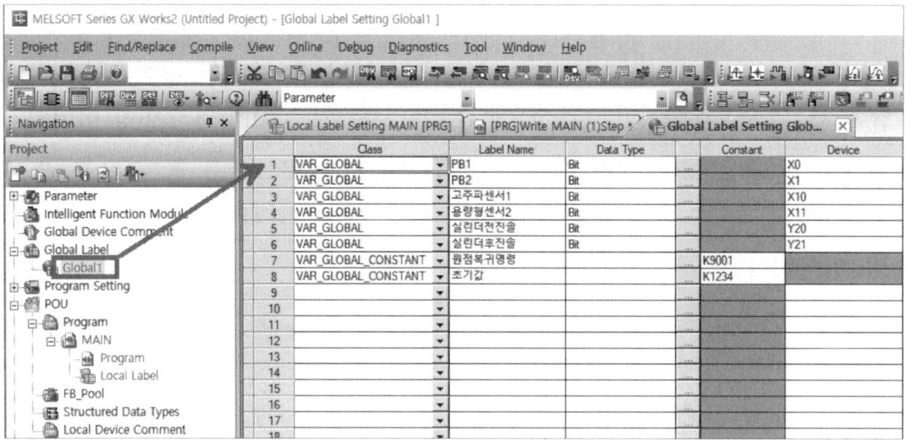

그림 5-6 글로벌레이블 - 비트데이터 설정

프로그램(Main 등)에서 비트요소 선택 후, 글로벌레이블에 설정한 이름을 입력하면 글로벌레이블에 등록된 변수가 리스트업 된다. 직접 입력해도 되며, 선택해도 된다. 그림처럼 P로 시작하는 변수를 입력하면 P로 시작하는 레이블만 리스트업 되기 때문에 변수 입력의 오류를 줄일 수 있다.

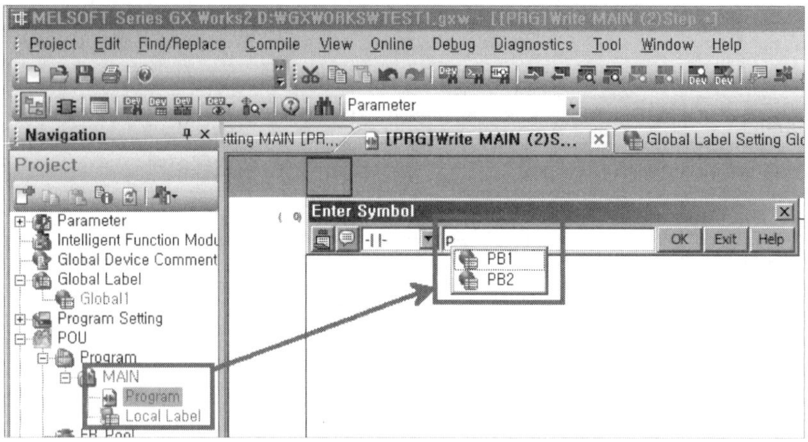

그림 5-7 글로벌레이블 - 비트데이터 활용

☑ 워드데이터 활용

데이터 레지스터(D레지스터) 등을 사용할 수 있으며(경우에 따라 R, Z 메모리 등 워드데이터 모두 사용 가능하다), 16비트 숫자 데이터를 저장할 수 있다.

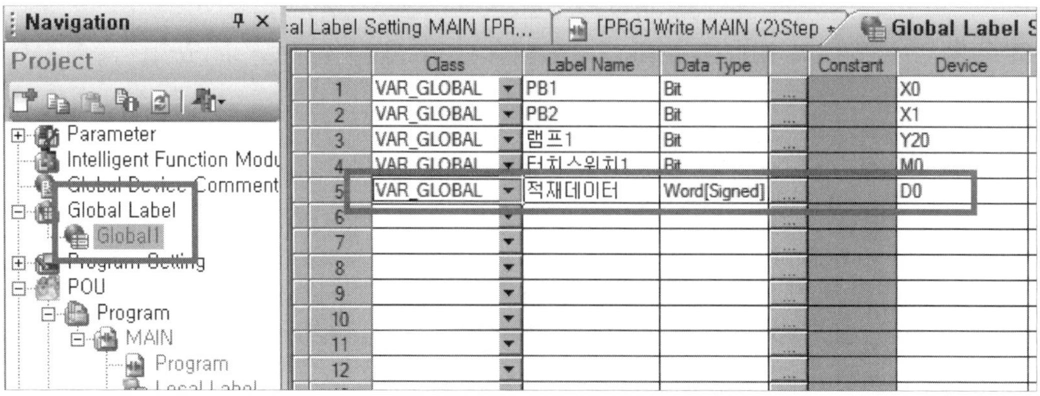

그림 5-8 워드데이터 선언

아래처럼 프로그램 하면 적재데이터에는 정수 '10'의 값이 저장된다.

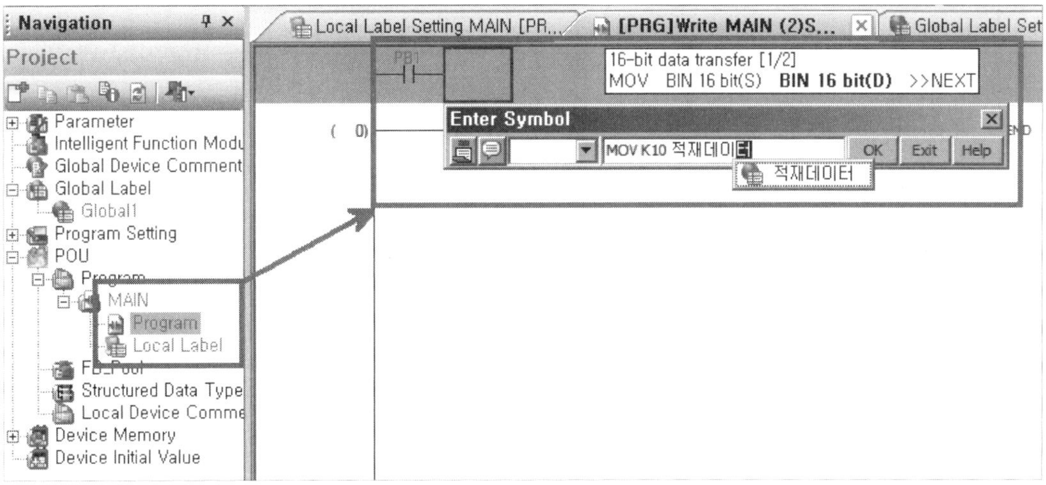

그림 5-9 워드데이터 활용

☑ 타이머 활용

데이터 타입을 타이머로 설정하여 타이머 디바이스를 설정할 수 있다.

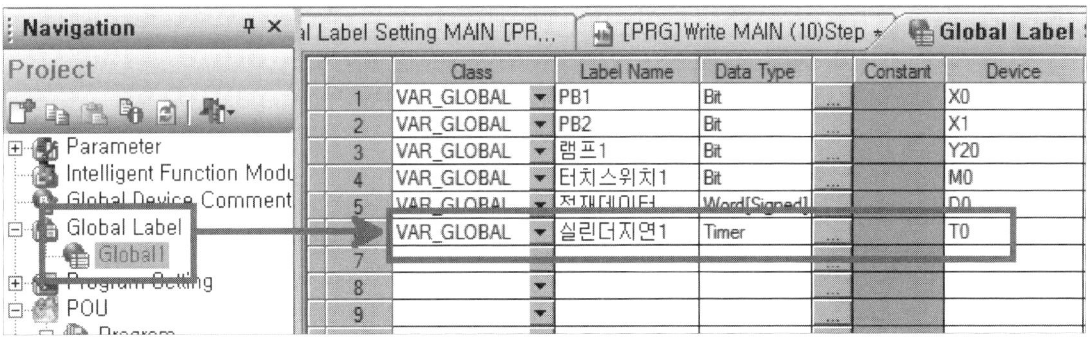

그림 5-10 타이머 글로벌레이블 설정

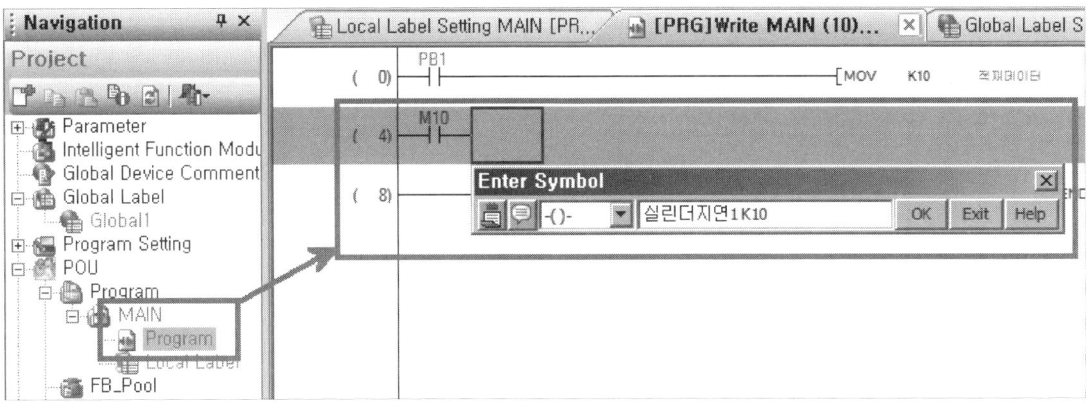

그림 5-11 타이머 활용

래더 프로그램에서 코일(F7)을 입력한 뒤 글로벌레이블에 설정한 '실린더지연1 K10'을 입력하면 1초 지연 타이머가 완성된다. 그림과 같이 프로그램이 동작하면 M10신호가 ON되고, 1초 지연 후 실린더지연1 a접점이 동작되며 M20이 ON된다.

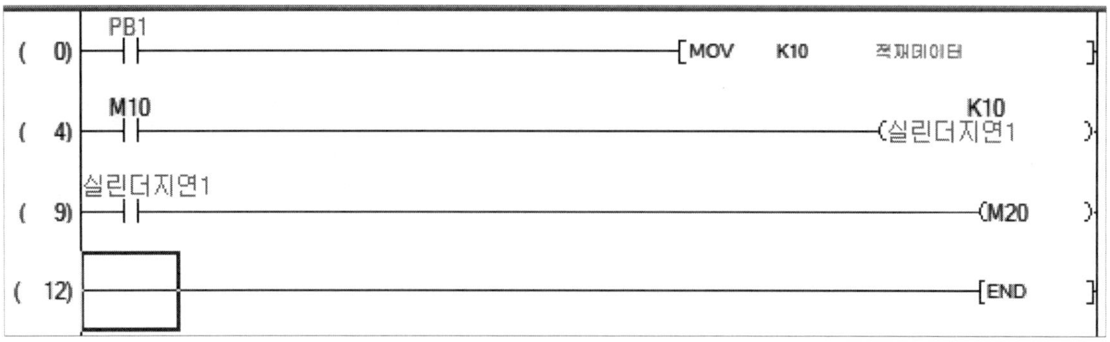

그림 5-12 타이머 활용

☑ 카운터 활용

카운터 레지스터('C')를 입력하면 데이터 타입이 Counter로 자동으로 설정된다.

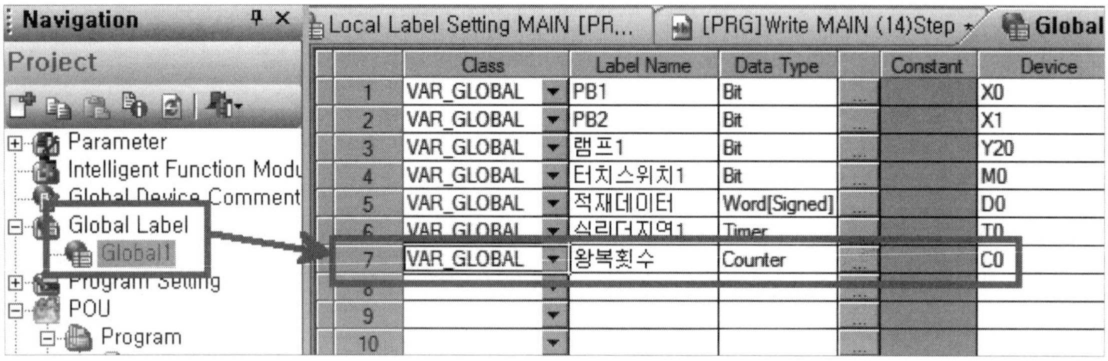

그림 5-13 카운터 선언

아래와 같이 코일 입력 후 왕복횟수 k3을 입력하면 카운터로 활용할 수 있다.

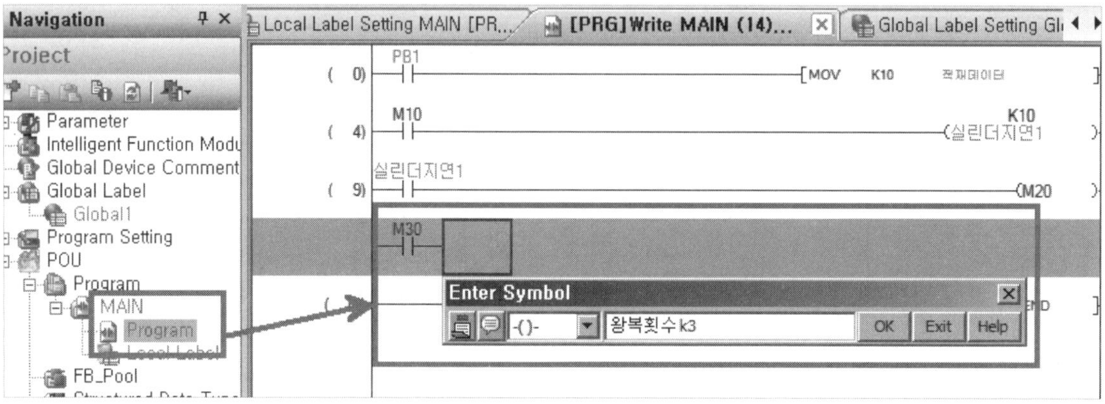

그림 5-14 카운터 활용

아래 그림에서 M30의 신호가 3번 ON/OFF되면 왕복횟수가 a접점이 ON되고 M40이 ON된다.

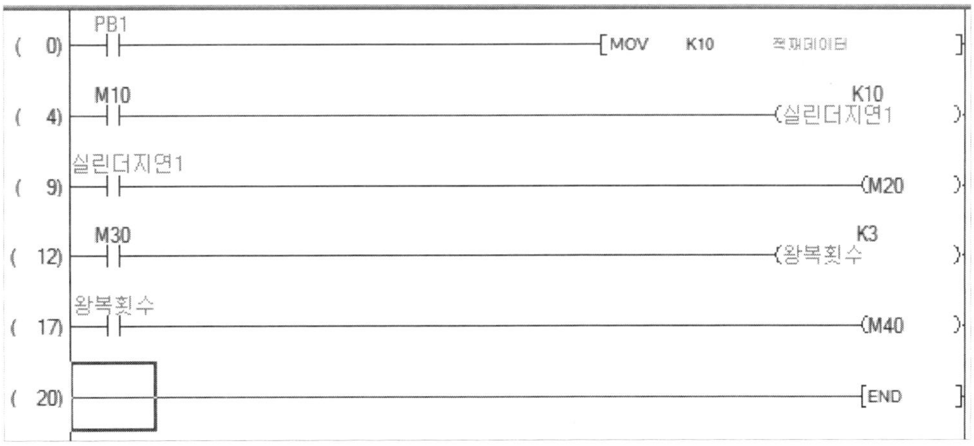

그림 5-15 카운터 활용

TIP 글로벌레이블 작업을 할 때는 규칙을 갖고 하는 것이 바람직하다. C언어의 헝가리언 표기법(최근에는 사용되지 않는다)처럼 변수명 앞에 용도를 미리 정해 주면 레이블 선택 시 시간을 줄일 수 있다.

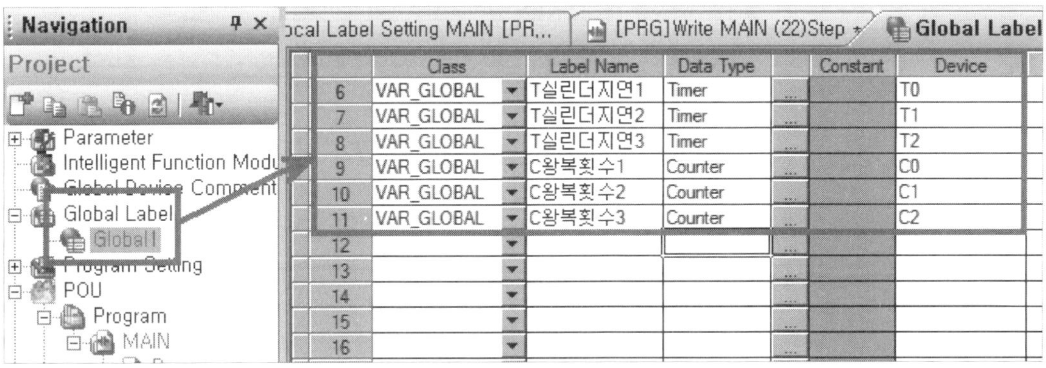

그림 5-16 레이블 명칭 접두어 활용

타이머를 활용하고 싶을 경우 아래와 같이 T만 입력해도 타이머로 등록되어 있는 레이블이 자동으로 리스트업 되기 때문에 유용하다.

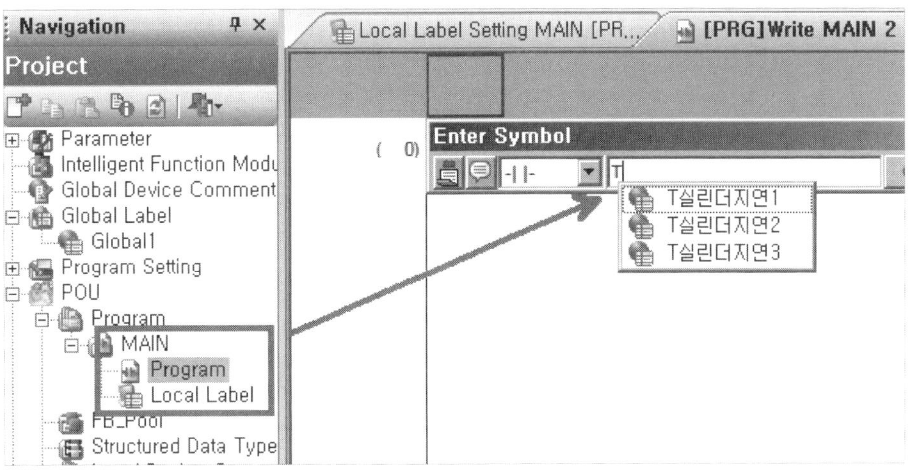

그림 5-17 레이블의 리스트업

3) 로컬레이블의 활용

로컬레이블의 경우 컴파일러가 컴파일 시 디바이스를 자동으로 할당해 주기 때문에 미리 디바이스를 선언할 필요가 없다. 단, 컴파일러가 자동으로 할당해 주는 디바이스 영역은 사용자가 수정할 수 있으며, [Tool-Device/Label Automatic-Assign Setting]에서 가능하다. 자동할당 이후 메뉴의 Comfile-Build를 클릭하면 프로그램의 이상 유무만 확인하고 메모리는 할당받지 못한다. 그 상태에서 다시 Build를 클릭하면 메모리를 할당받을 수 있다. 또는 Comfile-Rebuild All을 클릭하면 컴파일과 동시에 메모리를 할당받을 수 있다. 그러나 이때 주의할 점은 기존에 자동으로 할당받았던 디바이스의 번호가 바뀔 수도 있다는 점이다. 그렇기 때문에 자동변수를 HMI 등 외부기기와의 통신용으로 사용하는 것은 적합하지 않다.

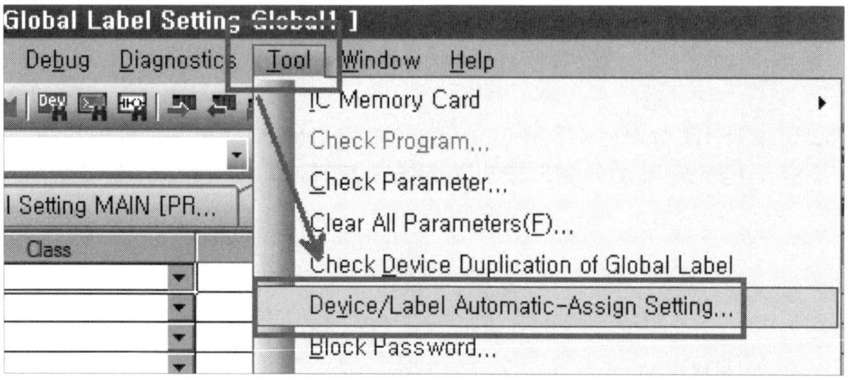

그림 5-18 디바이스/레이블 자동할당 설정

Assignment Range 영역에서 사용하고자 하는 어드레스 영역을 수정하면 된다. 단, 컴파일러가 자동으로 할당할 때는 디바이스의 끝부터 할당하기 때문에 되도록 Start 영역을 수정하는 것이 바람직하다.

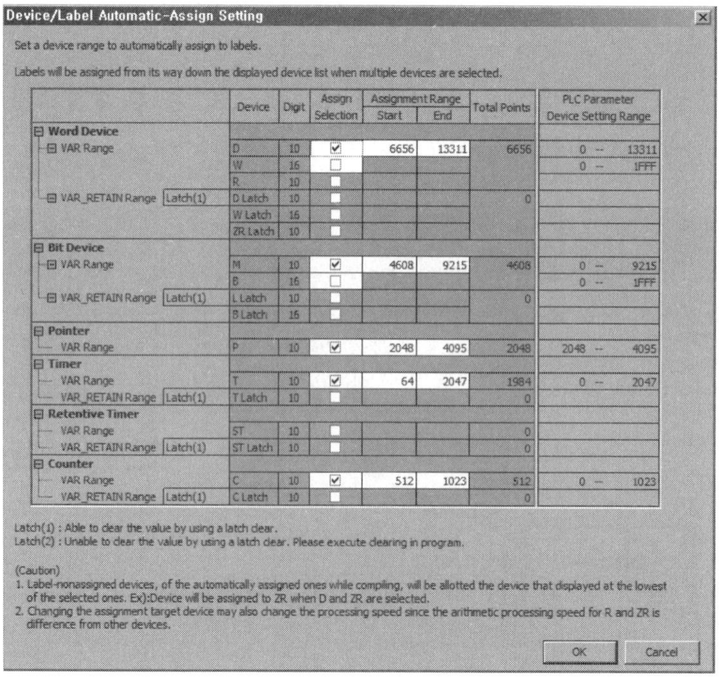

그림 5-19 디바이스 자동할당 영역 설정

☑ 로컬레이블 비트디바이스의 설정

레이블 이름의 대소문자 구분은 하지 않으며, 레이블명 규칙은 글로벌레이블과 동일하다. a접점을 입력 후 필요한 변수가 있다면, 적절한 이름을 부여하고 'OK' 또는 엔터키를 누른다.

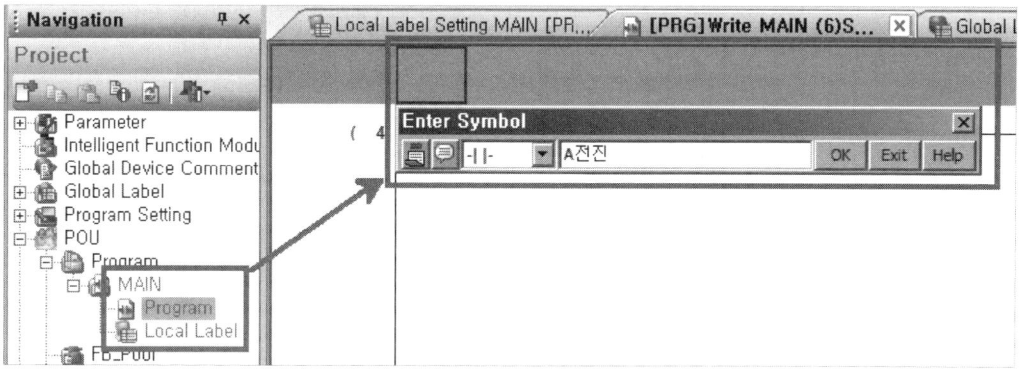

그림 5-20 로컬디바이스 입력

엔터키를 누르면 아래와 같이 'A전진' 레이블이 정의되지 않았다면서 등록할 수 있도록 창이 하나 열린다. 아래 그림과 같이 Data Type이 Bit인 것을 확인 후 OK를 클릭한다.

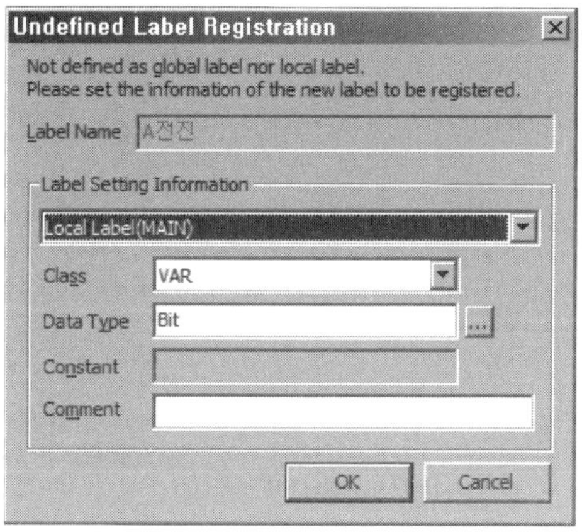

그림 5-21 로컬디바이스 입력

MAIN 프로그램의 Local Label을 클릭하면 A전진 변수가 등록된 것을 확인할 수 있으며 Label Name나 Data Type을 잘못 입력한 경우 이 창에서 수정할 수 있다. 데이터 타입을 변경하고자 할 경우 [...] 부분을 눌러 데이터 타입을 수정할 수 있다.

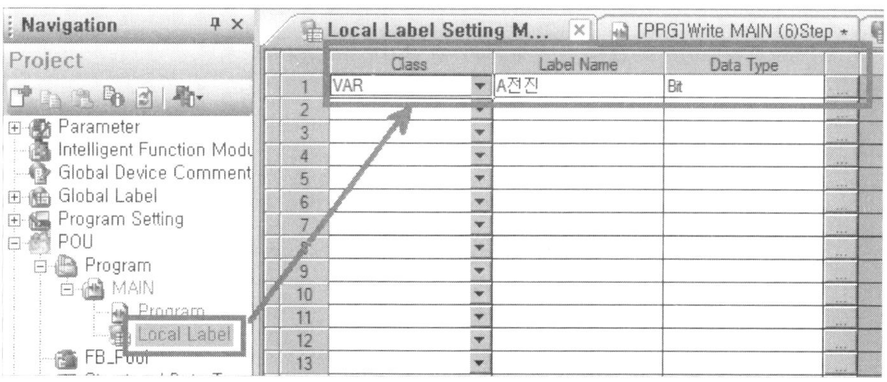

그림 5-22 생성된 로컬디바이스

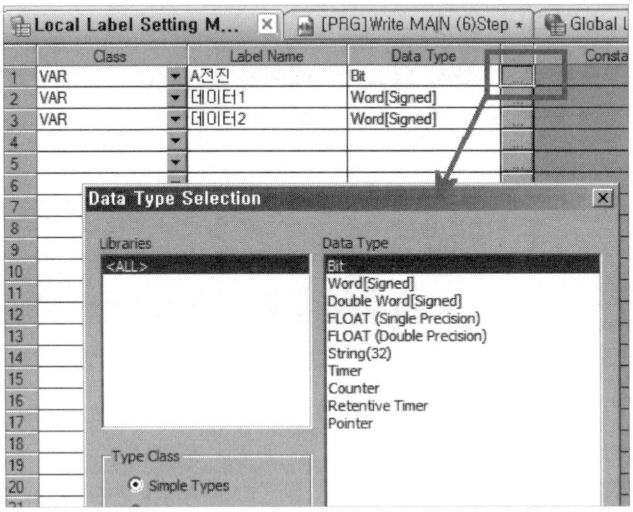

그림 5-23 로컬디바이스 수정

자동으로 할당받은 디바이스 번호를 레이블과 함께 보려면 메뉴의 Tool-Option에서 아래 항목을 체크한다.

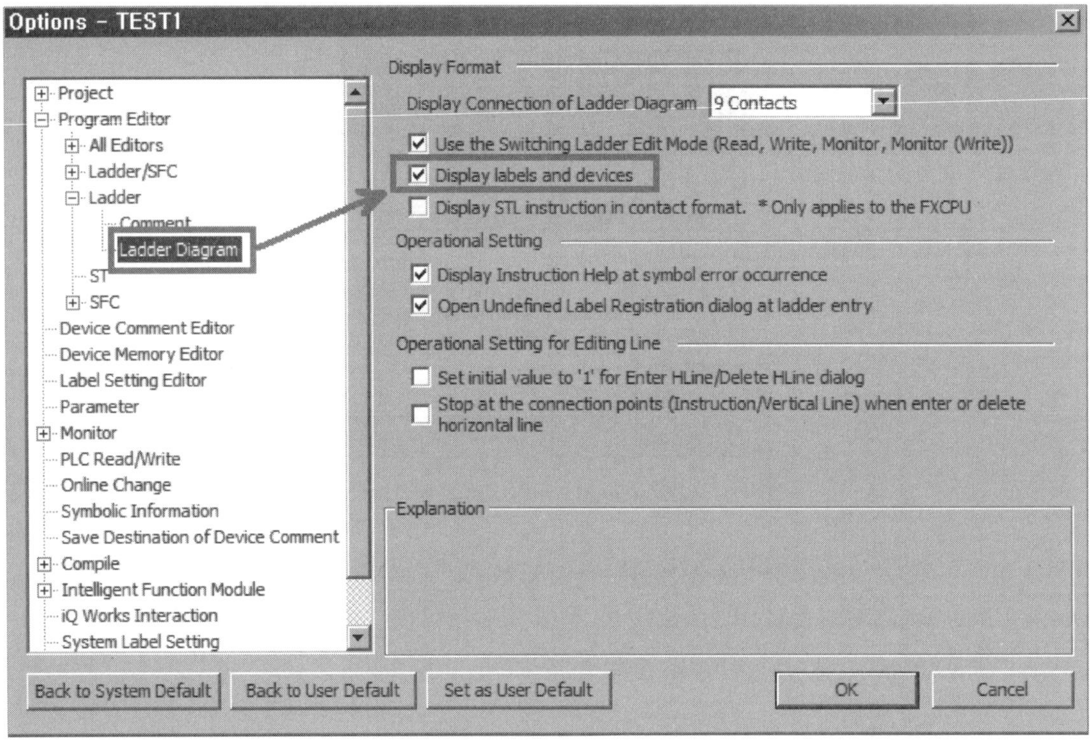

그림 5-24 레이블, 디바이스 함께보기

☑ 로컬레이블 워드디바이스의 설정

프로그램에서 mov 함수를 이용하여 아래와 같이 프로그램을 작성한다. 데이터1과 데이터2 변수는 디바이스를 등록하지 않았기 때문에 등록창이 열린다.

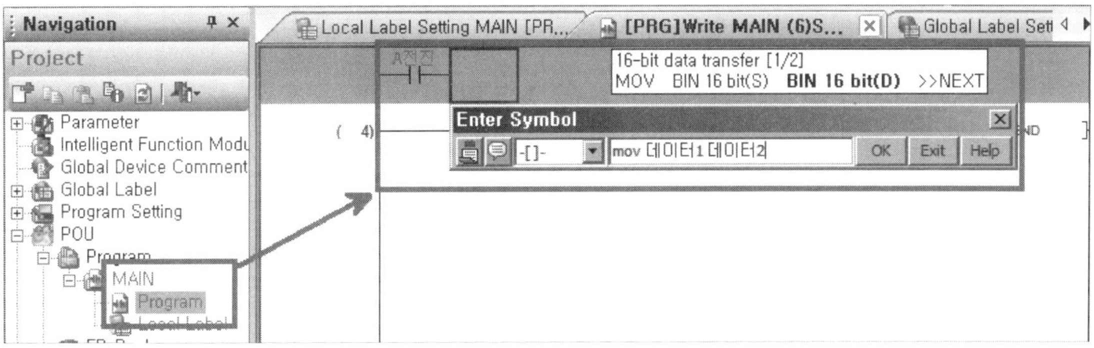

그림 5-25 로컬레이블, 워드디바이스 사용

데이터1의 각 항목이 올바른지 확인하고 OK를 클릭한다.

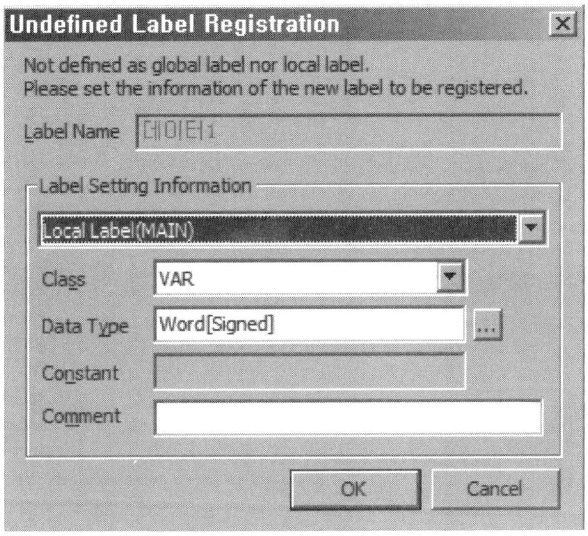

그림 5-26 데이터1 타입 설정

곧바로 데이터2에 대한 등록 창이 나오는 것을 확인할 수 있다. 데이터2에 대한 항목이 올바른지 확인하고 OK를 클릭한다.

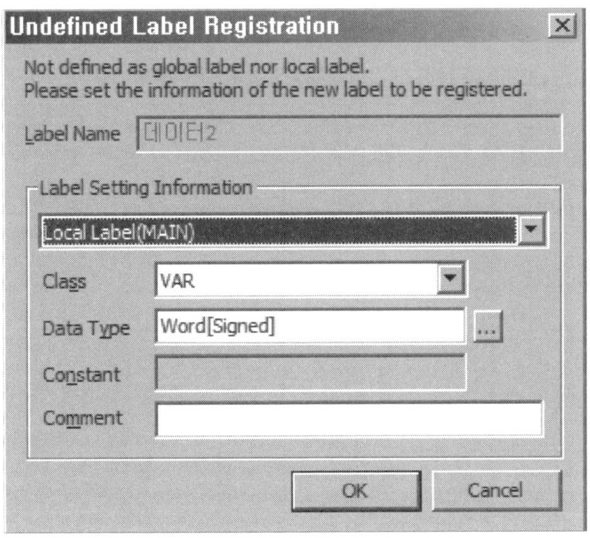

그림 5-27 데이터2 타입 설정

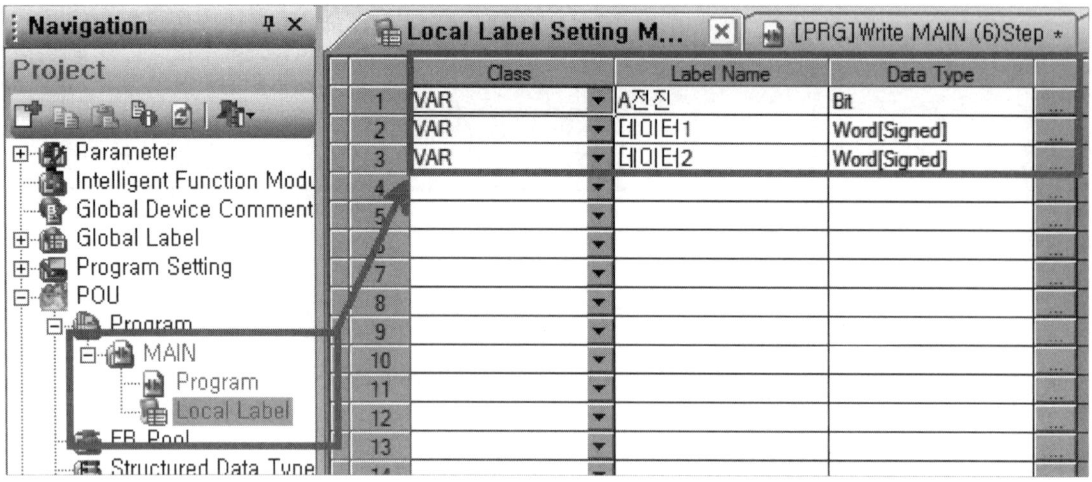

그림 5-28 로컬레이블, 생성된 워드데이터

워드디바이스의 수정도 Local Label에서 수정 가능하다.

☑ 로컬레이블 타이머의 설정

래더 프로그램 작성 시 타이머 디바이스의 번호를 프로그래머가 기억해야 할 일은 많지 않다. 레이블의 이름에 접두어 'T'를 쓰지 않아도 되지만 향후 프로그램 시 'T'를 입력하면 타이머만 리스트업 되기 때문에 레이블에 붙여 사용 하는 것이 효율적이다. 그림처럼 'T지연1 k10'을 입력한다.

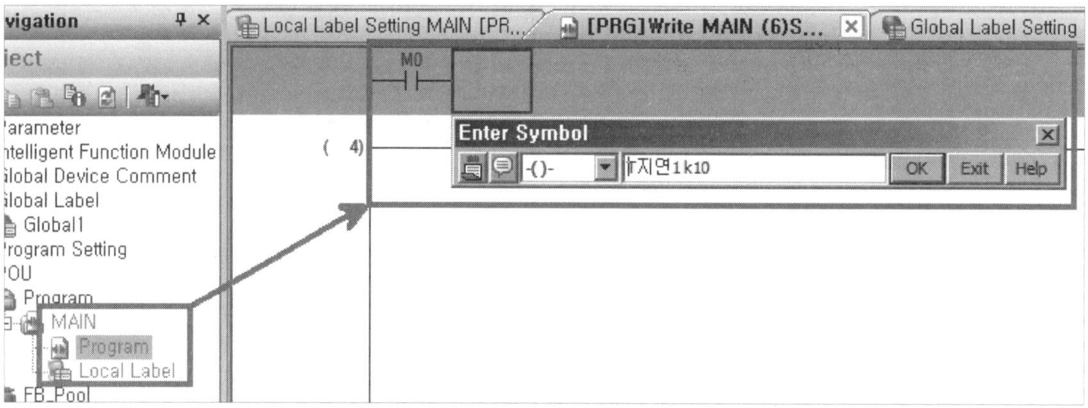

그림 5-29 로컬레이블, 타이머 생성

T지연1에 대해 정의 되어 있지 않기 때문에 Data Type을 변경하기 위해 [...] 버튼을 클릭한다. 그리고 Timer를 선택하고 확인하면 컴파일시 Timer 메모리를 할당받는다.

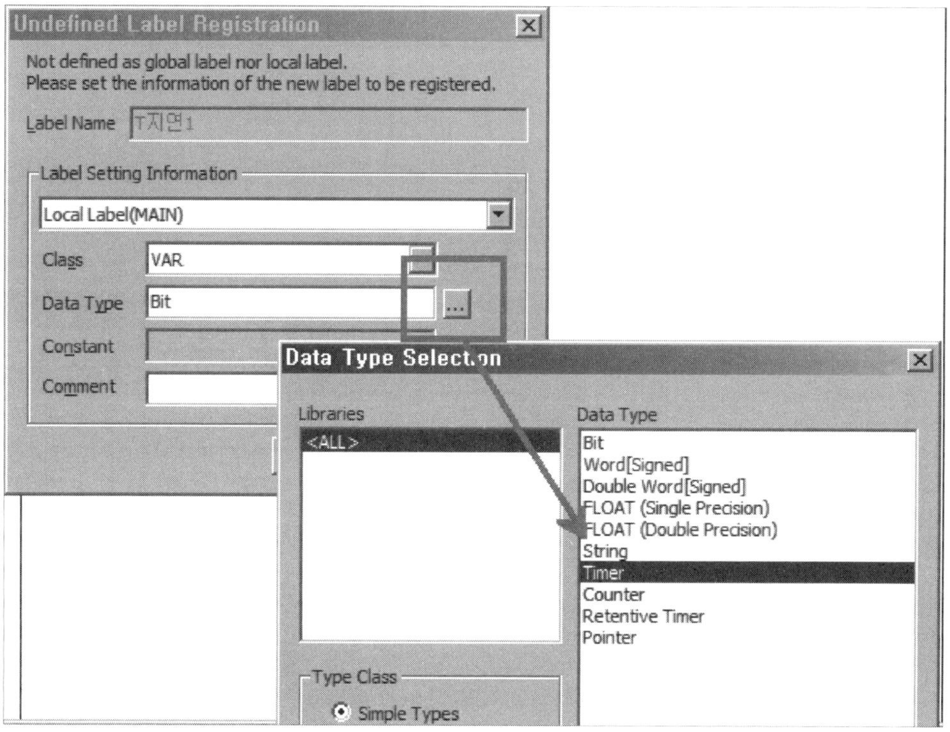

그림 5-30 로컬레이블, 타이머 데이터 타입 선택

등록 당시 Data Type을 잘못 설정하였다면 로컬레이블에서 변경할 수 있다.

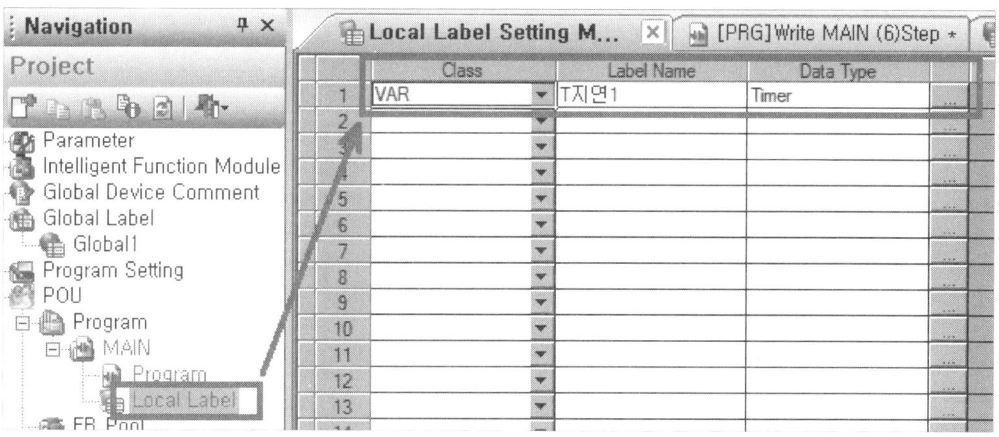

그림 5-31 로컬레이블, 타이머 데이터 타입 수정

컴파일 이후 T지연1 타이머는 T2047 디바이스를 할당받았다.

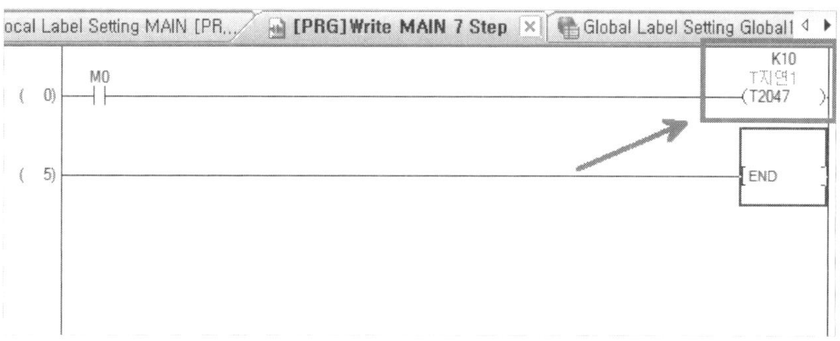

그림 5-32 타이머 디바이스의 자동할당

☑ 로컬레이블 카운터의 설정

카운터도 타이머와 동일하게 접두어로 'C'를 활용하기로 한다. 그림처럼 'C반복1 k3'을 입력한다.

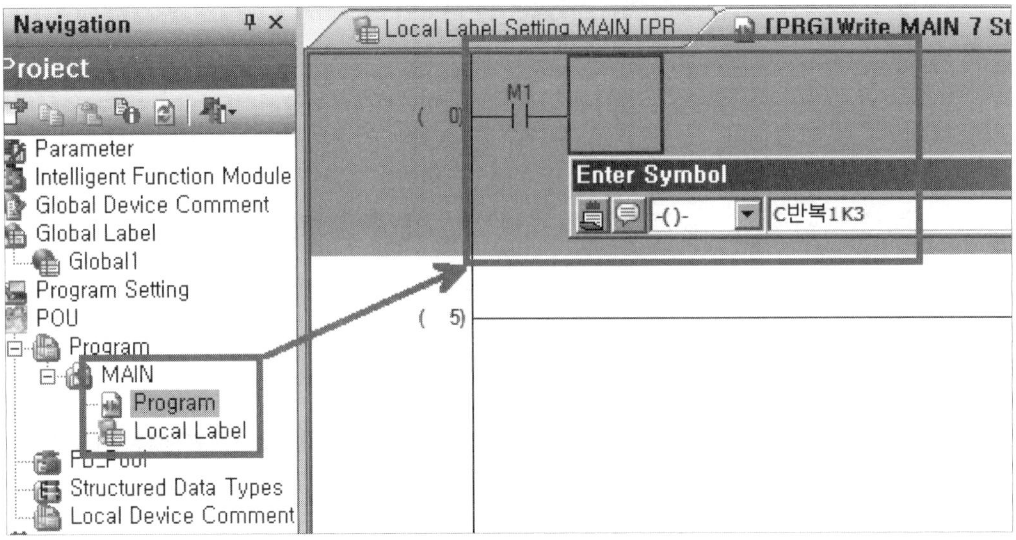

그림 5-33 카운터 디바이스의 로컬레이블 활용

C반복1에 대해 정의 되어 있지 않기 때문에 Data Type을 변경하기 위해 [...] 버튼을 클릭한다. 그리고 Counter를 선택하고 확인하면 컴파일 시 Counter메모리를 할당받는다.

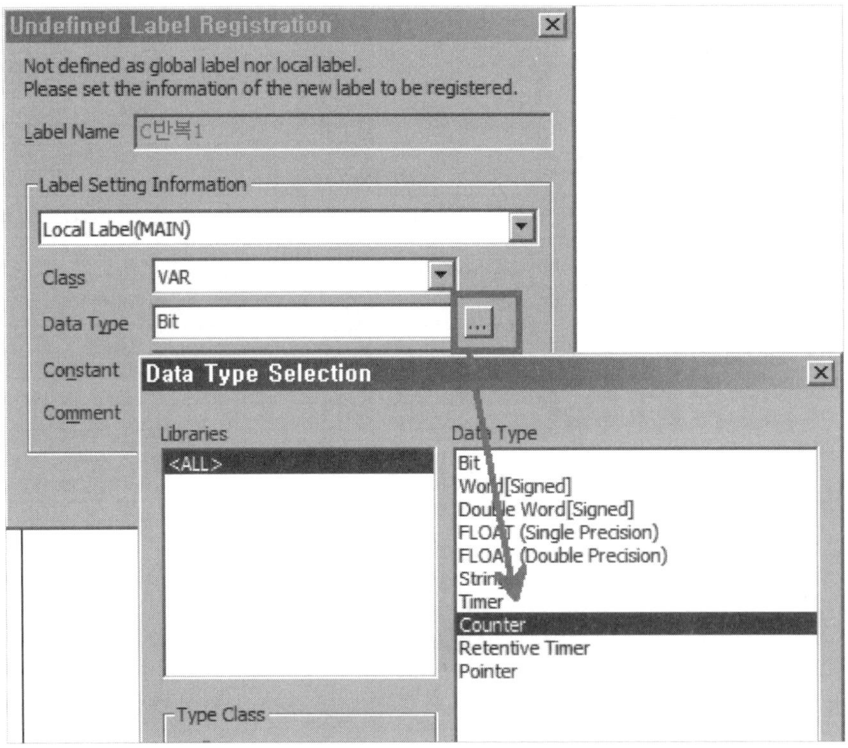

그림 5-34 카운터 디바이스 데이터 타입 선택

등록 당시 Data Type을 잘못 설정하였다면 로컬레이블에서 변경할 수 있다.

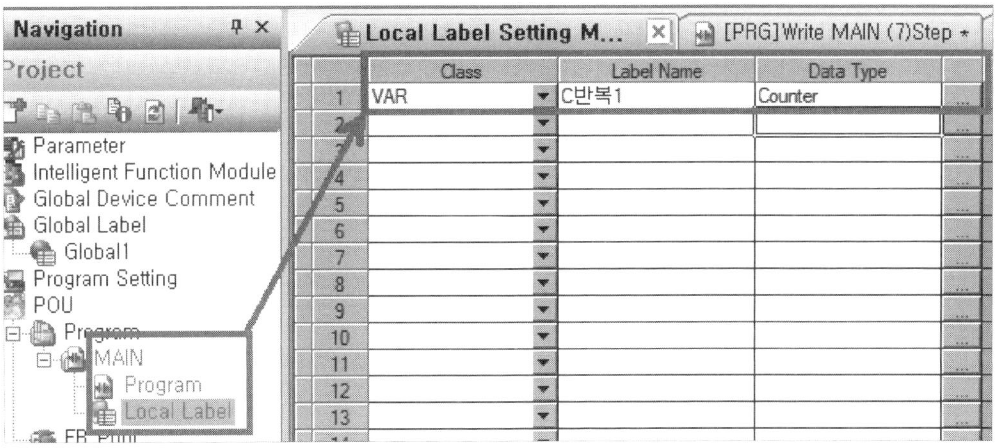

그림 5-35 생성된 카운터 로컬디바이스

컴파일 이후 C반복1 카운터는 C1023 디바이스를 할당받았다.

그림 5-36 자동할당 받은 카운터 디바이스

공압실린더 제어

1. 공압실린더의 구조와 구성
2. 공압제어 회로
3. 공압실린더 제어를 위한 래더 프로그램

Chapter | 6

Chapter 6

공압실린더 제어

1 공압실린더의 구조와 구성

[1] 공압실린더

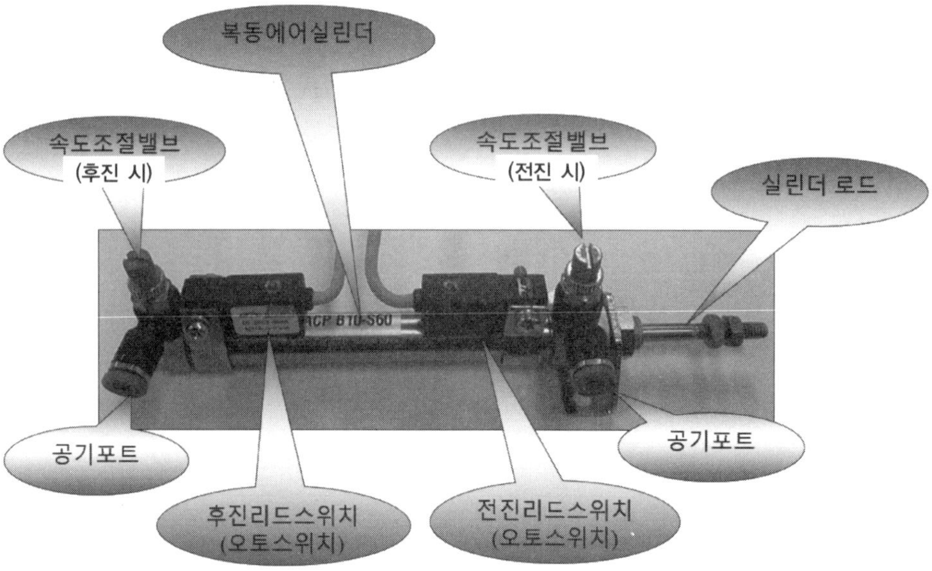

그림 6-1 공압실린더의 구조

일반적으로 사용되는 공압실린더는 실린더 본체와 압축공기의 흐름을 제어하는 속도조절밸브, 그리고 실린더의 위치를 파악할 수 있는 오토스위치로 구성된다.

그림 6-2 복동실린더 구조

출처 : https://www.ckdkorea.co.kr/kiki/technology/cylinder/index.asp

복동실린더의 내부 구조이다. 피스톤에 영구자석이 부착되어 있기 때문에 오토스위치로 실린더의 위치를 파악할 수 있다.

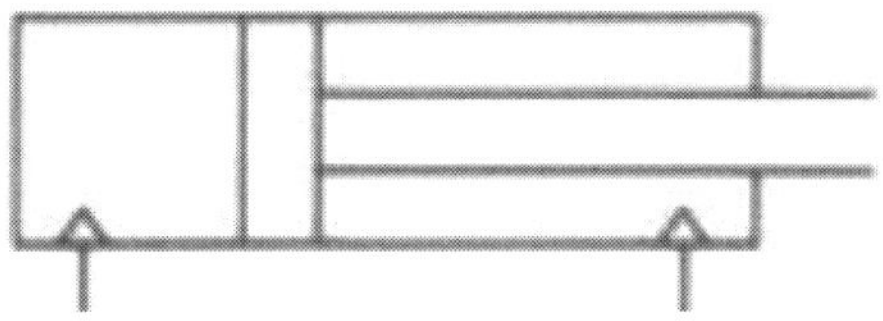

그림 6-3 복동실린더 기호

[2] 속도제어밸브(스피드컨트롤러)

속도제어밸브는 유량을 조절하는 동시에 흐름의 방향에 따라서 교축 작용을 하는 밸브로 교축밸브와 체크 밸브를 조합시켜 구성한 것이다. 이 밸브는 체크밸브(check valve)가 한 쪽 방향의 공기 흐름을 차단하므로 공기는 반드시 조절된 단면을 통하여 흐르게 되며, 반대 방향은 체크 밸브가 공기를 통과하는 방향이므로 유량이 전혀 조절되지 않고 자유로이 흐른다.

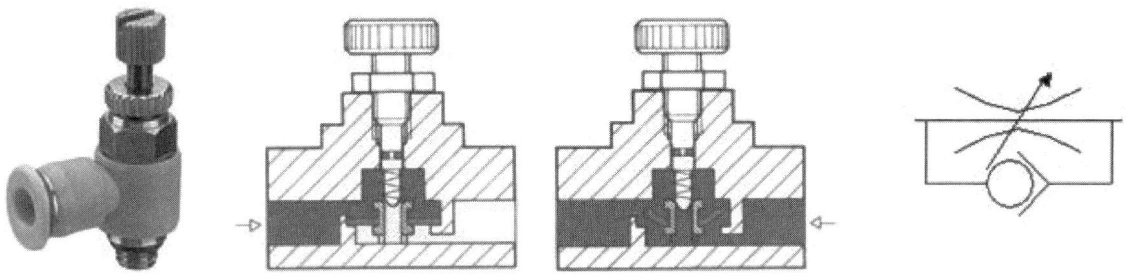

그림 6-4 공압 속도제어밸브 실물, 내부구조, 기호

공압실린더에는 부착되어 있는 속도조절밸브는 미터아웃제어 방식으로 부착되어 있다. 즉 공기가 빠져나가는 것을 조절하여 실린더의 전진 또는 후진 속도를 조절하도록 되어 있다. 이는 실린더 내부에 배압을 형성하여 불안전한 동작을 막기 위함이다.

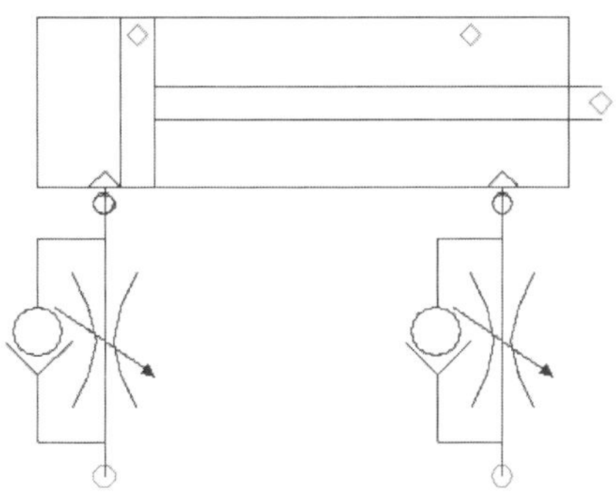

그림 6-5 미터아웃 제어 회로

[3] 오토스위치

오토스위치는 리드스위치로도 불리며 실린더 피스톤의 영구 자석에 의해 작동된다. 부하 전류가 5~40mA(DC24V)로 작기 때문에 오토스위치를 직접 부하로 연결하여 사용하기는 어려우며, PLC 입력 단자의 부하전류가 대부분 20mA이하이기 때문에 실린더에 부착되어 PLC입력 기기로 많이 사용된다.

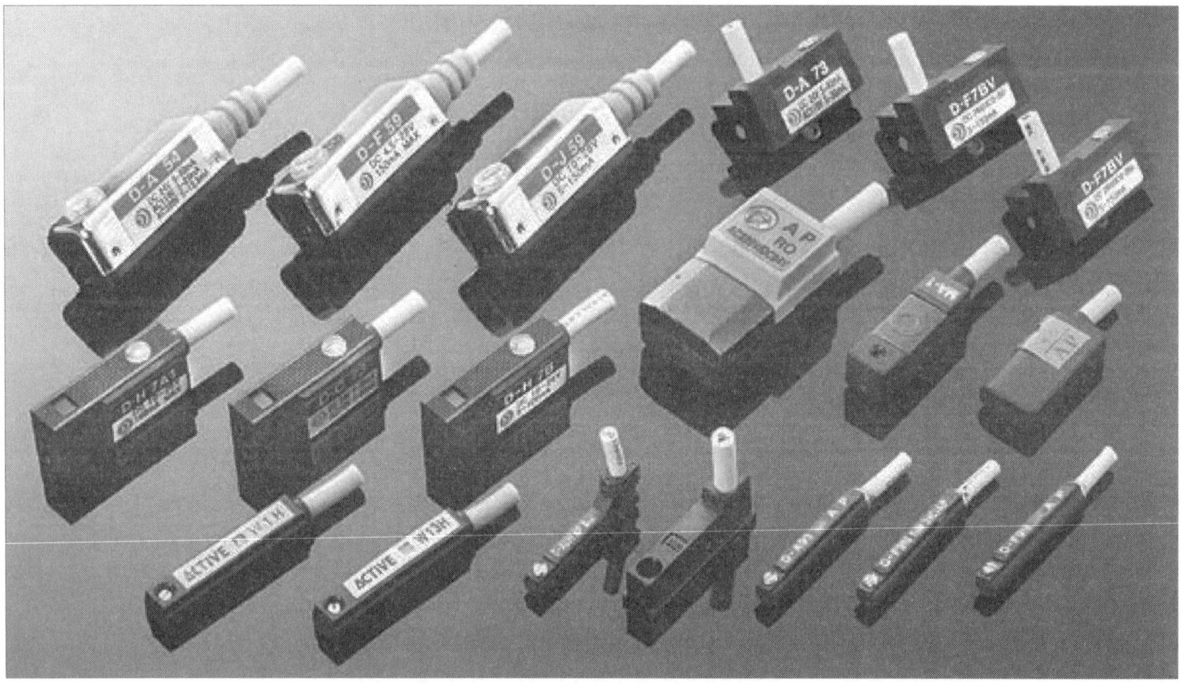

그림 6-6 다양한 모양의 오토(리드)스위치

출처 : http://yeogienews.com/today/254492

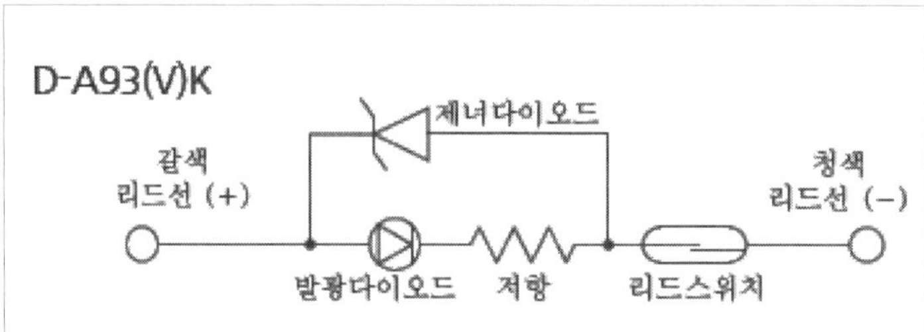

그림 6-7 오토스위치 내부 회로

출처 : https://m.blog.naver.com/PostView.nhn?blogId=endforming&logNo=20204925837&proxyReferer=https:%2F%2Fwww.google.com%2F

2 공압제어 회로

[1] 공압회로의 구성

PLC를 이용한 공압실린더는 제어는 솔레노이드 작동방식의 방향제어 밸브를 사용한다.

공압에 사용되는 방향제어밸브는 5포트2위치 밸브를 주로 사용하며, 한쪽에만 솔레노이드 밸브가 부착된 편솔레노이드 밸브와 양쪽 모두 솔레노이드 밸브가 부착된 양솔레노이드 밸브가 있다. 편솔레노이드 밸브의 경우 복귀는 스프링의 힘으로 이뤄진다. 양솔밸브의 경우 작동한 이후 솔레노이드에 전기를 OFF하여도 위치값을 유지하기 때문에 메모리 밸브라고도 불린다.

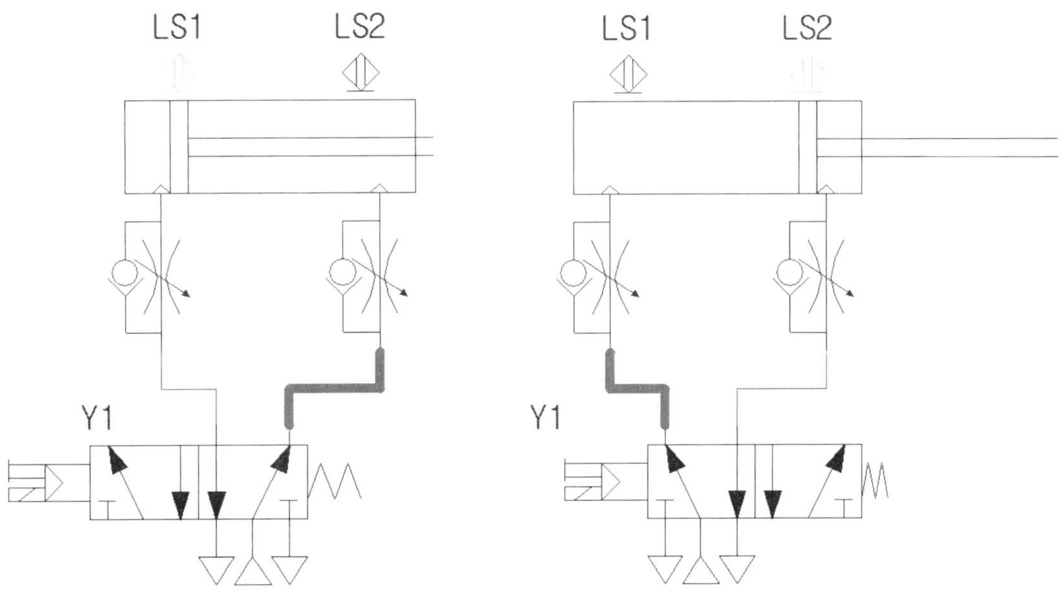

그림 6-8 편솔레노이드 밸브로 구성한 공압회로의 후진 시 및 전진 시

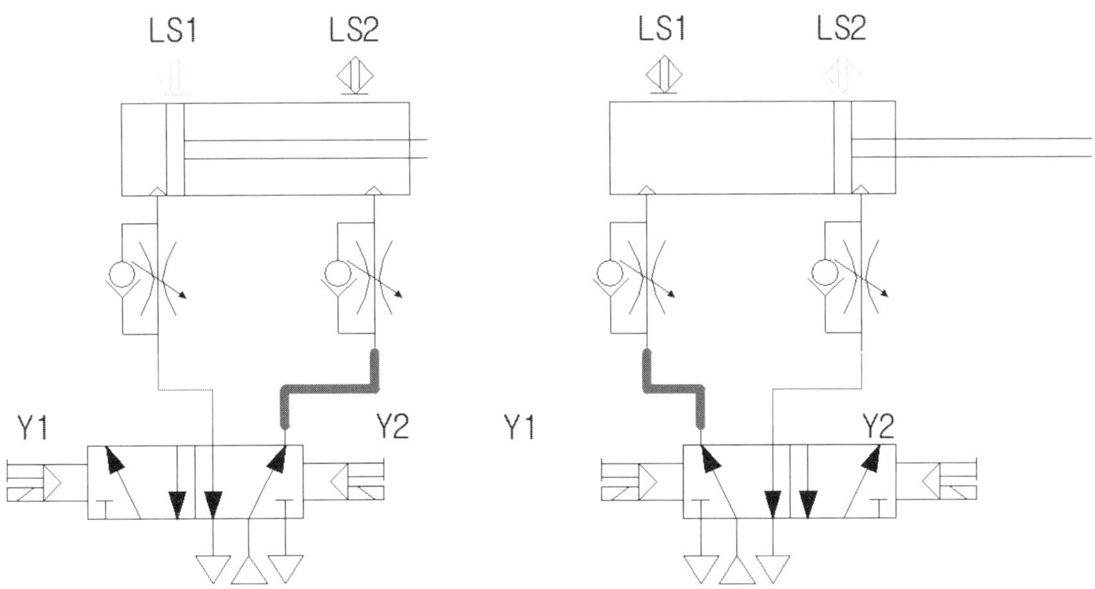

그림 6-9 양솔레노이드 밸브로 구성한 공압회로의 후진 시 및 전진 시

[2] 실습에 사용되는 공압회로의 구성

실습에 사용되는 공압회로는 아래와 같이 구성된 시스템이다. A, B 공압실린더는 양솔레노이드 밸브로 구성되어 있으며, C, D 공압실린더는 편솔레노이드 밸브로 구성되어 있다.

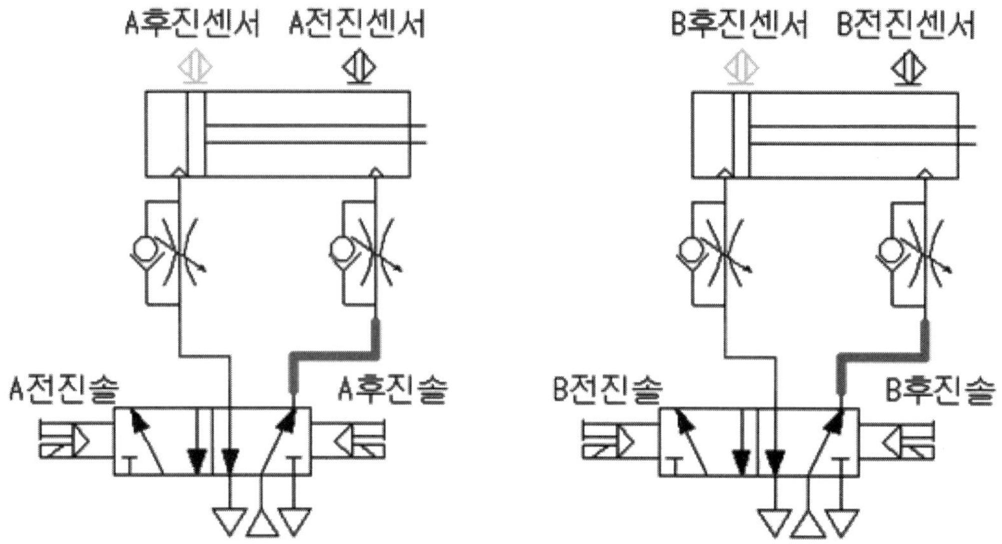

그림 6-10 양솔레노이드 밸브로 구성한 공압회로의 후진 시 및 전진 시

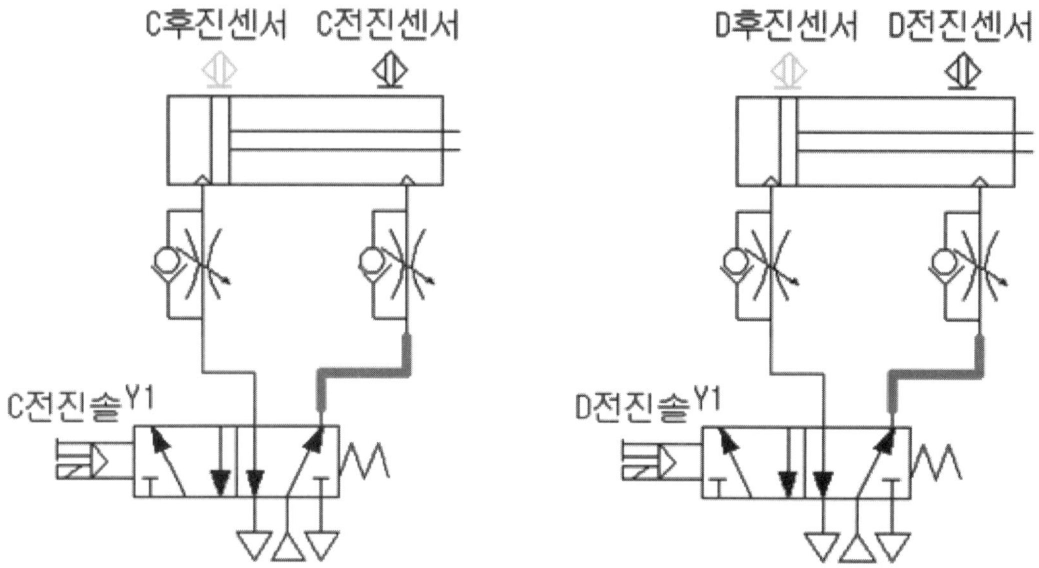

그림 6-11 편솔레노이드 밸브로 구성한 공압회로의 후진 시 및 전진 시

[3] 공압회로와 PLC의 연결

공압회로의 구성이 완료되면, 공압실린더의 오토스위치와 솔레노이드 밸브를 PLC와 연결하여야 한다. 아래 어드레스 할당표와 회로도를 참고하여 배선작업을 진행할 수 있다. 특별한 언급이 없는 한, 아래 어드레스 할당표와 회로도를 기준으로 공압실린더 제어 프로그램을 작성하기로 한다.

입력기기				출력기기			
기기명	어드레스	기기명	어드레스	기기명	어드레스	기기명	어드레스
PB1	X0	A후진센서	X10	A전진솔	Y20	적색램프	Y30
PB2	X1	A전진센서	X11	A후진솔	Y21	황색램프	Y31
PB3	X2	B후진센서	X12	B전진솔	Y22	녹색램프	Y32
PB4	X3	B전진센서	X13	B후진솔	Y23		
		C후진센서	X14	C전진솔	Y24		
		C전진센서	X15	D전진솔	Y25		
		D후진센서	X16				
		D전진센서	X17				

〈 기기 및 어드레스 할당표 〉

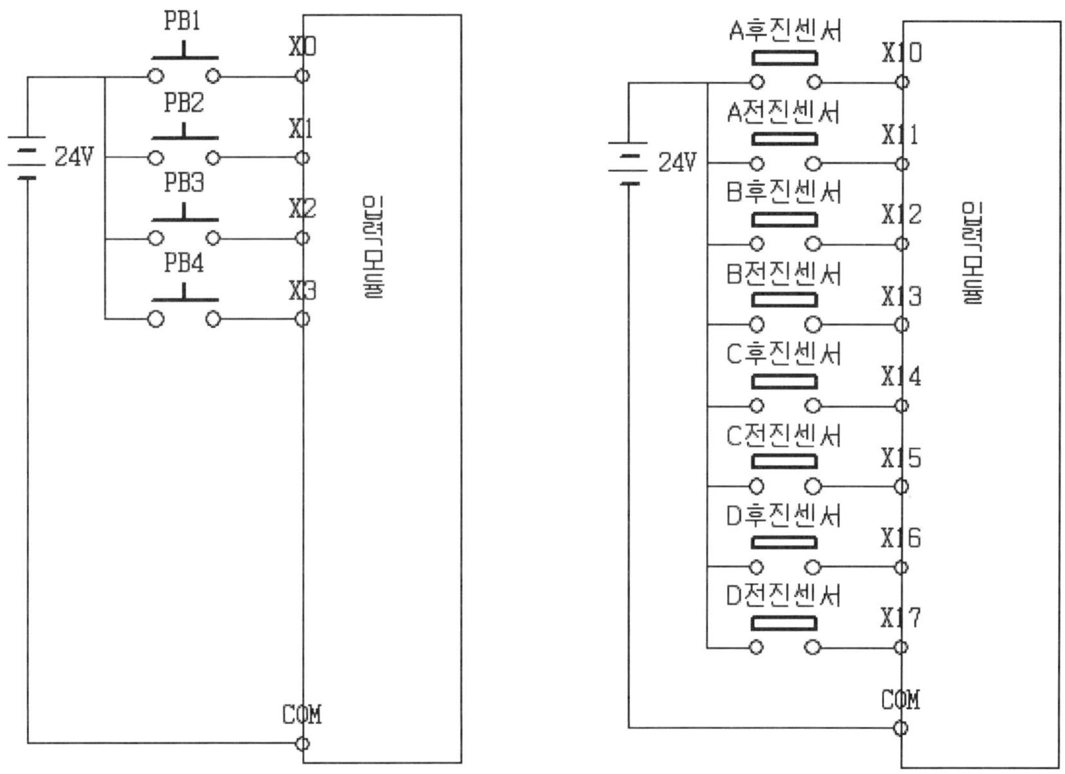

그림 6-12 입력기기의 배선

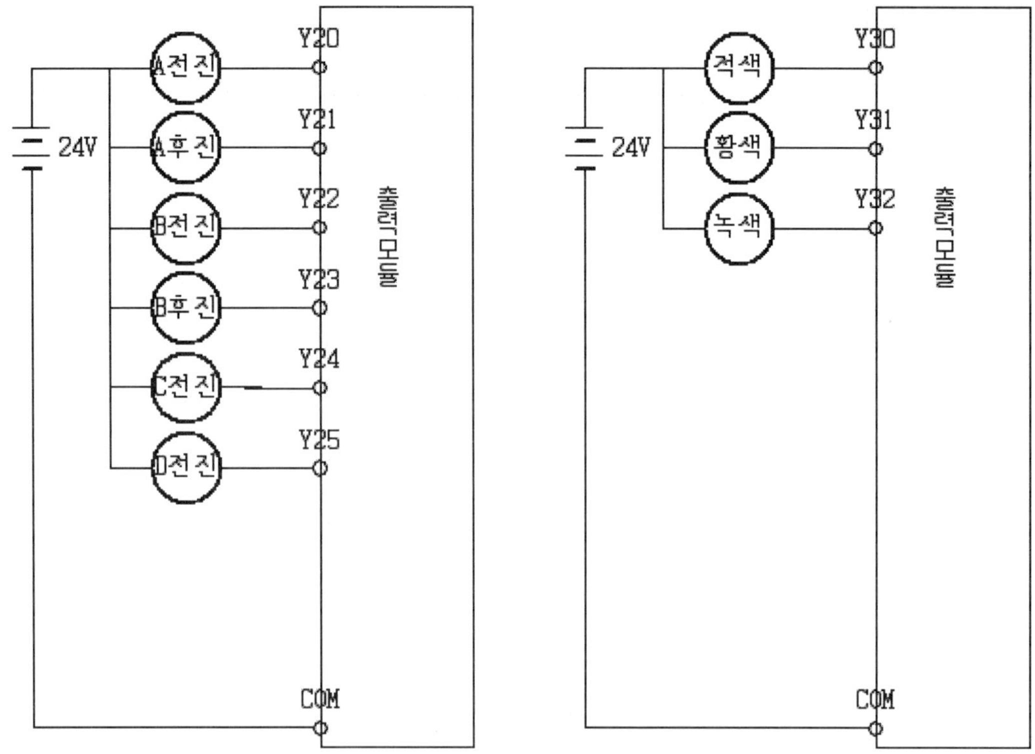

그림 6-13 출력기기의 배선

3 공압실린더 제어를 위한 래더 프로그램

프로그램 작성 전 배선을 마치고 아래와 같이 글로벌레이블을 설정한다.

Class	Label Name	Data Type	Device
VAR_GLOBAL	PB1	Bit	X0
VAR_GLOBAL	PB2	Bit	X1
VAR_GLOBAL	PB3	Bit	X2
VAR_GLOBAL	PB4	Bit	X3
VAR_GLOBAL	A후진센서	Bit	X10
VAR_GLOBAL	A전진센서	Bit	X11
VAR_GLOBAL	B후진센서	Bit	X12
VAR_GLOBAL	B전진센서	Bit	X13
VAR_GLOBAL	C후진센서	Bit	X14
VAR_GLOBAL	C전진센서	Bit	X15
VAR_GLOBAL	D후진센서	Bit	X16
VAR_GLOBAL	D전진센서	Bit	X17
VAR_GLOBAL	A전진솔	Bit	Y20
VAR_GLOBAL	A후진솔	Bit	Y21

Class	Label Name	Data Type	Device
VAR_GLOBAL	B전진솔	Bit	Y22
VAR_GLOBAL	B후진솔	Bit	Y23
VAR_GLOBAL	C전진솔	Bit	Y24
VAR_GLOBAL	D전진솔	Bit	Y25
VAR_GLOBAL	적색램프	Bit	Y30
VAR_GLOBAL	황색램프	Bit	Y31
VAR_GLOBAL	녹색램프	Bit	Y32

◇ 실린더 제어프로그램 – 양솔밸브를 활용한 실린더 자동왕복

PB1 누르면 전진, PB2 누르면 후진한다. 양솔레노이드 밸브로 구성이 되어 있다면 스위치를 떼도 실린더는 진행중인 행정을 완료하고 정지한다. 즉 전기신호가 공급되지 않아도 한번 신호를 받으면 그 상태로 멈추어 있다. 그래서 양솔밸브는 메모리 밸브라고도 불린다.

그림 6-14 양솔 수동 전·후진

그림 6-15 전진 후, 자동 후진

위와 같이 프로그램을 작성하면 PB1에 의해 실린더가 전진하고 전진완료하면 A전진센서에 의해 후진솔밸브가 작동하기 때문에 자동으로 후진한다.

그림 6-16 전원을 켜자마자 실린더가 전·후진

위와 같이 프로그램을 작성하면, 프로그램이 시작되자 마자, A후진센서 또는 A전진센서가 점등되어 있을 것이며, 이럴 경우 자동으로 A전진솔 또는 A후진솔이 동작한다. 후진되어 있다면 A후진센서가 ON되어 A전진솔이 동작될 것이며, 실린더는 전진하게 된다. 전진이 완료되면 A전진센서가

ON되어 A후진솔이 ON되기 때문에 실린더는 후진하게 된다. 즉 실린더는 무한 왕복운동을 하게 된다. 그러나 이러한 시스템은 사용자에 의해 시작과 정지를 할 수 없기 때문에 위 프로그램은 아래와 같이 수정되어야 한다.

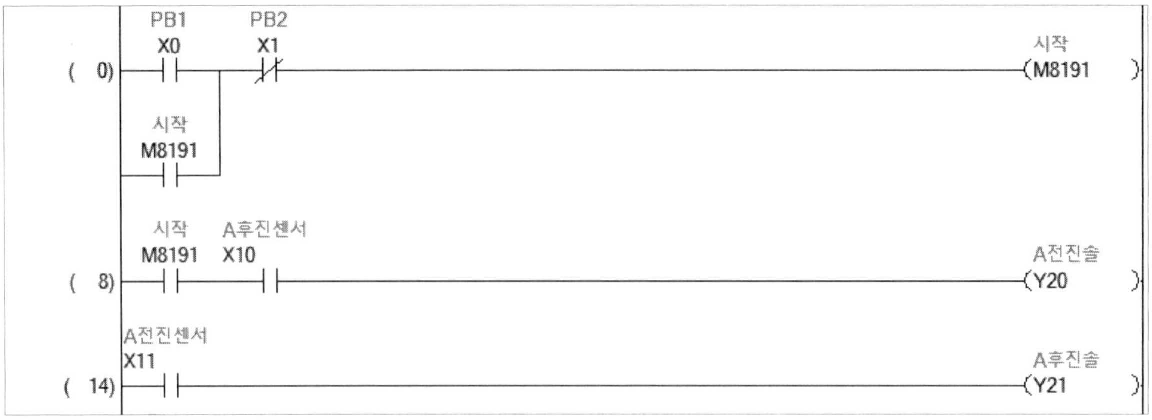

그림 6-17 양솔레노이드 밸브 시스템의 왕복 프로그램

PB1을 누르면 시작 신호가 자기유지 되고 그후에 전진 솔밸브가 작동되어 전진한다. 이후 왕복운동을 한다.

◇ 편솔밸브를 활용한 실린더 자동왕복

편솔 시스템의 경우 PB1을 계속 누르고 있어야 전진한다. PB1을 OFF하면 솔밸브가 스프링에 의해 원상복귀 되기 때문에 실린더는 전진하지 않고 후진한다. 즉 계속 전진하려면 자기유지가 필요하다. 편솔레노이드 밸브의 장점은 정전 시 초기화가 자동으로 이뤄지기 때문에 정전시 초기화가 필요한 시스템에 사용될 수 있다.

그림 6-18 편솔레노이드 밸브 동작

1회 왕복을 위해 아래와 같은 프로그램이 필요하다. PB1을 누르면 전진하고 전진센서에 신호가 들어오면 자기유지가 끊어져서 후진된다.

그림 6-19 편솔레노이드 밸브 1회 왕복

편솔레노이드 시스템의 자동왕복을 위해 실린더(공압에 의해)는 초기에 후진되어 있고 C후진센서 신호가 들어오면 C전진솔밸브는 자기유지되어 계속 전진할 수 있다. 전진 완료되면 C전진센서에 신호가 들어오고, 자기유지가 끊어져 C전진솔밸브가 OFF되어 후진된다.

그림 6-20 전원 투입 시 자동 왕복 실행

그러나 위와 같은 프로그램 역시 사용자에 의해 시작과 정지를 할 수 없기 때문에 프로그램은 아래와 같이 수정할 수 있다.

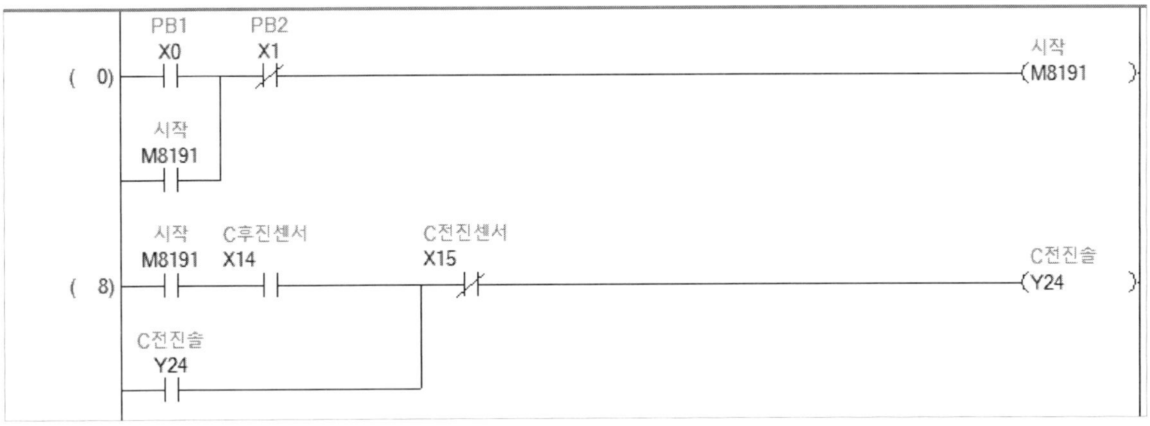

그림 6-21 편솔레이드 밸브의 자동왕복 프로그램

실린더의 개수가 1개일 경우에는 위와 같이 간단히 처리할 수 있으나, 제어해야 할 실린더의 개수가 많아지면 단순한 프로그램으로 해결하기 어려워진다. 스텝퍼 제어 방식에 의해 프로그램을 작성하면 신호의 중복을 방지할 수 있고, 전체 공정의 순서를 쉽게 파악할 수 있기 때문에 공압실린더 제어 프로그램으로 적합하다. 또한 기기나 센서 등의 이상이 발생하면 코일의 신호를 확인하면 이상 부위를 쉽게 찾을 수도 있다.

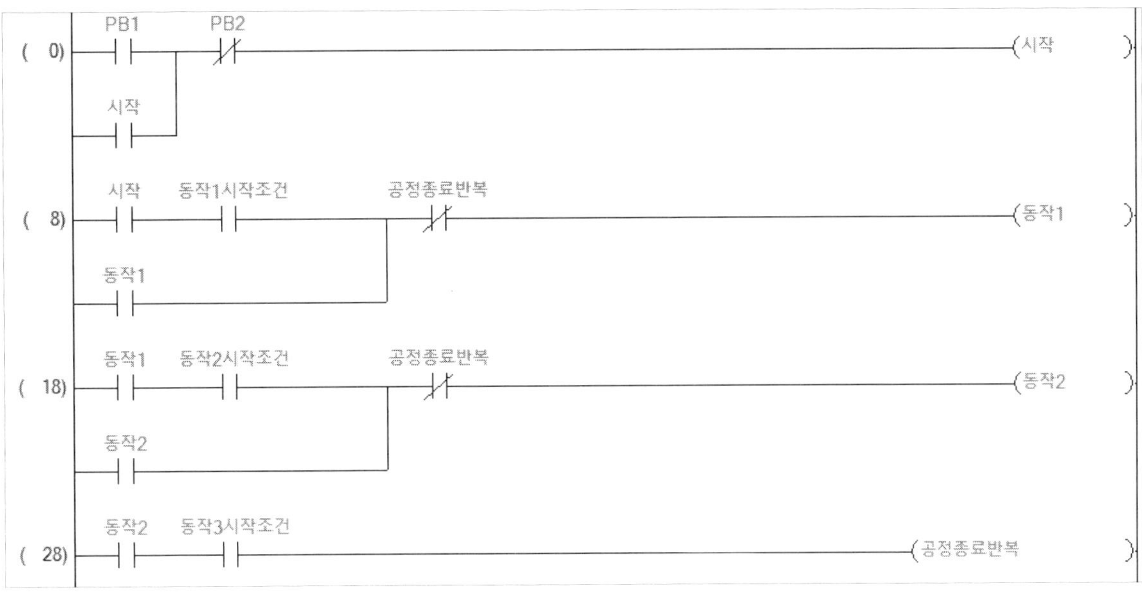

그림 6-22 일반적인 형태의 스텝퍼 제어 프로그램

위 프로그램은 일반적인 형태의 스텝퍼 제어 프로그램이며, 공압실린더 제어 시에는 위 프로그램을 효율적으로 사용하기 위해 공정종료반복 신호등을 해당 동작의 인터록 신호로 차단하는 방식으로 프로그램을 작성한다.

◈ 실린더 제어1 (A+A−)

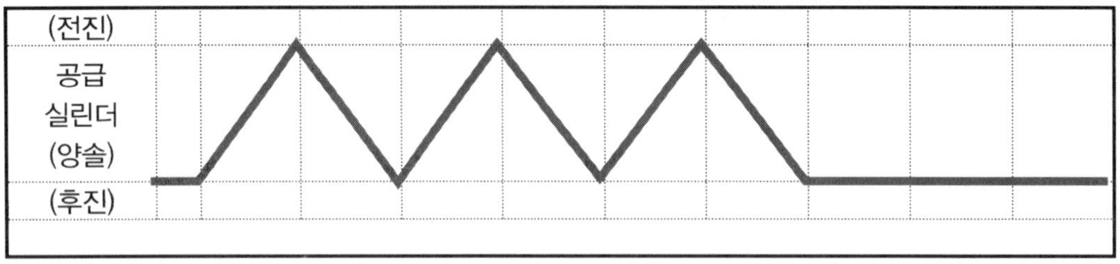

〈 공압실린더의 변위단계 선도 〉

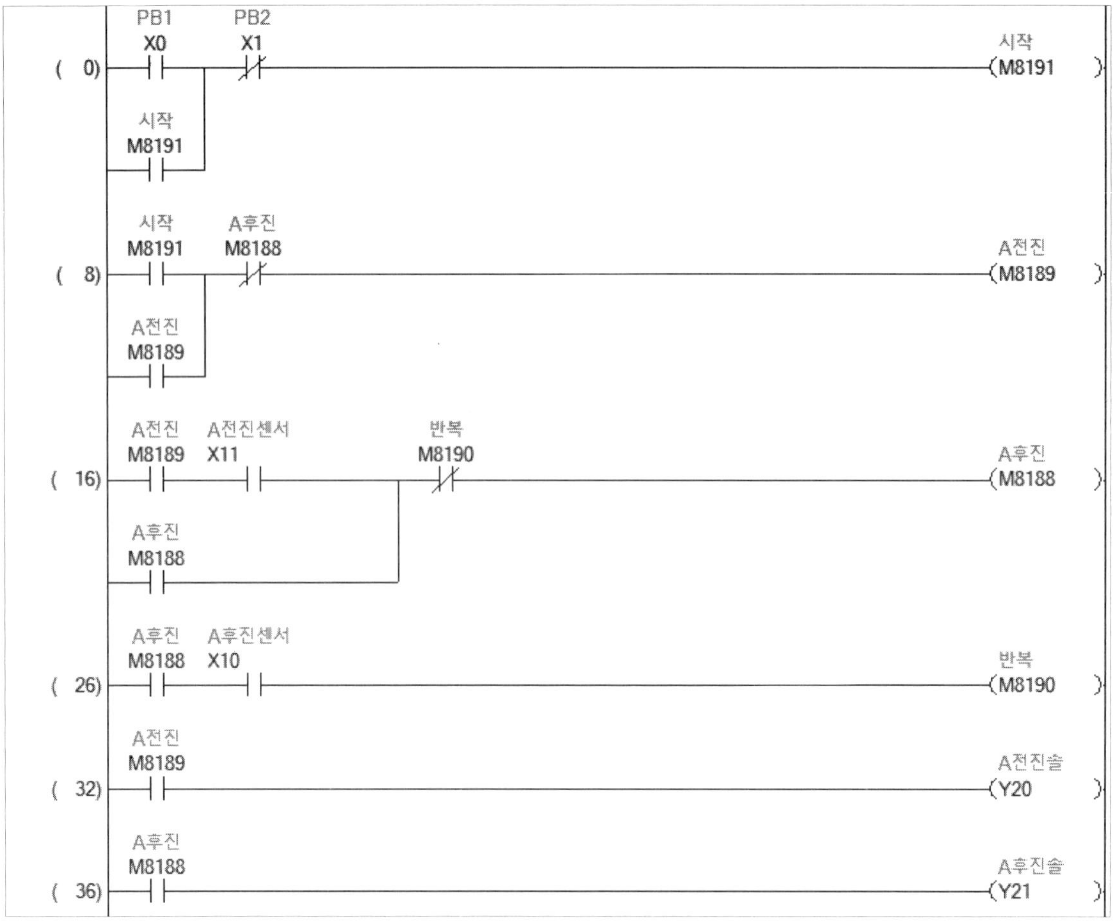

그림 6-23 스텝퍼 방식에 의한 실린더 제어 프로그램 예제1

공압실린더의 전·후진 운동을 표시하기 위해 변위단계 선도를 사용한다. 실린더의 전진, 정지, 후진 등을 단계별로 표에 나타낸 선도를 의미하는 것으로 실린더의 동작을 표현하기에 적합하다. PB1에 의해 프로그램이 시작되면, A전진 신호에 의해 A전진솔이 동작하여 실린더는 전진하게 된다. 전진이 완료되면 A전진센서에 신호가 들어오고 A후진코일이 동작하여 A전진코일은 OFF되고 동시에 A후진솔이 ON되어 실린더는 후진하게 된다. 후진 완료되면 A후진센서가 점등되며 반복 신호에 의해 A후진코일은 OFF된다. 시작신호는 자기유지되어 있기 때문에 A전진코일이 다시 점등되어 실린더는 자동왕복 운동을 한다.

◈ 실린더 제어2 (A+ 시간지연 A−)

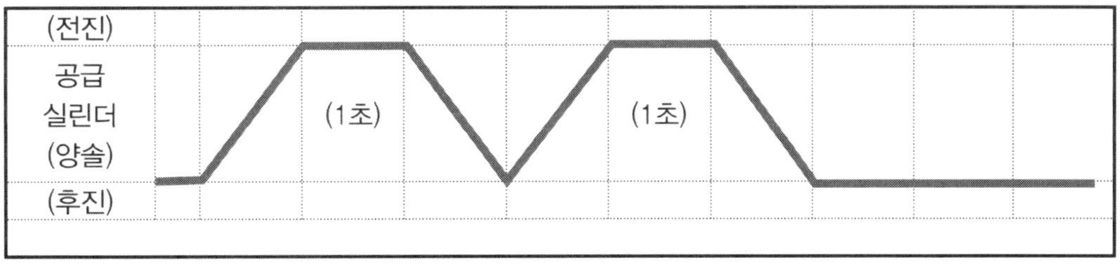

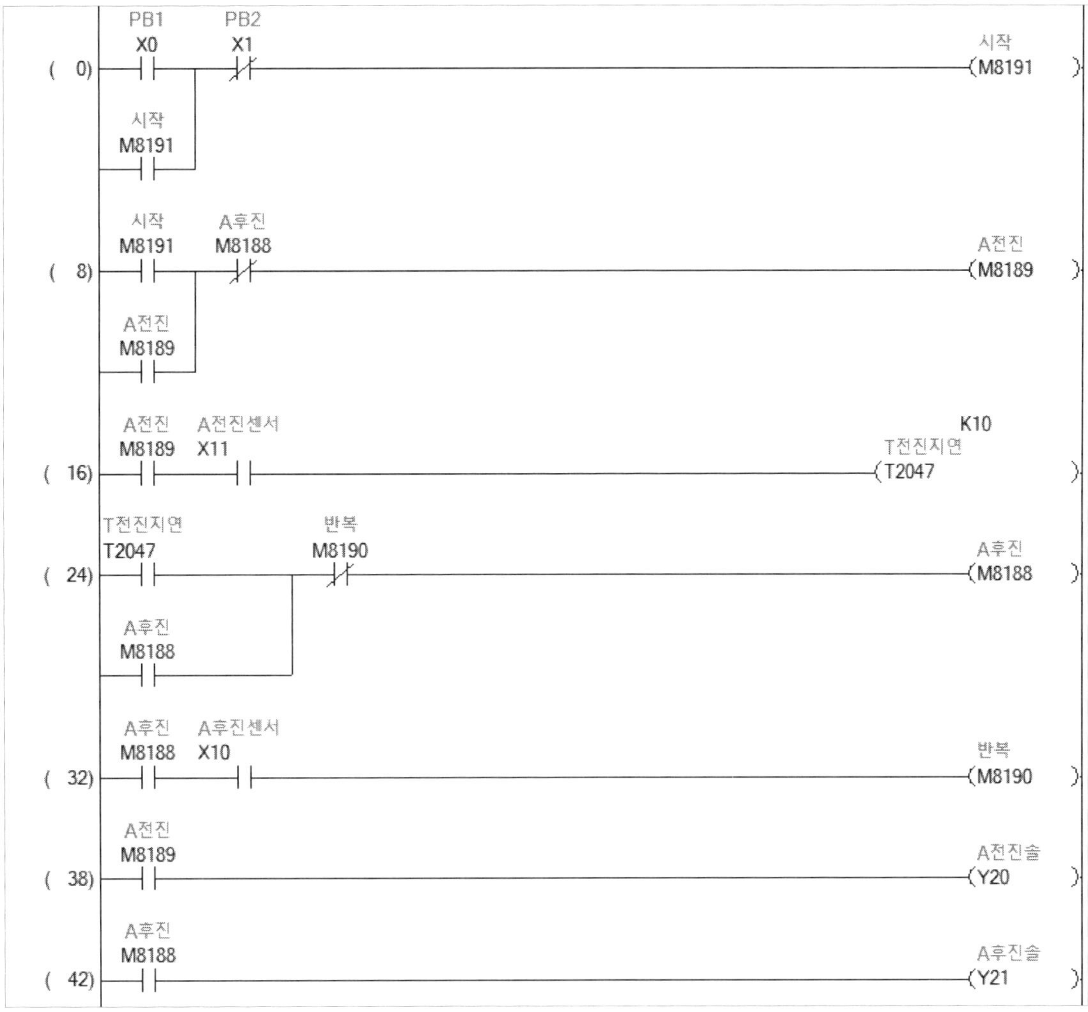

그림 6-24 스텝퍼 방식에 의한 실린더 제어 프로그램 예제2

PB1에 의해 프로그램이 시작되면, A전진 신호에 의해 A전진솔이 동작하여 실린더는 전진하게 된다. 전진이 완료되면 A전진센서에 신호가 들어오고 타이머 T전진지연에 의해 1초가 지연되며, 1초후 A후진코일이 동작하여 A전진코일은 OFF되고 동시에 A후진솔이 ON되어 실린더는 후진하게 된다. 후진 완료되면 A후진센서가 점등되며 반복 신호에 의해 A후진코일은 OFF된다. 시작신호는 자기유지되어 있기 때문에 A전진코일이 다시 점등되어 실린더는 자동왕복 운동을 한다.

◇ 실린더 제어3 (A+ 시간지연 A- 시간지연)

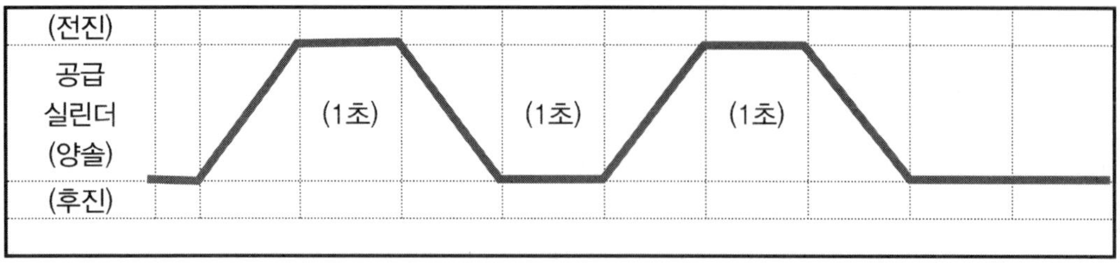

☞ 전진 - 1초지연 - 후진 - 1초지연 - 반복

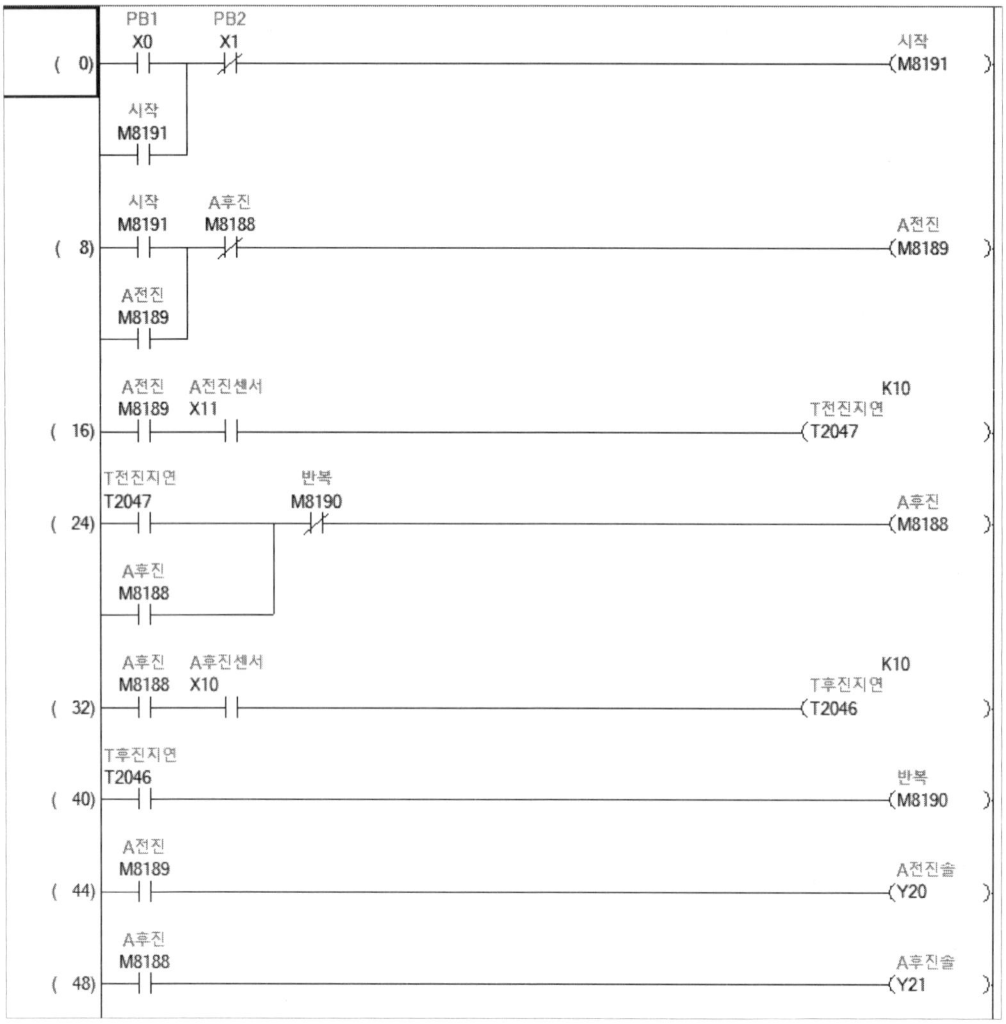

그림 6-25 스텝퍼 방식에 의한 실린더 제어 프로그램 예제3

PB1에 의해 프로그램이 시작되면, A전진 신호에 의해 A전진솔이 동작하여 실린더는 전진하게 된다. 전진이 완료되면 A전진센서에 신호가 들어오고 타이머 T전진지연에 의해 1초가 지연되며, 1초후 A후진코일이 동작하여 A전진코일은 OFF되고 동시에 A후진솔이 ON되어 실린더는 후진하게 된다. 후진 완료되면 A후진센서가 점등되며 T후진지연 신호에 의해 1초지연후 반복 신호가 ON된다. 이때 A후진코일은 OFF된다. 시작신호는 자기유지되어 있기 때문에 A전진코일이 다시 점등되어 실린더는 자동왕복 운동을 한다.

◇ 실린더 제어4 (A+ 시간지연 A- 시간지연 카운터)

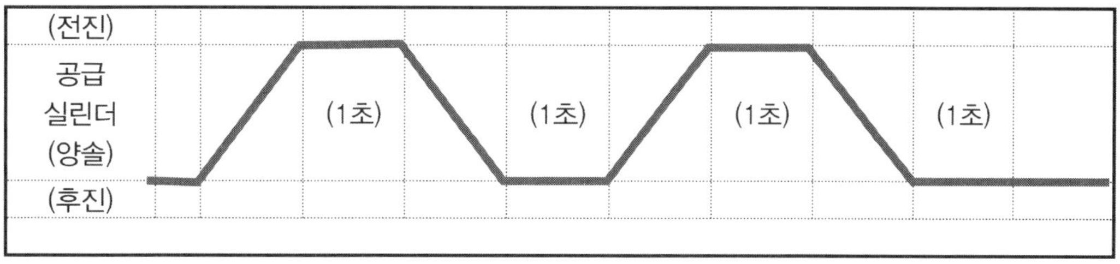

☞ 전진 - 1초지연 - 후진 - 1초지연 - 2회 반복 후 정지

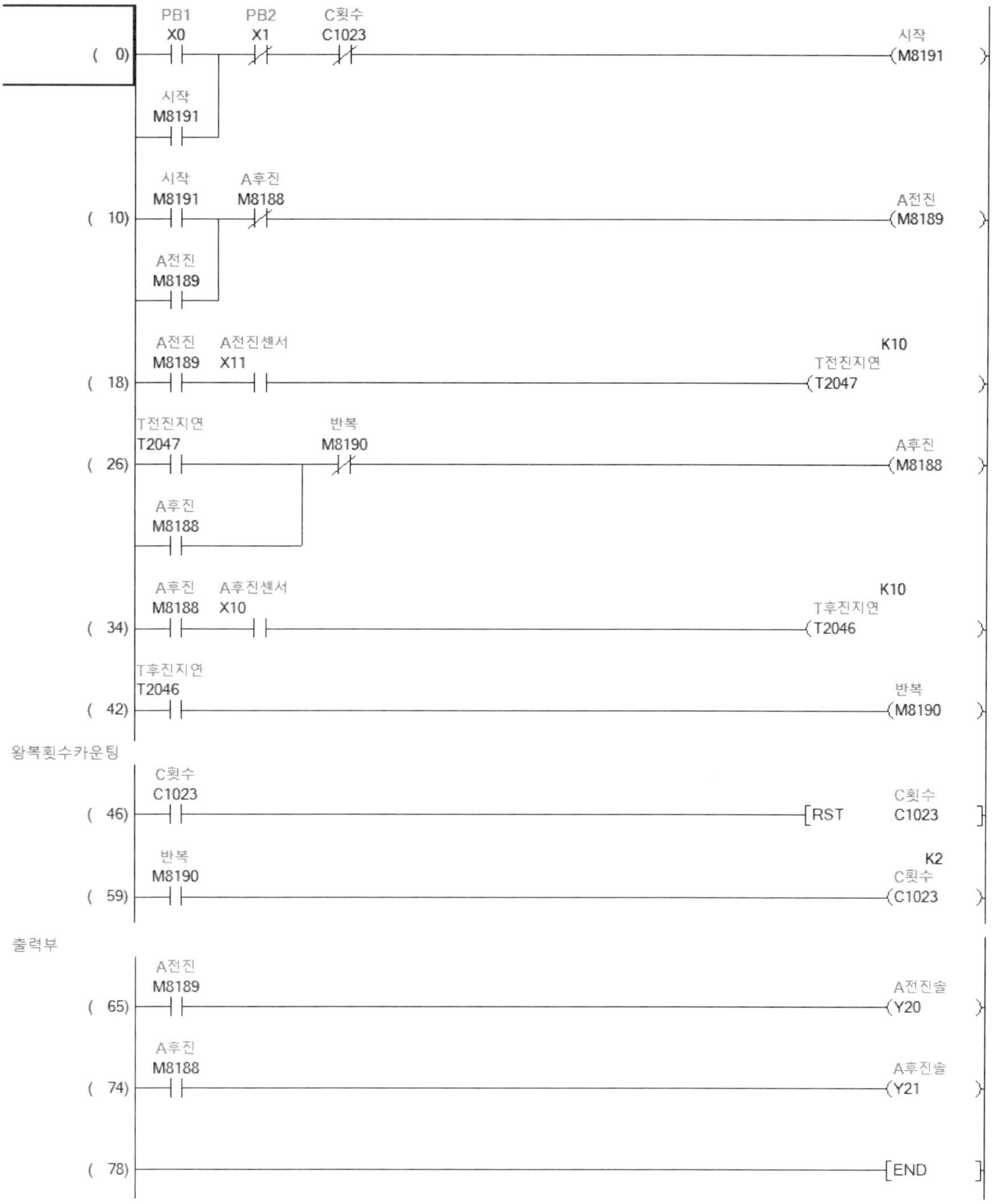

그림 6-26 스텝퍼 방식에 의한 실린더 제어 프로그램 예제4

예제3과 동일한 동작조건에서 반복 코일 값을 C횟수 카운터(C1023 로컬변수)로 개수를 카운팅 하고 2회 반복 시 시작코일을 OFF하도록 하였다. 이후 카운터 C횟수는 스스로의 a접점인 C횟수 a접점으로 리셋하여 초기화하였다.

◇ 실린더 제어5 (A+ A− A+ A− 시간지연 A+ A−)

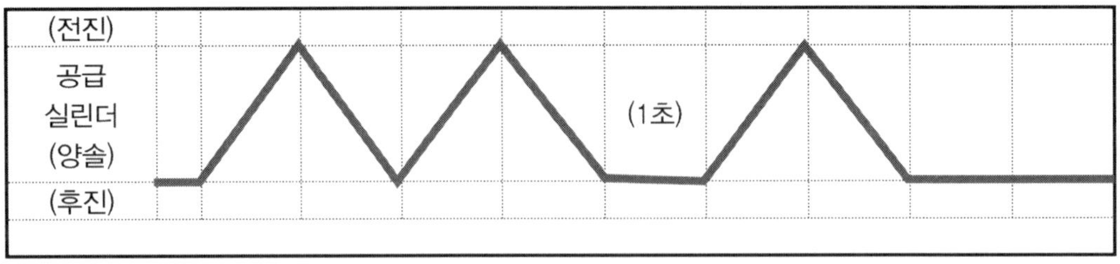

☞ 두번 전·후진 - 1초지연 -전·후진

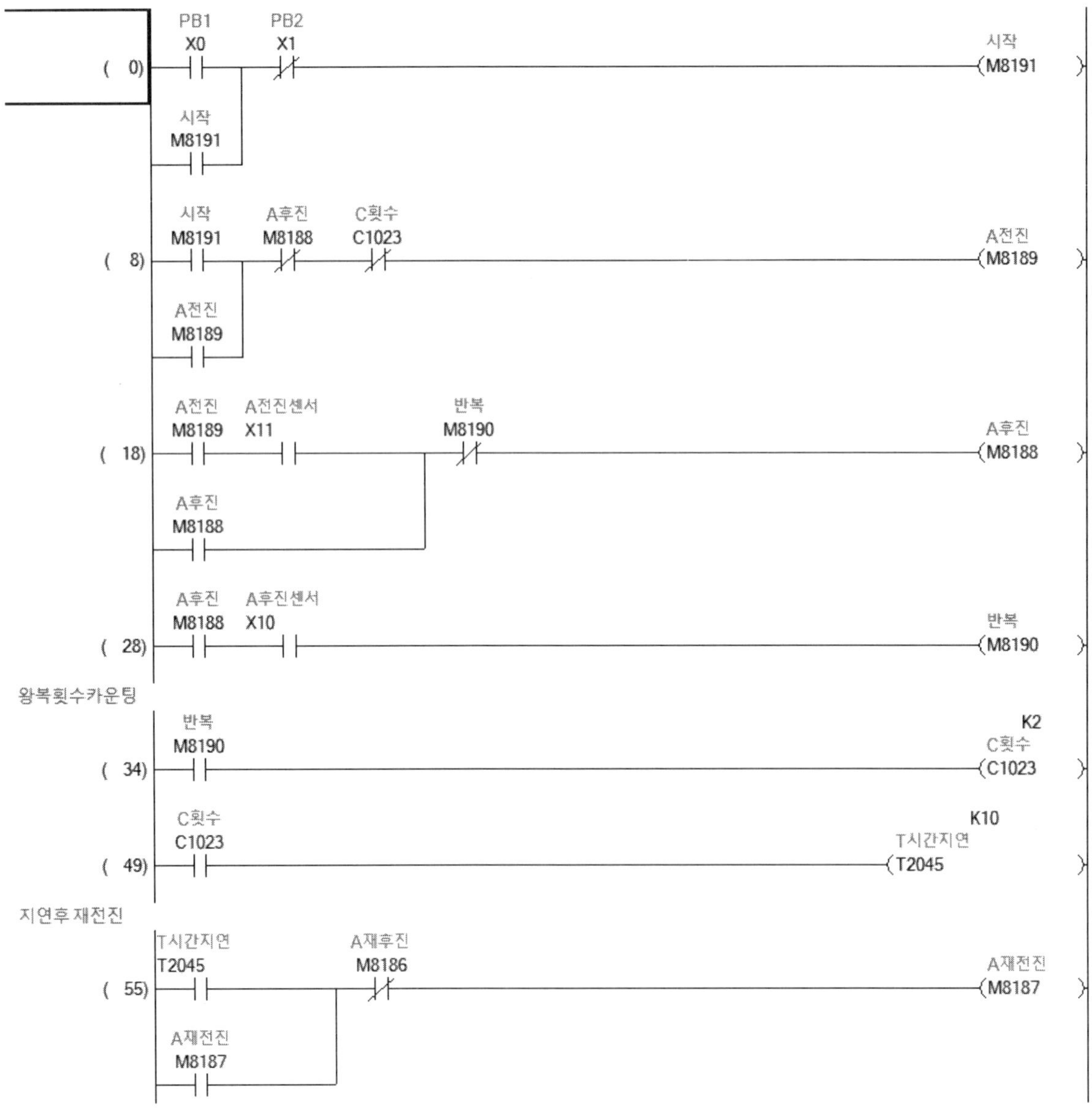

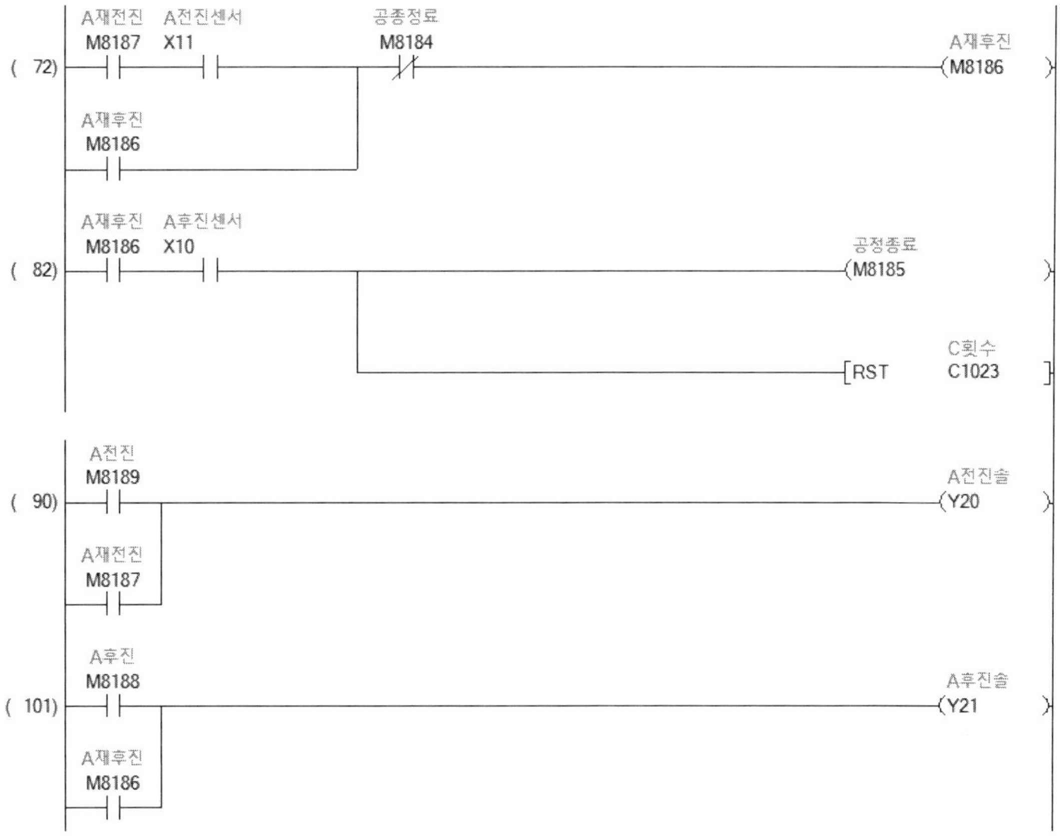

그림 6-27 스텝퍼 방식에 의한 실린더 제어 프로그램 예제5

연속 동작 중 시간등의 조건 변경이 발생하면 이중코일을 방지하기 위해 A재전진, A재후진코일처럼 별도의 출력코일을 만들어야 할 경우가 발생하는데, 이런 경우 출력부의 실제 코일에 병렬로 연결하여 처리할 수 있다.

◇ 실린더 제어6 (A+ B+ B- A-)

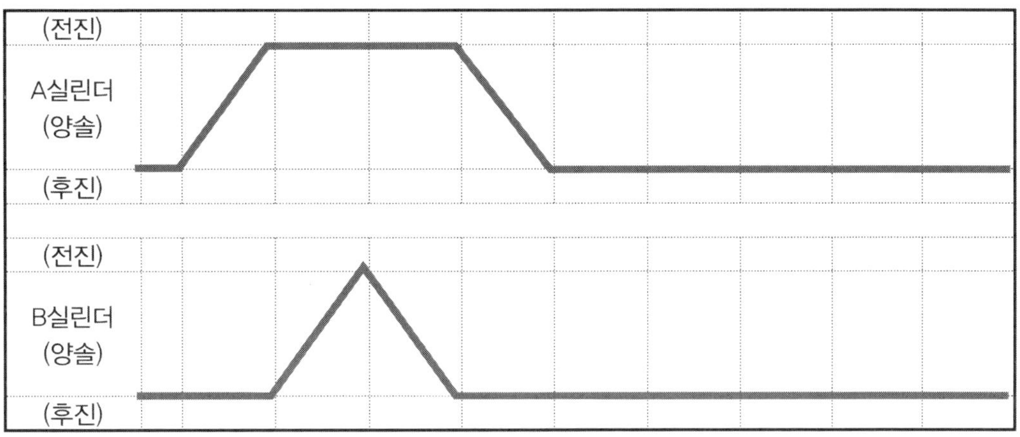

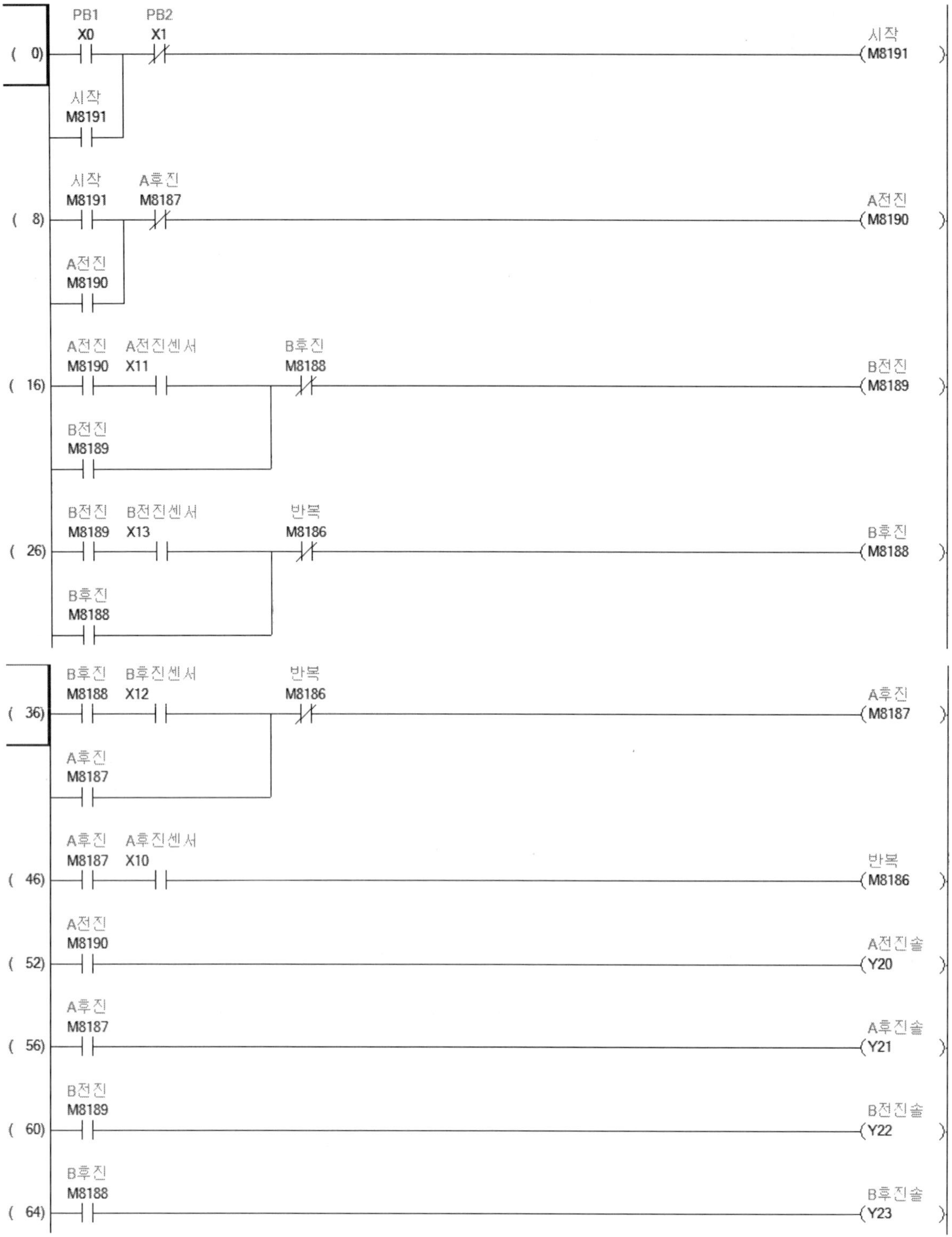

그림 6-28 스텝퍼 방식에 의한 실린더 제어 프로그램 예제6

◇ 실린더 제어7 (A+ B+ A– B–)

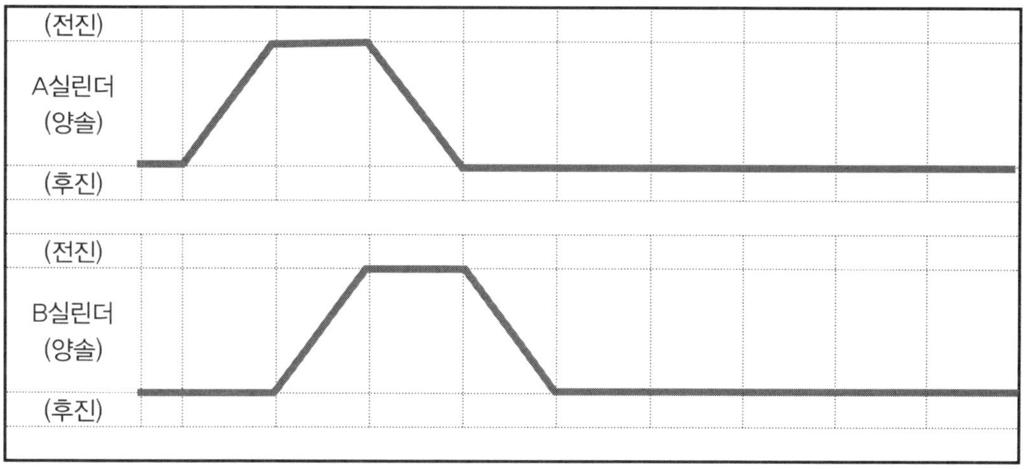
(전진)
A실린더
(양솔)
(후진)
(전진)
B실린더
(양솔)
(후진)

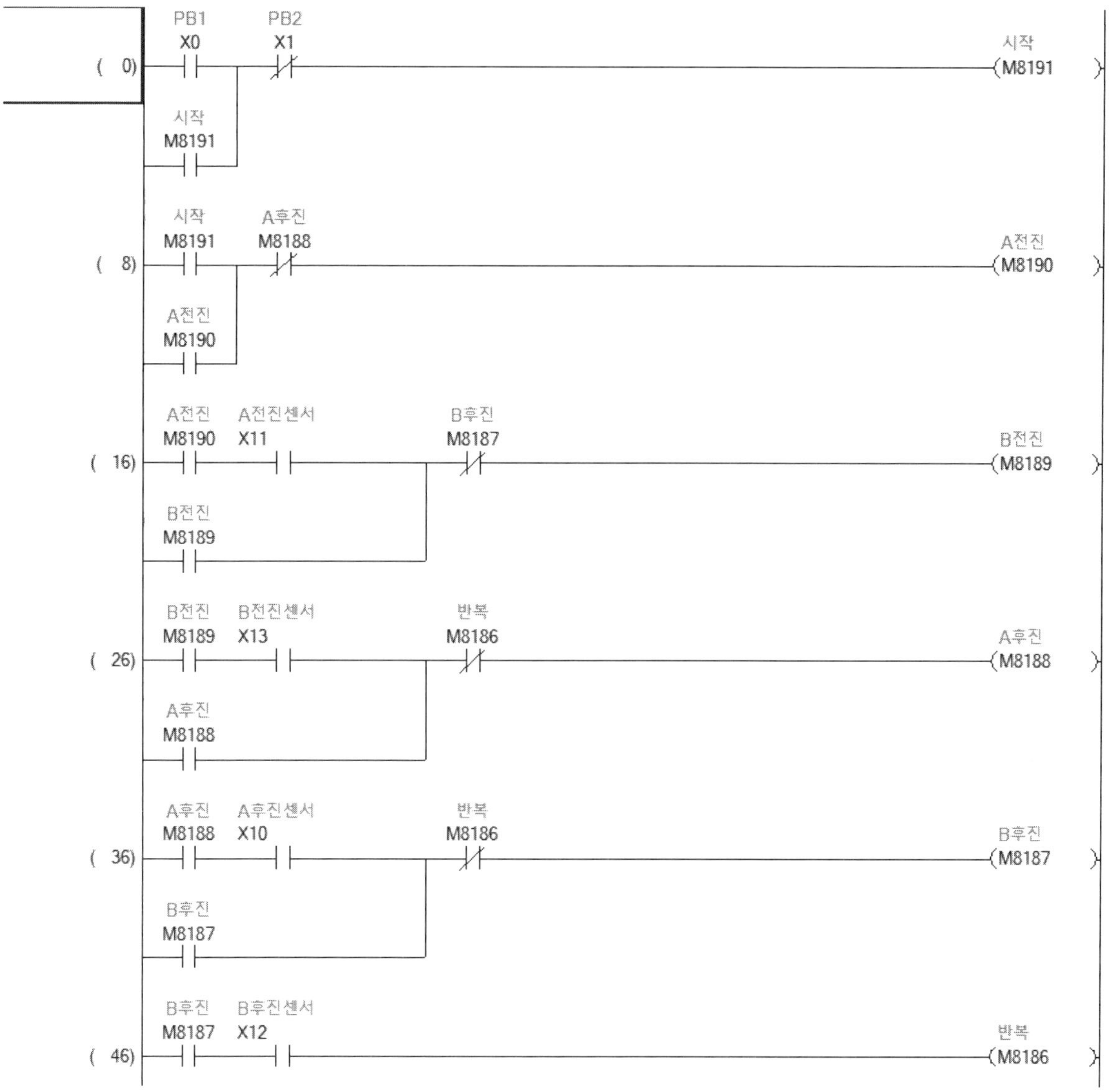
(0)
PB1
X0
PB2
X1
시작
M8191
시작
M8191
(8)
시작
M8191
A후진
M8188
A전진
M8190
A전진
M8190
(16)
A전진
M8190
A전진센서
X11
B후진
M8187
B전진
M8189
B전진
M8189
(26)
B전진
M8189
B전진센서
X13
반복
M8186
A후진
M8188
A후진
M8188
(36)
A후진
M8188
A후진센서
X10
반복
M8186
B후진
M8187
B후진
M8187
(46)
B후진
M8187
B후진센서
X12
반복
M8186

그림 6-29 스텝퍼 방식에 의한 실린더 제어 프로그램 예제7

◇ 실린더 제어8 (A+ A– B+ B–)

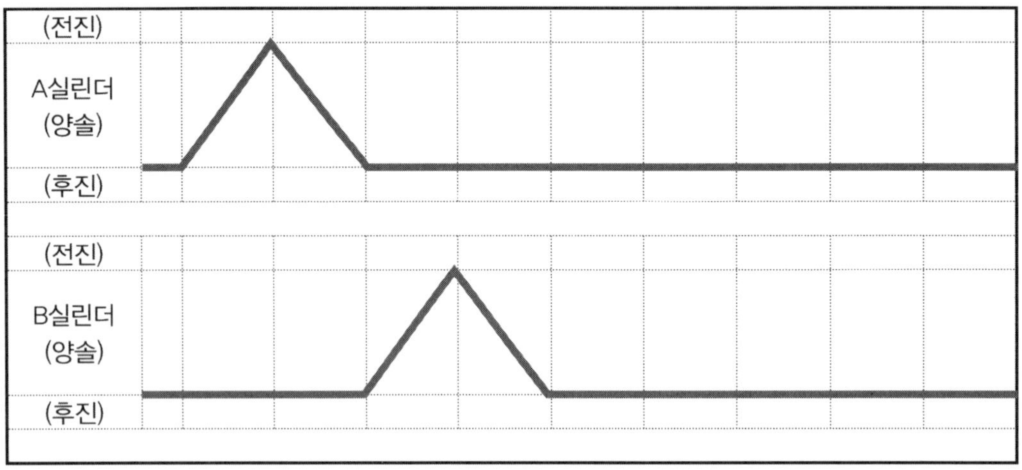

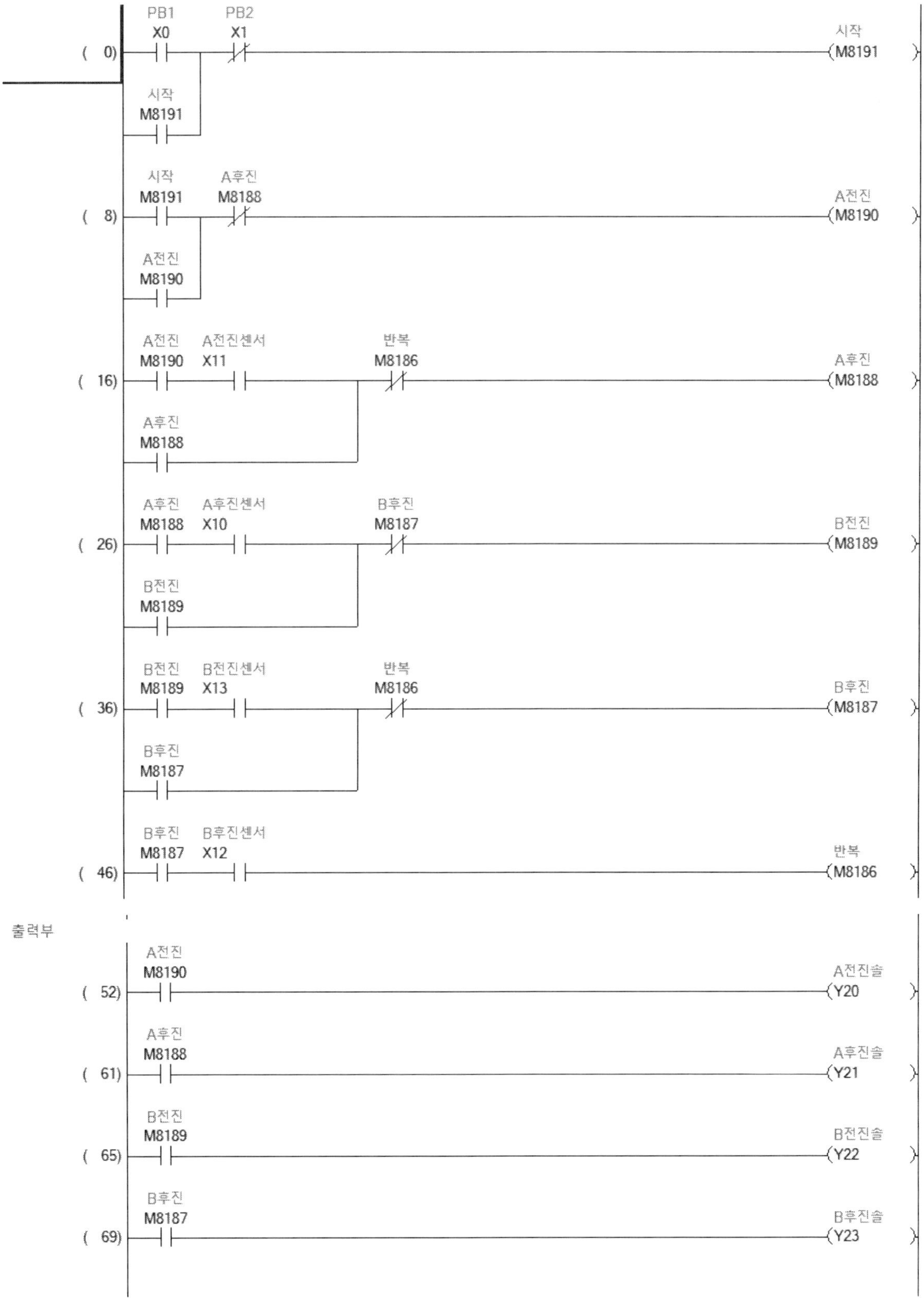

그림 6-30 스텝퍼 방식에 의한 실린더 제어 프로그램 예제8

◇ 실린더 제어9 (A+ B+ B− A− C+ C−)

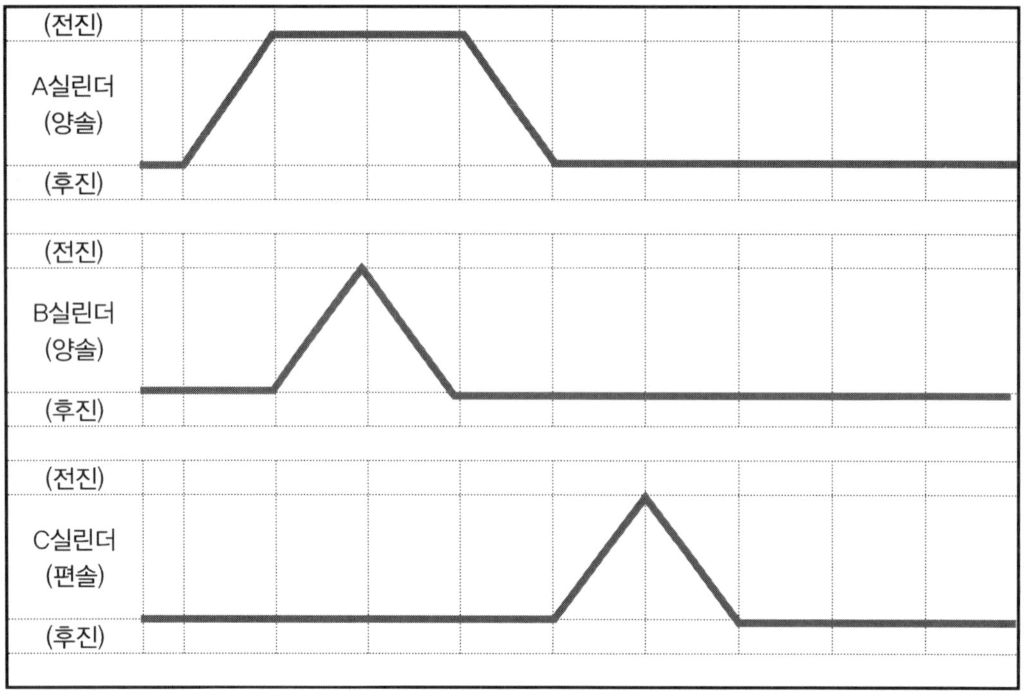

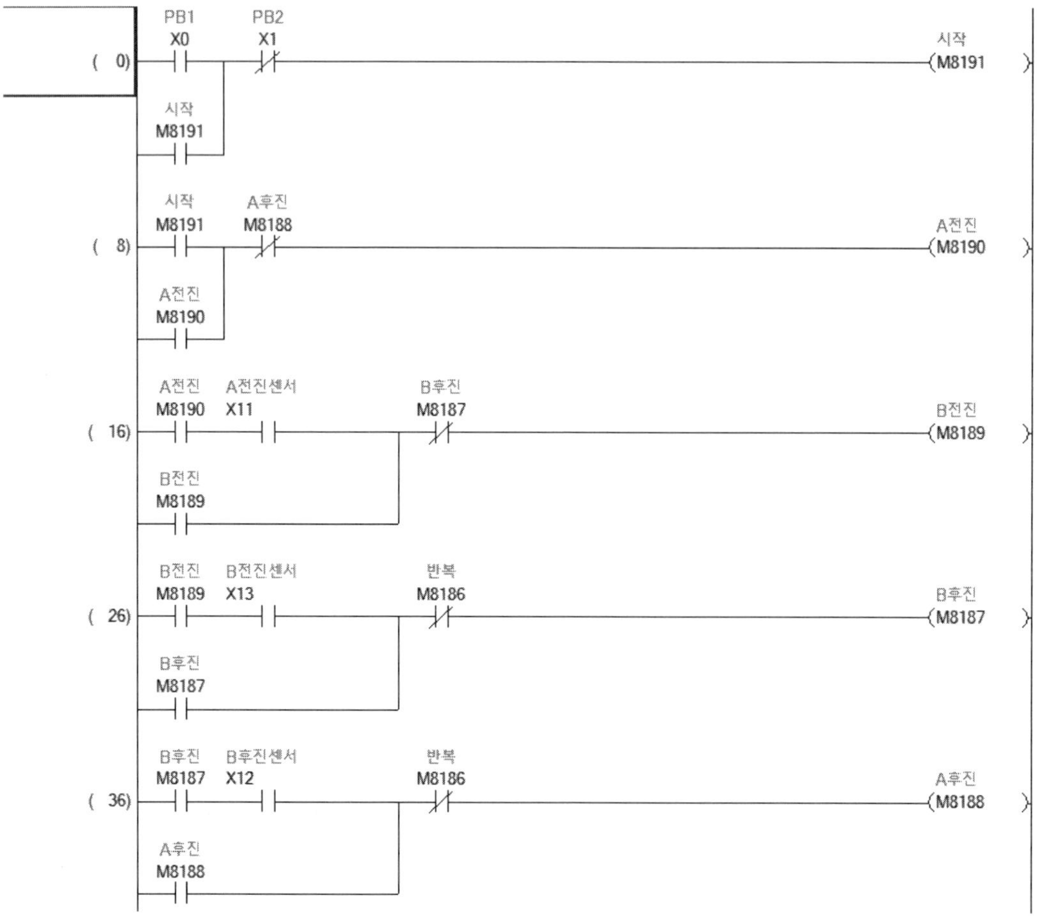

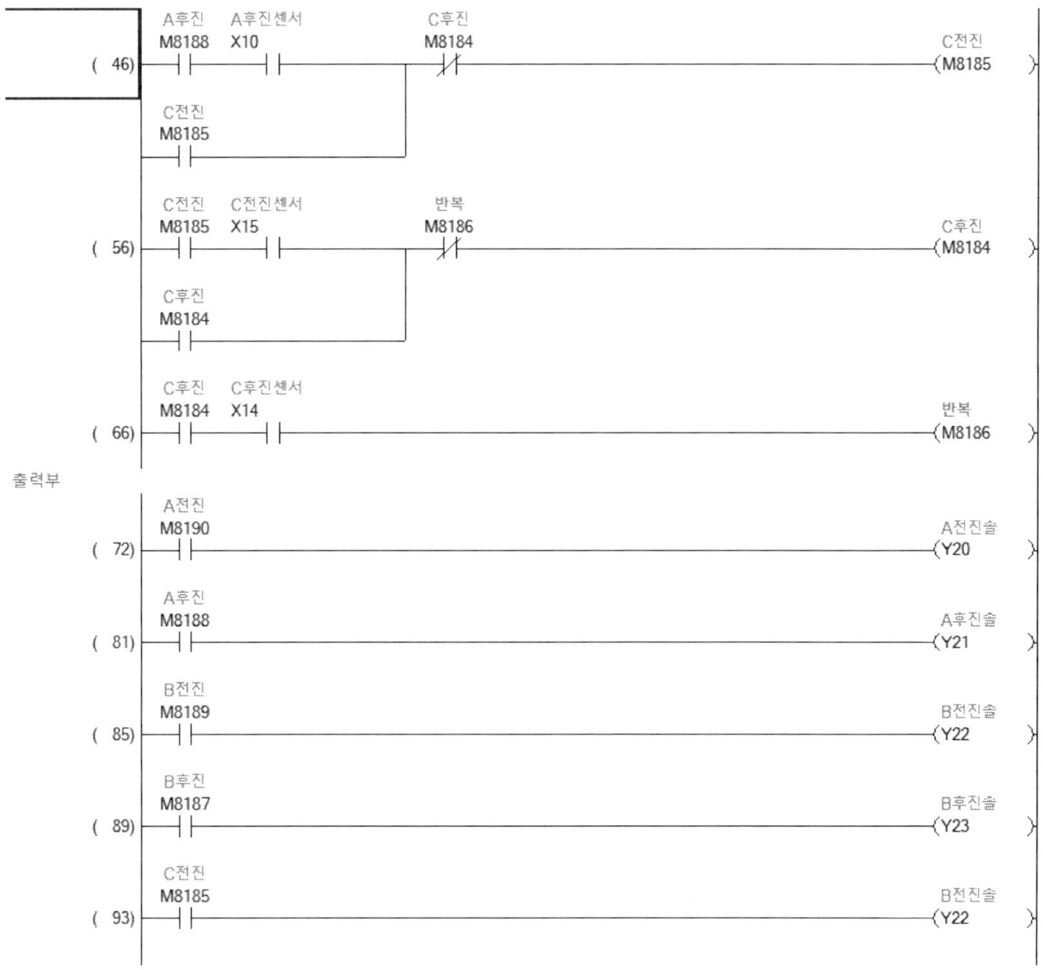

그림 6-31 스텝퍼 방식에 의한 실린더 제어 프로그램 예제9

◇ 실린더 제어10 (A+ B+ B− B+ B− A− C+ C−)

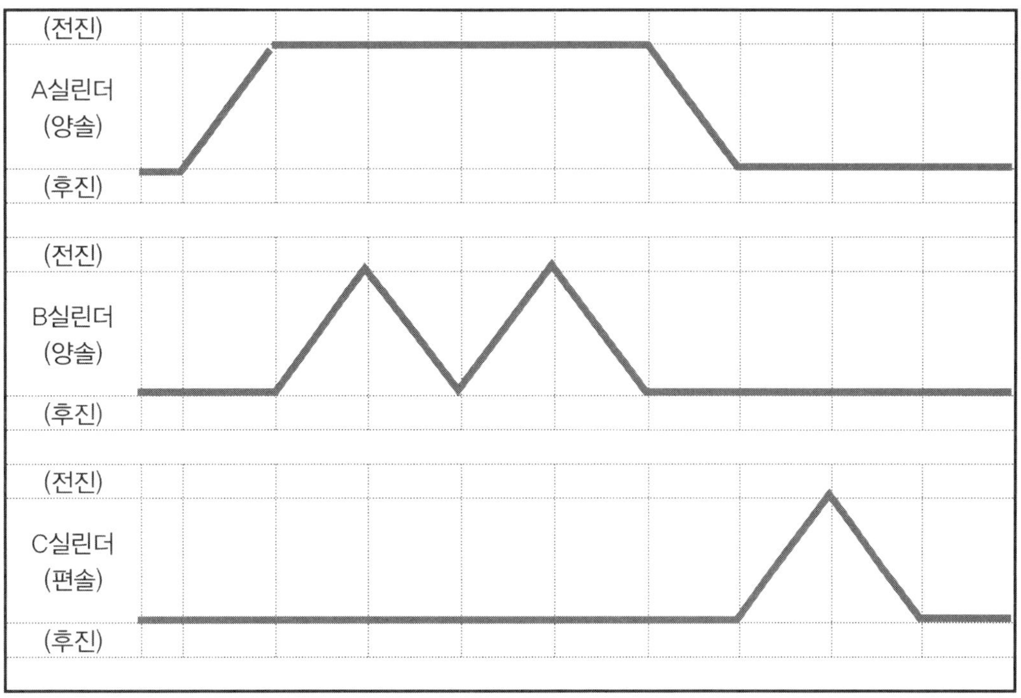

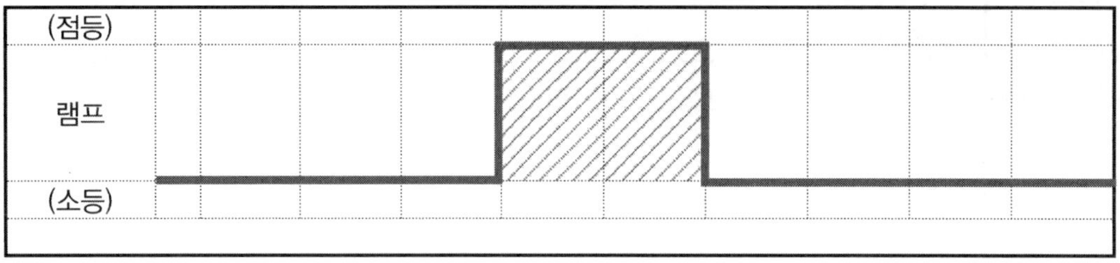
(점등)
램프
(소등)

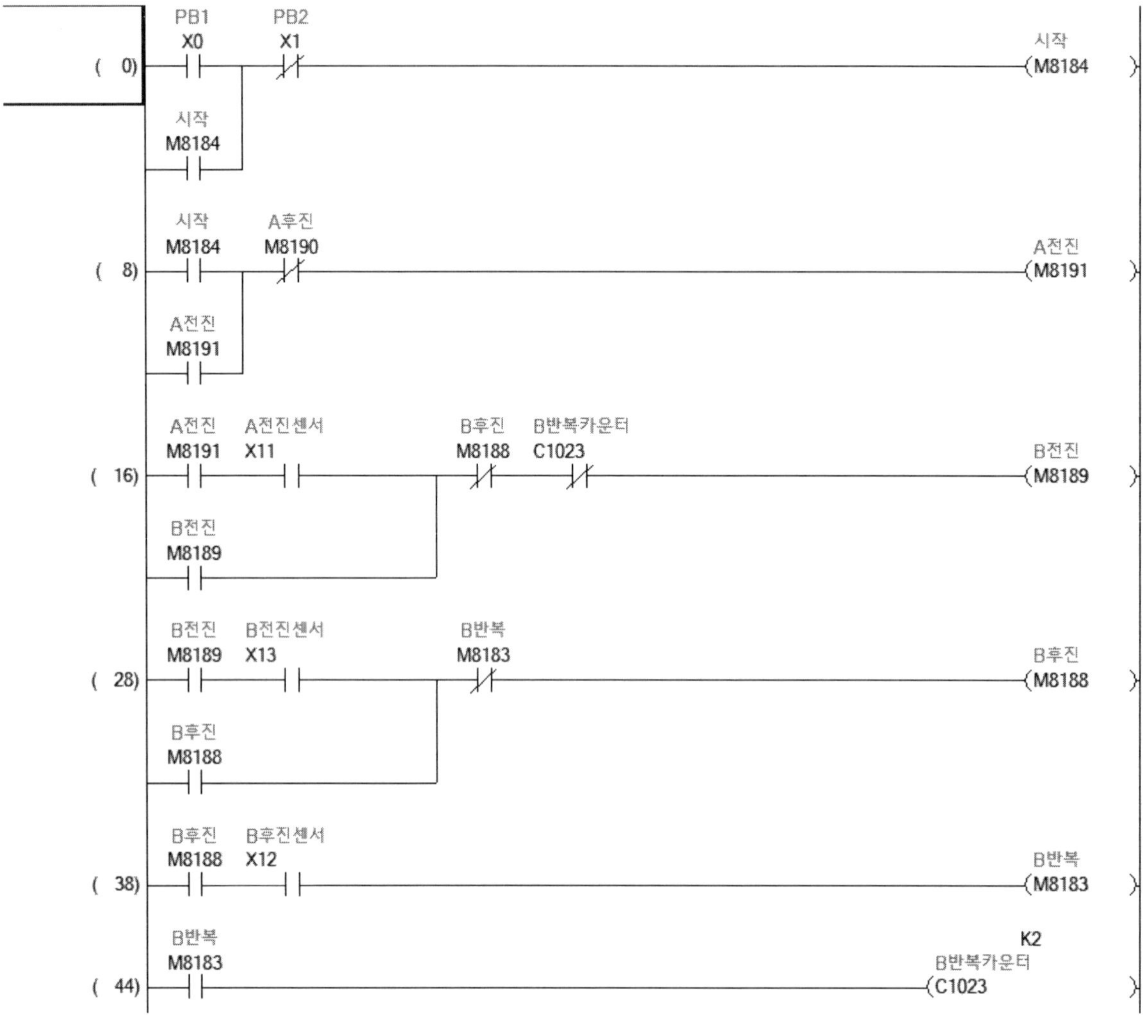
(0)
PB1
X0
PB2
X1
시작
M8184
시작
M8184
(8)
시작
M8184
A후진
M8190
A전진
M8191
A전진
M8191
(16)
A전진
M8191
A전진센서
X11
B후진
M8188
B반복카운터
C1023
B전진
M8189
B전진
M8189
(28)
B전진
M8189
B전진센서
X13
B반복
M8183
B후진
M8188
B후진
M8188
(38)
B후진
M8188
B후진센서
X12
B반복
M8183
(44)
B반복
M8183
K2
B반복카운터
C1023

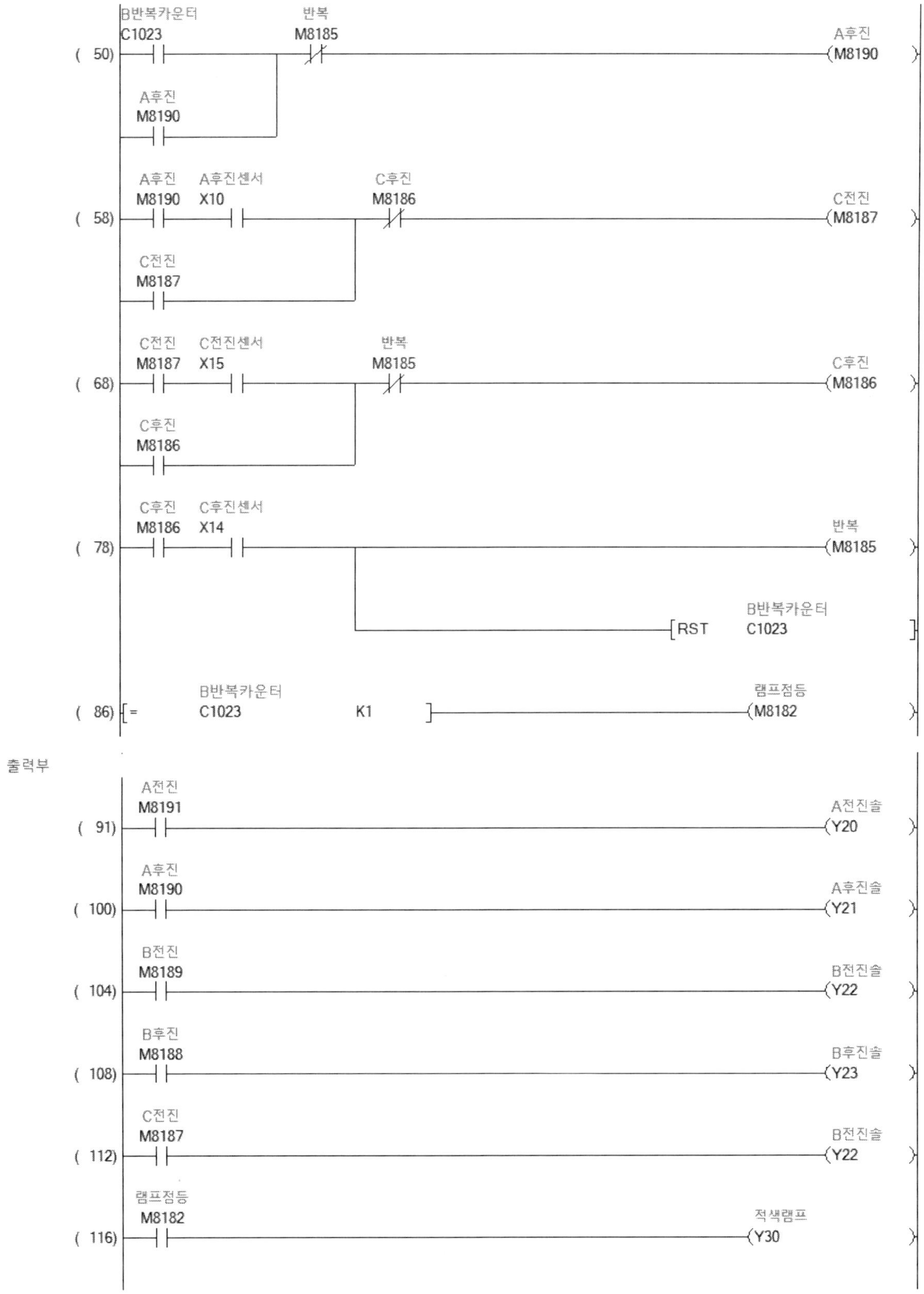

그림 6-32 스텝퍼 방식에 의한 실린더 제어 프로그램 예제10

변위단계선도에 따른 램프의 동작은 공압실린더 동작에서 발생되는 신호를 참조하여 제어할 수 있다. 위 변위단계선도에서 램프는 B실린더가 1회 왕복후 점등되었다가 2회 왕복 종료후 소등되었기 때문에 B실린더의 카운터 값이 1인 경우에만 점등하도록 하였다.

◇ **실린더 제어11 (A+ B+ B− A− C+ C− D+ D−)**

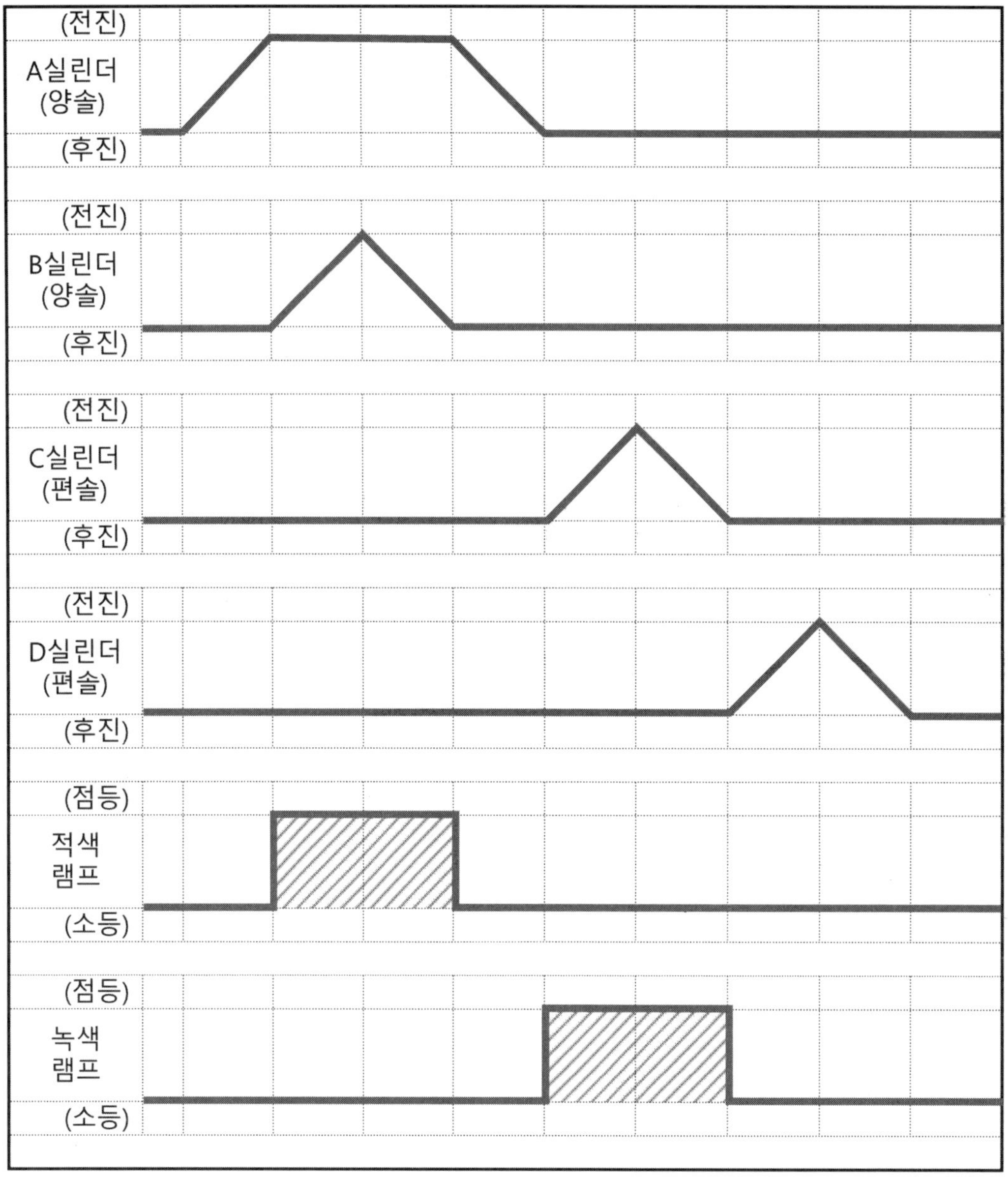

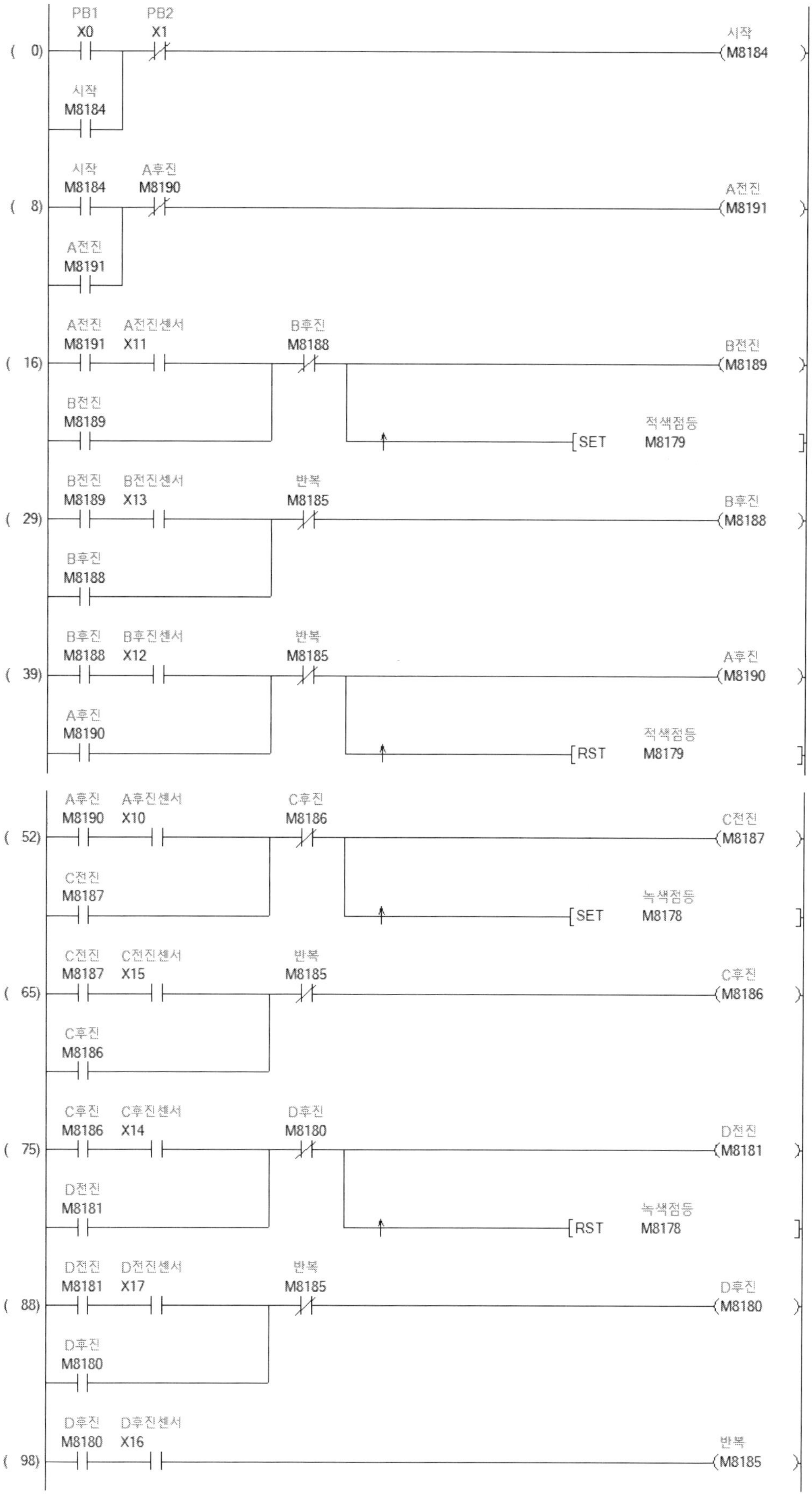

(0)
PB1 X0
PB2 X1
시작 M8184
시작 M8184
(8)
시작 M8184
A후진 M8190
A전진 M8191
A전진 M8191
(16)
A전진 M8191
A전진센서 X11
B후진 M8188
B전진 M8189
B전진 M8189
SET
적색점등 M8179
(29)
B전진 M8189
B전진센서 X13
반복 M8185
B후진 M8188
B후진 M8188
(39)
B후진 M8188
B후진센서 X12
반복 M8185
A후진 M8190
A후진 M8190
RST
적색점등 M8179
(52)
A후진 M8190
A후진센서 X10
C후진 M8186
C전진 M8187
C전진 M8187
SET
녹색점등 M8178
(65)
C전진 M8187
C전진센서 X15
반복 M8185
C후진 M8186
C후진 M8186
(75)
C후진 M8186
C후진센서 X14
D후진 M8180
D전진 M8181
D전진 M8181
RST
녹색점등 M8178
(88)
D전진 M8181
D전진센서 X17
반복 M8185
D후진 M8180
D후진 M8180
(98)
D후진 M8180
D후진센서 X16
반복 M8185

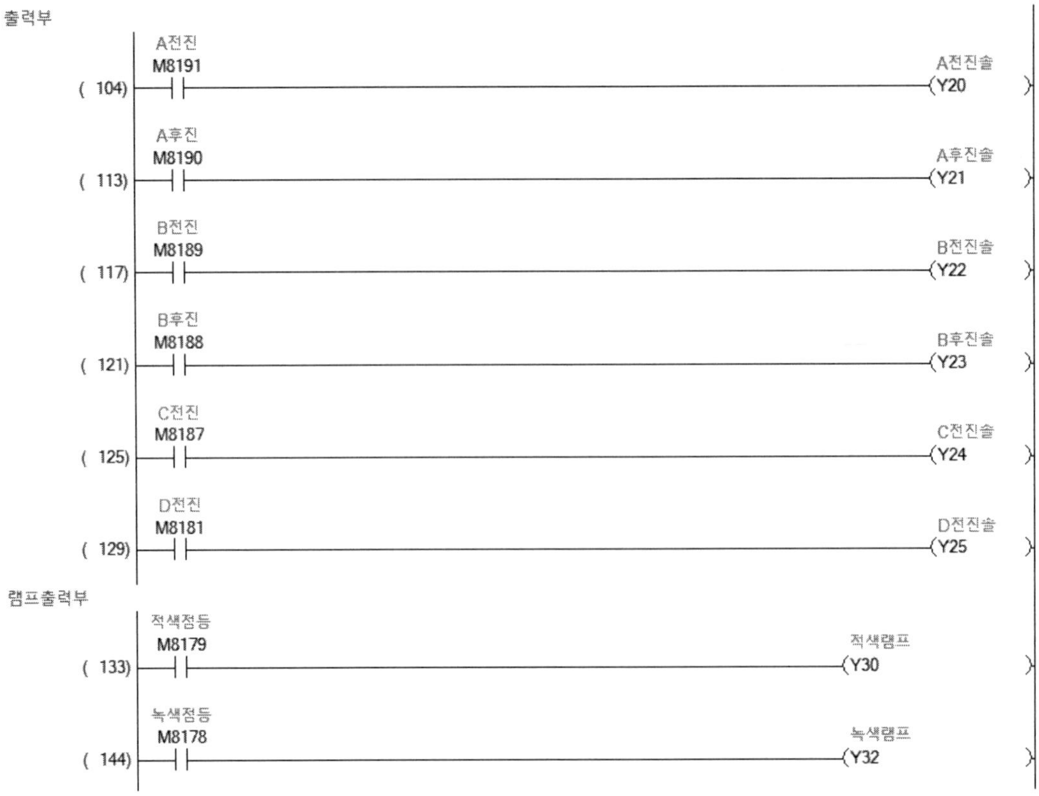

그림 6-33 스텝퍼 방식에 의한 실린더 제어 프로그램 예제11

다수의 램프신호를 점등 또는 소등하는 것은 시퀀스 동작에서 필요한 경우에 SET 명령과 RST 명령을 사용하는 것이 효율적이다. 자기유지가 지속되고 있기 때문에 RST 명령 후에도 SET 명령에 의해 램프가 다시 ON될 수 있기 때문에 연산 결과 펄스상승 명령(—↑—)을 함께 사용하면 신호의 간섭을 막을 수 있다.

생산자동화 공정장비 활용

1. 생산자동화 공정장비 활용

Chapter | 7

Chapter 7

생산자동화 공정장비 활용

1 생산자동화 공정장비 활용

[1] 공정장비의 구성

1) 공정장비 명칭

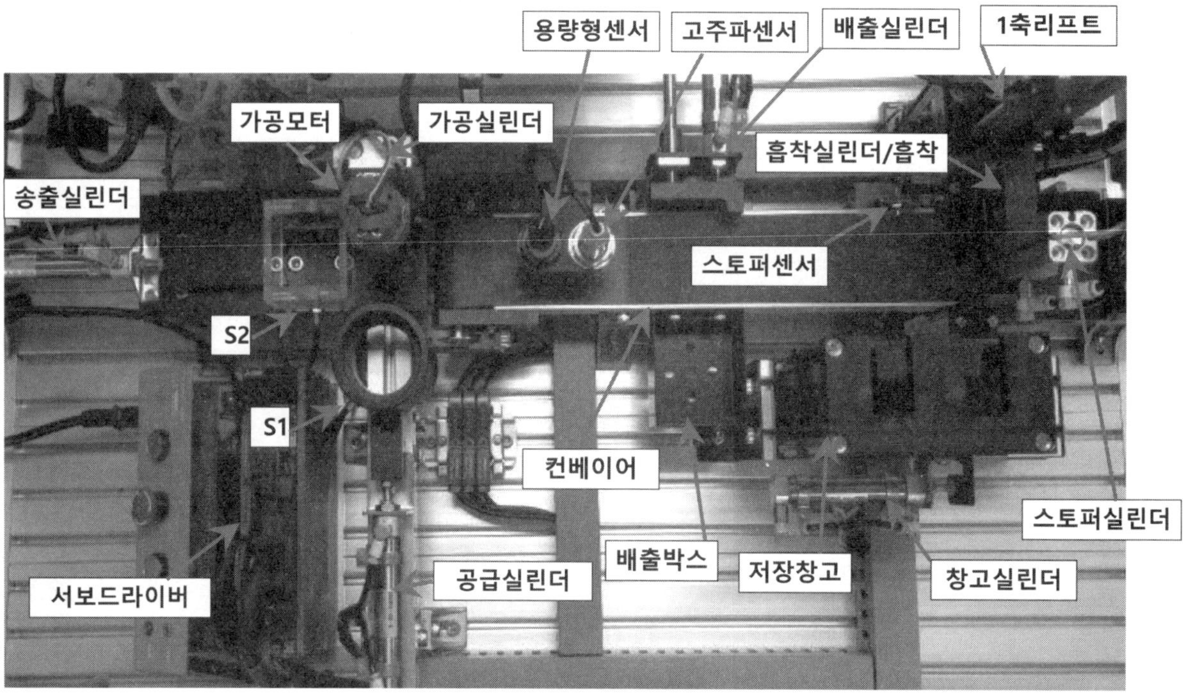

그림 7-1 실습용 공정장비의 구성

실습용으로 활용되는 공정장비의 구성도이다. 매거진에 금속과 비금속으로 된 공작물을 투입하고, 공정을 시작하면 공급실린더가 전진하여 공작물을 가공위치에 이송한다. 가공위치에 이송된 공작물을 가공드릴과 가공실린더를 이용하여 가공한다. 가공이 끝난 공작물을 송출실린더를 이용하여 컨베이어 벨트로 이송하면 용령형센서와 유도형센서를 이용하여 금속 및 비금속을 검출한다. 검출된 공작물을 1축 서보를 활용하여 적재창고에 적재하거나 또는 저장창고에 저장하는 공정이다. 각 기기에 대한 설명을 아래에 정리하였다.

- 공급실린더(양솔밸브) : 공작물을 공급한다.
- 가공실린더(편솔밸브) : 가공모터의 전·후진 동작을 실시한다.
- 가공모터 : DC 모터, 가상의 가공 동작을 구현한다.
- 송출실린더(양솔밸브) : 가공물을 컨베이어 위에 이송한다.

- 컨베이어 : DC 모터. 가공물을 이동시킨다.
- 용량형센서 : 물품의 검출용도로 사용된다.
- 유도형(고주파)센서 : 금속물품 검출용도로 사용된다.
- 배출실린더(양솔밸브) : 금속 또는 비금속 등 물품을 분류하여 배출창고에 저장한다.
- 스토퍼실린더(편솔밸브) / 센서 : 물품을 창고로 이송할 수 있도록 이동을 제한한다.
- 리프트 : 물품을 상하 이송 한다.(1축 서보)
- 흡착실린더(양솔밸브) / 흡착(편솔밸브) : 물품을 흡착하여 저장창고로 이송한다.
- 창고실린더(양솔밸브) : 창고를 전·후진 이송한다.

[2] 장비제어를 위한 어드레스 할당

입력부			출력부		
기기명	할당 어드레스	용도	기기명	할당 어드레스	용도
PB1	X00	공정시작 스위치	공급전솔	Y20	공급실린더 전진솔레노이드밸브
PB2	X01	공정정지 스위치	공급후솔	Y21	공급실린더 후진솔레노이드밸브
PB3	X02	보조용 스위치	송출전솔	Y22	송출실린더 전진솔레노이드밸브
TG_SW	X03	공정 일시정지 스위치	송출후솔	Y23	송출실린더 후진솔레노이드밸브
	X04	예비	배출전솔	Y24	배출실린더 전진솔레노이드밸브
	X05	예비	배출후솔	Y25	배출실린더 후진솔레노이드밸브
	X06	예비	가공전솔	Y26	가공실린더 전진솔레노이드밸브
	X07	예비	가공드릴	Y27	가공드릴(DC모터)
S1센서	X08	매거진 공작물 유무 판단센서	CON_CW	Y28	컨베이어모터 (DC모터)
S3고주파	X09	금속검출용 센서	흡착전솔	Y29	흡착실린더 전진솔레노이드밸브
S4용량형	X0A	공작물 검출용 센서	흡착후솔	Y2A	흡착실린더 후진솔레노이드밸브
S5스토퍼	X0B	리프트 흡착위치 검출 센서	창고전솔	Y2B	창고실린더 전진솔레노이드밸브
	X0C	예비	창고후솔	Y2C	창고실린더 후진솔레노이드밸브
	X0D	예비	스톱전솔	Y2D	스토퍼실린더 전진솔레노이드밸브
	X0E	예비	흡착패드	Y2E	흡착패드작동 솔레노이드밸브

입력부			출력부		
기기명	할당 어드레스	용도	기기명	할당 어드레스	용도
	X0F	예비		Y2F	예비
공급전	X10	공급실린더전진 오토스위치	적색램프	Y30	경광등 적색
공급후	X11	공급실린더후진 오토스위치	황색램프	Y31	경광등 황색
가공전	X12	가공실린더전진 오토스위치	녹색램프	Y32	경광등 녹색
가공후	X13	가공실린더후진 오토스위치		Y33	예비
송출전	X14	송출실린더전진 오토스위치		Y34	예비
송출후	X15	송출실린더후진 오토스위치		Y35	예비
배출전	X16	배출실린더전진 오토스위치		Y36	예비
배출후	X17	배출실린더후진 오토스위치		Y37	예비
스톱업	X18	스톱퍼실린더후진 오토스위치		Y38	예비
스톱다	X19	스톱퍼실린더전진 오토스위치		Y39	예비
흡착전	X1A	흡착실린더전진 오토스위치		Y3A	예비
흡착후	X1B	흡착실린더후진 오토스위치		Y3B	예비
창고전	X1C	창고실린더전진 오토스위치		Y3C	예비
창고후	X1D	창고실린더후진 오토스위치		Y3D	예비
	X1E	예비		Y3E	예비
	X1F	예비		Y3F	예비

〈 어드레스 할당표 〉

[3] 공정프로그램 작성

1) 기본공정순서도

공작물이 매거진에 투입되어 있고 S1센서에 의해 공작물 유무가 판단되면 공정을 시작할 수 있다. PB1 버튼을 누르면 공급실린더가 전진하고 가공모터가 회전한 뒤 가공실린더를 전진한다. 가공이 완료되면 가공실린더를 후진시키고 가공드릴을 정지한다. 송출실린더를 이용하여 컨베이어 벨트로 공작물을 송출한 후 실린더는 후진하고 컨베이어 벨트를 구동시켜 공작물을 이송한다. 이송

중 용량형센서와 유도형센서를 이용하여 금속 및 비금속 재질을 구분하고 구분된 재질에 따라 공정을 구분하여 진행한다.

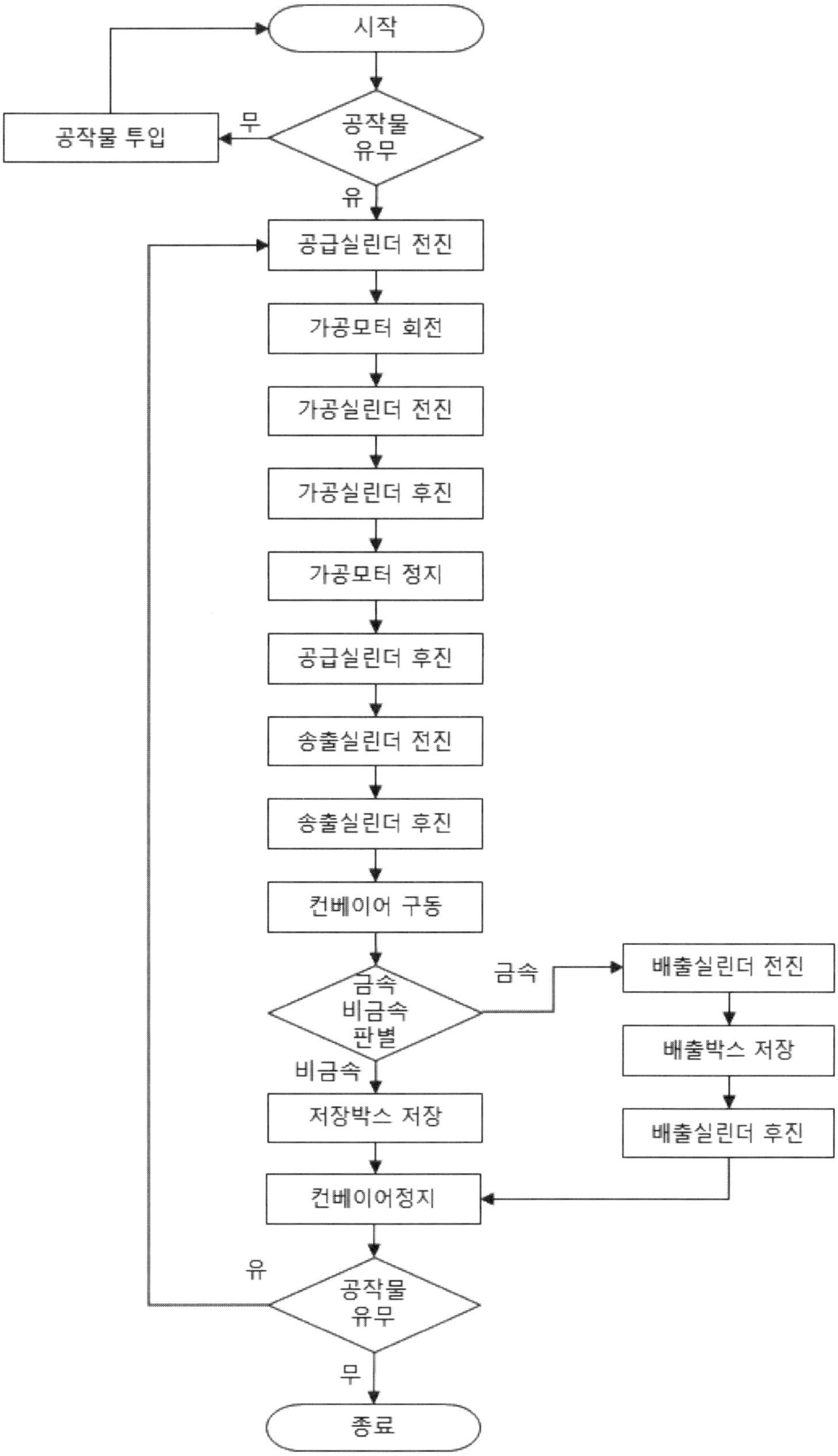

그림 7-2 공정순서도

2) 글로벌레이블 입력

어드레스 할당표를 이용하여 글로벌레이블에 레이블을 등록합니다.

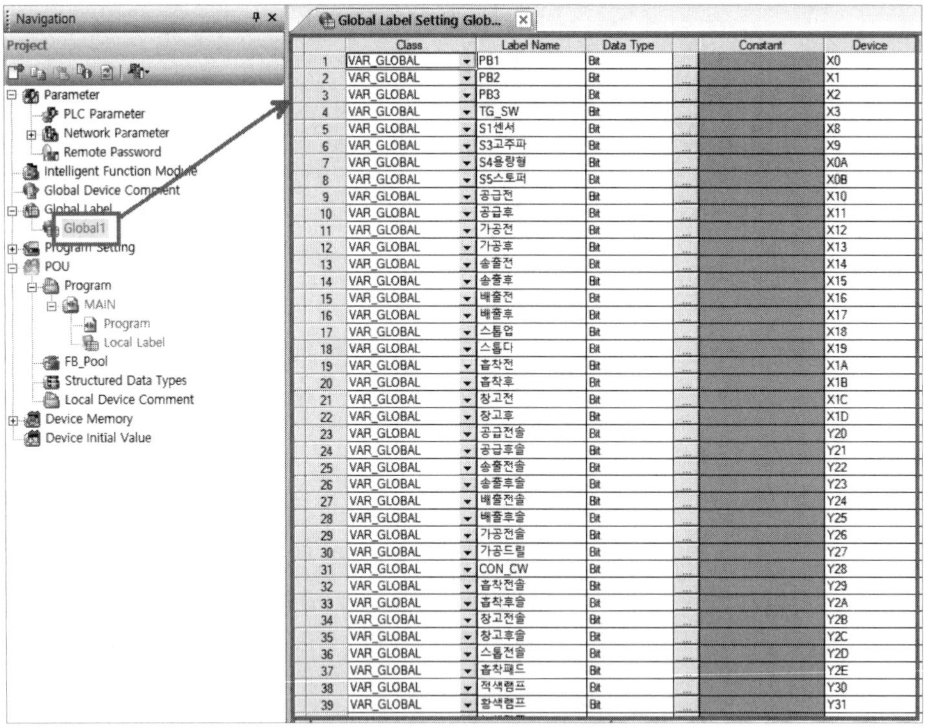

	Class	Label Name	Data Type		Constant	Device
1	VAR_GLOBAL	PB1	Bit	...		X0
2	VAR_GLOBAL	PB2	Bit	...		X1
3	VAR_GLOBAL	PB3	Bit	...		X2
4	VAR_GLOBAL	TG_SW	Bit	...		X3
5	VAR_GLOBAL	S1센서	Bit	...		X8
6	VAR_GLOBAL	S3고주파	Bit	...		X9
7	VAR_GLOBAL	S4용량형	Bit	...		X0A
8	VAR_GLOBAL	S5스토퍼	Bit	...		X0B
9	VAR_GLOBAL	공급전	Bit	...		X10
10	VAR_GLOBAL	공급후	Bit	...		X11
11	VAR_GLOBAL	가공전	Bit	...		X12
12	VAR_GLOBAL	가공후	Bit	...		X13
13	VAR_GLOBAL	송출전	Bit	...		X14
14	VAR_GLOBAL	송출후	Bit	...		X15
15	VAR_GLOBAL	배출전	Bit	...		X16
16	VAR_GLOBAL	배출후	Bit	...		X17
17	VAR_GLOBAL	스톱업	Bit	...		X18
18	VAR_GLOBAL	스톱다	Bit	...		X19
19	VAR_GLOBAL	흡착전	Bit	...		X1A
20	VAR_GLOBAL	흡착후	Bit	...		X1B
21	VAR_GLOBAL	창고전	Bit	...		X1C
22	VAR_GLOBAL	창고후	Bit	...		X1D
23	VAR_GLOBAL	공급전솔	Bit	...		Y20
24	VAR_GLOBAL	공급후솔	Bit	...		Y21
25	VAR_GLOBAL	송출전솔	Bit	...		Y22
26	VAR_GLOBAL	송출후솔	Bit	...		Y23
27	VAR_GLOBAL	배출전솔	Bit	...		Y24
28	VAR_GLOBAL	배출후솔	Bit	...		Y25
29	VAR_GLOBAL	가공전솔	Bit	...		Y26
30	VAR_GLOBAL	가공드릴	Bit	...		Y27
31	VAR_GLOBAL	CON_CW	Bit	...		Y28
32	VAR_GLOBAL	흡착전솔	Bit	...		Y29
33	VAR_GLOBAL	흡착후솔	Bit	...		Y2A
34	VAR_GLOBAL	창고전솔	Bit	...		Y2B
35	VAR_GLOBAL	창고후솔	Bit	...		Y2C
36	VAR_GLOBAL	스톱전솔	Bit	...		Y2D
37	VAR_GLOBAL	흡착패드	Bit	...		Y2E
38	VAR_GLOBAL	적색램프	Bit	...		Y30
39	VAR_GLOBAL	황색램프	Bit	...		Y31

그림 7-3 어드레스 할당표의 글로벌레이블 입력

3) 기본공정 래더 프로그램 입력

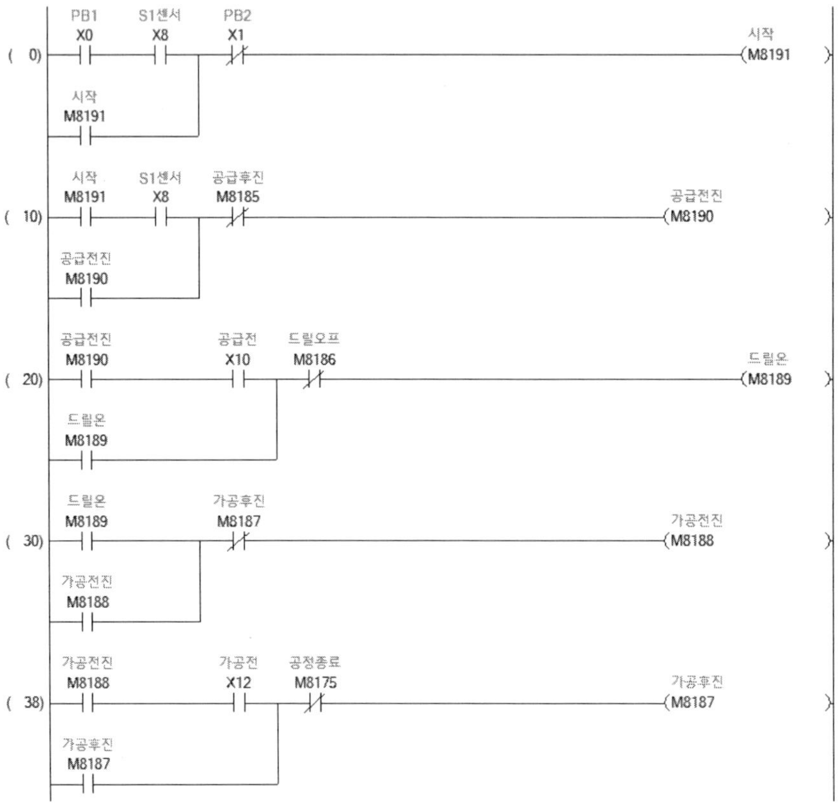

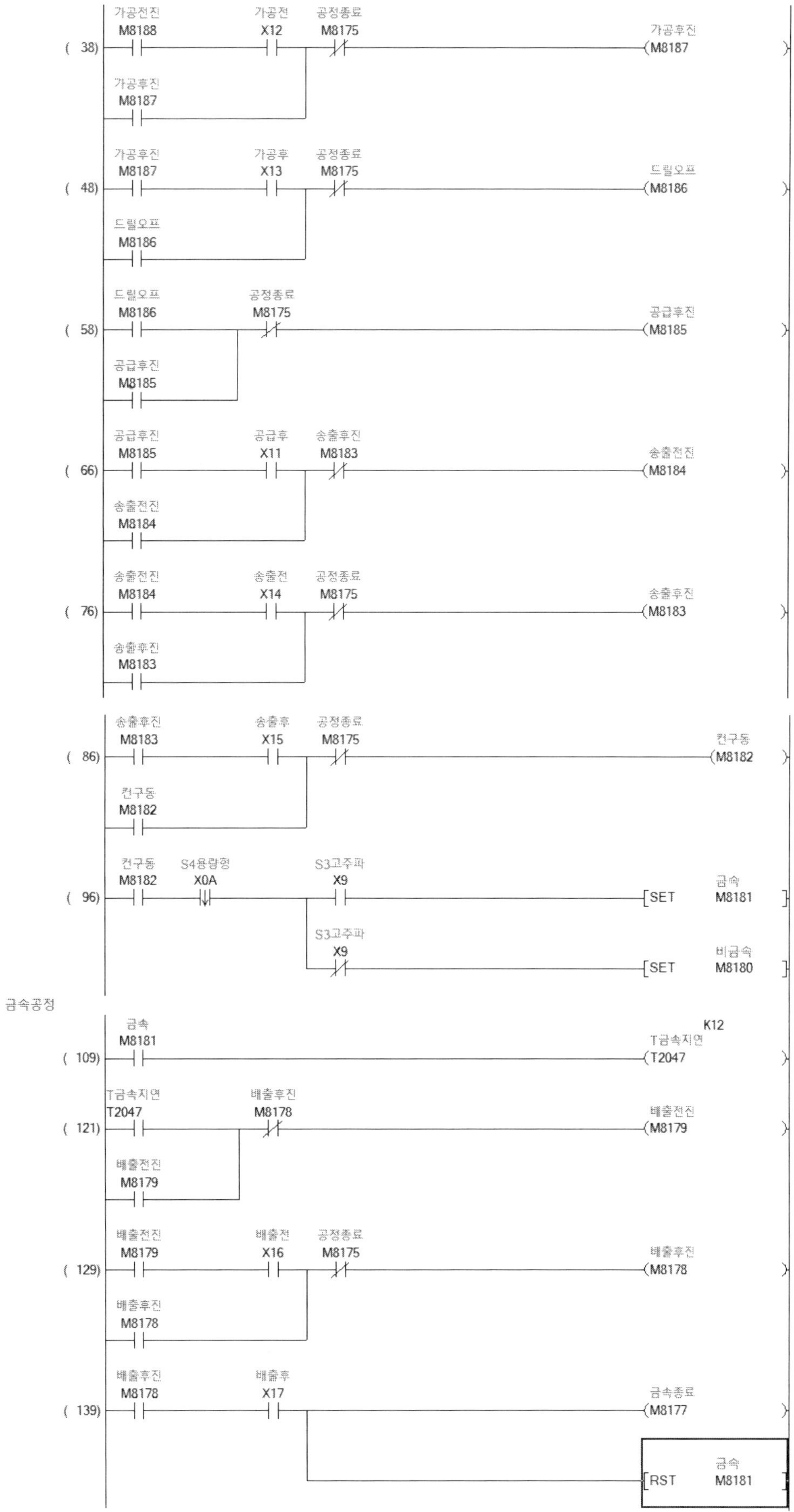
(38)
가공전진 M8188
가공전 X12
공정종료 M8175
가공후진 M8187
가공후진 M8187
(48)
가공후진 M8187
가공후 X13
공정종료 M8175
드릴오프 M8186
드릴오프 M8186
(58)
드릴오프 M8186
공정종료 M8175
공급후진 M8185
공급후진 M8185
(66)
공급후진 M8185
공급후 X11
송출후진 M8183
송출전진 M8184
송출전진 M8184
(76)
송출전진 M8184
송출전 X14
공정종료 M8175
송출후진 M8183
송출후진 M8183
(86)
송출후진 M8183
송출후 X15
공정종료 M8175
컨구동 M8182
컨구동 M8182
(96)
컨구동 M8182
S4용량형 X0A
S3고주파 X9
SET 금속 M8181
S3고주파 X9
SET 비금속 M8180
금속공정
(109)
금속 M8181
K12
T금속지연 T2047
(121)
T금속지연 T2047
배출후진 M8178
배출전진 M8179
배출전진 M8179
(129)
배출전진 M8179
배출전 X16
공정종료 M8175
배출후진 M8178
배출후진 M8178
(139)
배출후진 M8178
배출후 X17
금속종료 M8177
RST 금속 M8181

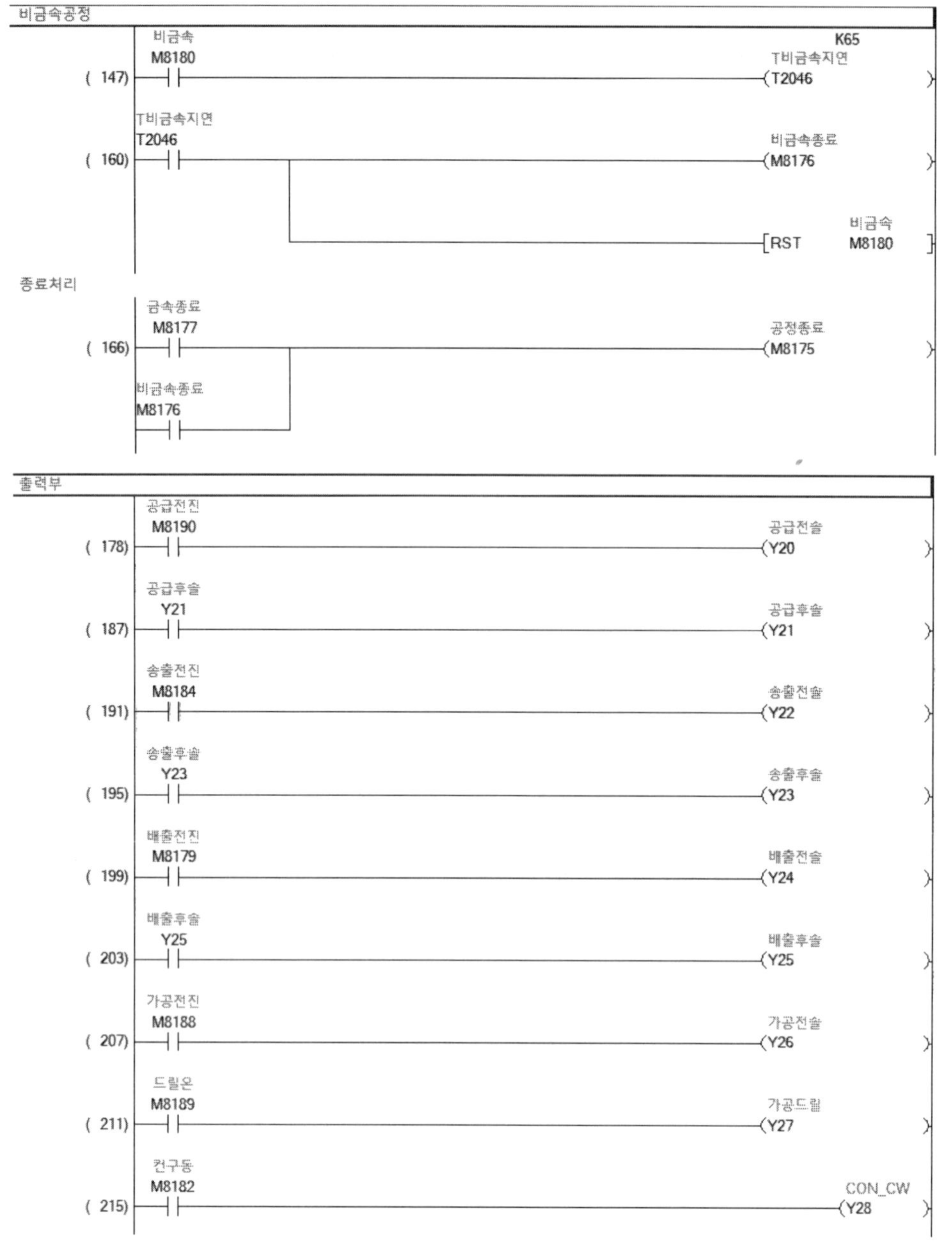

그림 7-4 공정순서도에 의한 공정프로그램

PB1을 누르면 시작 신호가 ON되고 공작물이 있을 경우 S1센서가 ON되어 공급전진 신호가 ON된다. 이때 공급전솔이 ON되어 공급실린더가 전진한다. 공급실린더가 전진완료되면 공급전진오토스위치(공급전)가 동작되고 드릴온 신호에 의해 드릴모터가 구동된다. 가공전진, 후진 신호에 의해 가공작업을 마치면, 드릴을 정지하고 공급후진 신호에 의해 공급실린더를 후진시킨다. 송출전진 및 송출후진 신호로 송출실린더를 전·후진시켜 공작물을 컨베이어에 전달하면 컨베이어구동 신호에 의해 컨베이어를 구동한다. 컨베이어가 구동하면 S4용량형 헨서와 S3고주파 센서를 이용하여 금속과 비금속을 구분할 수 있다. 센서에 의한 공작물의 판별은 센서의 배치 및 시간 등을 고려하여 판단할 수 있는데, 사용되는 장비는 용량형센서가 컨베이어의 앞쪽에 배치되어 있고, 고주파센서(금속)가 컨베이어의 뒤쪽에 배치되어 있어 용량형센서 신호가 OFF되는 시점에 공작물은 고주파센서의 아래에 위치하므로 이러한 이동 형태를 바탕으로 프로그램을 작성하였다. 해당 프로그램에 의해 금속과 비금속이 판별되면, 판별위치까지 시간을 지연시킨뒤 금속은 배출 실린더를 이용하여 배출

박스에 저장하고, 비금속은 컨베이어 끝의 저장박스에 저장하도록 프로그램 하였다. 단위 공작물에 대한 공정이 종료되면 판별 되었던 금속, 비금속 신호값을 리셋 시켜주어야 다음 공작물에 대한 판단이 제대로 이뤄진다.

4) 여러 상황에서의 프로그램 기법

☑ 일시정지

프로그램 실행 중 비상버튼을 동작시키면 공정을 일시정지 후, 일시정지를 해제하면 다시 공정이 진행되도록 하고 싶다면 분기명령을 사용할 수 있다. TG_SW(토글 또는 비상스위치)가 ON되면 P0포인터로 프로그램포인터가 점프되기 때문에 중간에 있는 프로그램을 연산할 수 없다. 그렇기 때문에 장비는 일시적으로 멈추게 된다. 물론 출력 접점의 모터류 등을 정지하려면 별도로 차단 신호를 연결하여야 한다. 아래 프로그램에서는 TG_SW로 출력을 차단하였다.

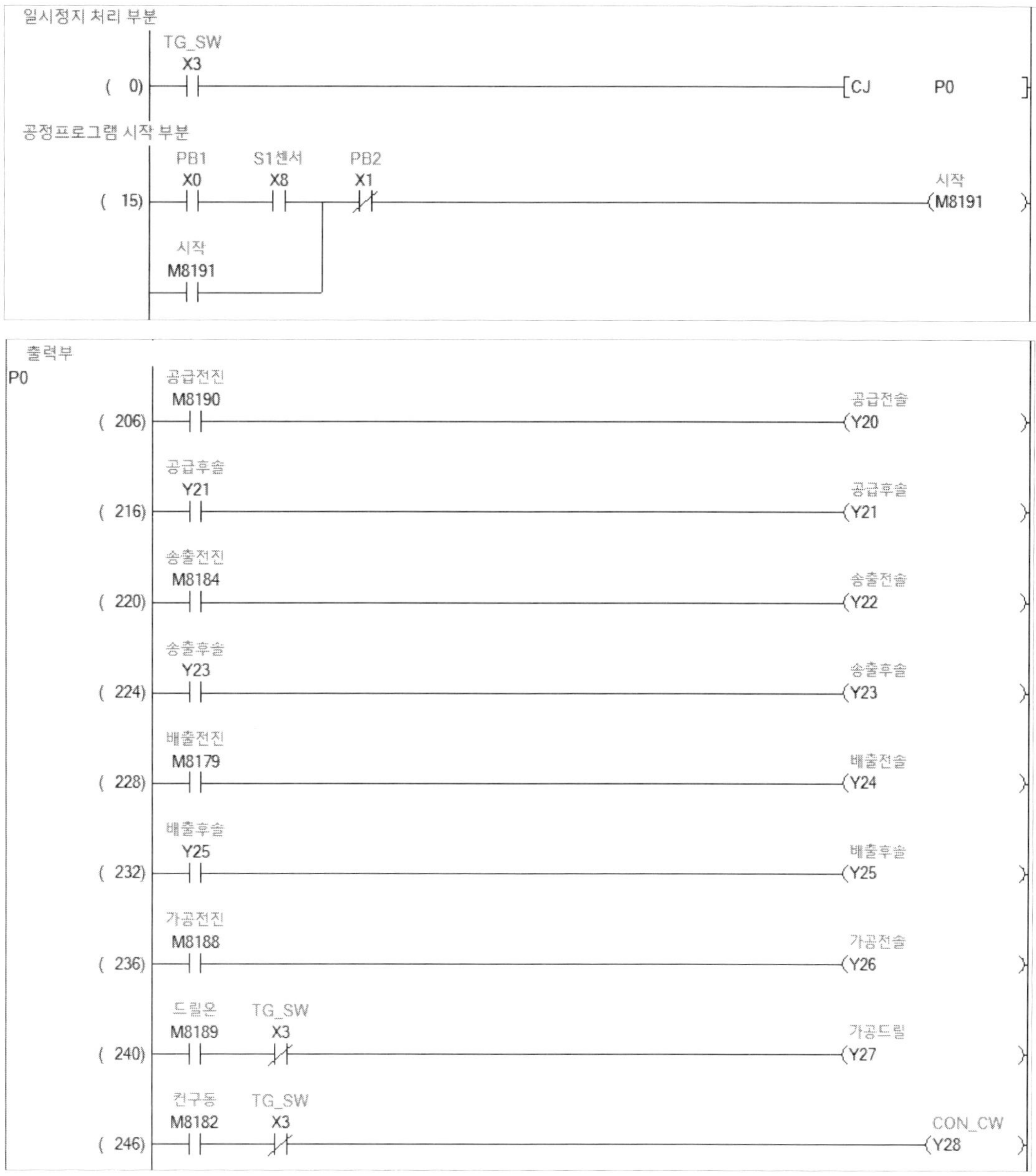

그림 7-5 공정의 일시정지 처리 프로그램

☑ 일시정지 해제 시 시스템의 초기화

시스템을 초기화하기 위해 자기유지라인을 모두 차단하는 방법도 있지만 더 효율적인 방법으로 BKRST 명령을 활용할 수 있다. TG_SW OFF시 하강펄스를 이용하여 L0(래치릴레이)신호를 SET 하고, BKRST 명령을 활용하여 M메모리(내부릴레이)를 한번에 모두 OFF 시킬 수 있다. 이 방법을 사용하면 자기유지라인을 모두 차단하는 수고를 덜 수 있다. 물론 다른 메모리도 초기화 하려면 별도의 코드를 삽입해 주어야 한다. 양솔레노이드 밸브의 경우 후진 완료하여야 하므로 L0메모리를 실린더의 후진솔레노이드 밸브에 연결하여 해결할 수 있다. L0신호 자신도 리셋되어야 하므로 0.5초 리셋처리 하도록 한다.

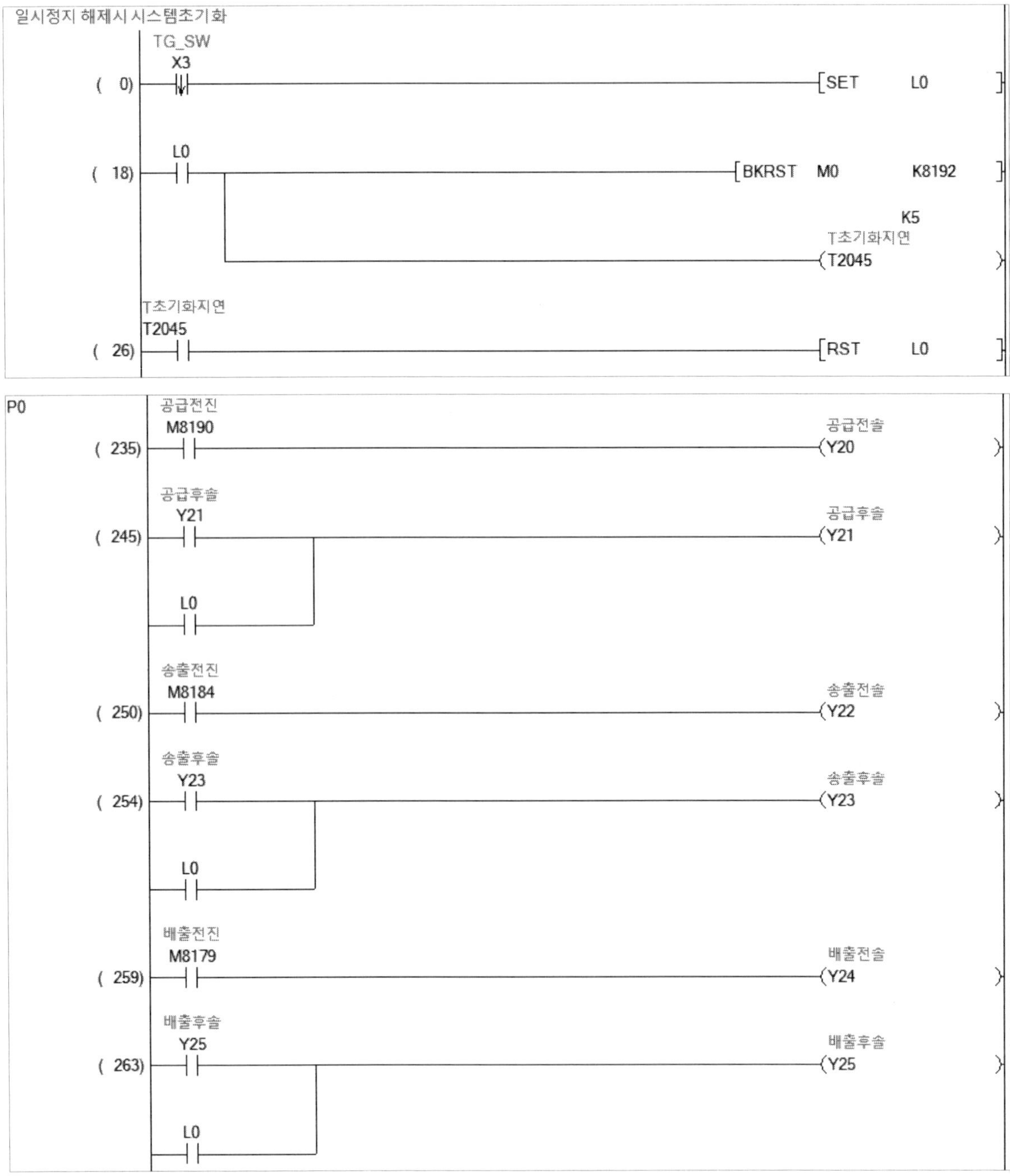

그림 7-6 시스템의 초기화

☑ 공작물 생산 수량에 따른 정지

만약 금속공작물이 3개 이상 생산되었을 경우 시스템을 정지하고자 한다면, 금속수량을 카운터를 이용하여 수량을 세고, 비교문을 이용하여 조건을 만들 수 있다. 그리고 공정의 마지막 신호인 공정종료신호와 AND 처리하여 시스템정지 신호를 만들어 낼 수 있고, 이 신호로 시작신호를 OFF 함으로서 시스템을 정지시킬 수 있다.

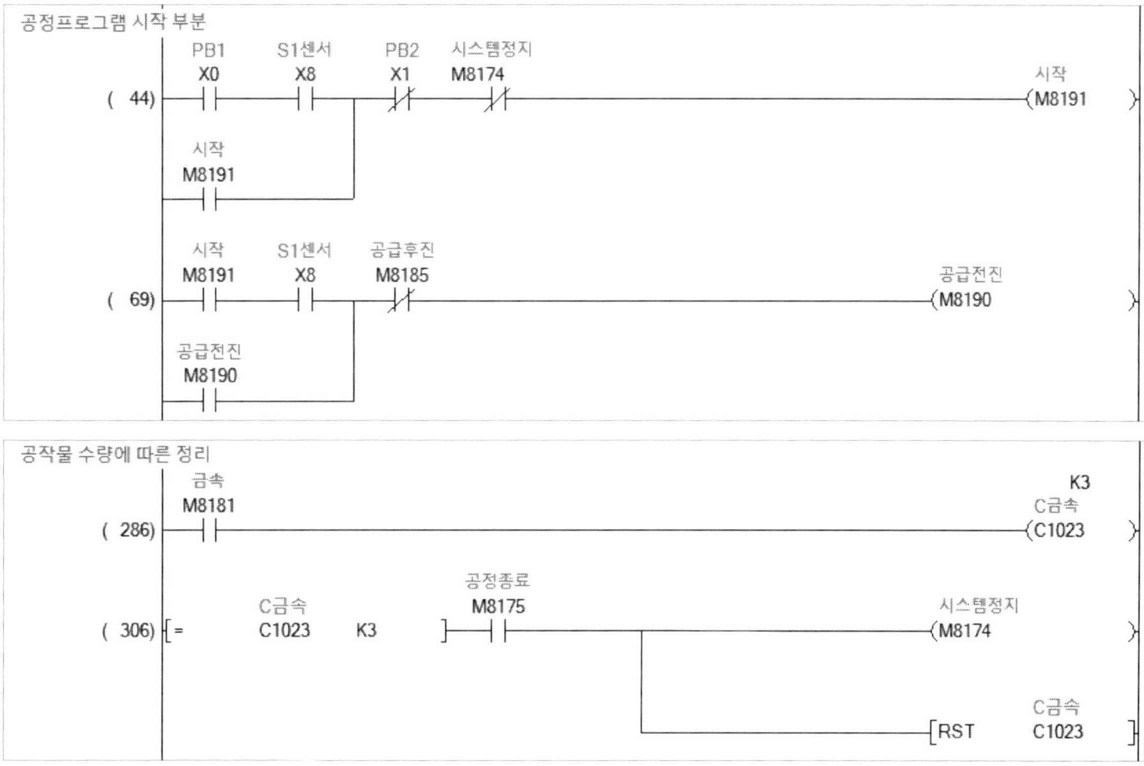

그림 7-7 공작물 생산 수량에 따른 정지 프로그램

☑ 물품의 공정순서변경

비금속의 경우 물품 판별 전 PB2버튼을 누르면 공정순서변경 신호가 ON되고, 비금속 판별 신호로 T금속지연 신호가 동작하게 되므로 금속과 비금속의 공정 순서를 변경할 수 있다. 주의할 점은 공정 종료 후 비금속 판별 신호를 리셋(RST)해주어야 한다. 금속의 경우도 금속 판별 신호로 T비금속지연 신호를 동작시킴으로써 저장박스에 저장하게 되고, 공정의 마지막에 금속 판별 신호를 리셋(RST)해줌으로써 두 물품의 공정순서를 변경시킬 수 있다.

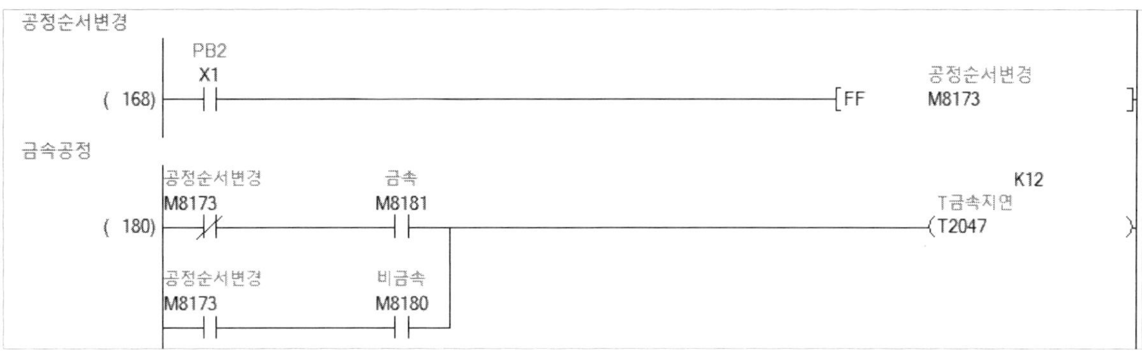

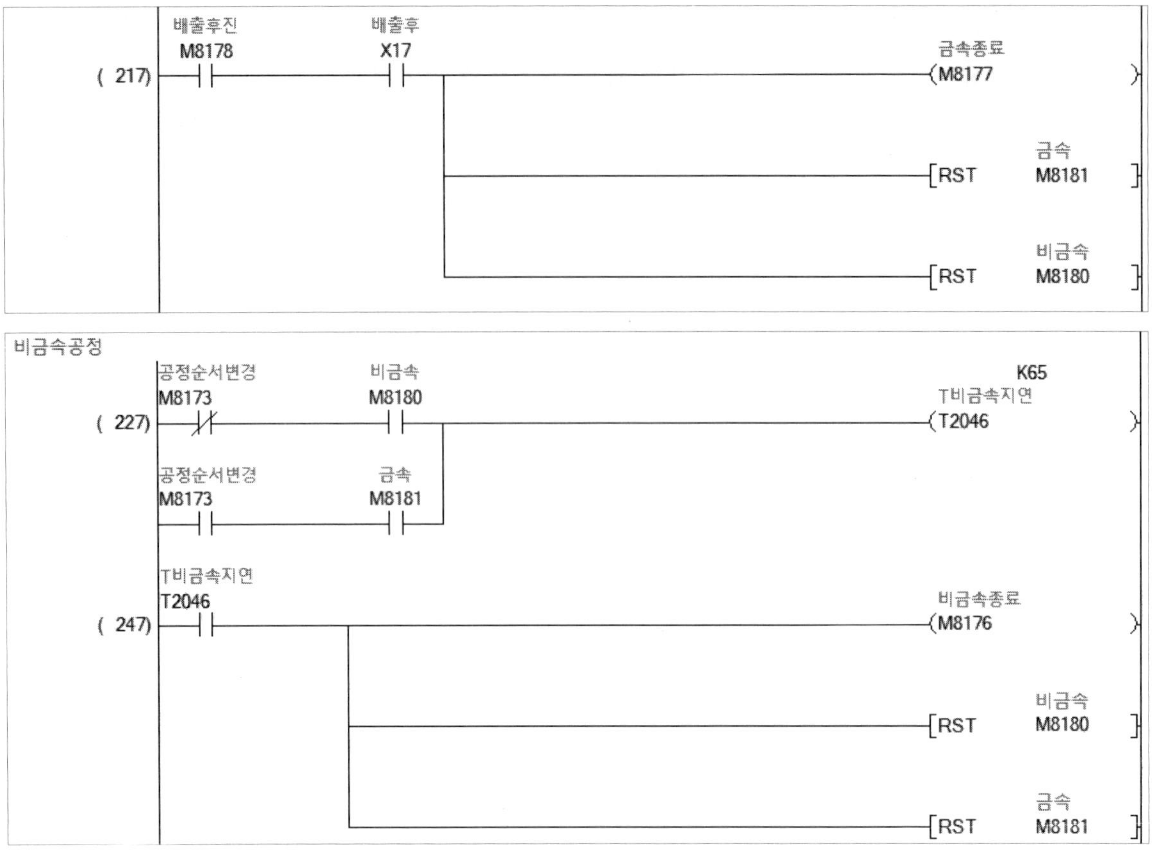

그림 7-8 공정순서의 변경 처리 프로그램

☑ 조건이 반영된 전체 프로그램

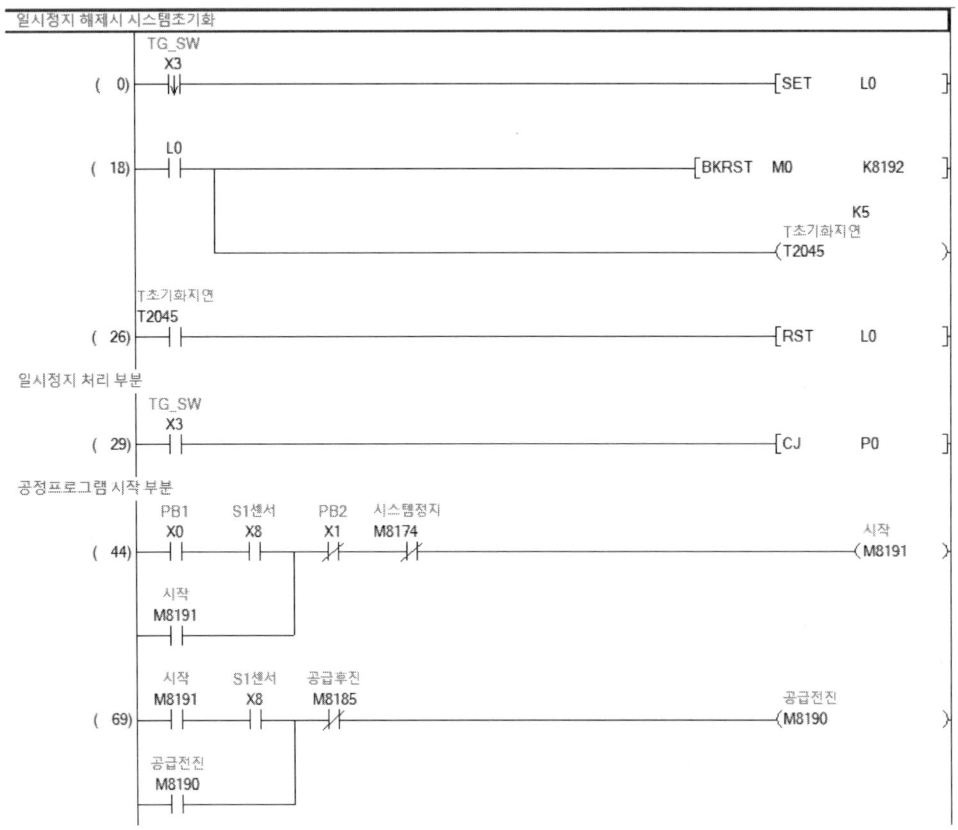

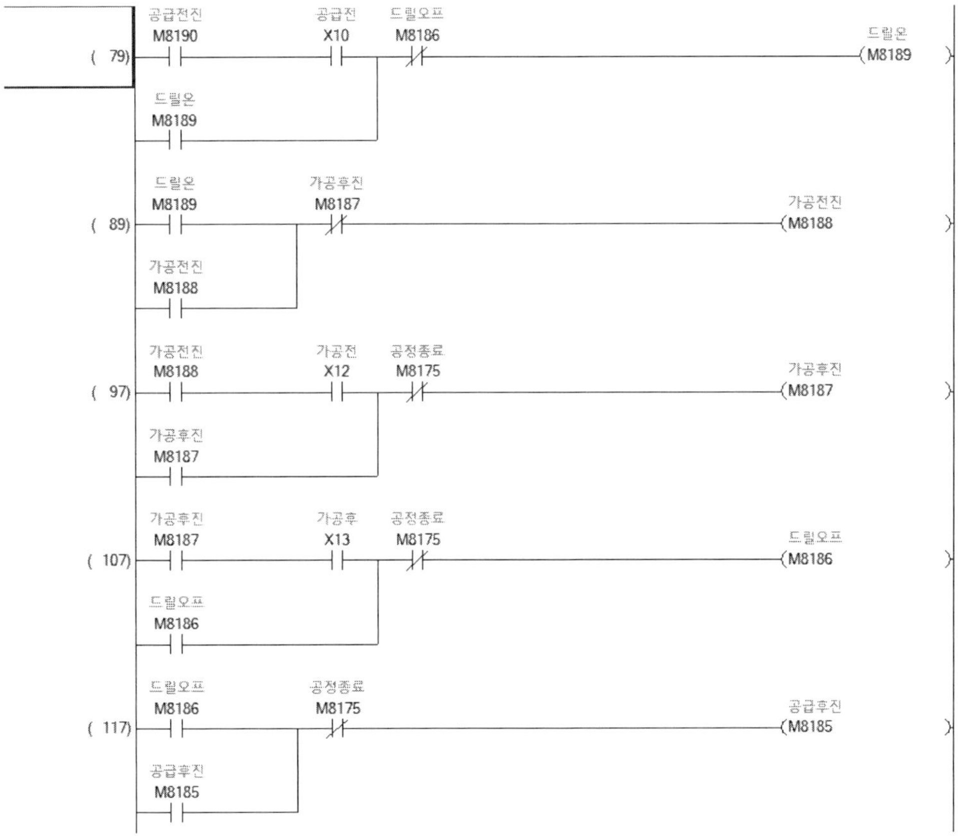

(79)
공급전진 M8190
공급전 X10
드릴오프 M8186
드릴온 M8189
드릴온 M8189
(89)
드릴온 M8189
가공후진 M8187
가공전진 M8188
가공전진 M8188
(97)
가공전진 M8188
가공전 X12
공정종료 M8175
가공후진 M8187
가공후진 M8187
(107)
가공후진 M8187
가공후 X13
공정종료 M8175
드릴오프 M8186
드릴오프 M8186
(117)
드릴오프 M8186
공정종료 M8175
공급후진 M8185
공급후진 M8185

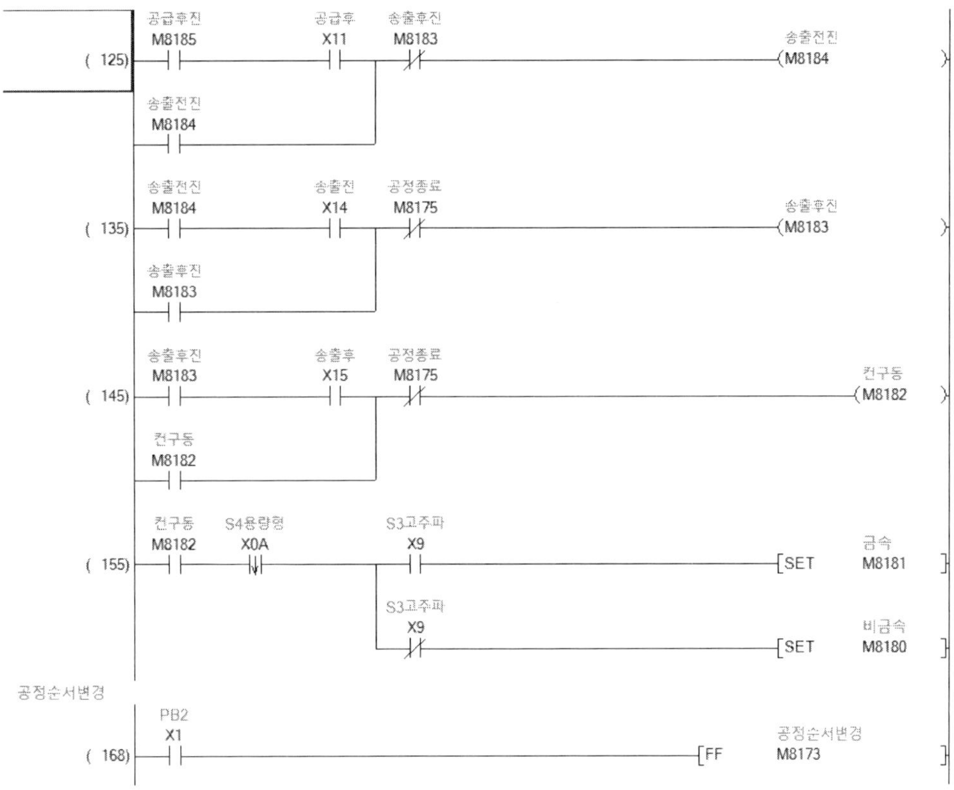

(125)
공급후진 M8185
공급후 X11
송출후진 M8183
송출전진 M8184
송출전진 M8184
(135)
송출전진 M8184
송출전 X14
공정종료 M8175
송출후진 M8183
송출후진 M8183
(145)
송출후진 M8183
송출후 X15
공정종료 M8175
컨구동 M8182
컨구동 M8182
(155)
컨구동 M8182
S4용량형 X0A
S3고주파 X9
SET 금속 M8181
S3고주파 X9
SET 비금속 M8180
공정순서변경
(168)
PB2 X1
FF 공정순서변경 M8173

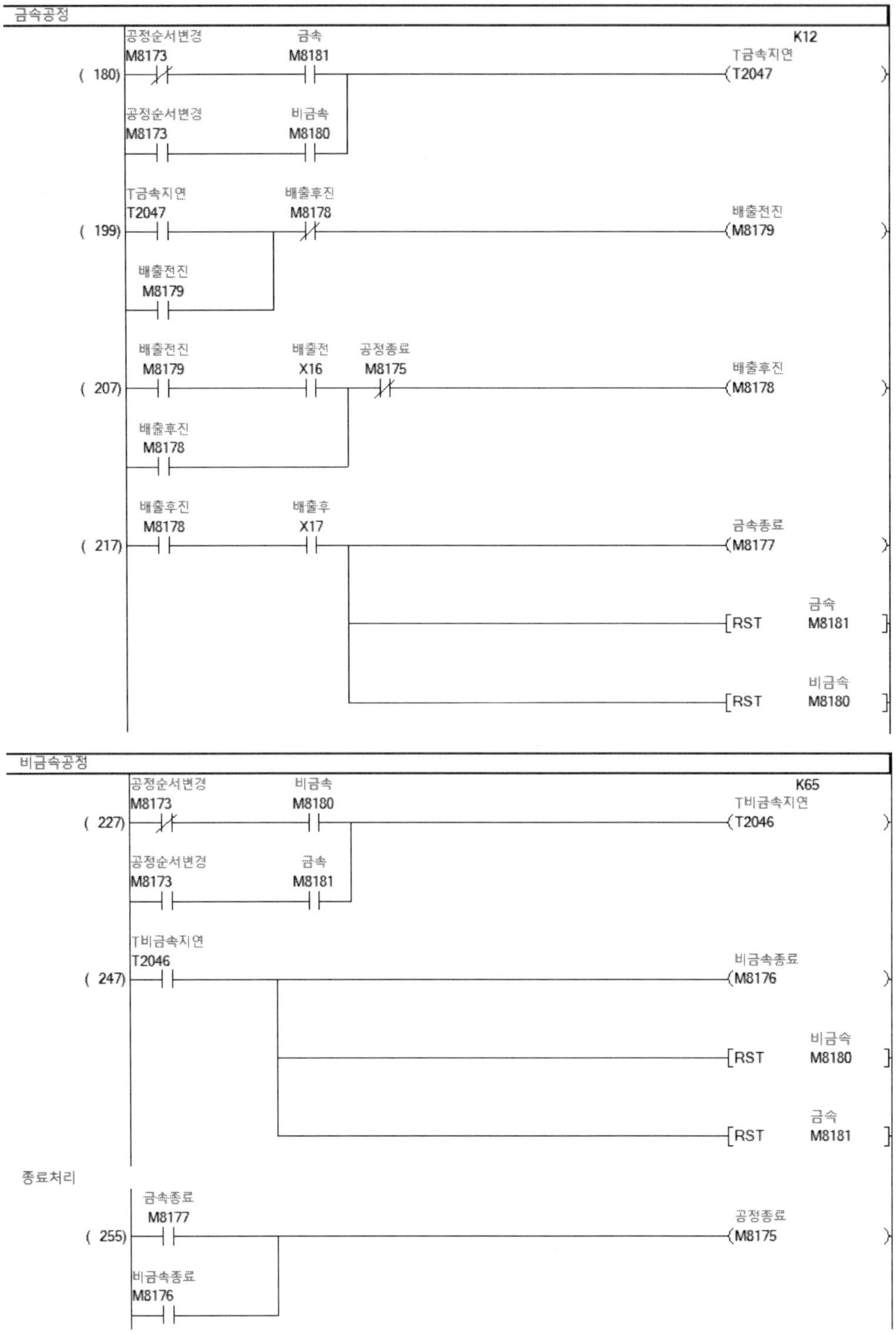
금속공정
공정순서변경 M8173
금속 M8181
K12
T금속지연 T2047
(180)
공정순서변경 M8173
비금속 M8180
T금속지연 T2047
배출후진 M8178
배출전진 M8179
(199)
배출전진 M8179
배출전진 M8179
배출전 X16
공정종료 M8175
배출후진 M8178
(207)
배출후진 M8178
배출후진 M8178
배출후 X17
금속종료 M8177
(217)
RST 금속 M8181
RST 비금속 M8180
비금속공정
공정순서변경 M8173
비금속 M8180
K65
T비금속지연 T2046
(227)
공정순서변경 M8173
금속 M8181
T비금속지연 T2046
비금속종료 M8176
(247)
RST 비금속 M8180
RST 금속 M8181
종료처리
금속종료 M8177
공정종료 M8175
(255)
비금속종료 M8176

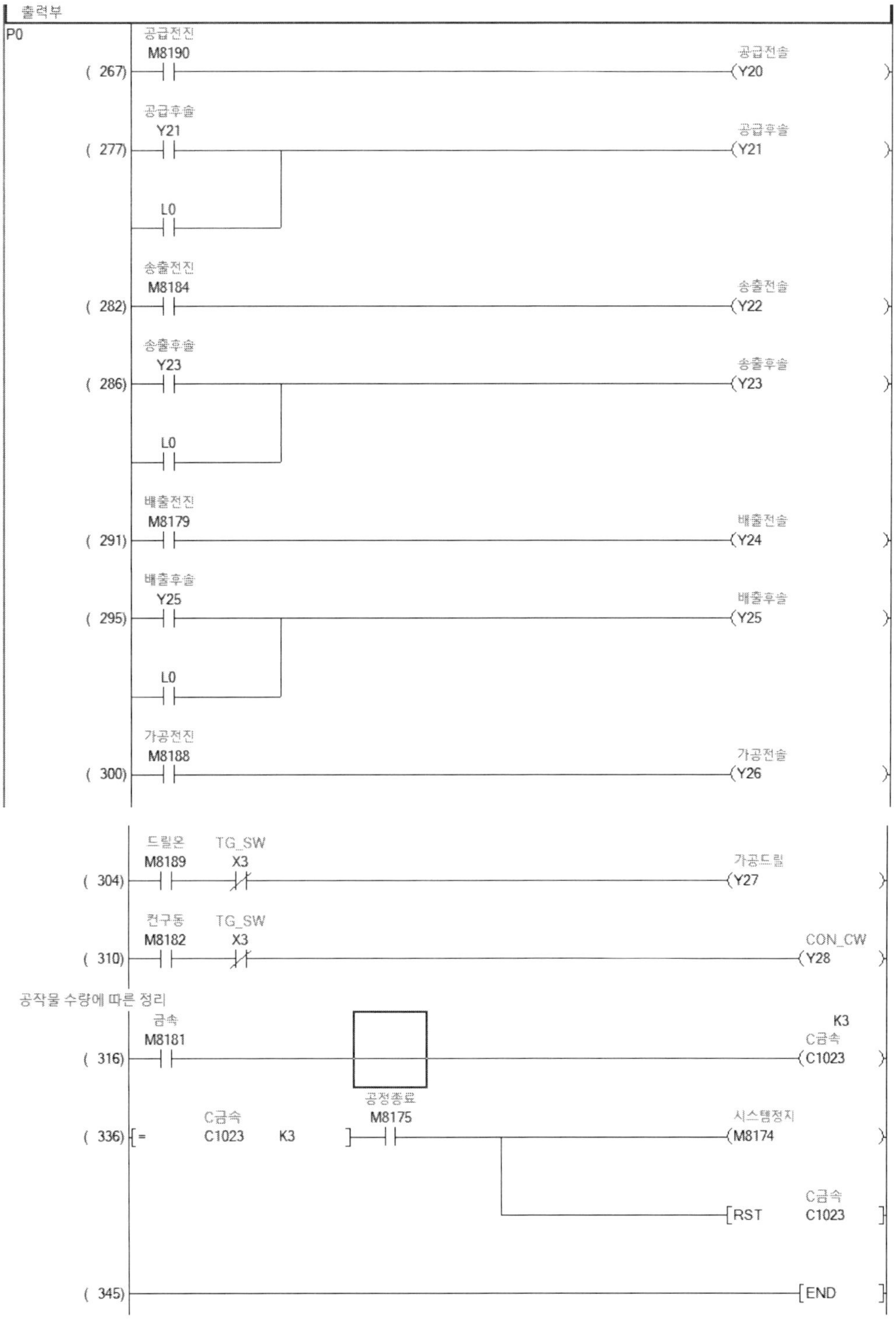

그림 7-9 조건이 반영된 전체 프로그램

HMI 활용

1. HMI 구성
2. 프로젝트 생성과 다운로드
3. 비트요소제어
4. 활용 가능한 파트
5. 기타 기능
6. HMI 미니 프로젝트

Chapter | 8

Chapter 8

HMI 활용

1 HMI 구성

[1] HMI 현황

HMI(MMI)는 '(Hu)Man Machine Interface'의 약자로 PLC의 고기능화와 개방형 DCS의 도입 확대로 인하여 사람, 즉 사용자와 기계의 인터페이스를 좀 더 효율적으로 대응할 수 있도록 설계된 툴을 말한다. HMI는 기존의 물리적 버튼, 램프, 숫자표시기 등 단순한 제어 UI에서 엔지니어가 기계의 상태를 쉽게 파악하고, 원인을 분석할 수 있으며, 생산품의 품질을 높이기 위해 제어기의 쉬운 조작을 할 수 있도록 다양한 요소를 터치화면으로 제공한다. HMI화면을 설계할 때는 직관성(Intuitiveness)이며, 일관성(Consistency)이 있고 효율적(Effectiveness)으로 구성될 필요성이 있다.

HMI보다 큰 개념으로 SCADA(Supervisory Control And Data Acquisition)가 있으며, '집중원격감시제어시스템' 또는 '원격감시제어데이터수집시스템'이라고도 한다. SCADA시스템은 통신 경로상의 아날로그 또는 디지털신호를 사용하여 원격장치의 상태정보 데이터를 원격 장치(Remote Terminal Unit)로 수집, 수신, 기록, 표시하여 중앙제어시스템이 원격장치를 감시 제어하는 시스템을 말하며 발전, 송배전시설, 석유화학플랜트, 제철공정시설, 공장자동화시설 등 여러 종류의 원격지 시설장치를 중앙 집중식으로 감시 제어하는 시스템이다.

일반적으로 HMI는 단독 기계장비에 부착되어 기계의 직접적인 조작과 모니터링 등에 사용되며, SCADA는 원격지에서 각종 상태값을 확인하고, 전체적인 흐름을 제어하는 것에 주안점을 둔다. HMI시장은 미국 Wonderware의 InTouch(슈나이더 일렉트릭 그룹), 독일의 Siemens, 미국의 Rockwell Automation(Allen Bradley), GE, Honeywell 제품이 있고, 국내 HMI/SCADA(PC용) 제품으로는 LS산전의 iXP시리즈, Info-U(SCADA), CIMON, 그리고 ㈜오토베이스사의 AutoBase가 있다. 일본제품으로는 미쓰비시의 GOT시리즈와 교재에 사용될 Pro-face(현 슈나이더 일렉트릭 그룹)가 있다.

[2] HMI와 PLC의 구성

HMI를 활용하기 위해서는 터치화면을 구성하고, HMI에 작성된 프로그램을 다운로드할 수 있는 작화프로그램이 필요하며, 교재에 사용된 프로페이스의 작화프로그램은 GP-Pro Ex를 사용한다. 작화프로그램을 작성할 때는 HMI에 접속되는 PLC의 기종을 선택하는데, 이는 해당 PLC와 통신하기 위한 통신드라이버가 선택되어야 하고, PLC마다 사용되는 어드레스 영역을 사전에 정의하기 위함이다. 일반적으로 HMI에서 PLC에 데이터를 요청하거나, 명령을 내리게 되면 PLC는 HMI 요청에 데이터를 회신하거나 받은 명령을 실행하도록 되어 있다.

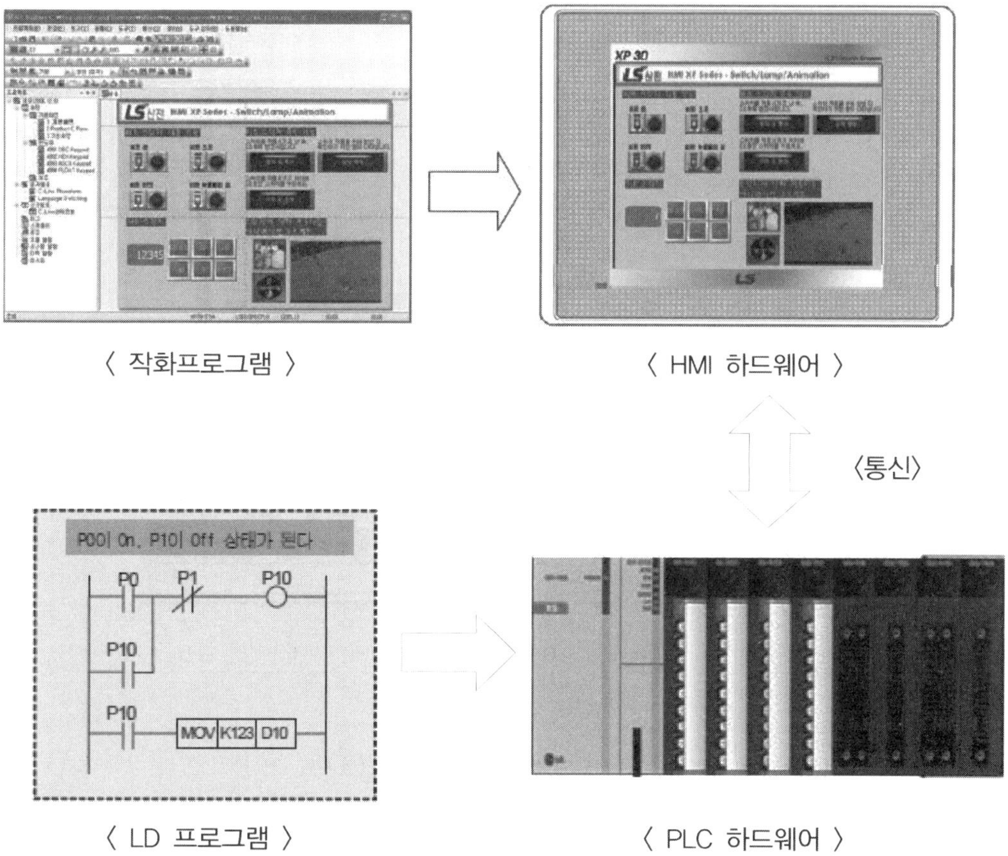

그림 8-1 HMI와 PLC의 구성도

위 그림은 HMI와 PLC의 흐름을 표기한 것이다. 작화프로그램으로 HMI 작화프로그램을 작성하고 접속되는 PLC기종을 선택, 통신관련 설정을 한 뒤 HMI에 다운로드하고, PLC는 래더 프로그램을 작성한 뒤 PLC에 다운로드한다. HMI에서는 PLC에 대한 통신규약 및 정보(프로토콜)를 갖고 있기 때문에 PLC에 데이터를 요청하거나, 명령을 전송할 수 있고, PLC는 전송받은 신호에 대해 데이터를 회신하거나, 명령을 실행한다.

[3] HMI의 외형

1) 외형도

방향	프로페이스, GP-4500시리즈
정면	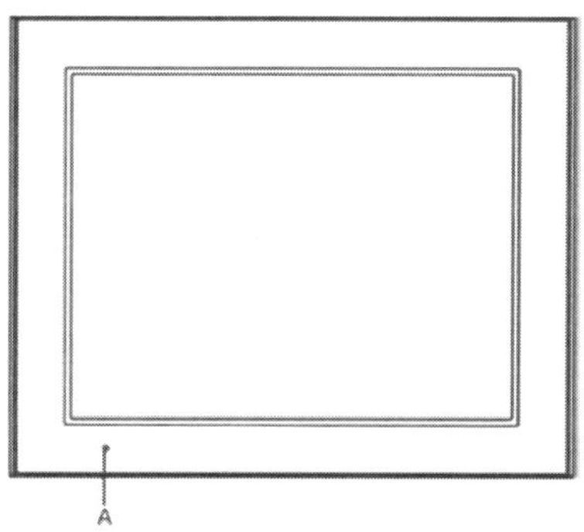

방향	프로페이스, GP-4500시리즈
후면	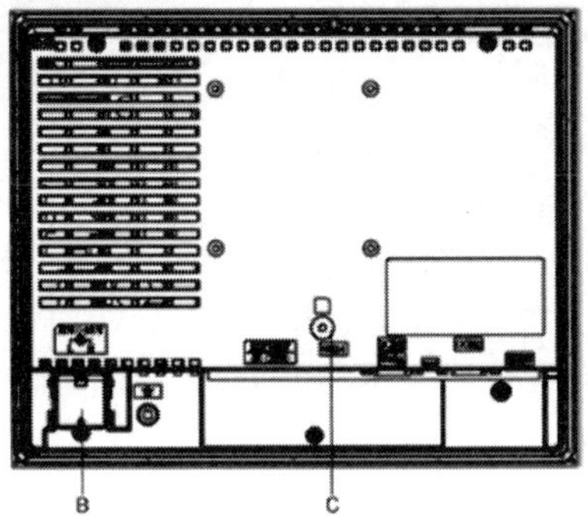
바닥	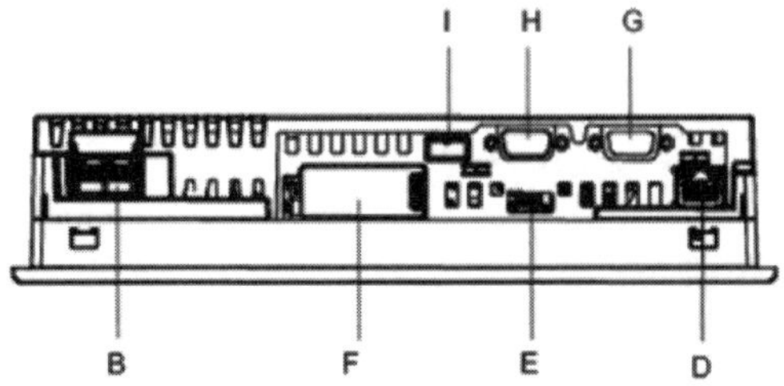

〈 GP4501T 외형도 〉

출처 : GP4000 시리즈 사용자 매뉴얼(Proface, 2011)

각부	명칭	내용
A	상태 LED	녹색 : 운전 중 주황 : 점멸인 경우 소프트웨어 기동 중 빨강 : 점등인 경우 전원 투입시
B	전원 입력 단자대(AC 종류), 전원 커넥터(DC 종류)	
C	SD 카드 액세스 LED	SD 카드가 삽입되면, 이 LED가 점등된다. MEMO : LED 램프 점등 중에 SD 카드를 탈착할 경우 SD 카드 내의 데이터가 손상될 우려가 있다
D	이더넷 인터페이스	이더넷 통신 인터페이스.(10BASET/100BASE-TX) RJ-45 종류 모듈러 잭 커넥터 x 1.
E	USB(mini-B) 인터페이스	USB 2.0(mini-B) 대응 x 1. 통신 거리 : 5m 이하.
F	SD 카드 인터페이스 커버/ 교체용 전지 삽입 커버	커버를 열고 SD 카드를 삽입하거나 분리가능
G	시리얼 인터페이스(COM2)	GP-4501T/GP-4501TW : RS-422/485시리얼 인터페이스. D-Sub 9핀 플러그 종류의 커넥터. GP-4503T : RS-485(절연) 시리얼 인터페이스. D-Sub 9핀 소켓 종류의 커넥터.
H	시리얼 인터페이스(COM1)	RS-232C 시리얼 인터페이스. D-Sub 9핀 플러그 종류의 커넥터.
I	USB(Type A) 인터페이스	USB 2.0(Type A) 대응 x1. 전원 전압 : DC5V ±5%. 출력 전류 : 500mA(최대). 최대 통신거리 : 5m.

〈 GP4501T 외부 단자대 사양 〉

2) HMI 표시 사양

구분		GP-4501T / GP-4503T
표시 디바이스		TFT 컬러 LCD
표시 크기		10.4"
해상도		640 x 480픽셀(VGA)
사용 표시 치수		W211.2 x H158.4mm
표시 색상·레벨		65,536색 (점멸 없음)/16,384색 (점멸 있음)
백라이트		흰색 LED (Send&Back 방식으로 교환)
백라이트 수명		50,000시간 이상(주위 온도 25℃, 연속 점등 시, 백라이트의 밝기가 50%가 될 때까지의 시간)
밝기 조정		16단계 (터치 패널 또는 소프트웨어에서 조정)
표시 문자 종류		일본어 : 6,962종 (비한자 607종을 포함한 JIS 1 수준 · 제2 수준), ANK : 158종 (한국어, 번자체 중국어, 간자체 중국어는 다운로드 방식으로 대응)
표시문자열 크기		표준 글꼴 : 8 x 8픽셀, 8 x 16픽셀, 16 x 16픽셀, 32 x 32픽셀 스트로크 글꼴 : 6~127픽셀 이미지 글꼴 : 8~72 픽셀
표시문자 확대율		표준 글꼴 : 가로 1~8배, 세로 1~8배*1
표시 문자수	1/4각 영숫자	80자 x 60행
	반각 영숫자 (8 x 16픽셀)	80자 x 30행
	한자 (16 x 16픽셀)	40자 x 30행
	한자 (32 x 32픽셀)	20자 x 15행

〈 GP4501T 화면 사양 〉

3) 메모리 / 터치 패널 사양

구분	GP-4501T / GP-4503T
어플리케이션 메모리 (1)	FLASH EPROM 32MB(로직 프로그램 영역 포함)
로직 프로그램 영역	FLASH EPROM 132KB(15,000 스탭 호환)
글꼴 저장 영역	FLASH EPROM 8MB(초과한 경우 , 어플리케이션 메모리 사용)
백업 메모리	SRAM 320KB(백업 메모리에는 교환식 리튬 전지 사용)
변수 영역	SRAM 64KB(변수의 유지에는 교환식 리튬 전지 사용)
터치 패널 방식	아날로그 저항막 방식
터치 패널 분해능	1,024 x 1,024
터치 패널 수명	100만회 이상

〈 메모리 / 터치 패널 사양 〉

4) 인터페이스

인터페이스	구분	내용
COM1	조보 동기식	RS-232C
	데이터 길이	7/8 비트
	정지 비트	1/2 비트
	패리티	없음 / 짝수 / 홀수
	전송 속도	2,400~115,200bps
	커넥터	D-Sub 9 핀 플러그
COM2	조보 동기식	RS-422/RS-485
	데이터 길이	7/8 비트
	정지 비트	1/2 비트
	패리티	없음 / 짝수 / 홀수
	전송 속도	2,400~115,200bps, 187,500bps (MPI)
	커넥터	D-Sub 9 핀 플러그
USB	커넥터	USB 2.0 (Type A) x 1, USB 2.0 (mini-B) x 1
	전원 전압	5Vdc ±5%
	최대 출력 전류	500mA
	최대 통신 거리	5m
이더넷 인터페이스	이더넷(LAN)	IEEE802.3i/IEEE802.3u,10BASE-T/100BASE-TX
	커넥터	모듈러 잭 (RJ45) x 1
SD 카드 인터페이스	SD 카드 슬롯 1(최대 32GB SD/SDHC 카드)	

〈 GP4501T 인터페이스 사양 〉

5) 오프라인 모드

프로페이스 HMI 경우 자체 설정(Off-line mode)은 화면의 모서리를 대각으로 0.5초 이내에서 순차적으로 누르면 열린다. 그 외 좌우를 순서대로 누르면 밝기를 조절할 수 있다.

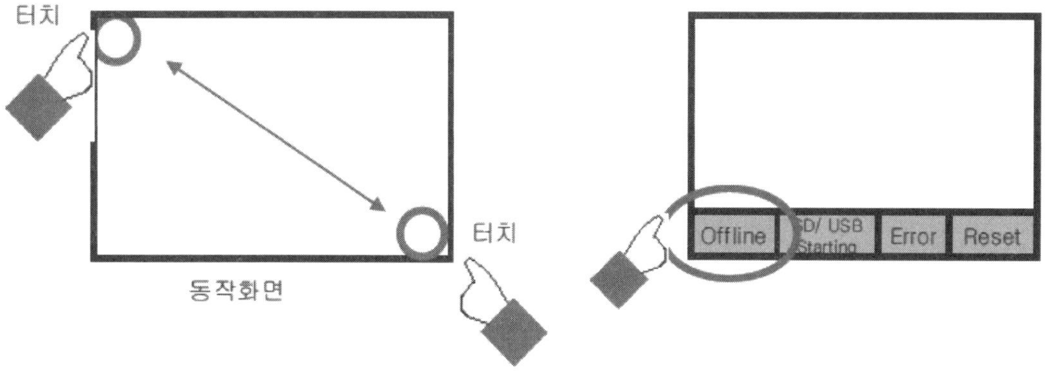

그림 8-2 HMI오프라인 모드진입

출처 : GP-Pro EX 교육교재((주)한국프로페이스)

오프라인 모드에 진입하면 HMI의 통신환경설정(IP변경 등), 메모리 상태, 부저 OFF 등을 진행할 수 있다.

6) 시스템 데이터 영역

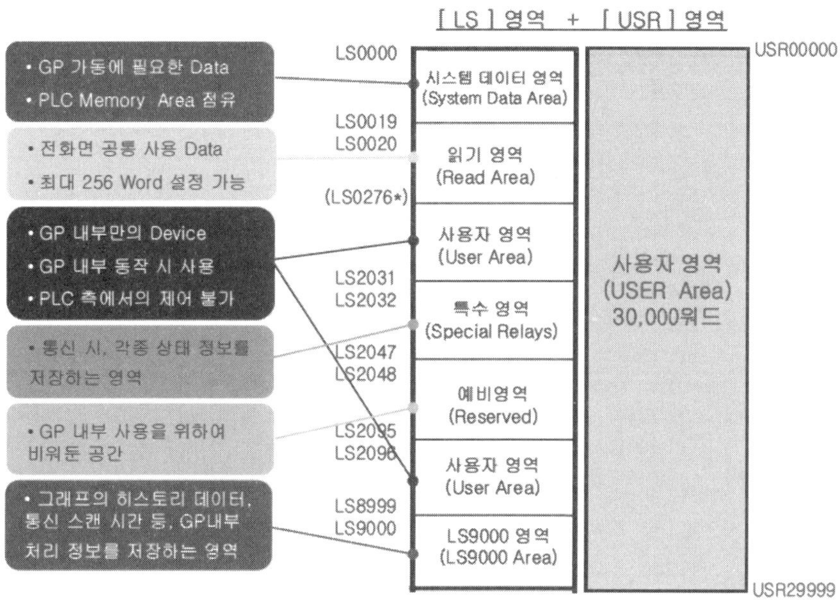

그림 8-3 HMI의 시스템 데이터 영역

출처 : GP-Pro EX 교육교재((주)한국프로페이스)

LS영역의 선두 20워드 영역을 시스템 영역이라고 하며, 시스템 데이터 영역은 GP의 동작 환경을 취급하는 영역이고, 각각의 어드레스의 역할이 정해져 있다. 이 영역을 PLC의 데이터 레지스터에 할당하는 것으로, PLC측에서 GP를 제어할 수가 있는데, 이는 PLC의 데이터를 GP로 읽어 들여서 간접적으로 동작을 시키는 구조이다.

2 프로젝트 생성과 다운로드

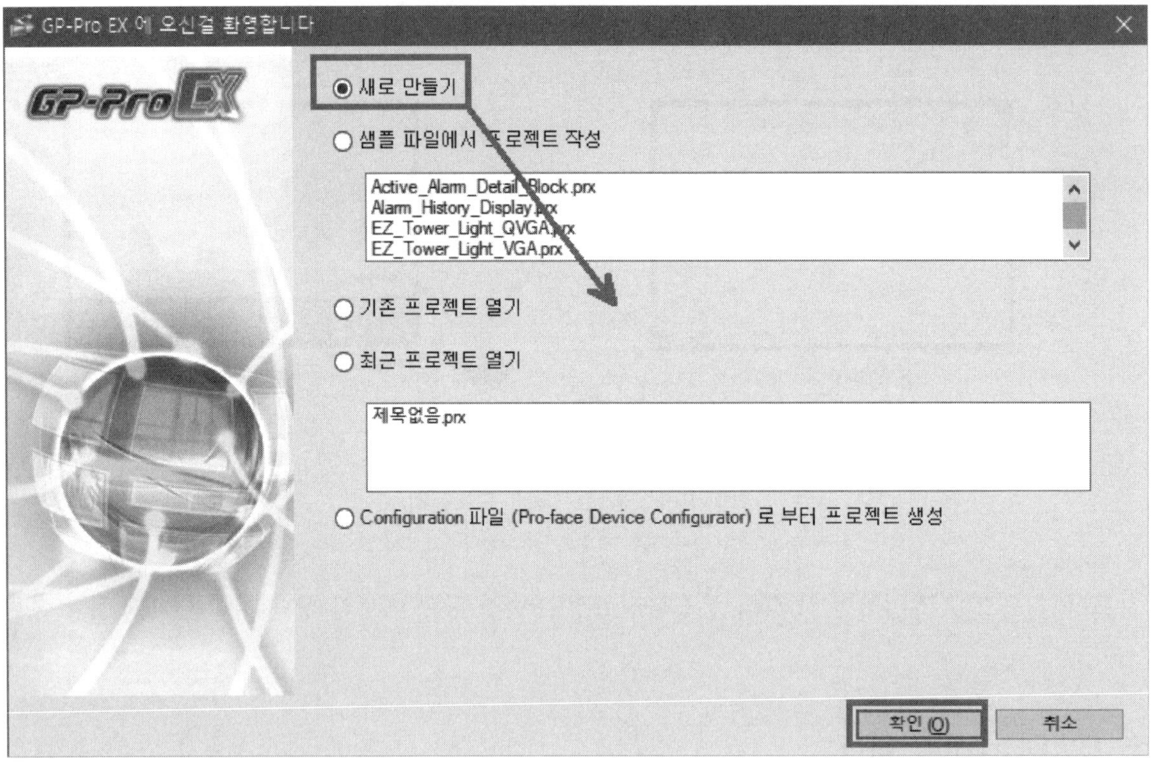

그림 8-4 새 프로젝트 시작

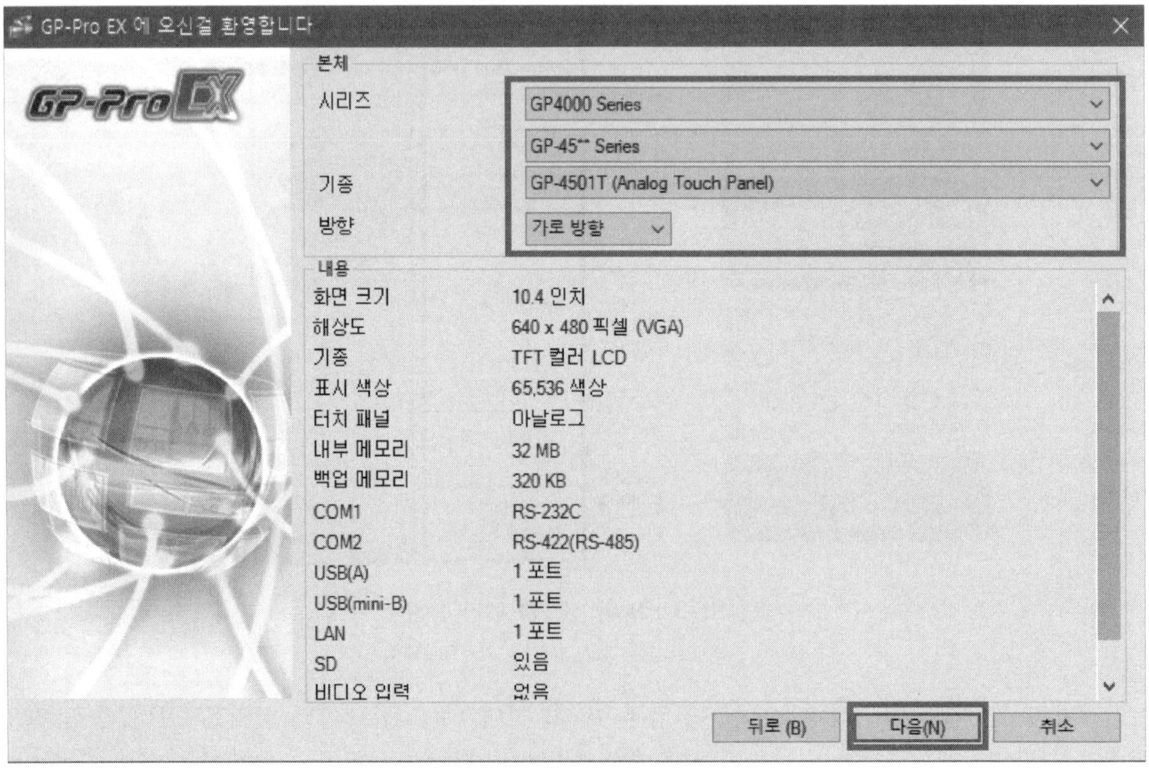

그림 8-5 HMI 기종선택 및 특성 확인

프로젝트를 새로 만들면 사용할 기종을 선택해야 한다. 기종은 HMI패널의 뒷면에 표시되어 있으며, 기종이 명확하지 않으면 작화한 프로젝트 데이터가 다운로드 되지 않는다. HMI를 가로로 설치할 경우 가로방향을 선택하며, 세로로 설치할 경우 세로방향을 선택하여 작화를 하도록 한다. 사용되는 GP4501T 모델은 10.4인치에 640*480 해상도를 갖는다. 최근에는 1024*768의 고해상도를 표현하는 HMI도 다수 출시되고 있다. 또한 터치방식도 기존의 감압식이 아닌 정전식을 채택하여 출시되는 제품도 있으며, 멀티 터치도 지원되는 모델도 출시되고 있다.

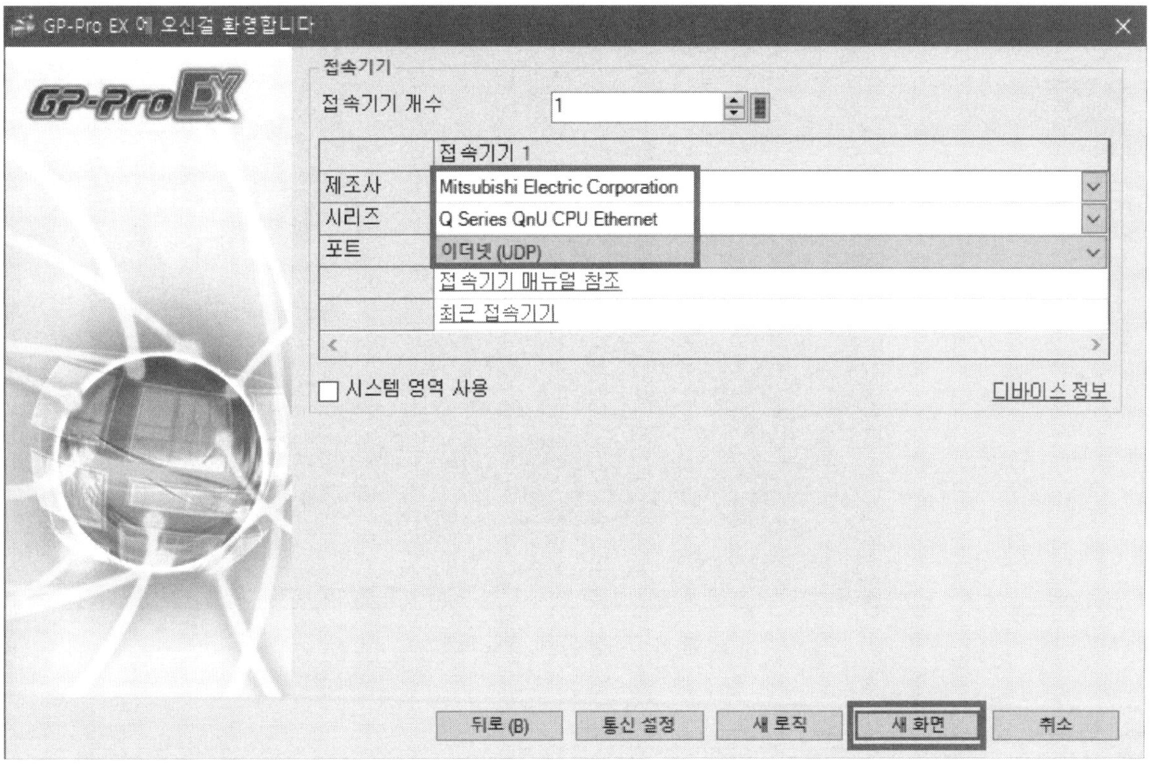

그림 8-6 접속기기 설정 (교재의 접속기기는 Q씨리즈 Qnu(Q03UDE 모델임))

HMI에 접속되는 기기를 선택하는 단계이다. HMI자체 성능도 중요하지만 사용면에 있어 다양한 기기를 접속할 수 있어야 하는데, 프로페이스 제품의 경우 매우 다양한 회사와 기기에 접속할 수 있도록 통신드라이버가 개발되어 있어 현장에서 널리 사용되고 있다. 우리가 접속할 기기는 미쓰비시 PLC의 QCPU이기 때문에 위와 같이 Q Series Qnu CPU Ethernet을 선택해야 한다. 포트의 경우 PLC에서 UDP와 TCP를 모두 지원하도록 설정되어 있기 때문에 선택이 자유롭지만 신뢰성 등의 이유로 TCP를 권장한다.

그림 8-7 생성된 프로젝트

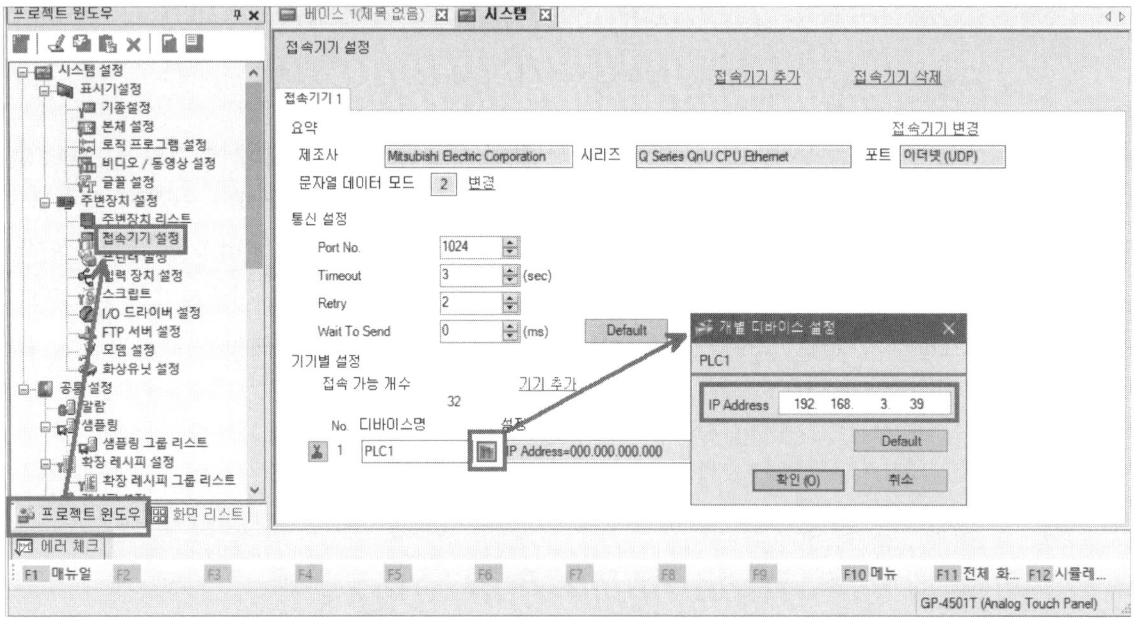

그림 8-8 접속기기의 IP설정, 미쓰비시 PLC의 IP를 입력한다.

프로젝트가 생성되면 우선 접속되는 PLC의 IP정보를 입력하도록 한다. 프로젝트 윈도우의 주변장치 설정 메뉴 중 접속기기 설정화면에서 접속되는 PLC의 IP를 입력할 수 있다. 실습에 사용되는

PLC의 IP는 192.168.3.39값으로 설정되어 있다. 만약 HMI에 모니터링할 접속 기기가 여러 대일 경우 접속기기를 추가하여 활용할 수 있다.

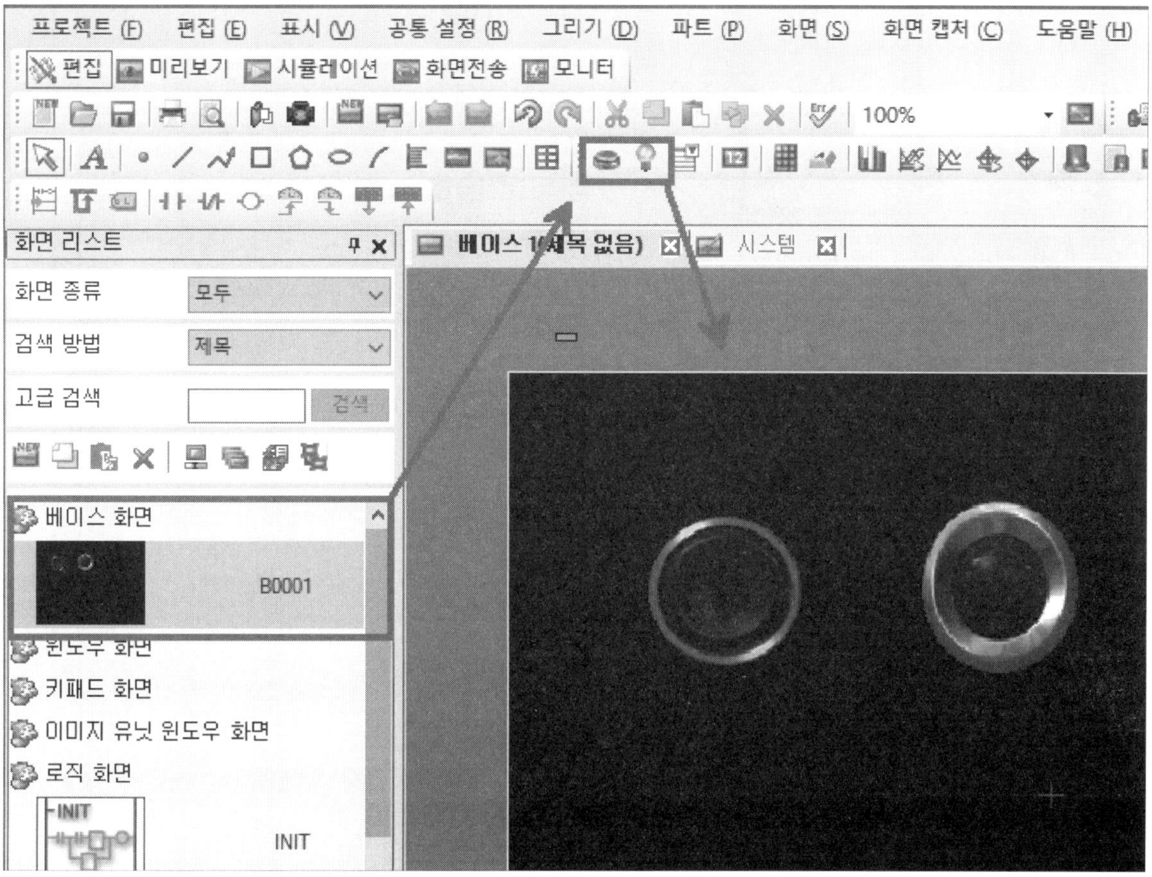

그림 8-9 파트 툴을 이용한 작화 / 어드레스 할당

프로젝트가 생성되면 파트를 화면에 적절하게 배치하고, 동작방식, 어드레스, 명판 등을 기입한다. 여러 화면을 작화할 경우 화면을 추가하고 화면 전환 버튼을 이용하여 화면을 이동할 수도 있으며, 팝업윈도우를 만들어 좀 더 많은 데이터 정보를 사용자에게 제공할 수 있다. 알람 발생 내역에 대해서도 이력을 남겨 사용자에게 정보를 제공할 수 있으며, 각종 그래프도 제공하여 다이내믹한 화면을 구성할 수 있다.

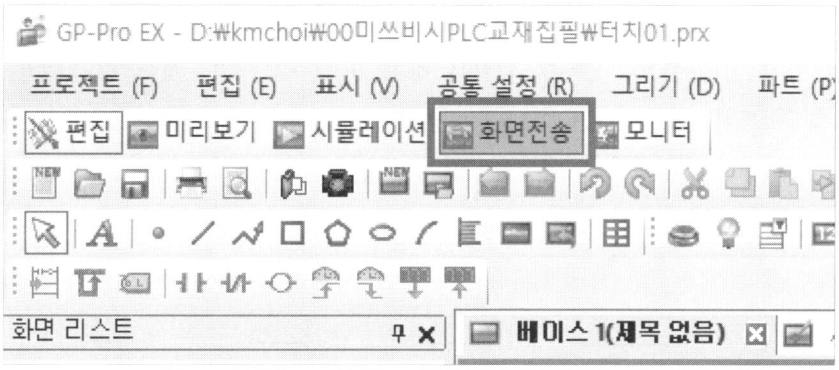

그림 8-10 프로젝트 저장 및 화면 전송

화면의 구성이 끝나면 프로젝트를 저장하고 화면전송 버튼을 이용하여 작화된 프로젝트를 기기로 전송할 수 있다.

그림 8-11 전송 설정 및 프로젝트 송신

PC와 HMI의 연결 형태에 따라 전송 설정을 하게 된다. 일반적으로는 USB케이블을 이용하여 다운로드 하나 최근에는 이더넷(LAN)이 모든 환경에 배치되어 있는 관계로 이더넷(LAN)을 이용한 다운로드도 많이 활용된다. 전송 설정을 변경하기 위해서는 전송 설정 버튼을 눌러 변경할 수 있다.

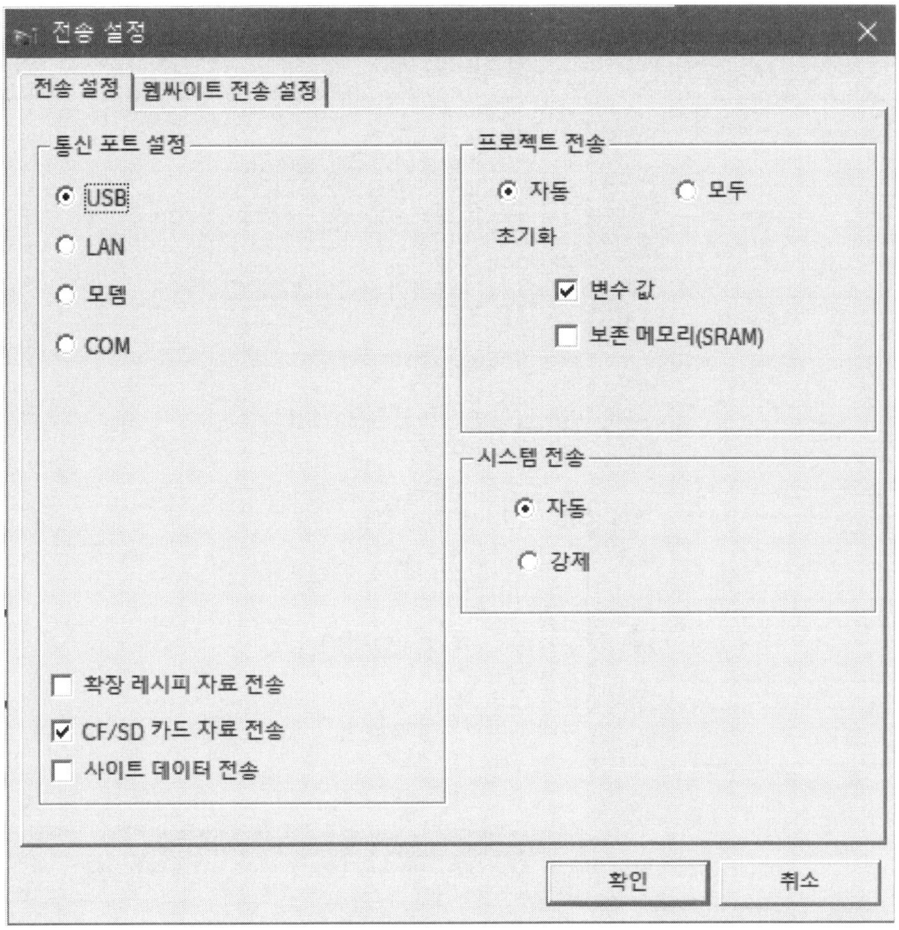

그림 8-12 전송 설정 화면

USB로 작화 화면을 다운로드할 경우 USB를 선택하고, LAN으로 연결되어 있는 경우 LAN을 선택하여 작화 화면을 다운로드할 수 있다. 프로젝트 전송 및 시스템 전송은 자동으로 선택하면, 시스템이 필요한 부분만 다운로드한다.

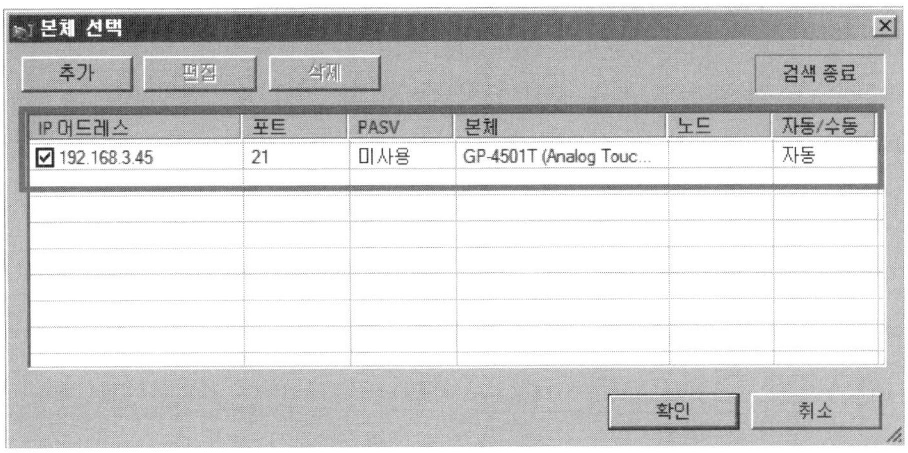

그림 8-13 LAN으로 전송할 경우, PC에 연결되어 있는 HMI에서 IP를 회신한다.

LAN으로 설정하여 전송할 경우에는 현재 PC에 연결되어 있는 HMI의 IP정보를 알고 있다면 직접기록하거나, 또는 자동으로 HMI의 IP정보를 회신받아 PC로부터 HMI에 프로젝트 데이터를 전송할 수 있다.

그림 8-14 프로젝트 전송

연결이 선택되고 전송을 시작하면, 프로젝트를 전송한다. 전송이 완료되면 HMI가 재부팅되고 작화 화면이 HMI에 표시된다. PLC와 정상적으로 통신이 되고 있다면 명령을 내리거나, PLC를 모니터링 할 수 있으며, 만약 통신이 되지 않을 경우 하단에 Time Out 등의 메시지를 표시하여 사용자 통보한다. 또한 입력파트(스위치 등)는 통신이 되지 않아도 표시되지만, 램프 등과 같이 PLC로부터 데이터를 수신 받아야 하는 파트는 통신이 이뤄지지 않을 시 표시되지 않는다.

3 비트요소제어

[1] 비트 스위치 작화( )

◇ 메뉴 위치 : 파트 – 스위치 램프 – 비트 스위치

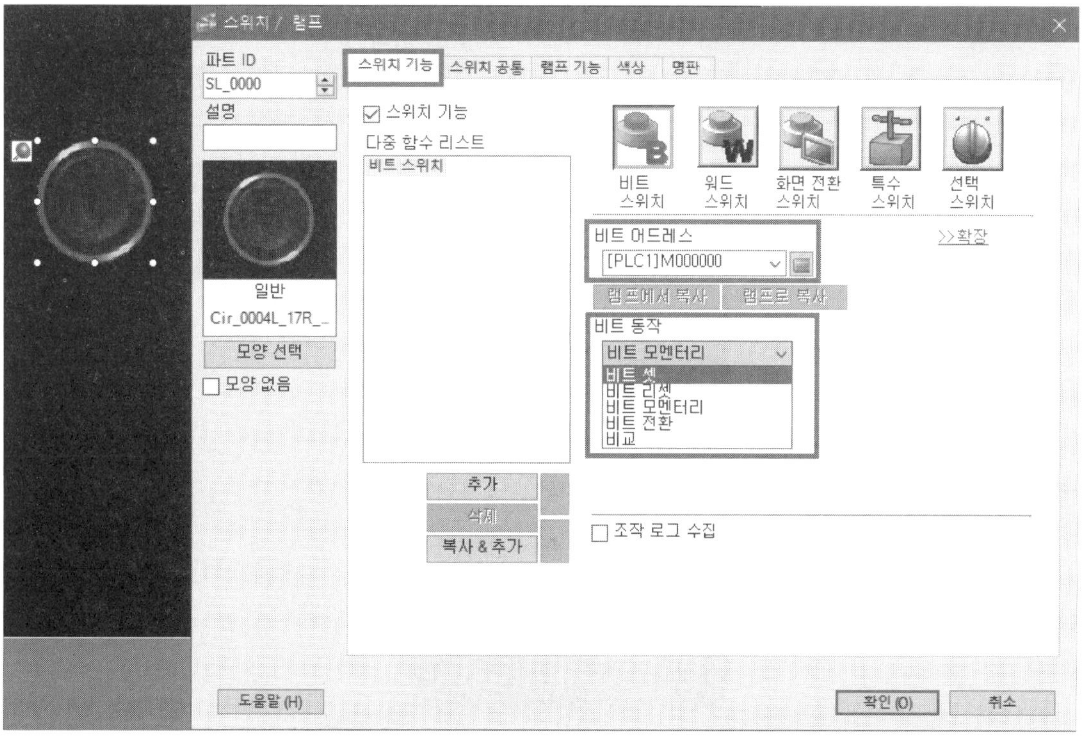

그림 8-15 어드레스 할당 및 동작 선택

비트 요소의 대표적인 예로 비트 스위치가 있다. 비트 스위치는 PLC의 비트 어드레스 또는 HMI의 내부 메모리 중 비트 메모리를 할당 할 수 있다. 동작에는 비트 셋, 리셋, 모멘터리, 전환, 비교가 있다.

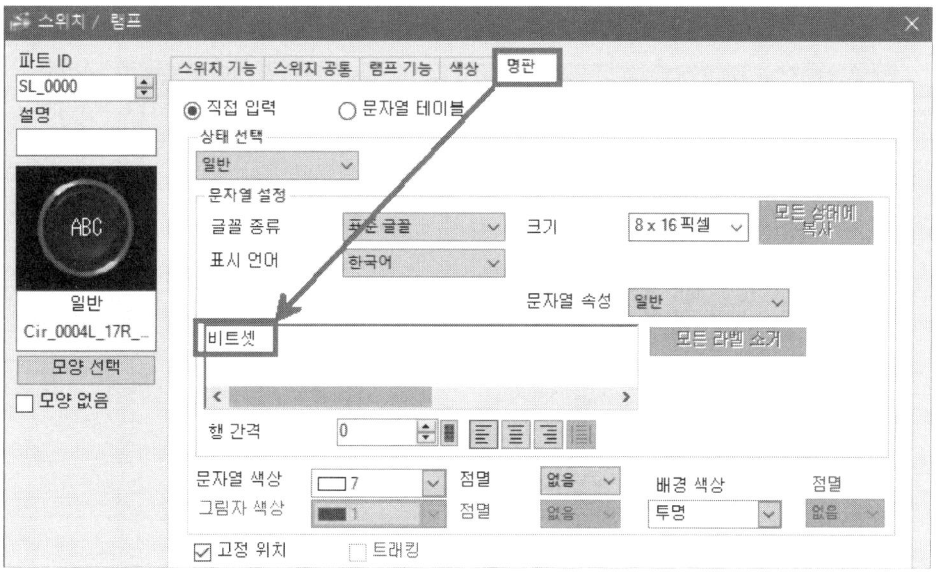

그림 8-16 명판 기입하기

스위치의 용도를 기입하여 사용자의 편의성을 높일 수 있다. 명판은 위치를 고정시키거나 사용자에게 위치를 변경하도록 할 수 있으며, 여러곳에서 사용되는 것을 감안하여 문자열 테이블에 기입해 놓고 참조하여 사용할 수도 있다.

표 내용을 참고하여 아래와 같이 작화한다. 동작은 램프작화 후 함께 확인한다.

파트 종류	어드레스 할당	비트 동작	명판
스위치	M0	비트 셋	비트 셋
스위치	M0	비트 리셋	비트 리셋
스위치	M1	비트 모멘터리	비트 모멘터리
스위치	M2	비트 전환	비트 전환

〈 파트 작화 정보 〉

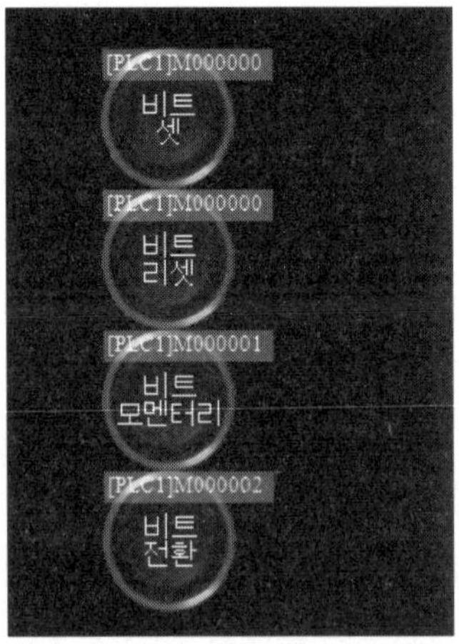

그림 8-17 비트 버튼의 작화

[2] 비트 램프 작화( )

◈ 메뉴 위치 : 파트 - 스위치 램프 - 램프

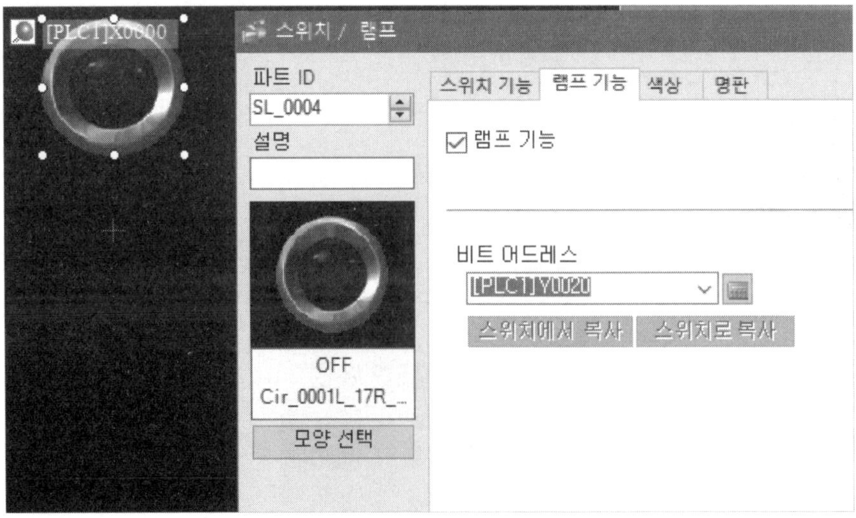

그림 8-18 비트 램프 어드레스 할당

파트 종류	어드레스 할당	명판
램프	Y20	램프1
램프	Y21	램프2
램프	Y22	램프3

그림 8-19 비트 스위치 및 램프 제어를 위한 작화 화면

[3] LD 프로그램 작성

그림 8-20 비트 스위치 및 램프제어를 위한 PLC 프로그램

HMI 작화화면을 HMI에 전송하고 PLC 래더 프로그램을 PLC에 전송하도록 한다. HMI에서 각 버튼은 동작시켜 결과를 모니터링한다. 비트셋은 M0메모리를 1로 만들기 때문에 Y20이 ON되며, 비트 리셋 버튼은 M1메모리를 0으로 만들기 때문에 Y20이 OFF된다. 비트 모멘터리는 누르고 있을 때만 해당 메모리 값이 1이기 때문에 누르고 있는 동안 램프2가 ON된다. 비트 전환 버튼은 할당 메모리를 현재의 반대값으로 전환한다. 즉 현재 M2가 0이라면 버튼을 누르면 M2값을 1로 만들고 램프3은 ON된다. 다시 비트 전환 버튼을 누르면 M2값이 현재 1이기 때문에 0으로 변경하고 Y22는 OFF된다.

작화 시 유용한 기능

□ 파트의 어드레스 표시

* 메뉴 위치 : 표시 - 옵션 설정

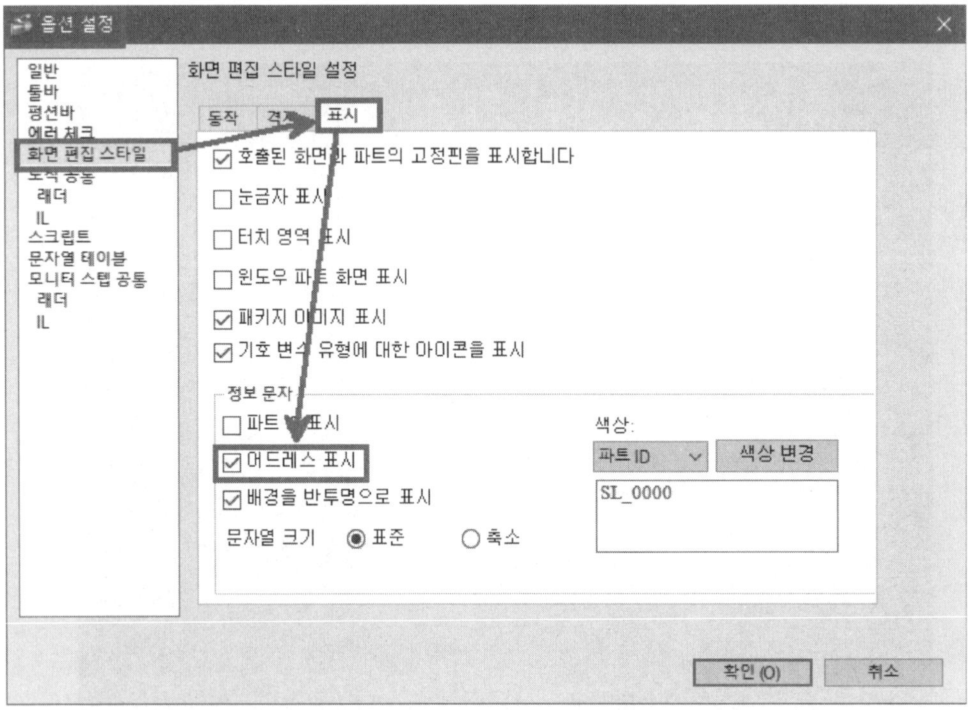

그림 8-21 어드레스 표시하기. 파트에 어드레스를 표시한다.

□ 격자표시 및 맞추기

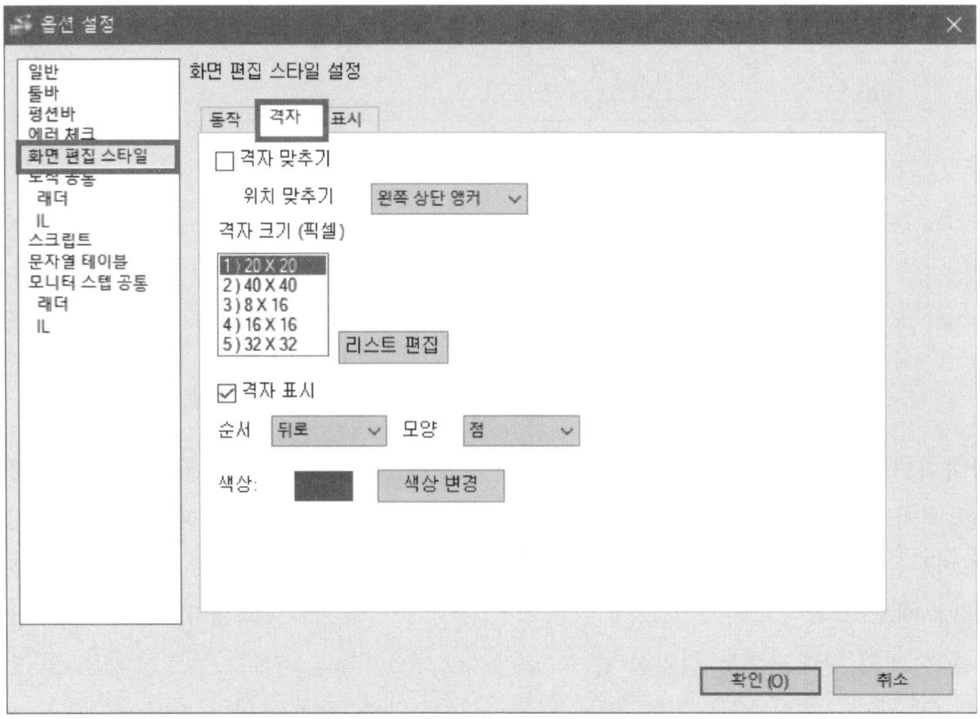

그림 8-22 격자크기 및 표시

□ 복제 기능

* 편집 – 복제 (또는 파트 클릭 후 마우스 오른쪽 팝업 버튼)

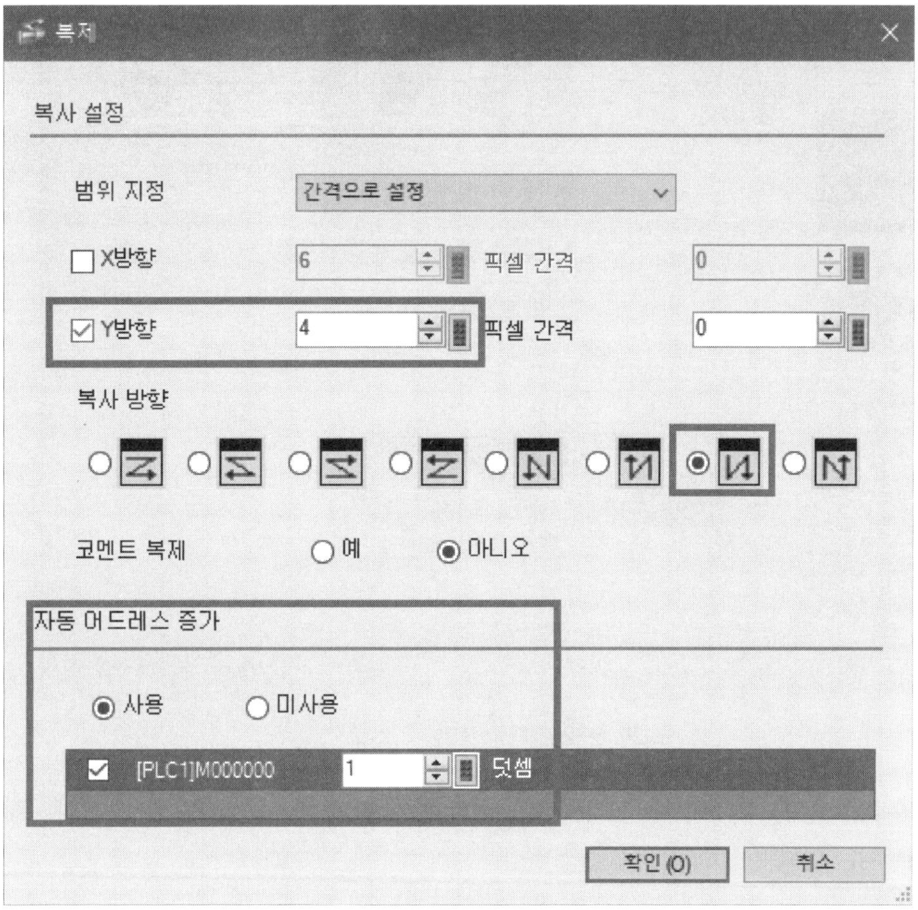

그림 8–23 복제 기능, 동일한 파트를 만들 때 유용하다.

□ 파트의 정렬 기능

* 메뉴 위치 : 표시 – 툴바 – 편집 체크 (또는 툴바 빈 영역에서 마우스 오른쪽 버튼)

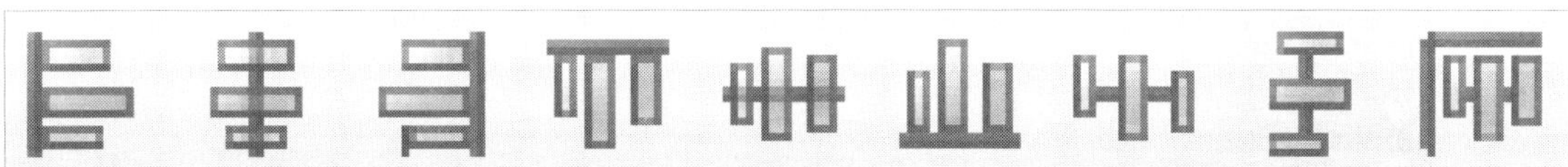

그림 8–24 편집 툴, 여러 개의 객체를 선택 한 후 한번에 정렬할 수 있다.

□ 화면 확대/축소

* Ctrl + 마우스 휠

[4] 스위치 기타 기능

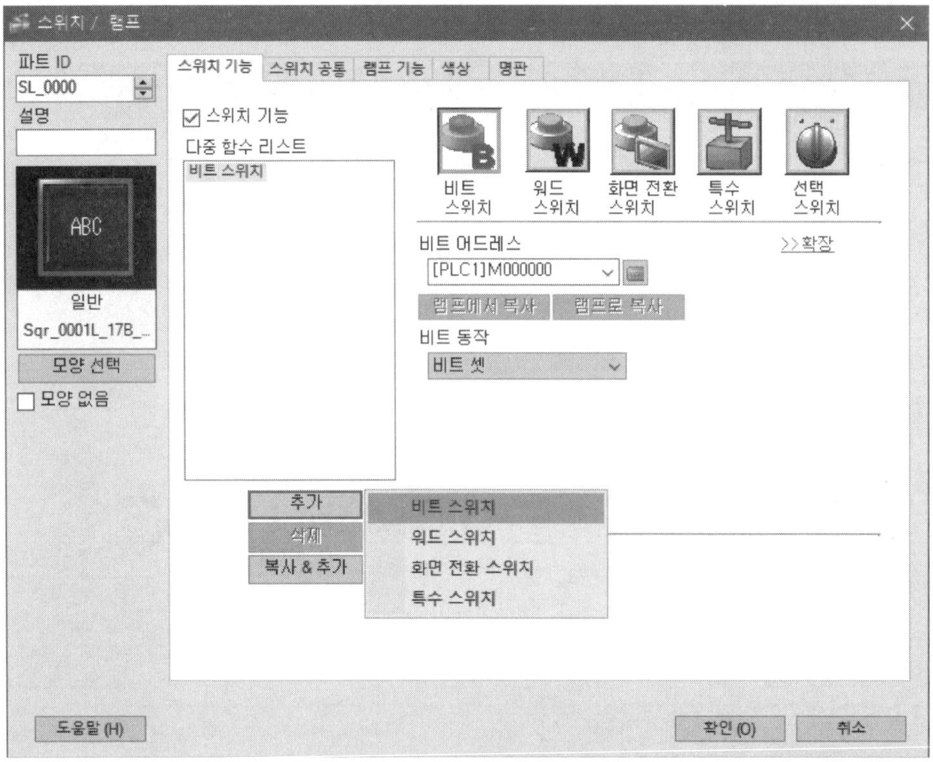

그림 8-25 다중 함수 리스트

버튼 하나에 여러 기능을 추가할 수 있다. 추가 버튼을 누르면 비트, 워드, 화면 전환, 특수 기능을 추가로 입력할 수 있다.

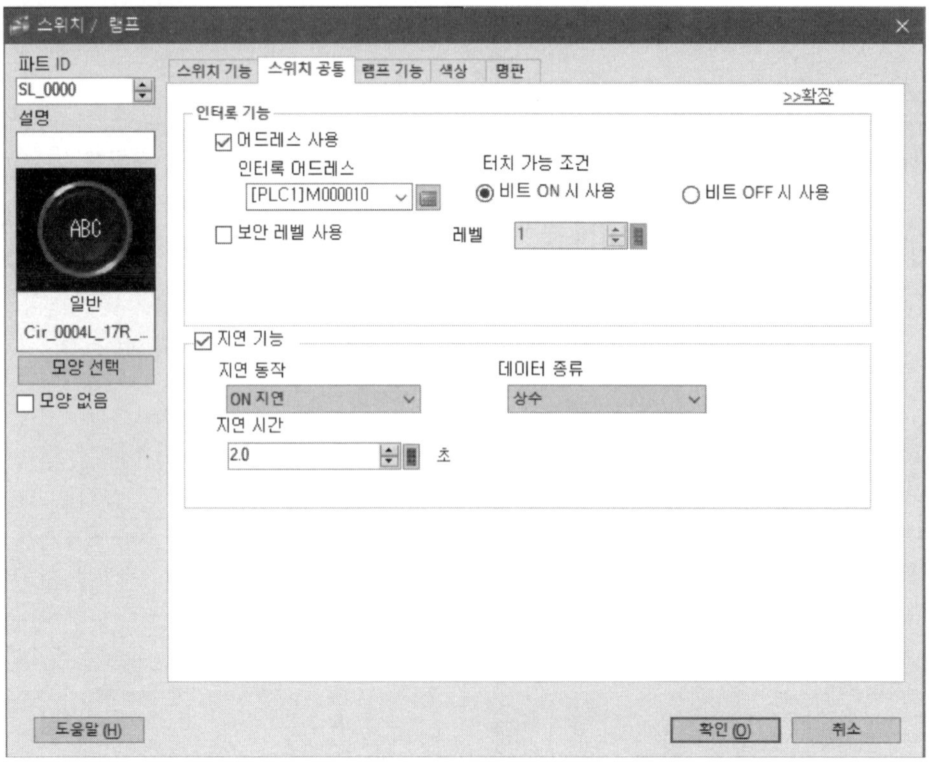

그림 8-26 인터록 기능과 지연 기능

인터록 기능은 해당 메모리가 ON 또는 OFF를 만족할 때 비트 스위치가 동작하며, 지연 기능 HMI자차에서 버튼에 지연 기능을 추가하는 것으로, ON 지연은 버튼을 해당 시간만큼 누르고 있어야 동작한다. OFF 지연은 버튼을 눌렀다 뗀 뒤, 지연 시간 후 동작한다.

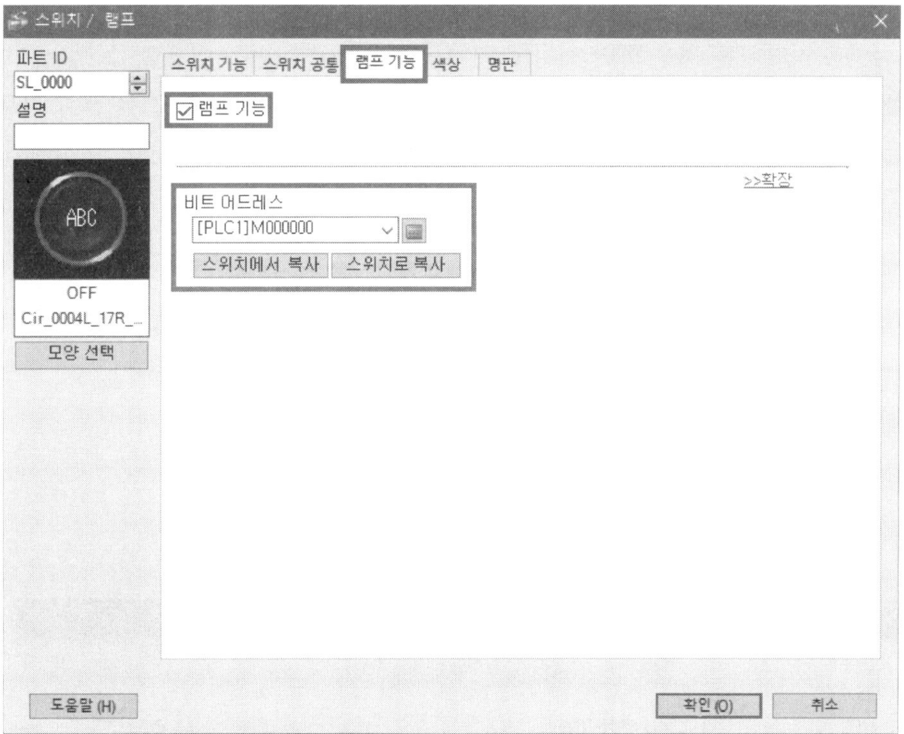

그림 8-27 램프 기능

스위치 자체에 램프 기능을 추가할 수 있다. 스위치에서 램프 기능 탭을 클릭한 후 램프 기능을 체크 및 어드레스를 할당하면 해당 메모리 값이 1일 때 스위치가 점등된다.

[5] 스위치 모양 변경

스위치의 모양을 변경하려면 모양 선택에서 적절한 버튼 및 색상을 선택하여 활용할 수 있다. 물론 사용자 정의 디자인도 추가하여 활용할 수 있다.

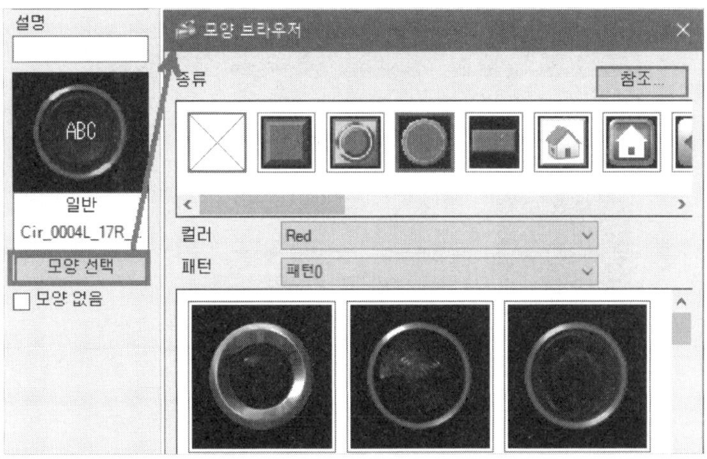

그림 8-28 모양 바꾸기

4 활용 가능한 파트

[1] 화면 전환 스위치

여러 개의 화면을 작화하는 경우 화면 전환 스위치를 이용하여 화면을 이동할 수 있다. 화면은 1번부터 9999번 화면을 생성할 수 있다. 버튼을 생성하고 화면번호를 기입할 수도 있으며, 바로 이전 화면으로 이동하는 기능을 제공한다. 화면 전환 버튼에도 명판을 기입하여 편의성을 향상시킬 수 있다.

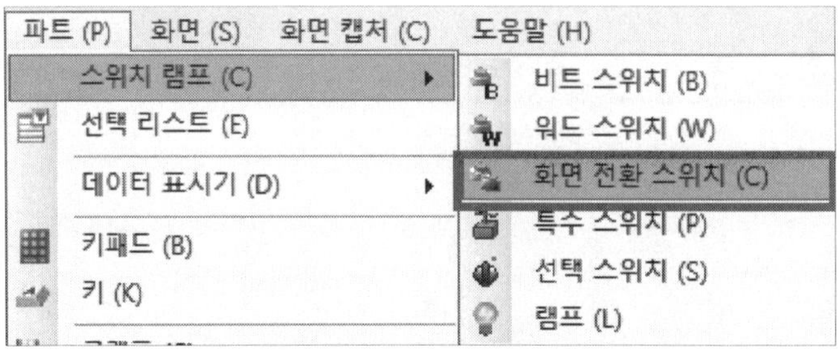

그림 8-29 화면 전환 스위치

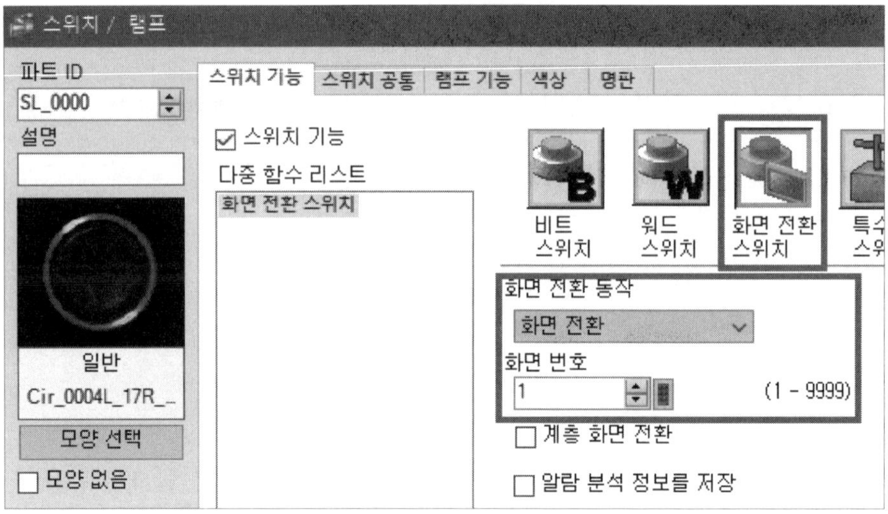

그림 8-30 화면 전환 스위치 속성

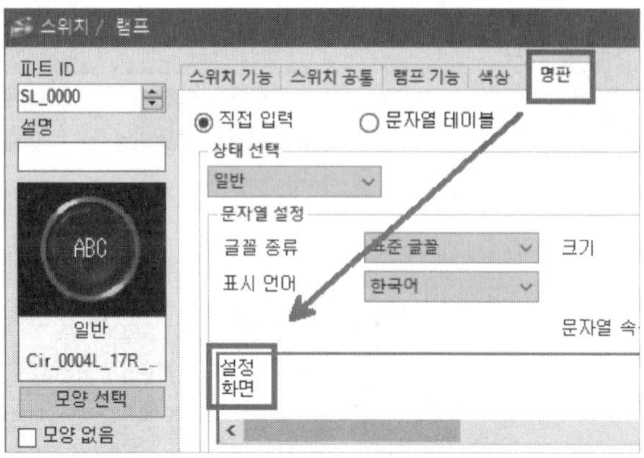

그림 8-31 화면 전환 스위치 명판 설정

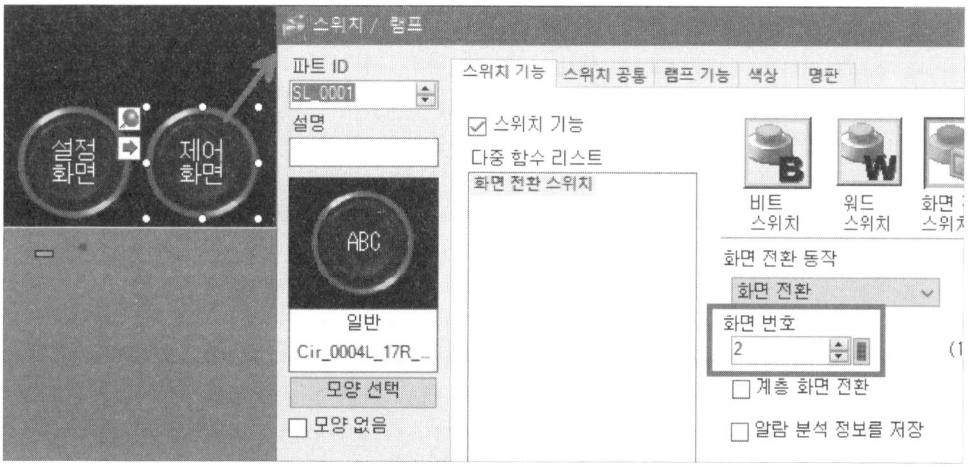

그림 8-32 화면 전환 스위치 추가, 화면 번호 2번

화면의 추가는 베이스 화면에서 마우스 오른쪽 버튼을 클릭하면 '새화면'을 추가할 수 있다. 해당 메뉴에서 화면의 바탕색이나 화면 번호 등을 변경할 수 있다.

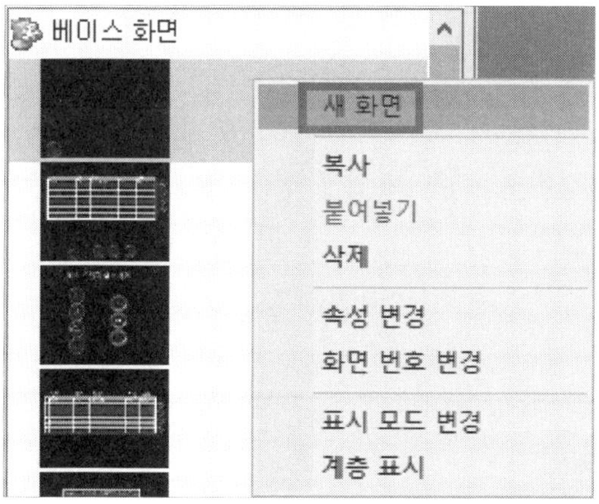

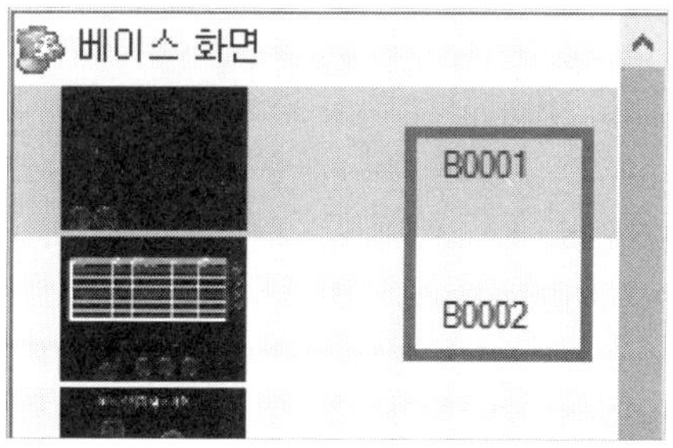

그림 8-33 베이스 화면 추가 및 화면 번호

프로페이스 HMI는 머리글과 바닥글 기능을 제공하는데, 화면마다 반복적으로 사용되는 화면 전환 버튼이나 배경화면, 시계 요소 등을 머리글이나 바닥글에 생성하면 다른 페이지에서 작화하지 않아도 호출하여 동일한 기능을 추가할 수 있다. 바닥글을 생성하려면 화면 하단의 바를 클릭하면 바닥글이 활성화 되고, 바닥글을 편집할 수 있다. 아래 그림의 경우 화면 전환 버튼을 바닥글로 작성한 경우이다. 바닥글의 작성이 모두 끝나면 다시 화면의 바를 클릭하면 바닥글 편집 완료상태가 되며, 이 상태에서는 화면에 워터마크처럼 보이며 편집할 수는 없다.

그림 8-34 바닥글 편집 기능 및 편집 상태

그림 8-35 바닥글 편집 완료상태

그림 8-36 머릿글 편집 기능

머리글 편집도 바닥글과 마찬가지로 화면 상단의 바를 클릭하여 수정한 후 다시 상단의 바를 클릭하면 편집이 종료된다. 다른 화면에서 작성된 바닥글 또는 머리글을 호출하려면 해당 화면에서 하단 또는 상단의 바를 클릭하고 좌, 우의 녹색 화살표를 클릭하면 작성된 바닥글 또는 머릿글이 호출된다. 바닥글, 머리글은 어느 한 화면에서 수정하면 모든 화면에 동시 적용되기 때문에 수정할 때는 주의를 요한다.

[2] 워드 스위치( )

◇ **메뉴 위치 : 파트 - 스위치 램프 - 워드 스위치**

아래와 같이 작화하면 PLC에 별도의 프로그램을 하지 않아도 D0메모리에 상수값 1234가 저장된다. 또한 워드 동작에 따라 해당 메모리를 더하거나 뺄 수 있다. 자리수 가감산을 선택하면, BCD표기로 연산하며 하위 4비트가 1씩 증가되며, 자리수 위치를 2로 설정하면 4~7번 비트가 1씩 증가한다.

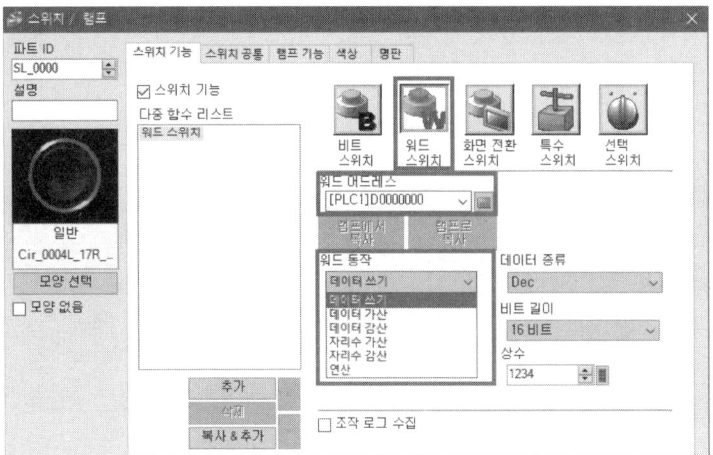

그림 8-37 워드 스위치 어드레스 할당 및 워드 동작

[3] 수치 표시( )

◇ **메뉴 위치 : 파트 - 데이터 표시기 - 수치 표시**

수치 표시기를 작화하면 PLC메모리에 저장되어 있는 데이터를 수치로 표현할 수 있다. 각 데이터를 Dec(10진수), Hex(16진수), Oct(8진수), BCD(이진화 십진법, Binary-coded decimal)로 표시 가능하며 PLC기종에 따라 변경될 수 있다.

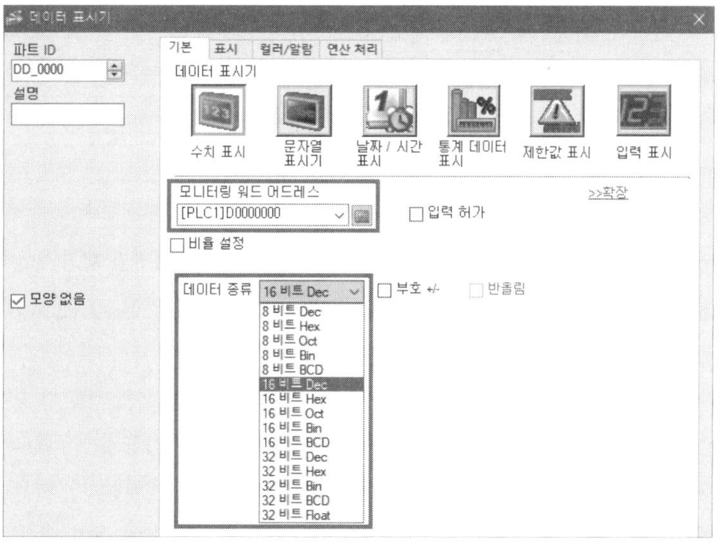

그림 8-38 수치 표시기

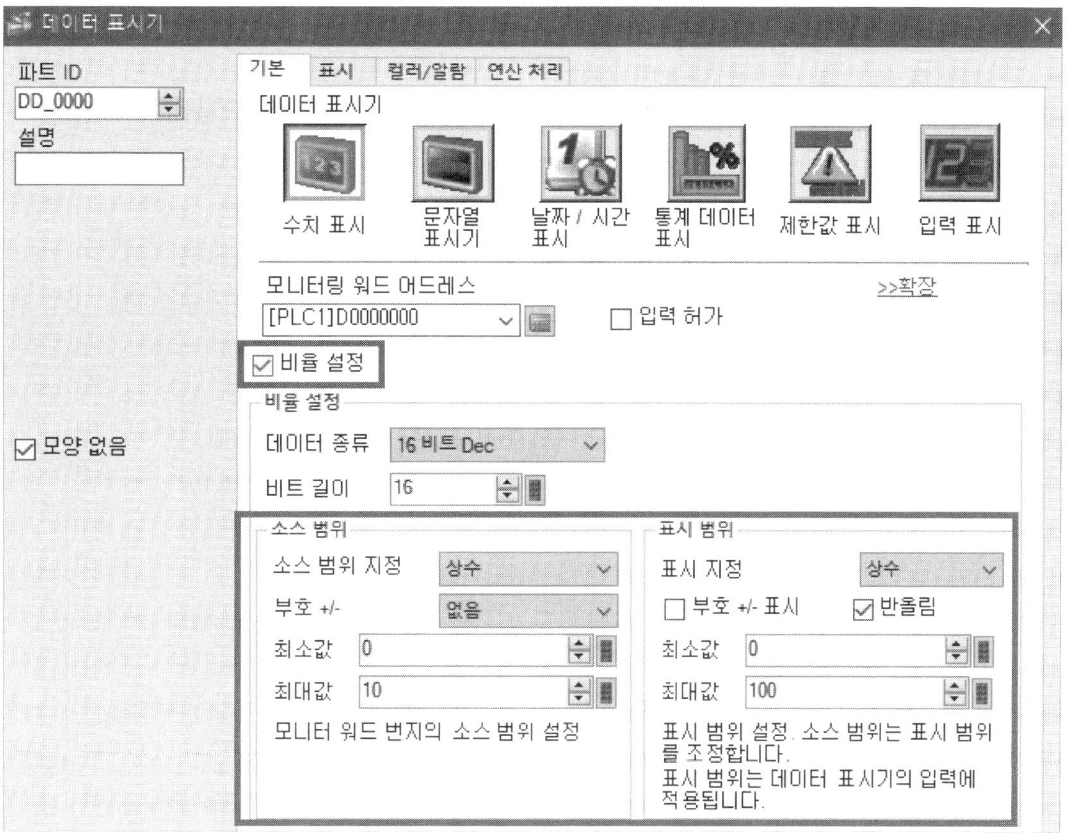

그림 8-39 비율 설정, 스케일 확대

비율 설정을 클릭하면 데이터의 스케일을 변경하여 표시할 수 있다. 아래와 같이 소스 범위를 0~10, 표시 범위를 0~100으로 설정하면, D0의 값이 1이면 10이 표시되고, 10일 경우 100이 표시된다. 반대의 경우로 소스 범위를 0~100, 표시 범위를 0~10으로 설정하면 D0의 값이 50이면 5를 표시한다. 중간값의 경우 반올림을 체크하면 반올림으로 처리한다. 즉 D0의 값이 35이면 4를 표시하고, 34이면 3을 표시한다.

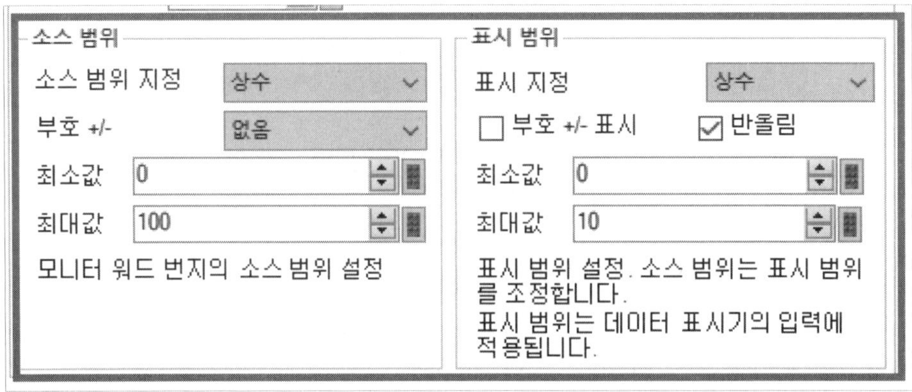

그림 8-40 비율설정, 스케일 축소

16비트 데이터로 표현할 수 있는 자릿수가 5자리이기 때문에 기본값이 5로 설정되어 있으나 필요에 따라 변경할 수 있다. 소수점 자리수를 증가시킬 때마다 표현되는 수치의 소수점 자리가 증가한다. 데이터 값이 0이 경우 0감추기를 체크하면, '0'으로 표시되고, 체크하지 않으면 '00000'으로 표시된다. 데이터의 값이 0일 때 0표시를 체크하지 않으면 아무런 데이터도 표시되지 않으며, 0표시를 체크하면 0값이 표시된다. 7세그먼트 표시를 클릭하면 7세그먼트 디자인으로 표시된다. 입력값 *표시는 비밀번호 표기처럼 숫자값이 *이 표시된다.

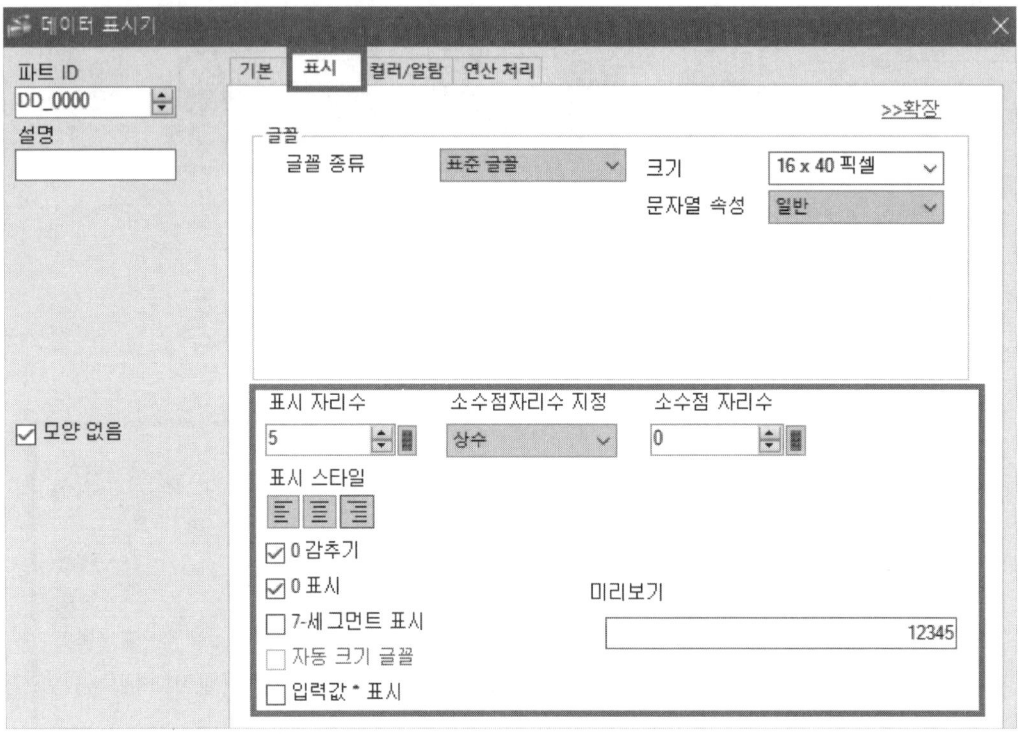

그림 8-41 수치 표시 - 표시

데이터 표시기의 범위를 설정하여 해당 범위에 값이 표시되면 숫자의 색을 변경하거나 점멸이 가능하도록 할 수 있다. 아래와 같이 설정할 경우 3미만, 7초과일 경우 적색으로 표시되며 점멸한다.

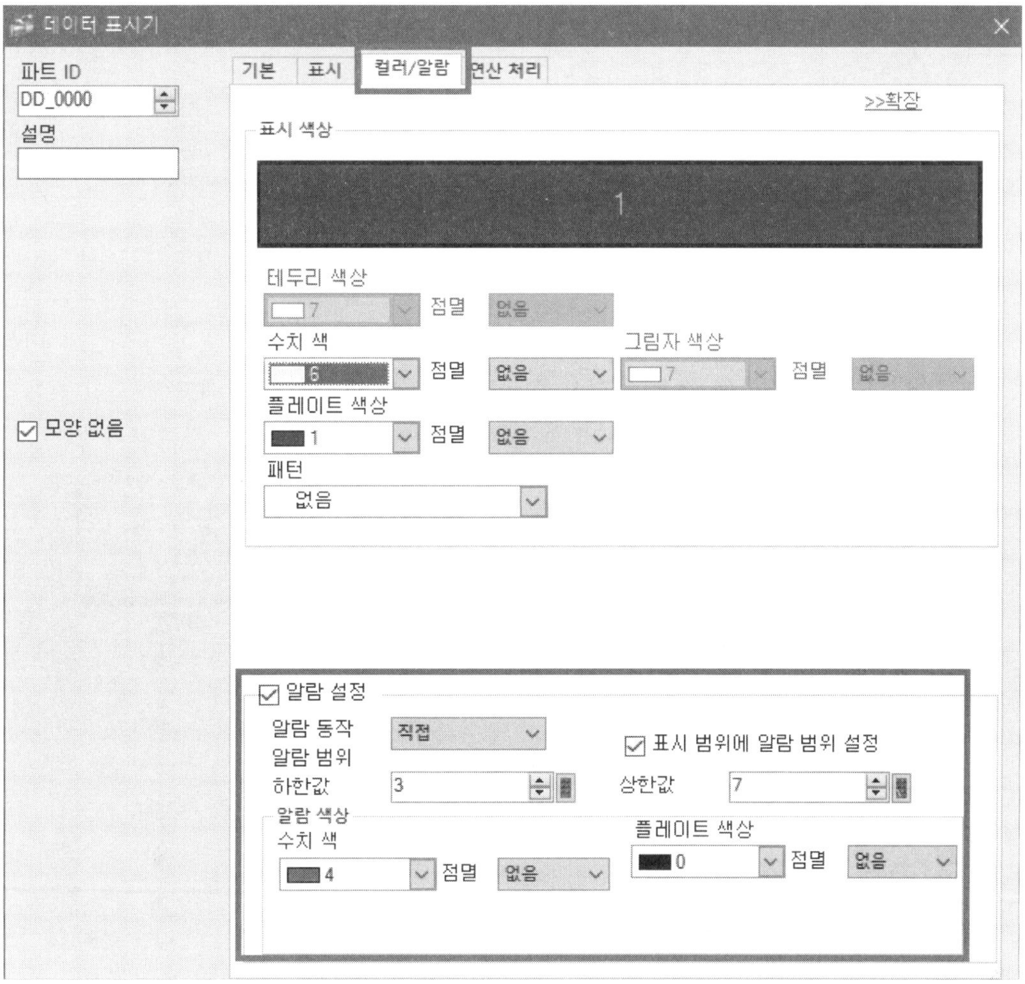

그림 8-42 수치 표시 - 알람설정

[4] 수치 입력

수치를 입력하여 PLC의 메모리에 전송할 수 있다. 수치를 입력하려면 입력 허가를 체크해야 하며, 이후 입력 허가 탭이 활성화된다.

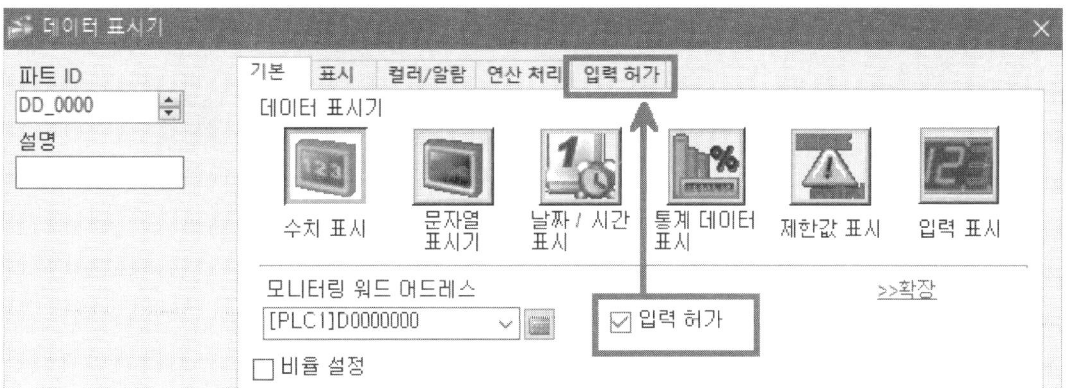

그림 8-43 입력 허가 활성화

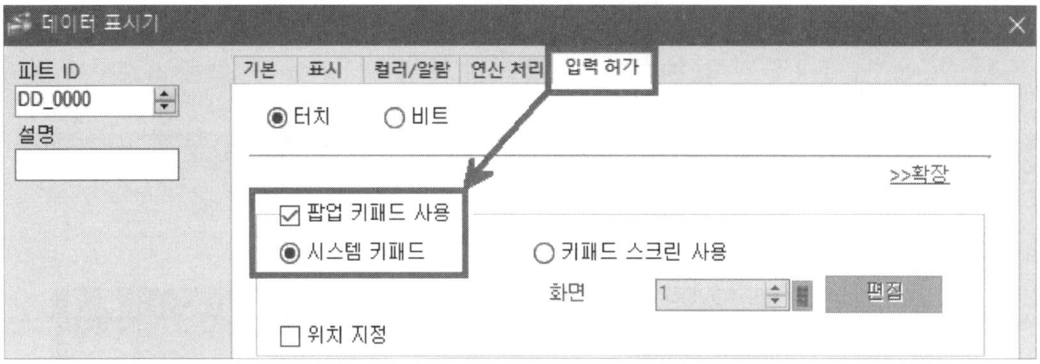

그림 8-44 시스템 키패드 선택

시스템 키패드는 아래와 같으며, 시스템 키패드를 사용하지 않으려면 별도의 키패드를 만들어 사용할 수 있다. 활성화된 키패드에 값을 입력하면 해당 메모리값 (D0)에 키패드에서 입력한 값이 저장된다.

그림 8-45 기본 시스템 키패드

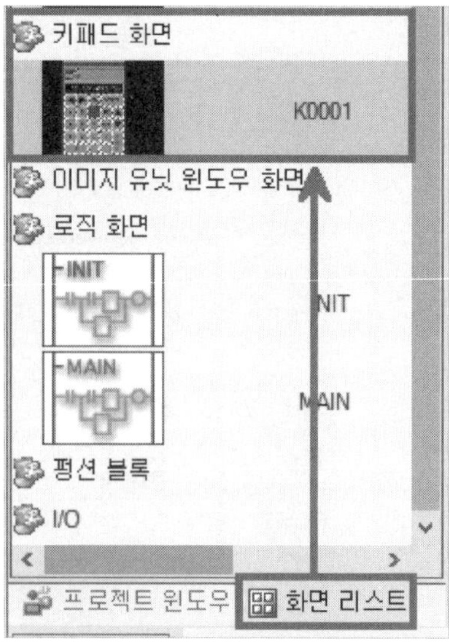

그림 8-46 사용자 키패드 생성

[5] 문자열 표시

문자열 표시는 PLC메모리에 저장되어 있는 문자열을 표시하는데 사용된다.

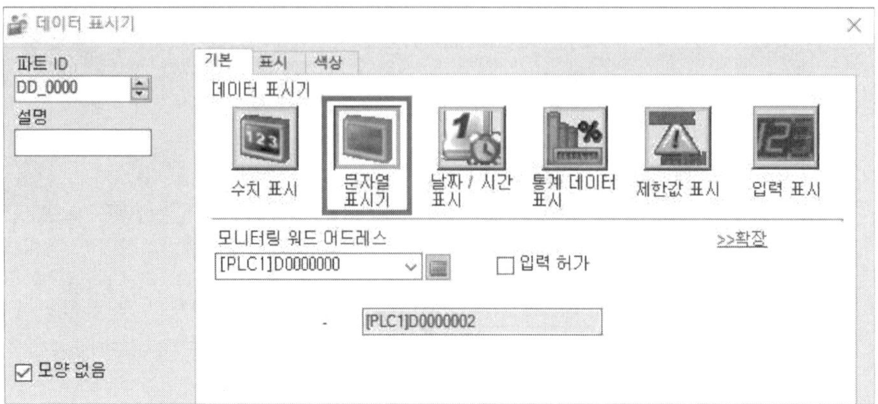

그림 8-47 문자열 표시기

ASCII 문자표시는 7비트가 1개의 문자를 표시하므로 표시문자가 5일 경우 D메모리 2.5개가 필요하나 D메모리의 크기가 16비트이기 때문에 D0~D2까지 점유한다. 한글의 경우 문자 1개가 16비트(2Byte)로 처리되기 때문에 한글 5글자를 표시하려면 표시문자에 10(D0~D4점유)을 입력해 주어야 한다.

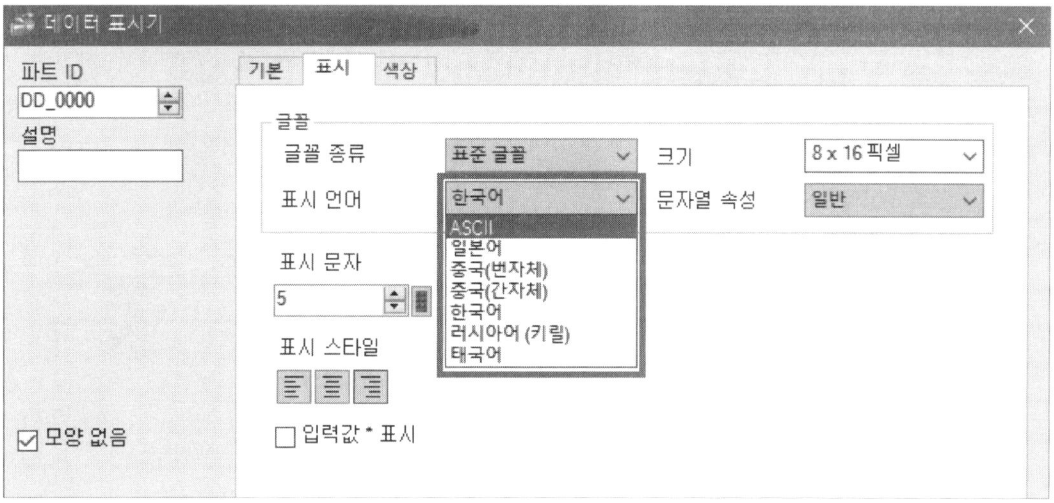

그림 8-48 문자열 표시 글꼴, ASCII, 한국어 등을 지원한다.

[6] 날짜/시간 표시

HMI의 내부 RTC(Real Time Clock)의 시간 값을 HMI에 표시한다. 표시 형식은 선택할 수 있다.

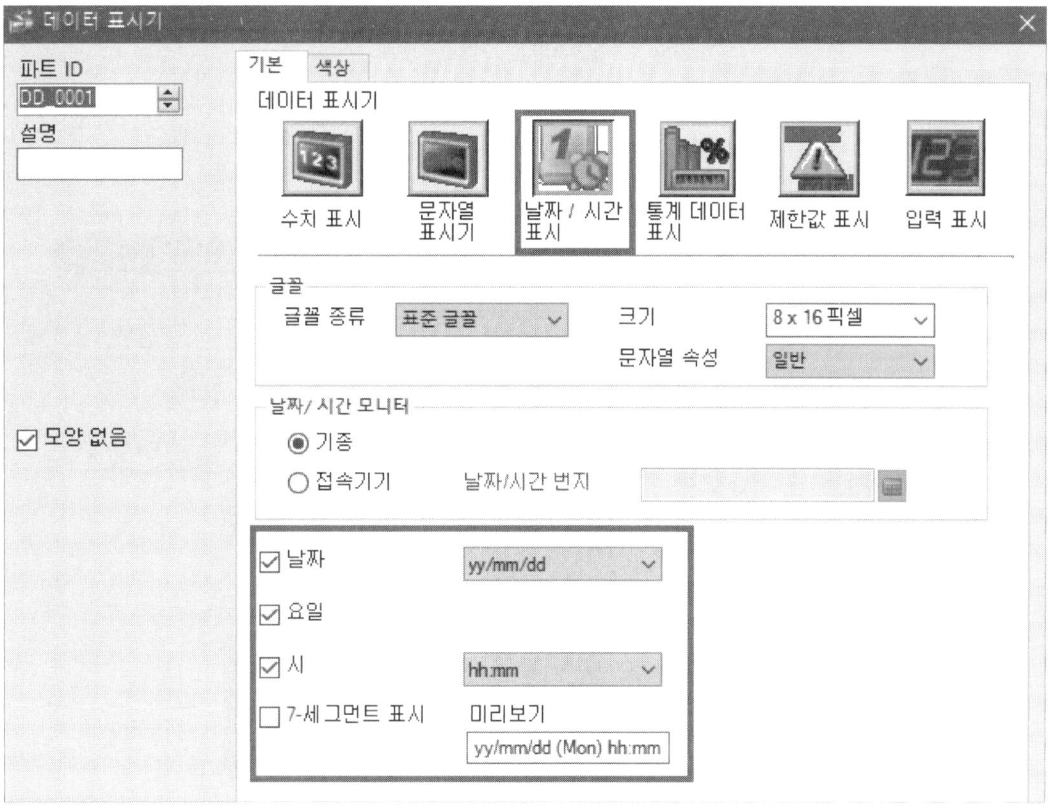

그림 8-49 날짜/시간 표시

[7] 그래프

그래프의 경우 일반, 통계, 메타 그래프 등이 있으며, 소스의 범위와 표시의 범위로 스케일 기능이 있으며, 그래프 모양을 선택하여 원하는 그래프를 얻을 수 있다.

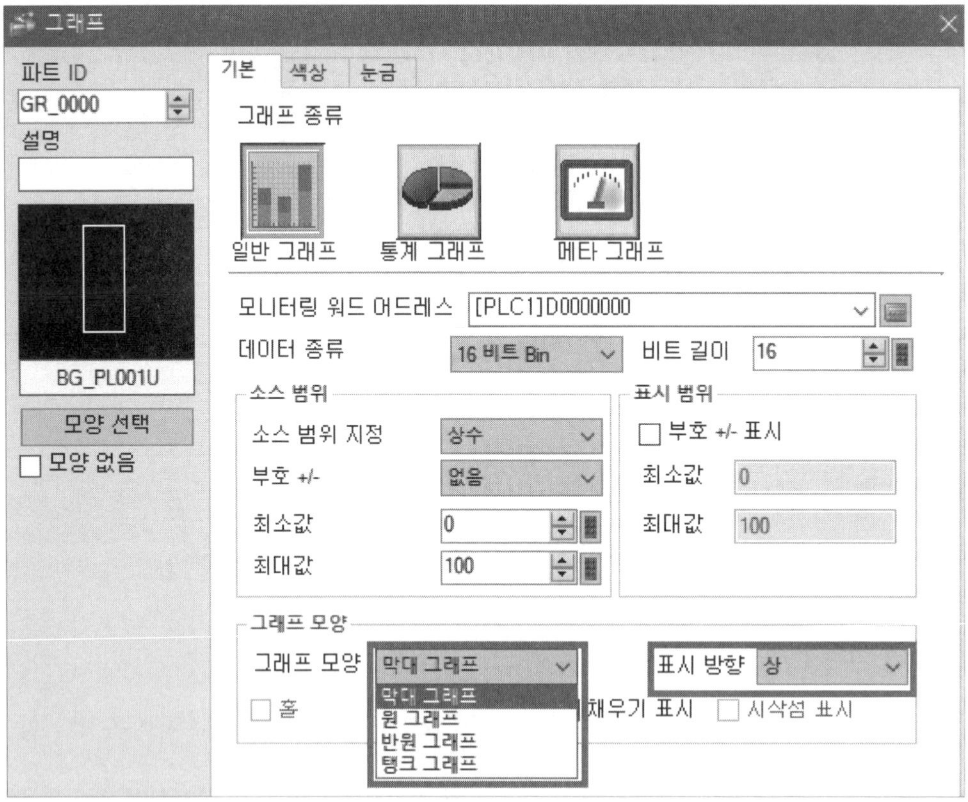

그림 8-50 막대 그래프 표시

그래프의 색상은 범위를 구분하여 표시할 수 있으며, 스택 기능으로 값에 따른 그래프의 부분색 변경이 가능하다.

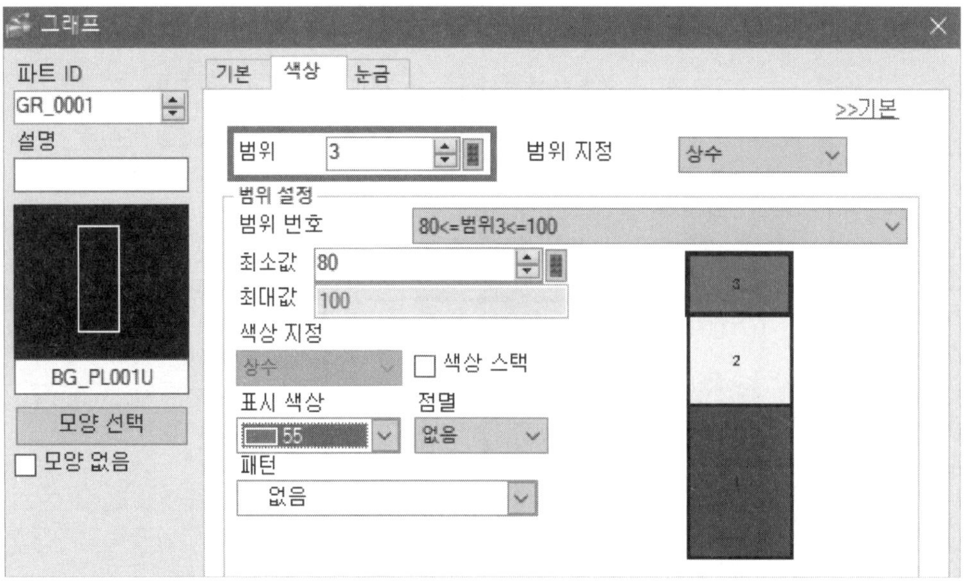

그림 8-51 그래프 색상 설정

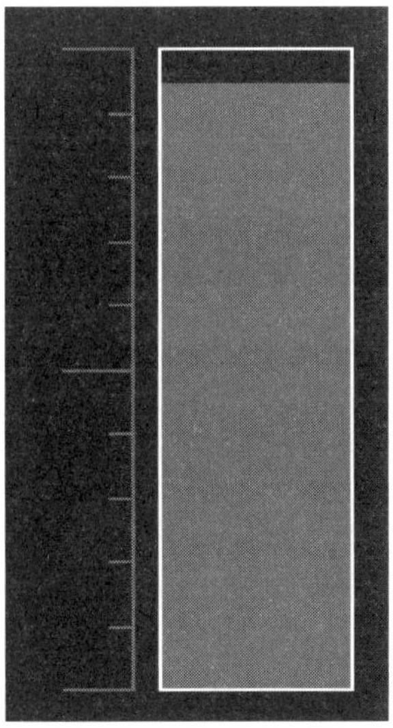

그림 8-52 스택 미적용, D0=95

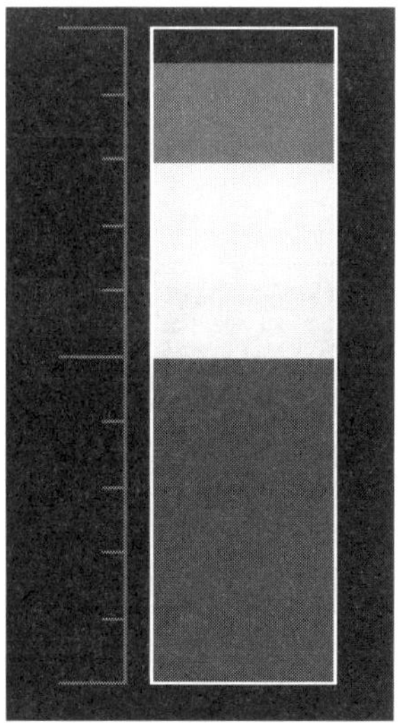

그림 8-53 스택 적용, D0=95

그래프 눈금의 경우 주 분할 눈금과 보조 분할 눈금을 별도로 설정할 수 있도록 되어 있다. 아래 그림의 경우 주 분할 눈금을 2개로 설정하였고, 보조 분할 눈금을 5개로 설정하였다.

그림 8-54 그래프 눈금 표시

그림 8-55 통계그래프의 활용

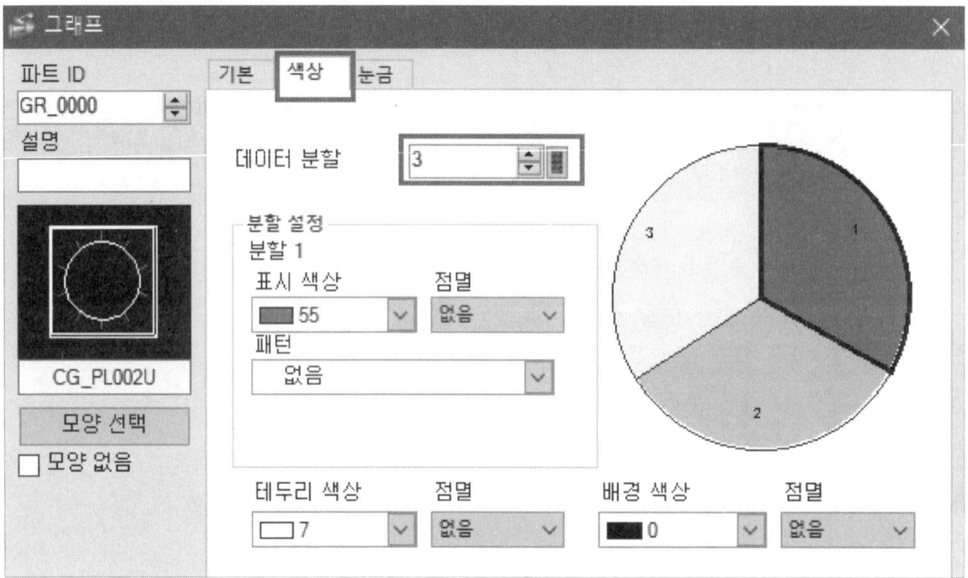

그림 8-56 소스데이터가 3개인 경우의 설정

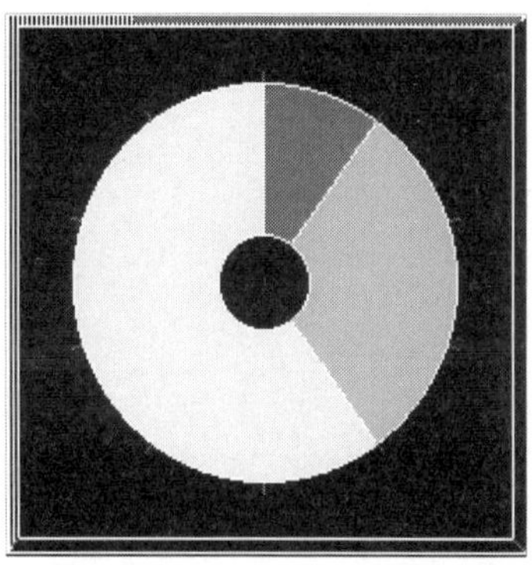

그림 8-57 통계그래프의 표시

위 그림은 D0의 값이 10, D1의 값이 30, D2의 값이 60경우의 통계그래프 표시이다.

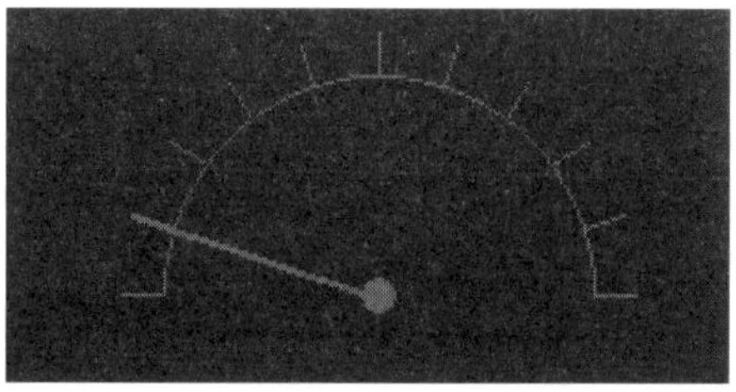

그림 8-58 메타그래프의 표시

[8] 알람

1) 이력 알람

알람을 활용하기 위해서는 알람을 저장할 메모리를 미리 할당하여야 하며 블록1~블록8까지 총 10000개의 데이터를 사용할 수 있다. 기본 값으로 블록번호1에 이력 128, 로그 128, 활성 128개가 설정되어 있으며, 블록2도 사용하려면 메모리 개수를 설정해야 한다.

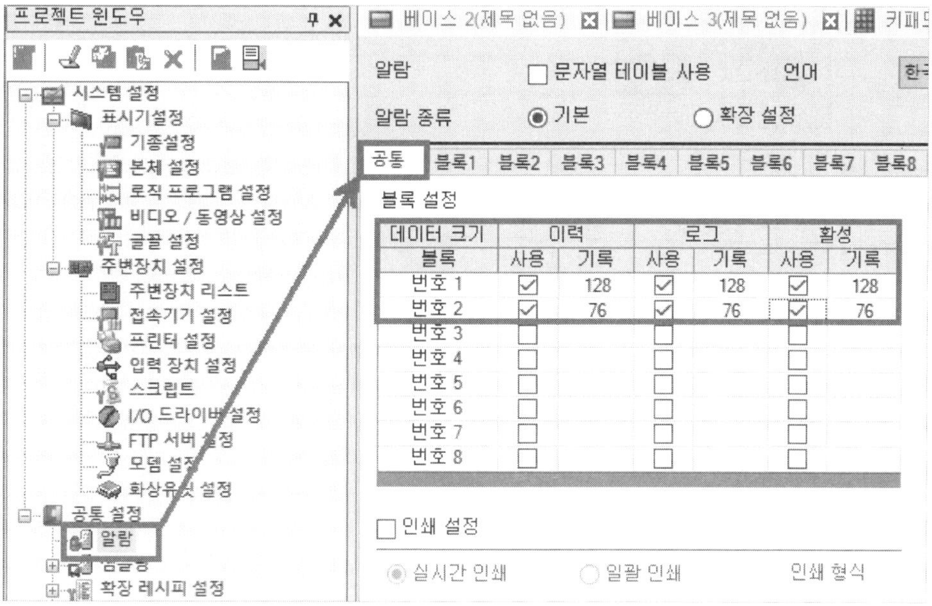

그림 8-59 알람 공통 설정

블록1의 메모리크기를 설정하였으면 알람 항목을 설정할 수 있다. 아래와 같이 설정하면 M0신호가 ON이 될 때 'M0 신호 발생' 메시지를 표시할 수 있다.

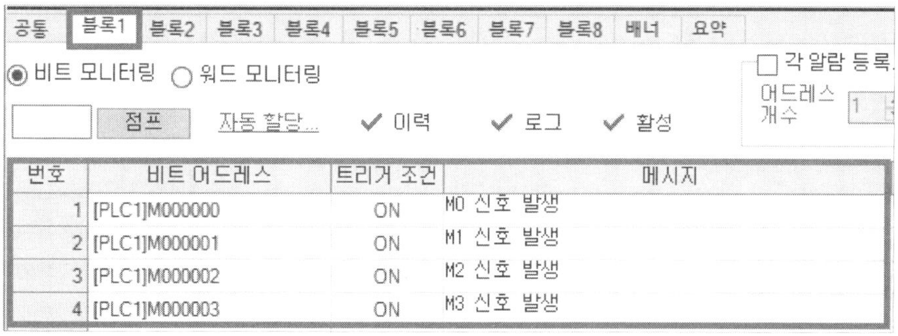

그림 8-60 블록1의 알람 내용 설정

파트-알람을 작화하면 아래와 같이 표시되며, 더블클릭으로 세부 설정을 할 수 있다.

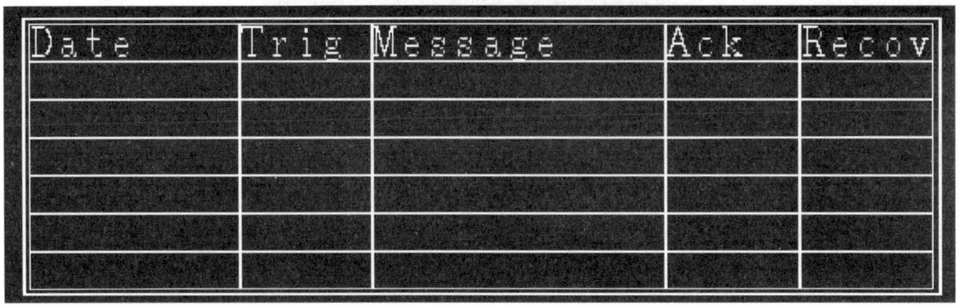

그림 8-61 파트 - 알람 작화

블록1에 설정된 알람 내역을 표시하는 방식을 설정하는 화면으로 표시 알람수, 알람 표시 방향, 색상 등을 설정할 수 있다.

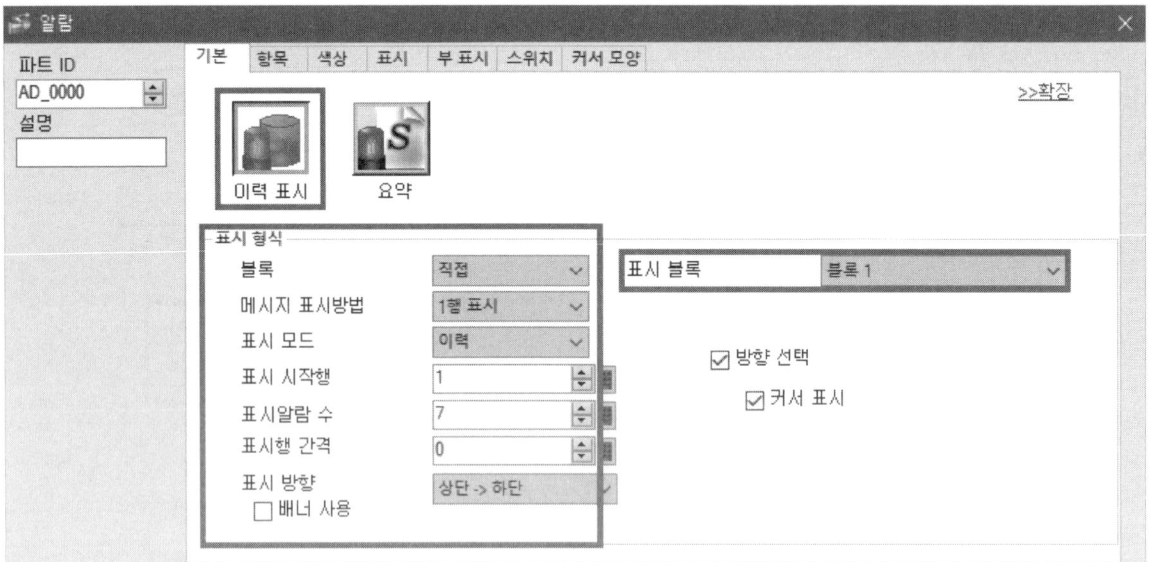

그림 8-62 알람 - 블록1의 이력표시

알람 목록을 항목명을 표시하기 위해 해당 항목을 체크한다.

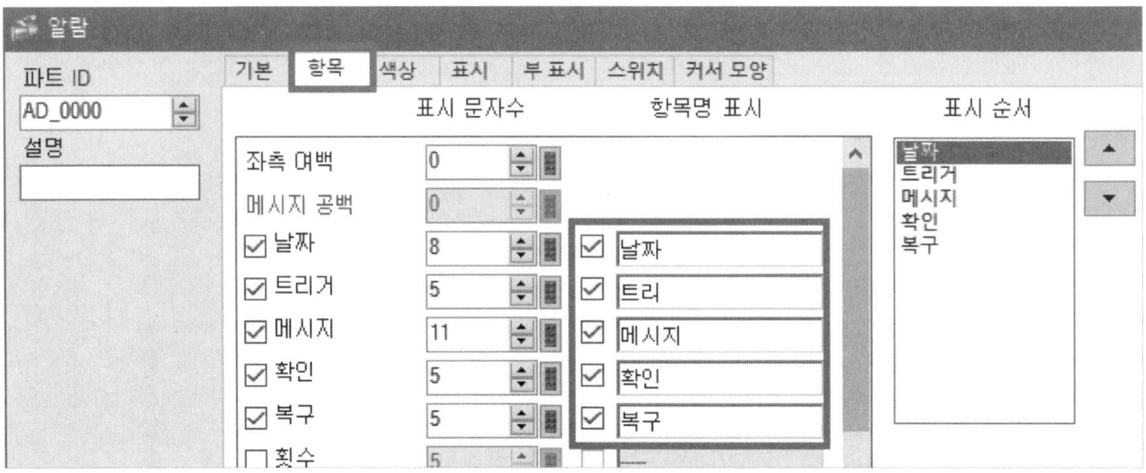

그림 8-63 알람 항목명 표시

알람 목록의 조작을 위한 버튼을 추가할 수 있다. 해당 항목에 체크하면 제어버튼을 추가할 수 있다.

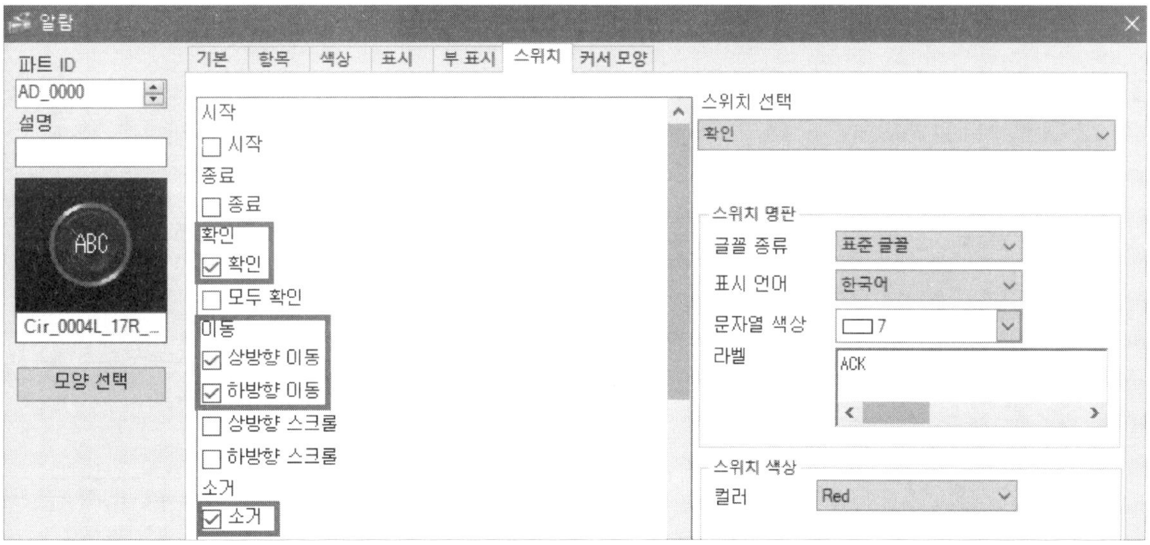

그림 8-64 알람 목록 스위치 추가

M0의 경우 ON되었다 OFF가 되었으며, 사용자가 알람 내용을 확인하였다는 내용이며, M1의 경우는 ON되었다 OFF된 경우이다. M2 및 M3의 경우 알람이 발생 중인 상태를 나타낸 것이다. 사용자는 ACK(확인), UP(위로 이동), DOWN(아래로 이동), CLR(삭제) 버튼을 이용하여 알람 내역을 확인하거나 알람내역을 위 아래로 스크롤 하거나 삭제할 수 있다.

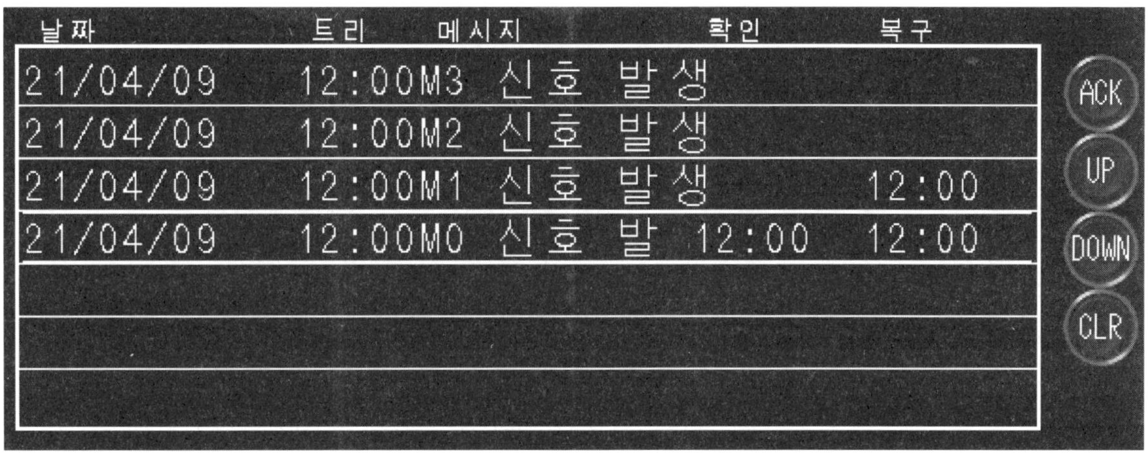

그림 8-65 알람 이력의 표시

2) 배너 알람

배너 알람은 화면의 하단에 알람내역이 표시되는 것으로 타기종의 경우 흐름 알람으로 표기되기도 한다. 알람이 발생되면 화면 하단에 알람 내역이 우에서 좌로 이동하며 나타난다.

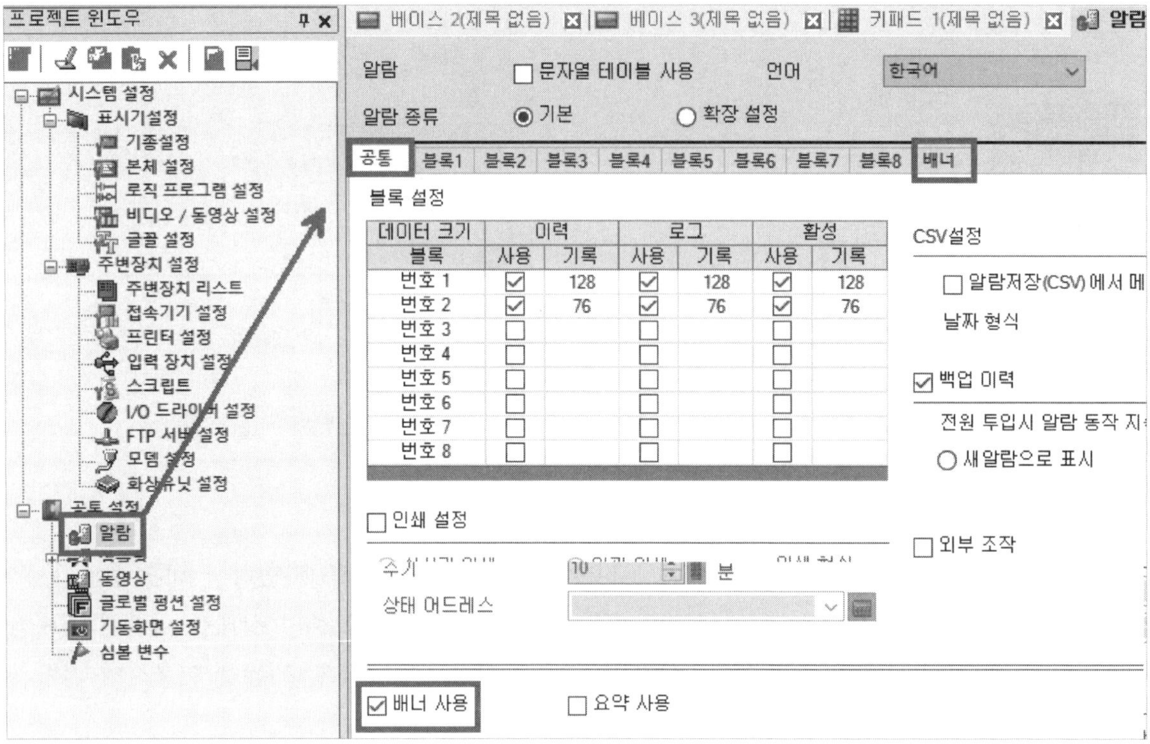

그림 8-66 배너 알람(흐름 알람) 설정

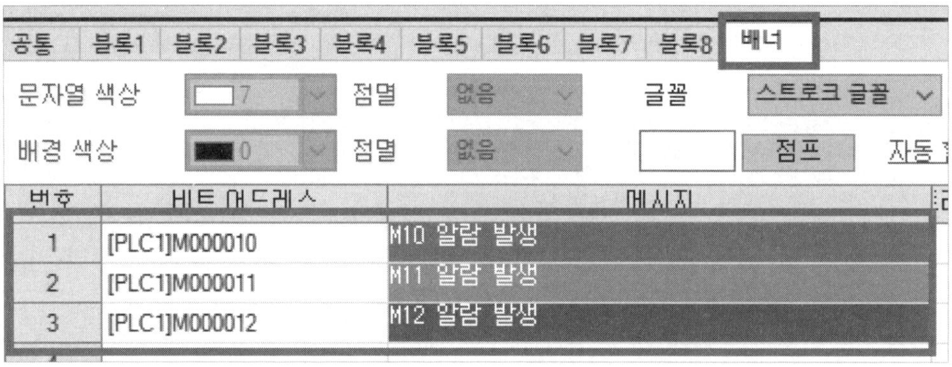

그림 8-67 배너 알람 설정

M10, M11, M12 신호가 ON되면 하단에 배너(흐름) 알람이 발생되며 해당 신호가 OFF되면 더 이상 배너 알람이 표시되지 않는다.

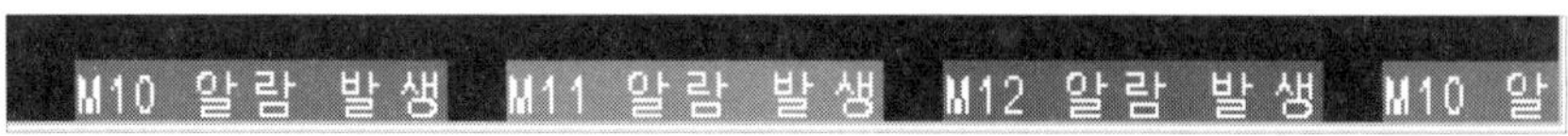

그림 8-68 배너 알람 발생

3) 요약 알람

요약 알람은 메모리의 해당 비트값이 1되면 알람 내역이 표시되고 해당 비트값이 0이되면 알람 내역이 삭제된다.

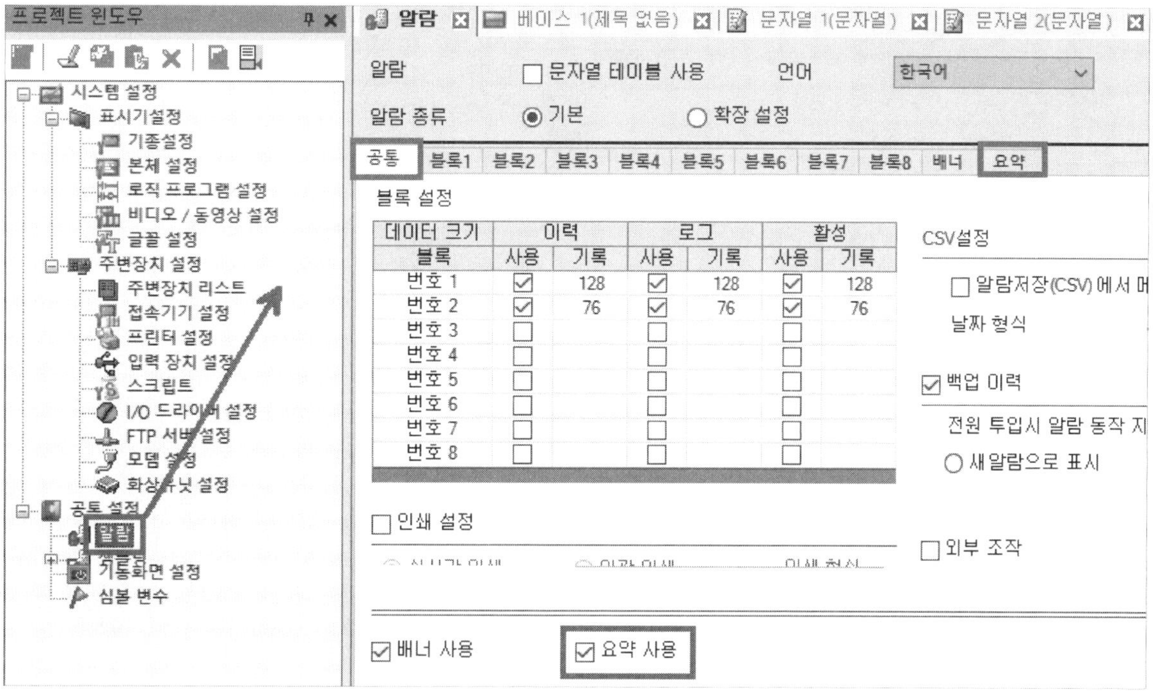

그림 8-69 알람 - 요약사용

알람 메시지는 문자열 테이블 또는 직접 입력할 수 있으며, 어드레스의 경우 워드 메모리를 사용할 경우 D0.0 등으로 등록해야 하며, 비트를 쓸 경우는 16점 단위로 계산하여 입력하여야 한다. 이유는 알람 - 요약에서 모니터링 시작 워드 어드레스로 표시 되기 때문에 비트 메모리의 경우 16점 단위의 시작 주소만 입력이 가능하다.

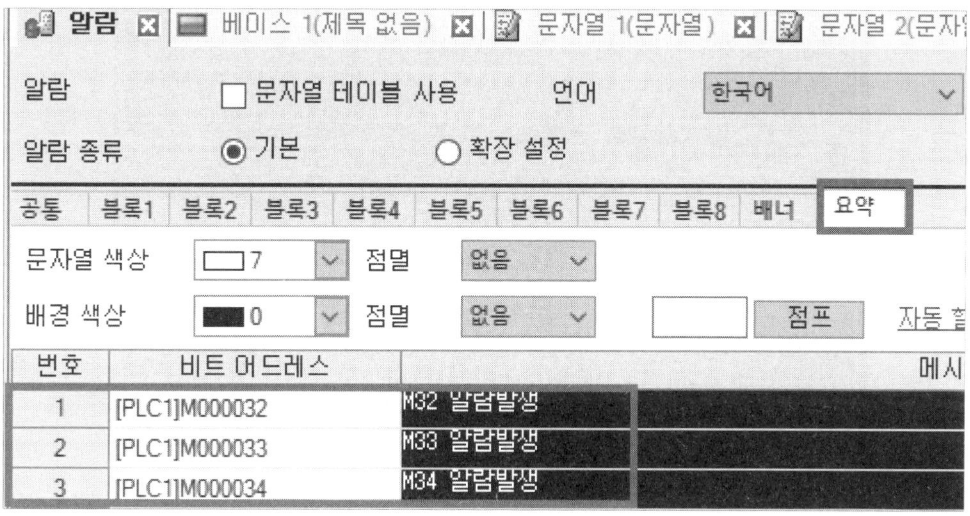

그림 8-70 요약 알람 메시지 설정

그림 8-71 알람 - 요약 알람 작화 및 모니터링 어드레스 설정

아래는 각각 M32, M33, M34 값이 1인 경우 알람 발생 내역이다.

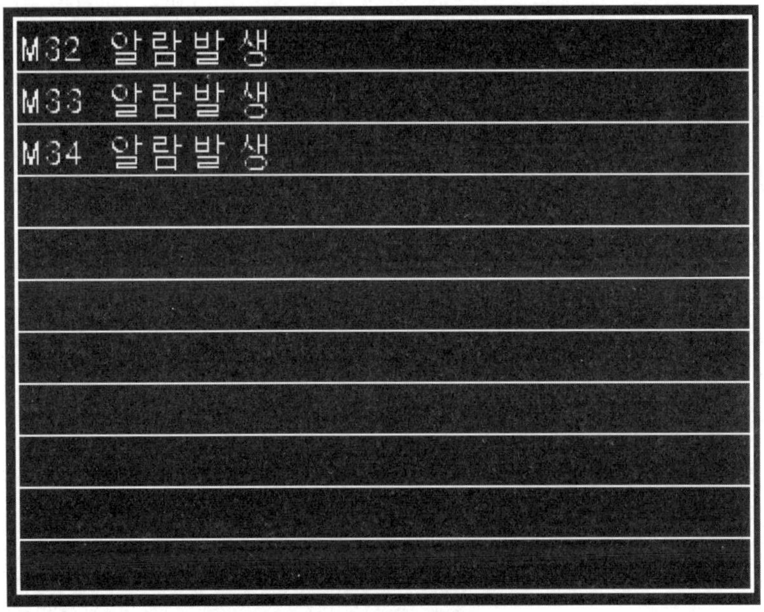

그림 8-72 요약 알람 발생 내역

4) 문자열 알람

☑ 표시 - 문자열 알람

문자열 알람은 모니터링 디바이스의 해당 비트값이 1일 때 동일한 문자열의 행번호가 출력된다. 아래와 같이 문자열을 생성하고 표시하고자 하는 문자열을 기입한다.

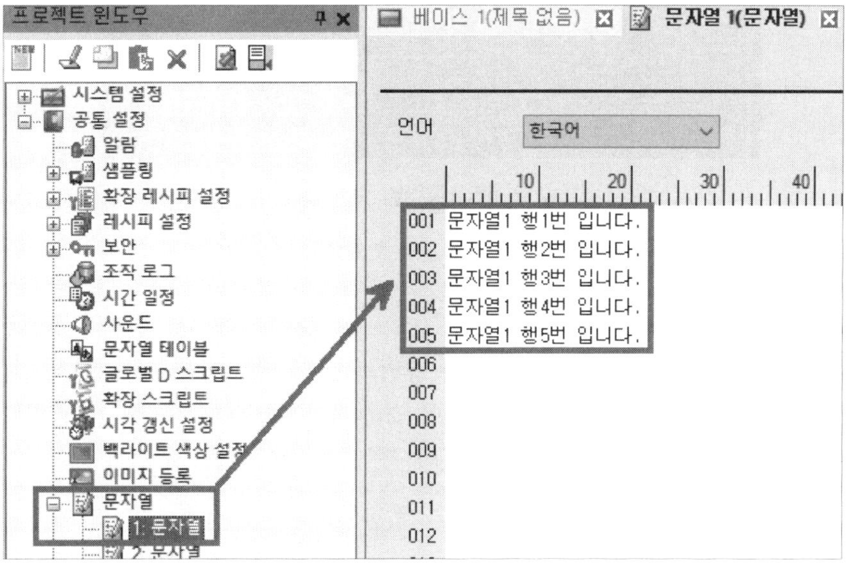

그림 8-73 문자열 알람을 위한 문자열 생성

파트-문자열 알람 메뉴를 이용하여 문자열 알람을 작화하고 더블클릭하면 아래와 같은 설정창을 나타난다. D0메모리의 해당 비트값이 1인 경우 문자열의 n+1번이 표시된다. 즉 0번비트가 1이면 1번 문자열이 표시된다.

그림 8-74 문자열 알람 설정

D0값이 16,387(0100 0000 0000 0011)인 경우 아래와 같이 1번, 2번, 15번 비트 1이기 때문에 해당 행의 문자열이 표시된다.

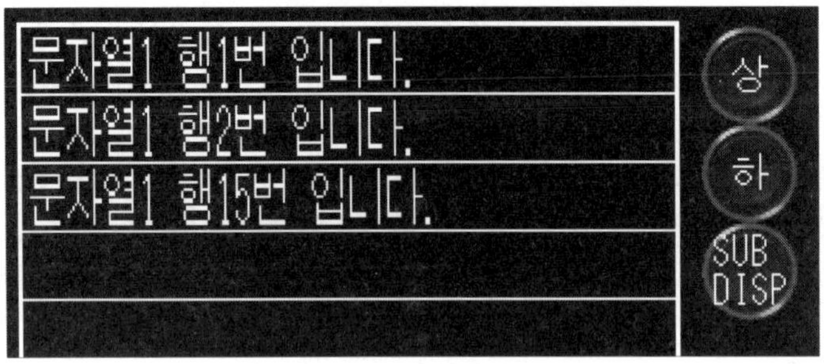

그림 8-75 문자열 표시알람

[9] 메시지 표시기

메시지 표시는 PLC메모리 값을 직접 표시하는 방법과 문자열을 이용하는 방법이 있다. 직접입력의 경우 PLC의 메모리를 활용하기 때문에 PLC의 메모리를 절약하기 위해 HMI문자열 기능을 활용하여 메시지를 표시하는 것이 바람직하다. 메시지 표시를 위한 문자열을 생성하고 구분하기 쉽게 5개의 문자열을 아래와 같이 기입하자. 문자열2와 문자열3에도 문자열 번호만 다르게 하여 문자열을 5개씩 생성하도록 하자.

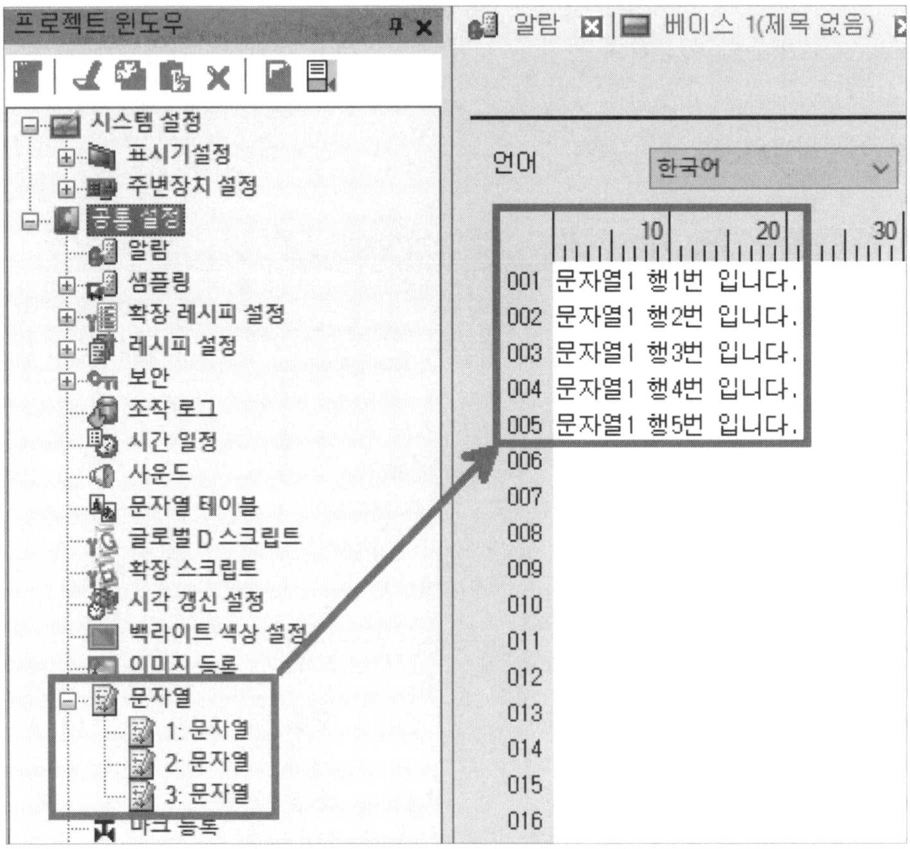

그림 8-76 메시지 표시를 위한 문자열 생성

문자열 표시를 클릭하고 문자열 번호를 어드레스로 지정하면 할당된 어드레스의 값에 따라 문자열이 출력된다. D0값이 1일 때는 문자열1의 1행이, 2일 때는 문자열2의 1행이 표시된다.

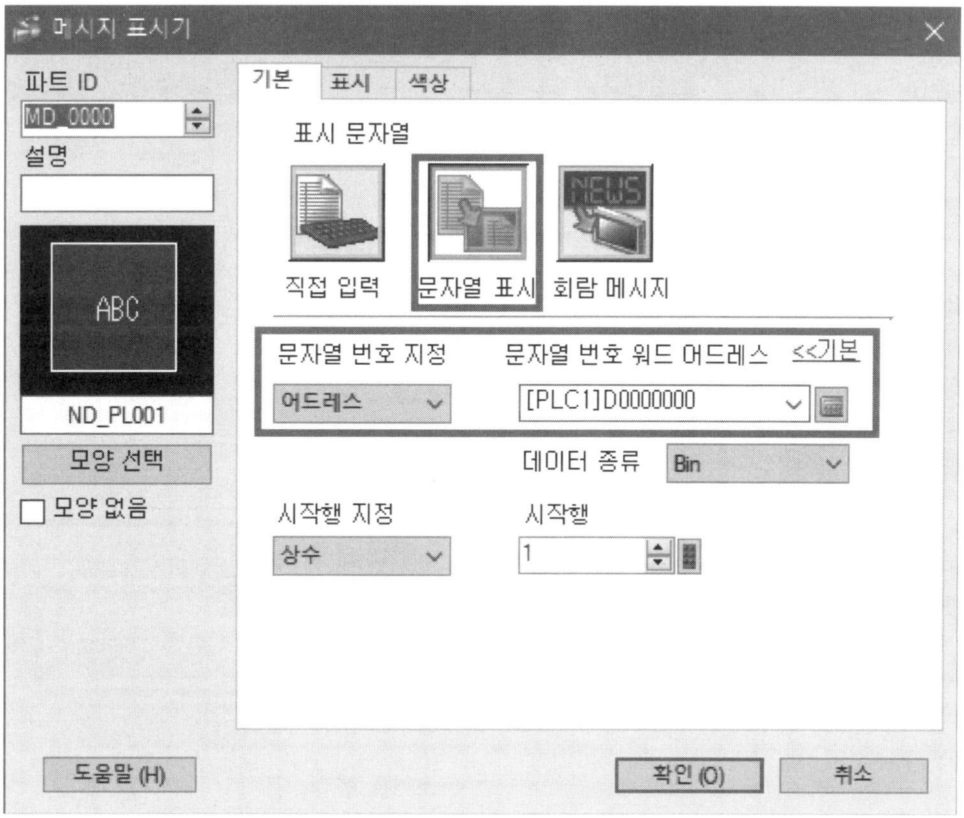

그림 8-77 메시지 표시기 - 문자열 표시 설정

문자열을 표시할 때 몇 개의 행까지 표시할 것인지를 설정할 수 있다. 아래 메뉴는 첫 번째 행만 표기하도록 설정한 모습이다.

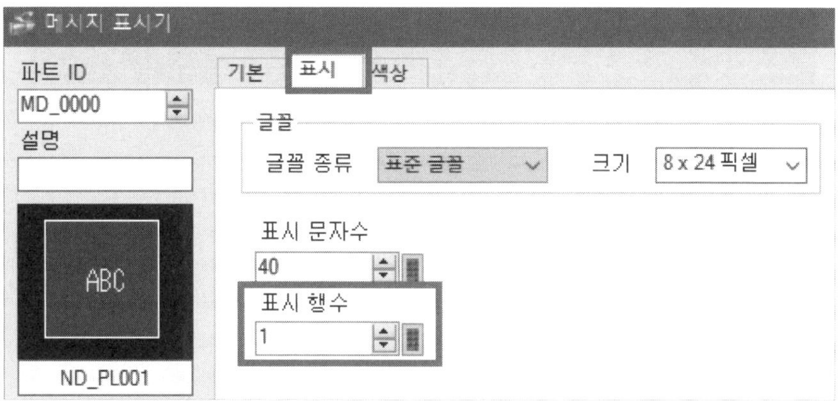

그림 8-78 표시 행수의 설정

그림 8-79 D0값이 1인 경우의 문자열 표시

문자열과 함께 시작행도 어드레스 값으로 참조하여 메시지를 표시할 수 있다. 아래와 같이 시작행 지정을 어드레스로 변경하고 시작행 어드레스를 D1메모리로 설정하면 D0의 값으로 문자열을, D1값으로 해당 문자열의 시작행을 선택하여 표시할 수 있다.

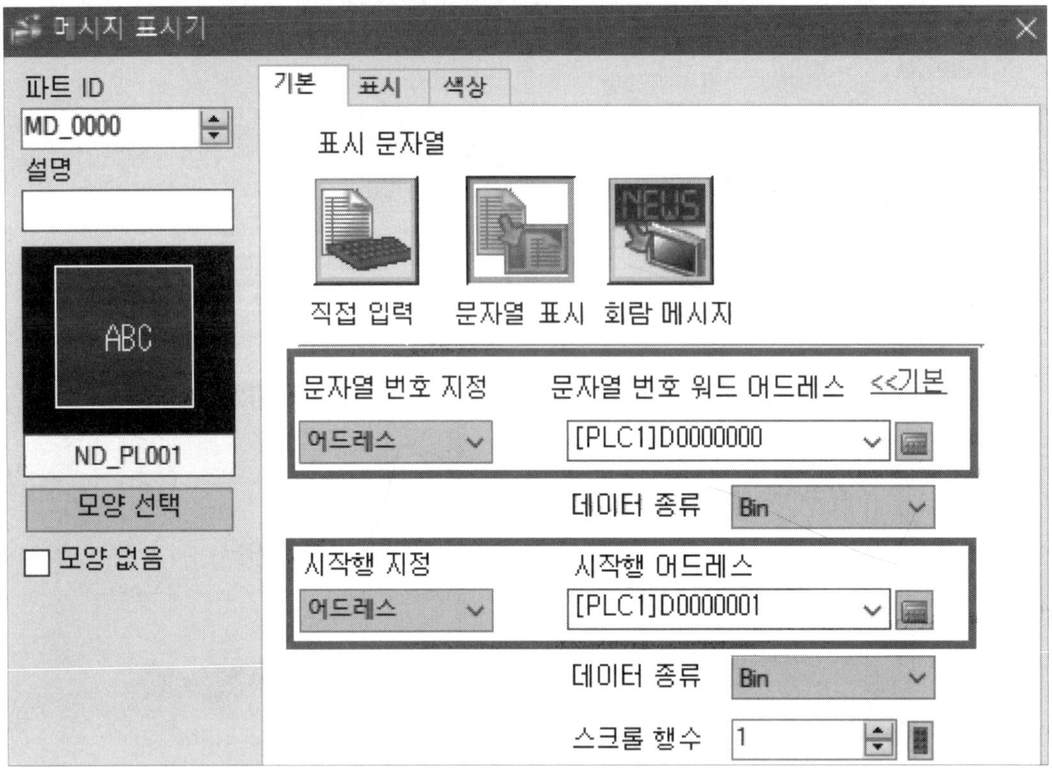

그림 8-80 문자열과 시작행의 설정

D0의 값이2이고 D1의 값이 3이면 문자열2의 행 3번에 있는 문자열이 아래와 같이 표기된다.

그림 8-81 D0 = 2, D1 = 3 일 경우 표시 메시지

[10] 윈도우

◇ 파트 – 윈도우

윈도우는 베이스화면 위에 팝업으로 열리는 화면을 말하며, 비트 윈도우와 워드 윈도우로 구분된다. 윈도우는 화면리스트의 윈도우 화면 항목에서 마우스 오른쪽 버튼을 클릭하면 추가할 수 있다. 생성 시에는 배경색상, 패턴, 이미지, 화면 번호 등을 수정할 수 있다.

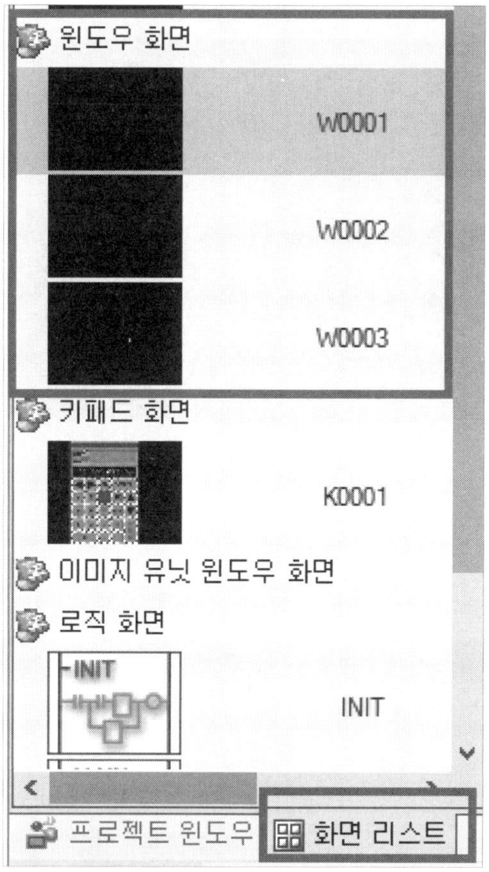

그림 8-82 사용할 윈도우 추가

윈도우 화면이 생성되면, 해당 화면에 실제 표기되는 윈도우를 작화하여야 한다. 윈도우 작화 시 배경으로 나오는 회색 화면은 베이스 화면에 해당하므로 회색 화면보다 작게 작화하는 것이 바람직하다. 아래는 윈도우 화면의 예시이다.

그림 8-83 윈도우 작화

윈도우에 대한 작화가 끝나면 베이스 화면에 윈도우 파트를 배치하여 윈도우 동작을 설정할 수 있다.

그림 8-84 비트 윈도우 추가

윈도우 파트를 베이스 화면에 추가하고 아래와 같이 윈도우 종류를 비트 동작으로 설정하면 M20값이 1일 때 1번 윈도우가 팝업되고, M20값이 0이면 윈도우가 닫힌다.

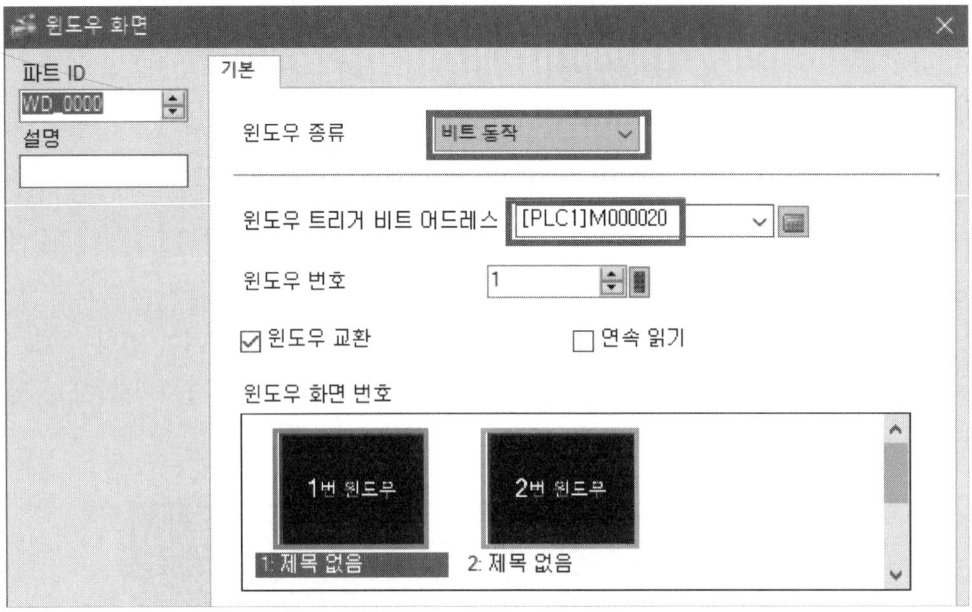

그림 8-85 비트 동작 윈도우의 설정

윈도우 워드 동작은 윈도우 제어(ON, OFF) 및 윈도우 번호(1~2000)를 지정할 수 있고, 위치도 지정할 수 있다. 좌측 상단을 기준으로 0,0으로 시작해서, X축은 640, Y축은 480의 좌표를 갖고 있다.

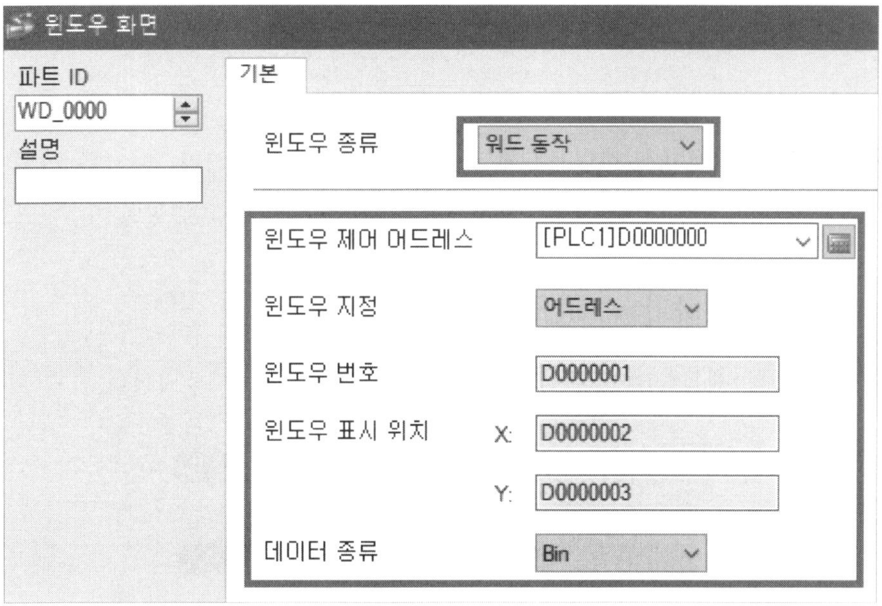

그림 8-86 워드 동작 윈도우 설정

그림 8-87 D0=1, D1=1, D2=100, D3=100 인 경우의 윈도우

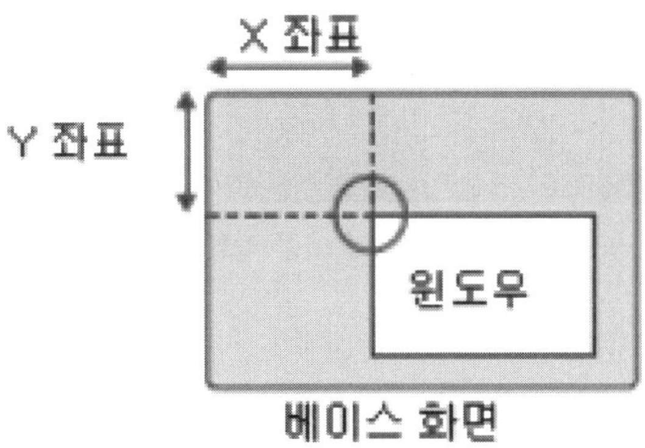

그림 8-88 윈도우 좌표 정의

출처 : Proface 레퍼런스 매뉴얼

[11] 그림 표시기

◇ 경로 파트 - 그림 표시기

그림 표시기는 패키지, 베이스 화면, 등록된 이미지, SD카드 이미지, 마크를 화면에 표시할 수 있다. 패키지는 키패드 등의 이미지를 제공하나 사용자가 별도로 생성할 수 있다.

1) 패키지에 도형 등록하기

사용자 정의 패키지를 생성하려면 패키지 창에서 '새로 만들기'를 클릭한다.

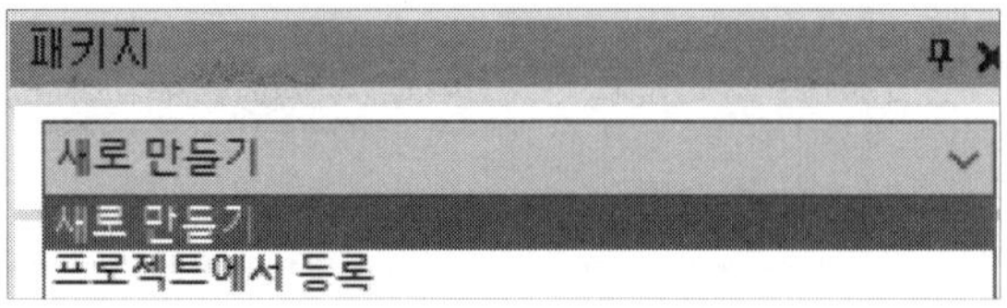

그림 8-88 사용자 패키지 생성하기

☑ 패키지 경로 : 표시 – 워크스페이스 – 패키지

그림 8-89 패키지 이름 입력

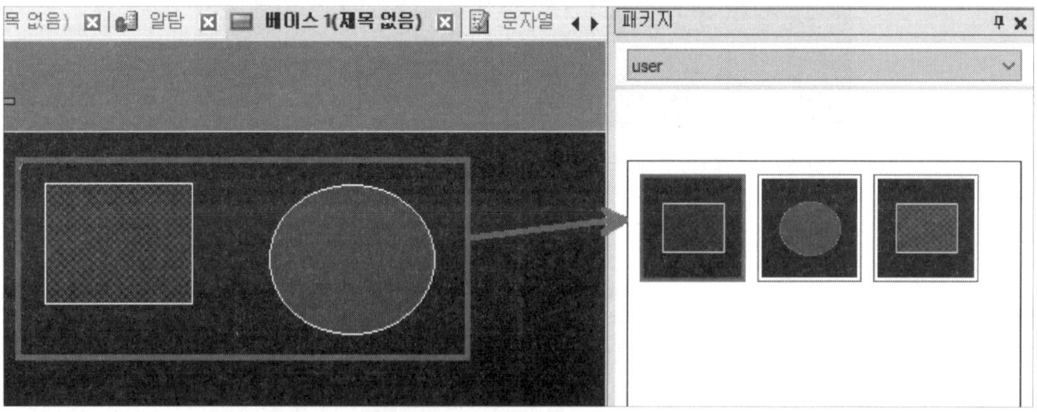

그림 8-90 도형 툴을 이용해 도형 작화 후 패키지에 드래그

2) 이미지 등록하기

이미지 등록은 프로젝트 윈도우의 이미지 등록 메뉴를 클릭하면 아래와 같이 이미지 등록창이 열린다.

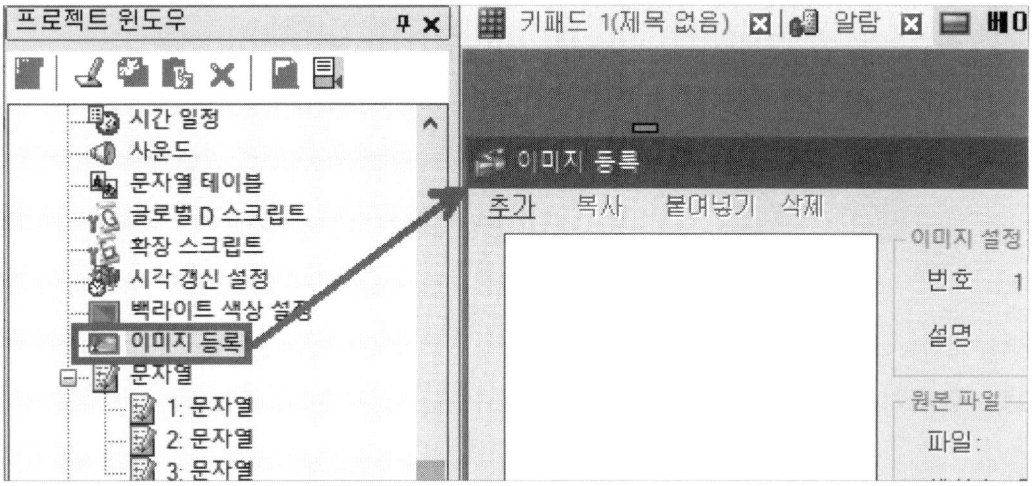

그림 8-91 프로젝트 윈도우 - 이미지 등록

추가 메뉴를 이용하여 PC에 저장되어 있는 이미지를 등록할 수 있다. 지원 확장자는 bmp, jpeg, dpd, png파일이다. 또한 등록할 수 있는 최대 이미지는 1280*1280(기종마다 다르다)이다.

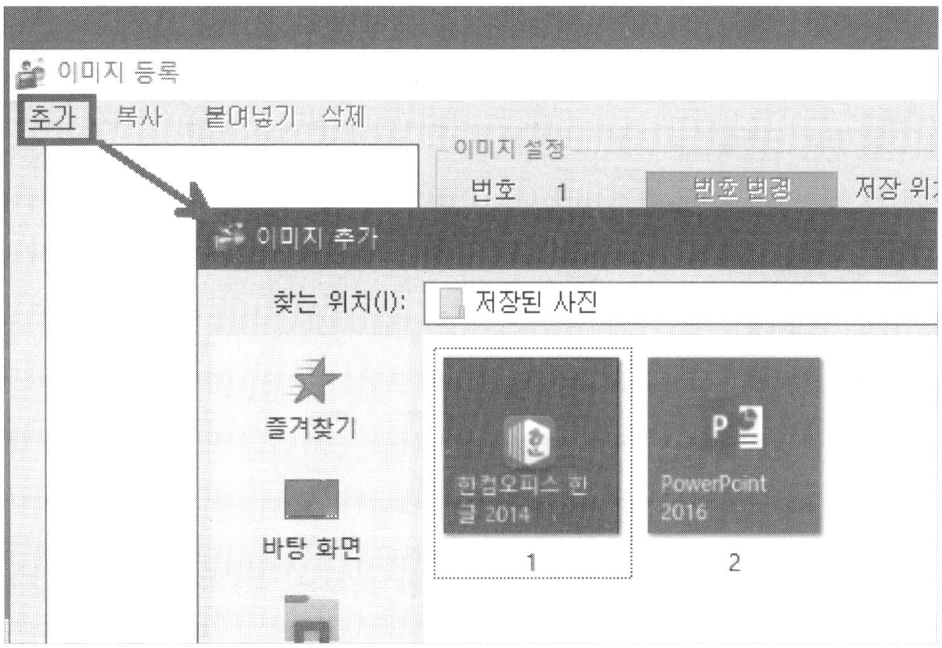

그림 8-92 이미지 추가

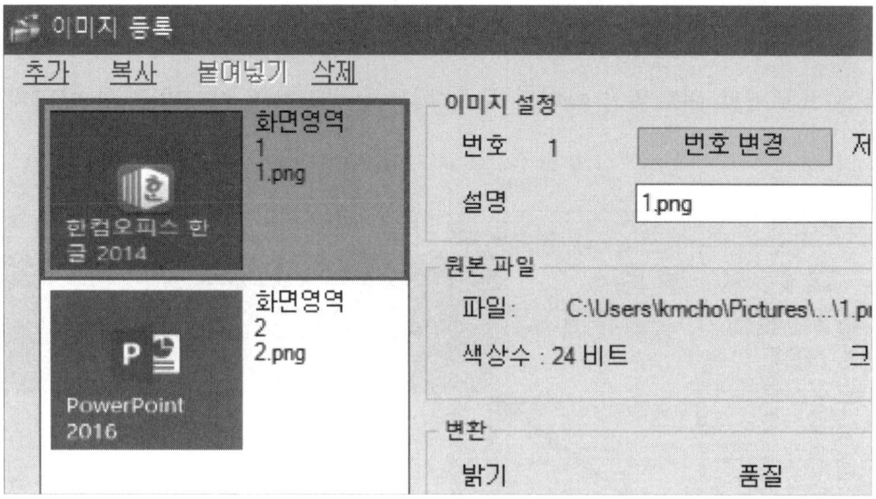

그림 8-93 등록된 이미지

3) 그림 표시기

☑ 파트 - 그림 표시기

파트 메뉴의 그림 표시기를 클릭하고 화면에 적당한 크기로 작화한 뒤 더블클릭하면 아래와 같은 설정창이 열린다. 표시 종류를 ON/OFF로 하고 화면 종류를 패키지로 하면 만들어 놓은 패키지를 활용할 수 있다. 상태 선택 메뉴에서 OFF시의 이미지와 ON시 이미지를 별도로 설정해 두면 M0값이 0또는 1일 때 등록한 패키지 이미지가 표시된다.

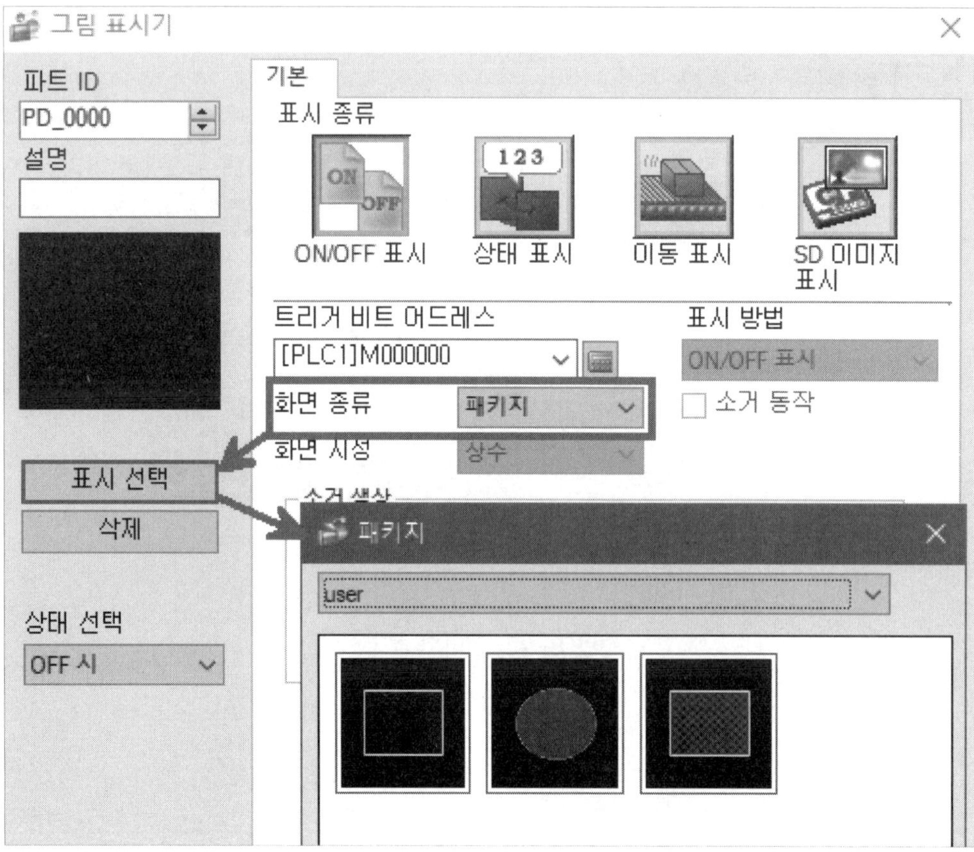

그림 8-94 패키지의 도형 표시하기

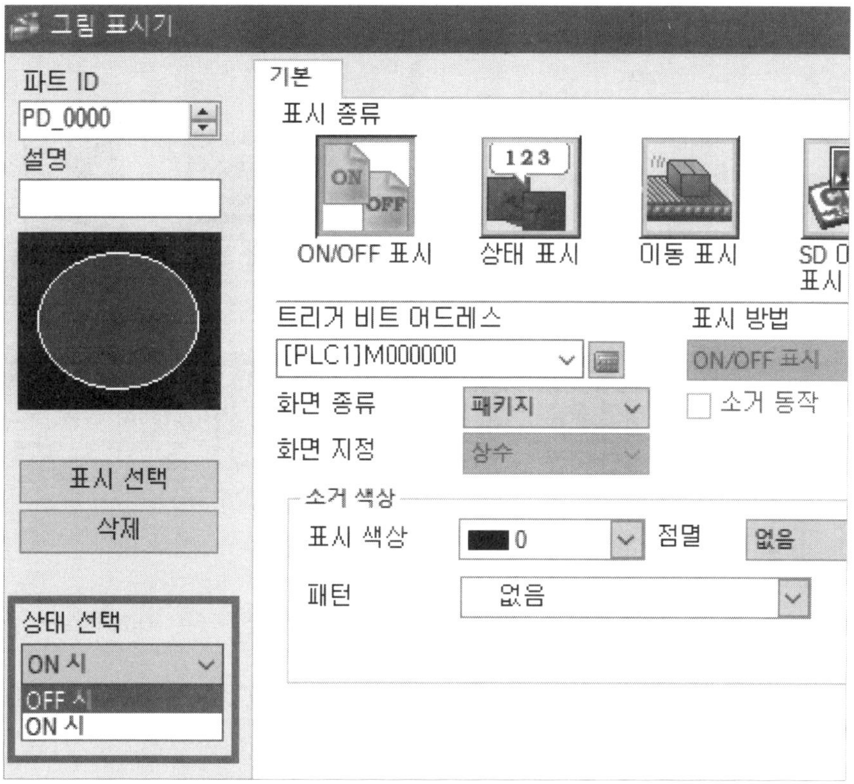

그림 8-95 ON/OFF 시 패키지에서 도형 선택

화면 종류를 이미지로 선택하면 '이미지 등록'에 등록된 이미지를 표시할 수 있다. M0값이 1이면 이미지가 표시되고, 소거동작을 체크하면 M0가 0일 때 이미지가 삭제된다.

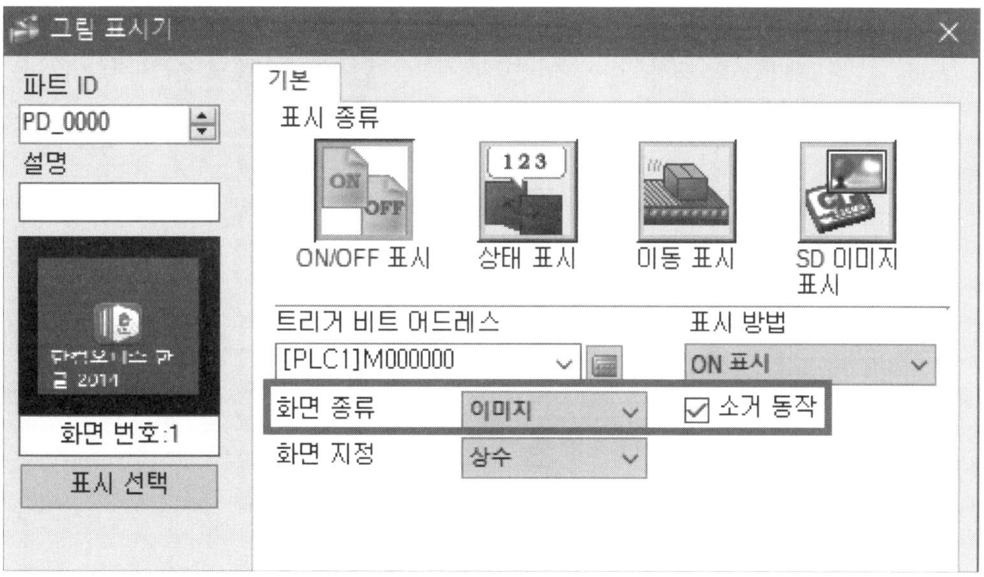

그림 8-96 화면 종류 - 이미지 선택

상태 표시의 경우 화면지정을 어드레스로 설정하면 D0값을 참조하여 등록된 이미지가 표시된다. D0값이 1이면 이미지 등록 메뉴에 등록만 1번 이미지가 표시되며, D0값이 2이면 이미지 등록 메뉴에 등록만 2번 이미지가 표시된다.

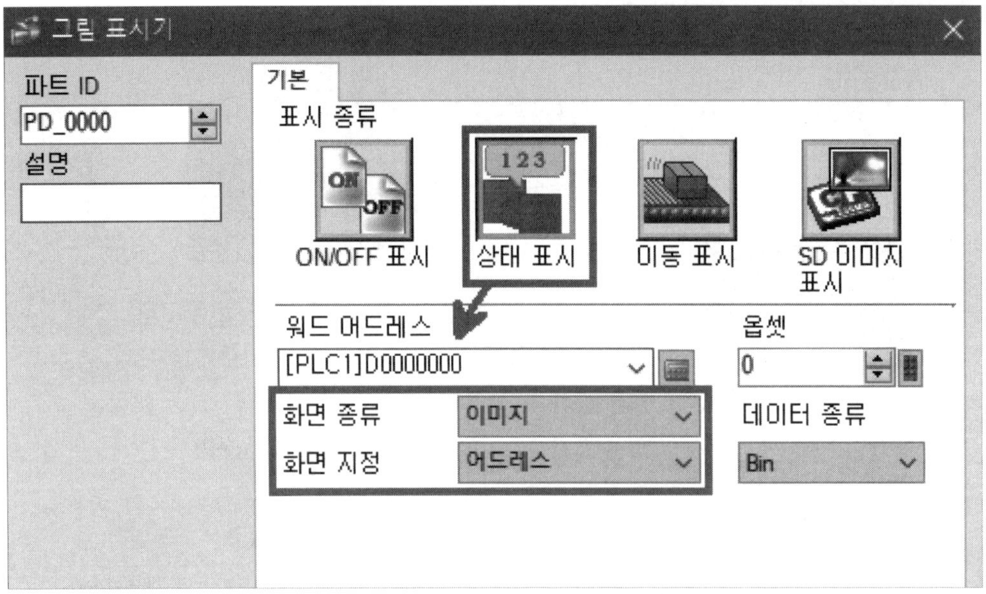

그림 8-97 상태 표시 - 화면 종류 : 이미지 - 화면 지정 : 어드레스

아래와 같이 이동 표시를 클릭하고 화면 지정을 어드레스로 설정하면 표시되는 이미지의 종류를 선택할 수 있으며 제어 워드 어드레스로 표시된 이미지의 이동을 구현할 수 있다.

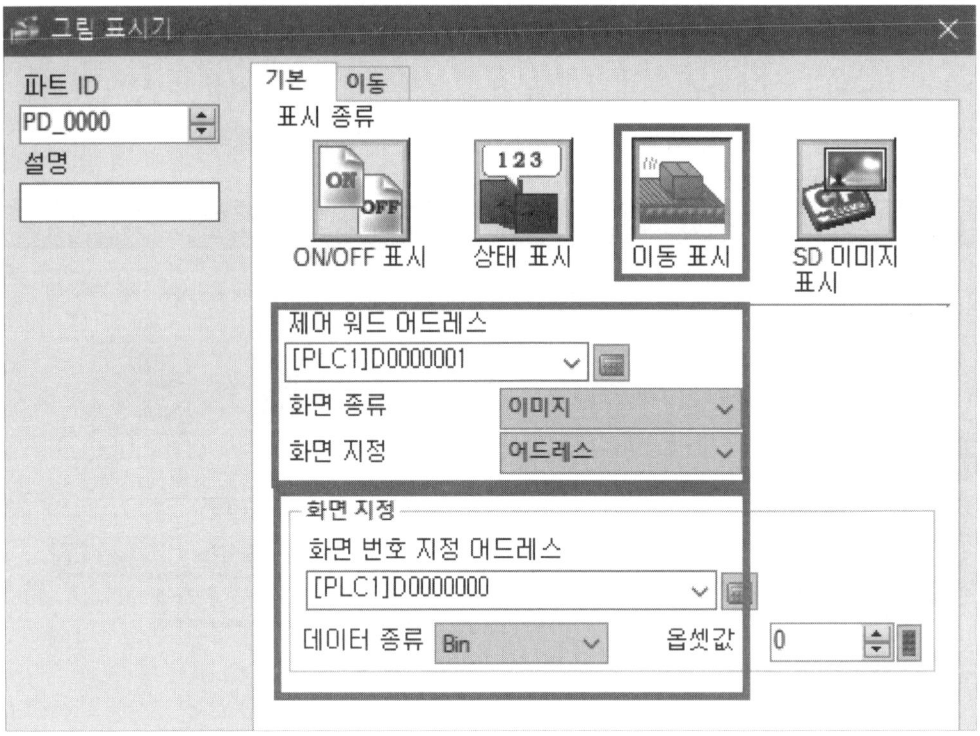

그림 8-98 이동 표시, D0 : 이미지 번호, D1 : X축 좌표, D2 : Y축 좌표

이동탭에서 점대점 이송일 경우 D1메모리로 두 점 사이의 이동을 표현할 수 있으며, 영역 이송일 경우 제어 워드 어드레스가 추가되어 X, Y축 모두 이동을 표현할 수 있다.

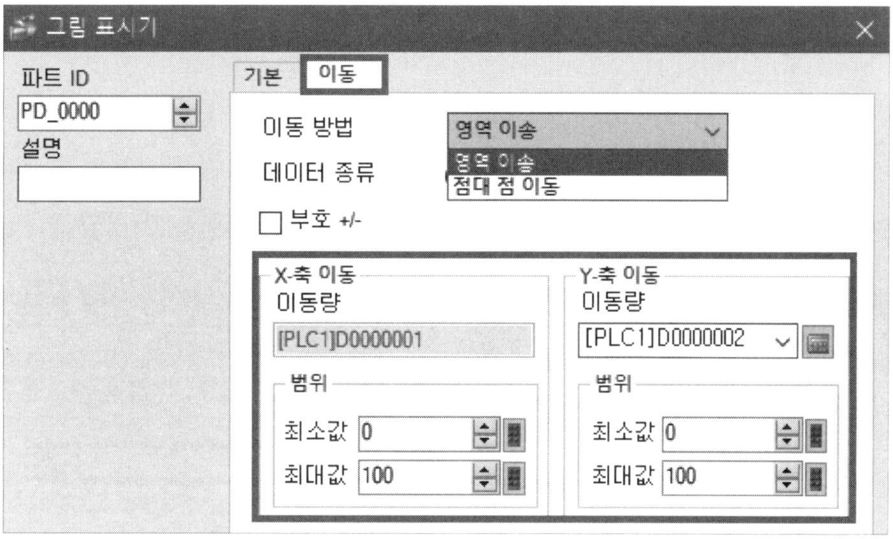

그림 8-99 점대점 이동 또는 영역 이송 가능

영역 이송으로 설정되면 아래와 같이 이송 영역이 표시되며 해당 영역에서 이미지의 이동을 표현할 수 있다.

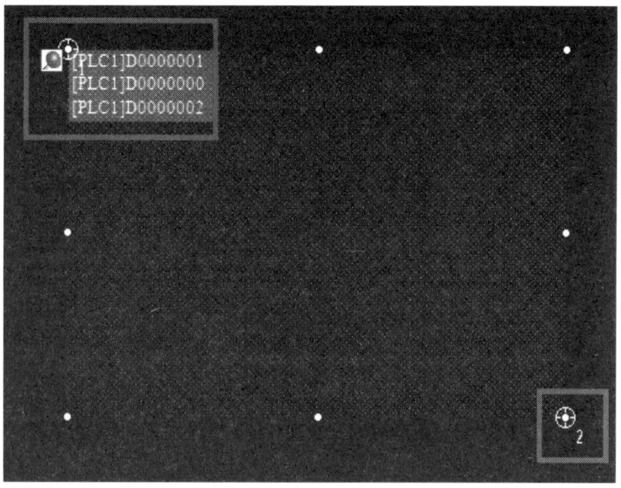

그림 8-100 이동 영역 지정하기

그림 8-101 D0=1, D1=50, D2=50 일 경우 이미지의 표시/이동 위치

5 기타 기능

[1] 초기화면 번호 설정하기

프로젝트 윈도우 - 본체설정 메뉴에서 HMI 부팅 후 표시되는 화면을 지정할 수 있다.

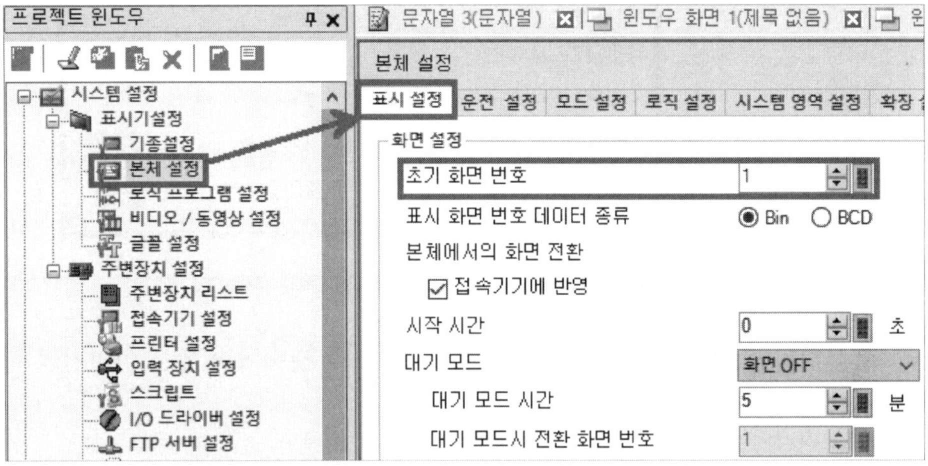

그림 8-102 초기화면 번호의 지정

[2] 보안 기능

보안 기능으로 특정베이스 화면이나 파트에 비밀번호 기능을 추가하여 인가된 사용자에게 권한을 부여할 수 있다.

그림 8-103 보안 기능 - 비밀번호 설정

비밀번호를 아래와 같이 설정할 수 있으며 레벨이 높은 사용자는 레벨이 낮은 부분의 파트를 모두 확인할 수 있다. 레벨은 총 15단계로 구분되어 있다.

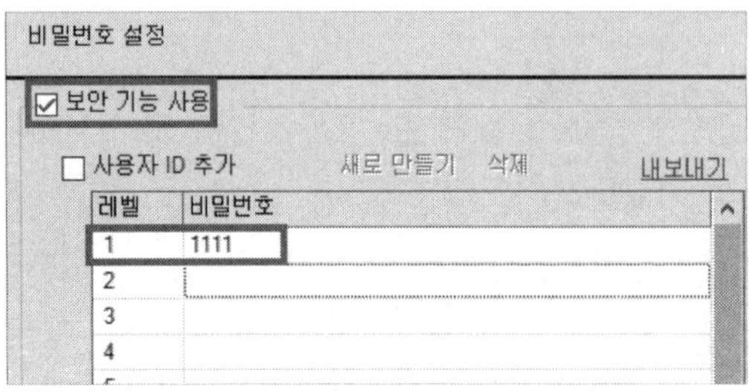

그림 8-104 사용자 레벨별 비밀번호 설정

베이스 화면에 보안을 설정하려면 아래와 같이 베이스 화면의 속성에서 보안레벨을 지정하여 보안을 설정할 수 있다.

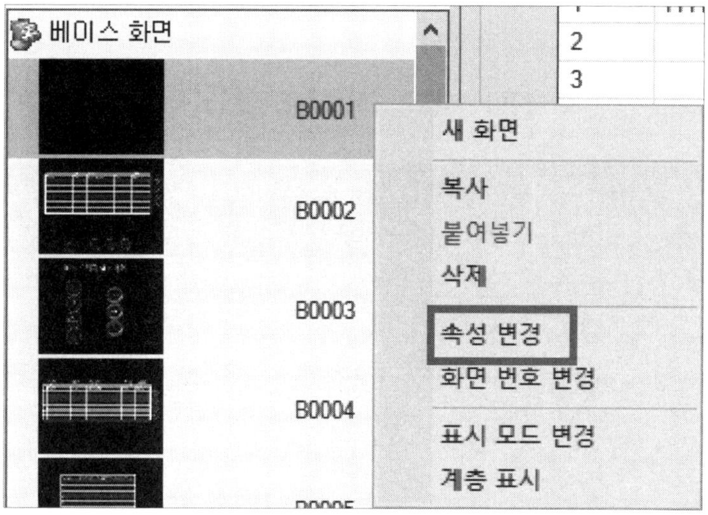

그림 8-105 베이스 화면 속성 - 보안 설정하기

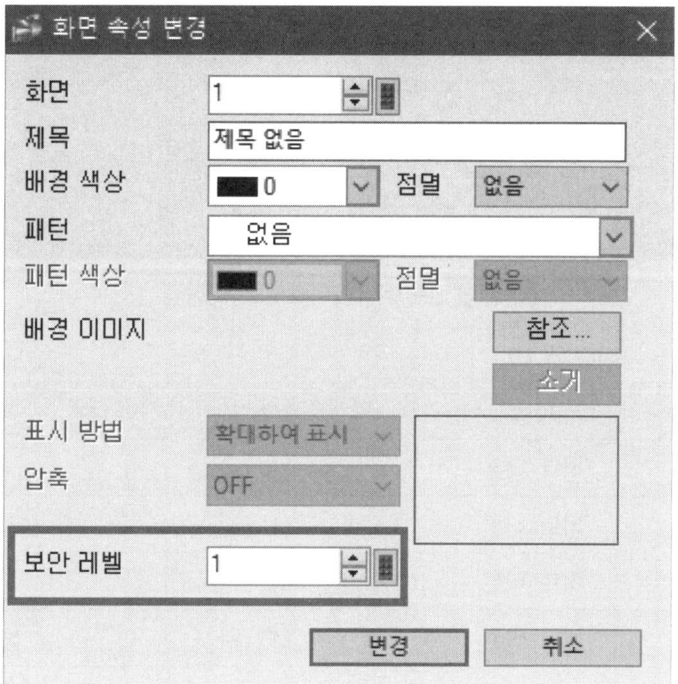

그림 8-106 보안레벨을 설정 가능

6 HMI 미니 프로젝트

[1] PLC와 가위바위보

4장에서 작성된 PLC 프로그램을 이용하여 HMI에서 구현되록 아래와 같이 작화하도록 한다.

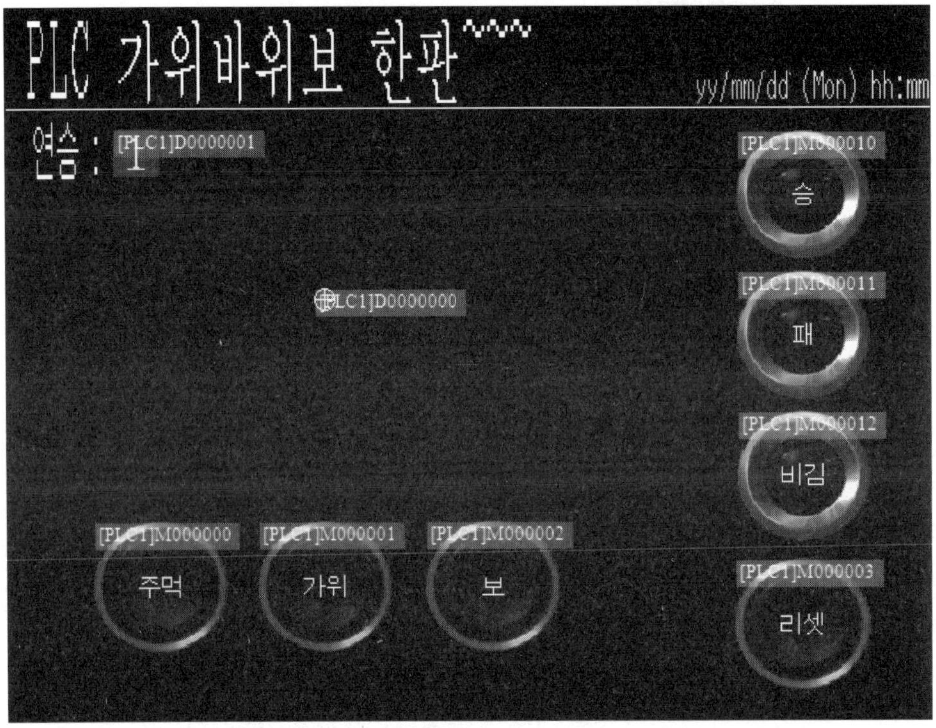

그림 8-107 가위바위보 작화

구성요소	파트	주소	비고
주먹 버튼	비트 버튼	M0	비트 셋
가위 버튼	비트 버튼	M1	비트 셋
보 버튼	비트 버튼	M2	비트 셋
리셋 버튼	비트 버튼	M3	비트 모멘터리
PLC 손	그림표시기	D0	상태표시 - 이미지
연승 표시	숫자표시기	D1	16비트 DEC
승 램프	비트 램프	M10	
패 램프	비트 램프	M11	
비김 램프	비트 램프	M12	
날짜/시간표시	날짜/시간표시	–	

〈 파트 구성 요소 〉

D0메모리로 PLC의 손을 구현하기 위해 그림 표시기를 배치한다.

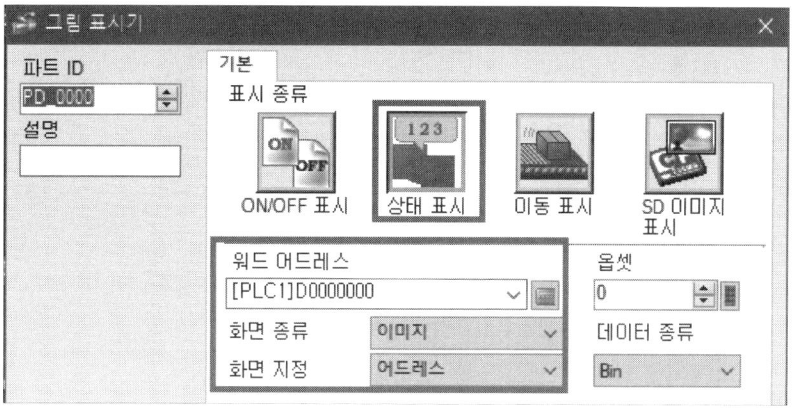

그림 8-108 D0메모리, PLC의 손에 해당된다.

주먹, 가위, 보 이미지를 이미지 등록 메뉴에 추가한다.

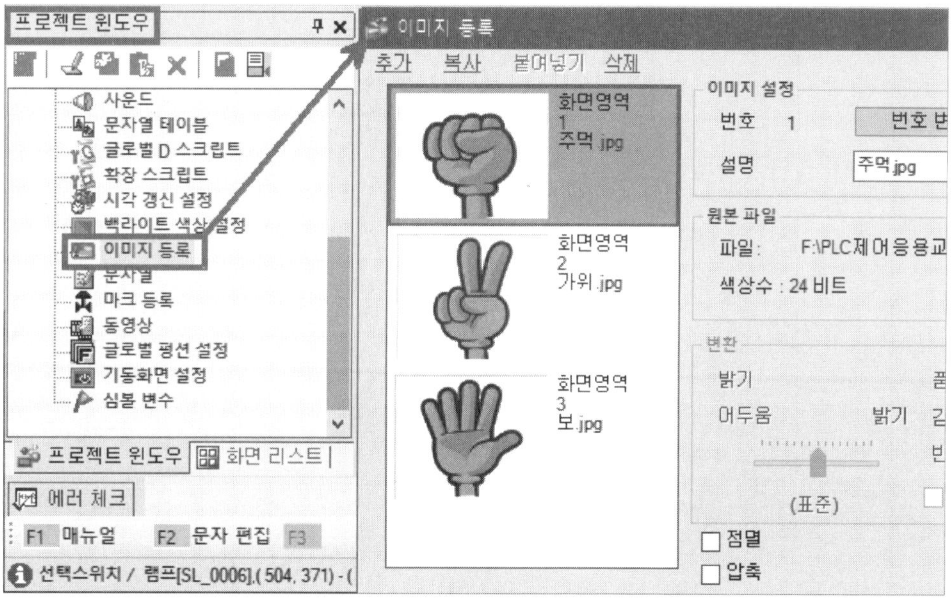

그림 8-109 주먹, 가위, 보 이미지 추가하기

PLC 프로그램을 위해 아래와 같이 글로벌레이블을 설정한다.

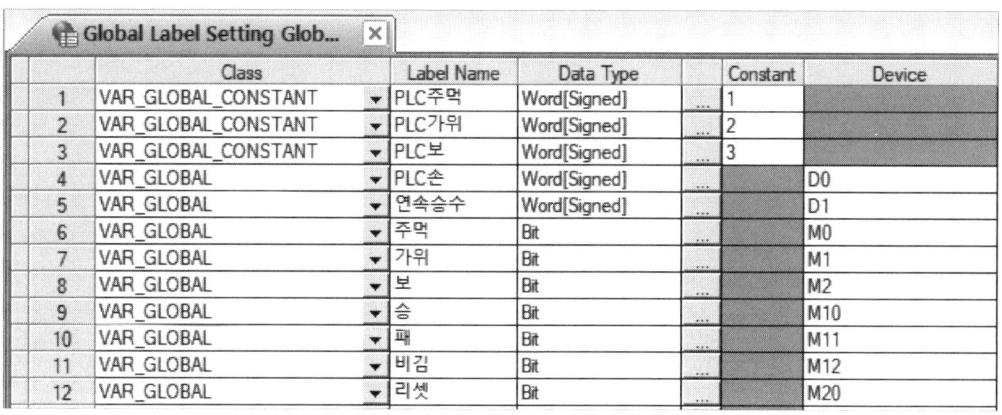
Global Label Setting Glob...

	Class	Label Name	Data Type		Constant	Device
1	VAR_GLOBAL_CONSTANT	PLC주먹	Word[Signed]	...	1	
2	VAR_GLOBAL_CONSTANT	PLC가위	Word[Signed]	...	2	
3	VAR_GLOBAL_CONSTANT	PLC보	Word[Signed]	...	3	
4	VAR_GLOBAL	PLC손	Word[Signed]	...		D0
5	VAR_GLOBAL	연속승수	Word[Signed]	...		D1
6	VAR_GLOBAL	주먹	Bit	...		M0
7	VAR_GLOBAL	가위	Bit	...		M1
8	VAR_GLOBAL	보	Bit	...		M2
9	VAR_GLOBAL	승	Bit	...		M10
10	VAR_GLOBAL	패	Bit	...		M11
11	VAR_GLOBAL	비김	Bit	...		M12
12	VAR_GLOBAL	리셋	Bit	...		M20

그림 8-110 글로벌레이블 입력

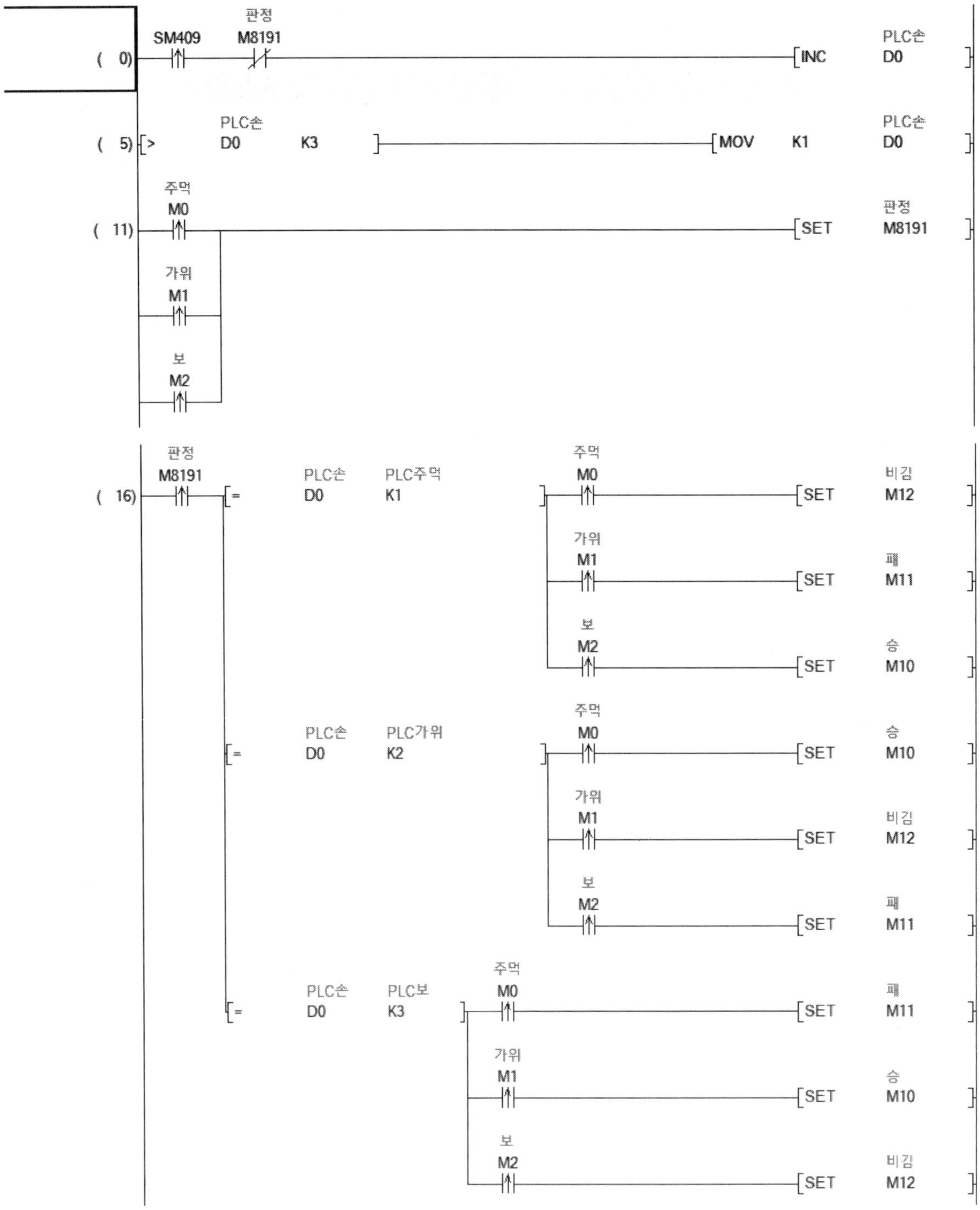
(0)
판정
SM409
M8191
INC
PLC손
D0
(5)
>
PLC손
D0
K3
MOV
K1
PLC손
D0
(11)
주먹
M0
가위
M1
보
M2
SET
판정
M8191
(16)
판정
M8191
=
PLC손
D0
PLC주먹
K1
주먹
M0
SET
비김
M12
가위
M1
SET
패
M11
보
M2
SET
승
M10
=
PLC손
D0
PLC가위
K2
주먹
M0
SET
승
M10
가위
M1
SET
비김
M12
보
M2
SET
패
M11
=
PLC손
D0
PLC보
K3
주먹
M0
SET
패
M11
가위
M1
SET
승
M10
보
M2
SET
비김
M12

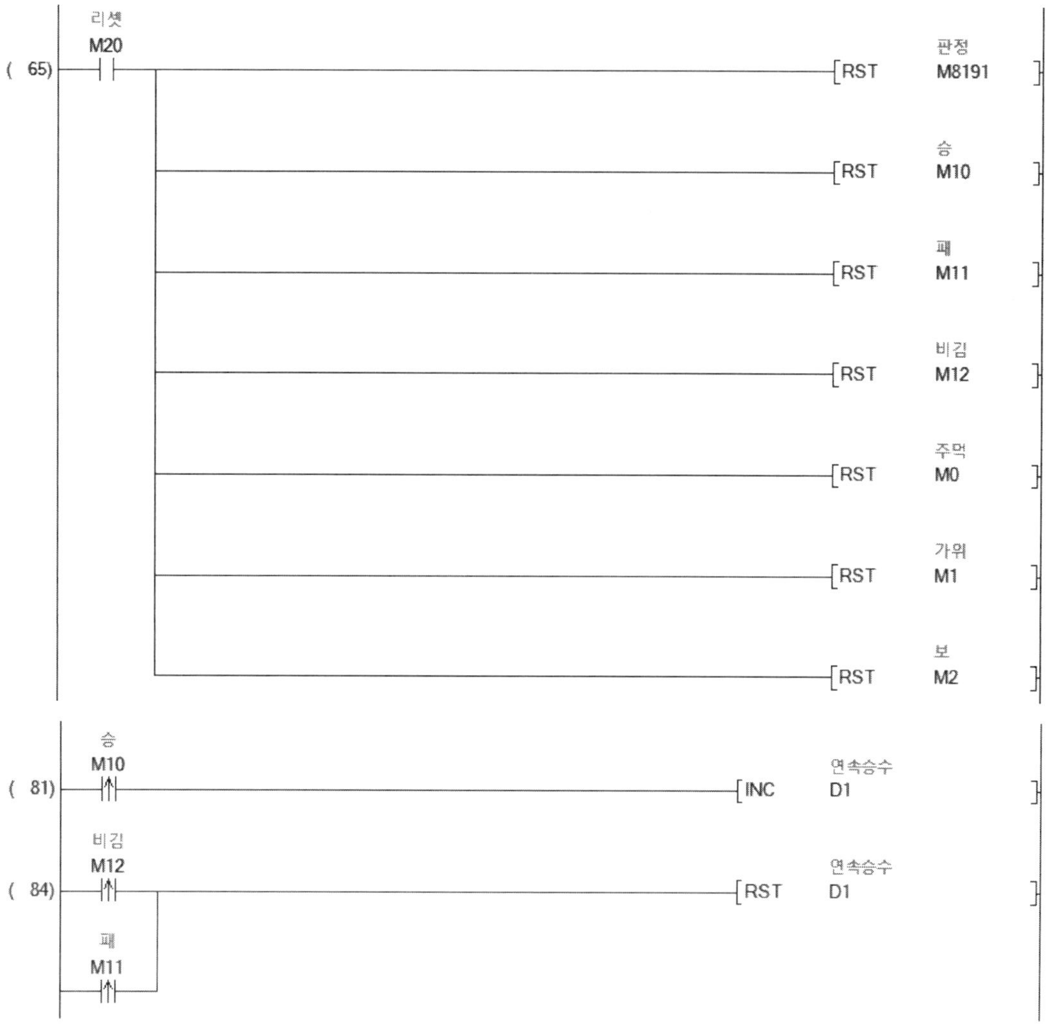

그림 8-111 PLC와 가위바위보 LD 프로그램

[2] 사거리 신호등 제어

4장에서 작성된 PLC 프로그램을 이용하여 HMI에서 구현되도록 아래와 같이 작화하도록 한다. 1차로의 자동차 적색 신호등의 어드레스가 Y20으로 시작되며

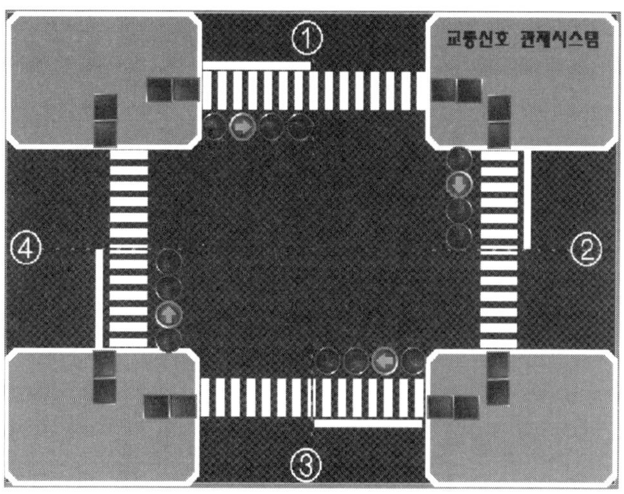

그림 8-112 교통신호 관제 시스템 작화

차로	구분	신호등색	접점
1차로	자동차 신호등	적	Y20
		주	Y21
		녹	Y22
		좌회전	Y23
	보행자 신호등	적	Y24
		녹	Y25
2차로	자동차 신호등	적	Y26
		주	Y27
		녹	Y28
		좌회전	Y29
	보행자 신호등	적	Y2A
		녹	Y2B
3차로	자동차 신호등	적	Y2C
		주	Y2D
		녹	Y2E
		좌회전	Y2F
	보행자 신호등	적	Y30
		녹	Y31
4차로	자동차 신호등	적	Y32
		주	Y33
		녹	Y34
		좌회전	Y35
	보행자 신호등	적	Y36
		녹	Y37

〈 신호등 어드레스 할당표 〉

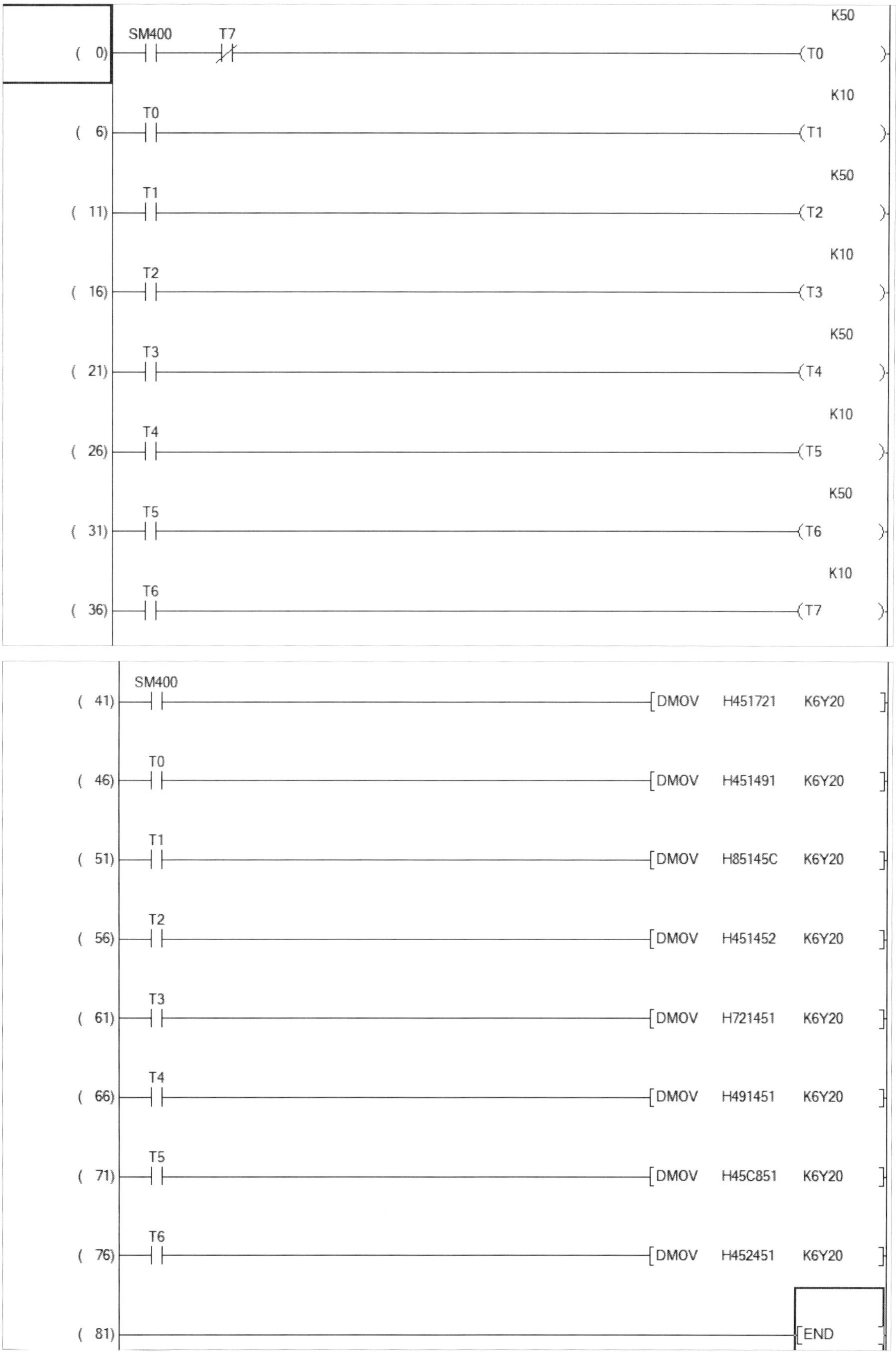

그림 8-113 교통신호 관제 시스템 LD 프로그램

위치결정모듈의 활용

1. 위치결정제어 원리
2. 위치결정모듈 외형 및 배선
3. 위치결정모듈 입출력 신호
4. 위치결정모듈 파라미터 설정
5. 위치결정데이터 입력 및 테스트
6. 위치결정모듈 제어 위한 작화 및 LD 프로그램
7. 공정제어를 위한 작화 및 LD 프로그램

Chapter | 9

Chapter 9

위치결정모듈의 활용

1 위치결정제어 원리

[1] 위치결정제어 신호 흐름

PLC CPU에서 특정 위치로 이동하라는 명령을 위치결정모듈에 전송하면, 해당 위치까지 이동하기 위해 모터의 회전에 필요한 펄스수를 위치결정모듈에서 계산한다. 위치결정모듈은 계산된 펄스수를 모터의 회전 속도에 맞게 서보앰프에 전송한다. 서보앰프는 누적카운터에 펄스수를 누적하고 누적에 비례한 전압을 발생시켜 모터를 회전시킨다. 모터가 회전하면 엔코더에서 발생한 펄스가 서보앰프로 피드백 되고, 앰프의 누적카운터가 0이 되면 서보모터는 정지한다.

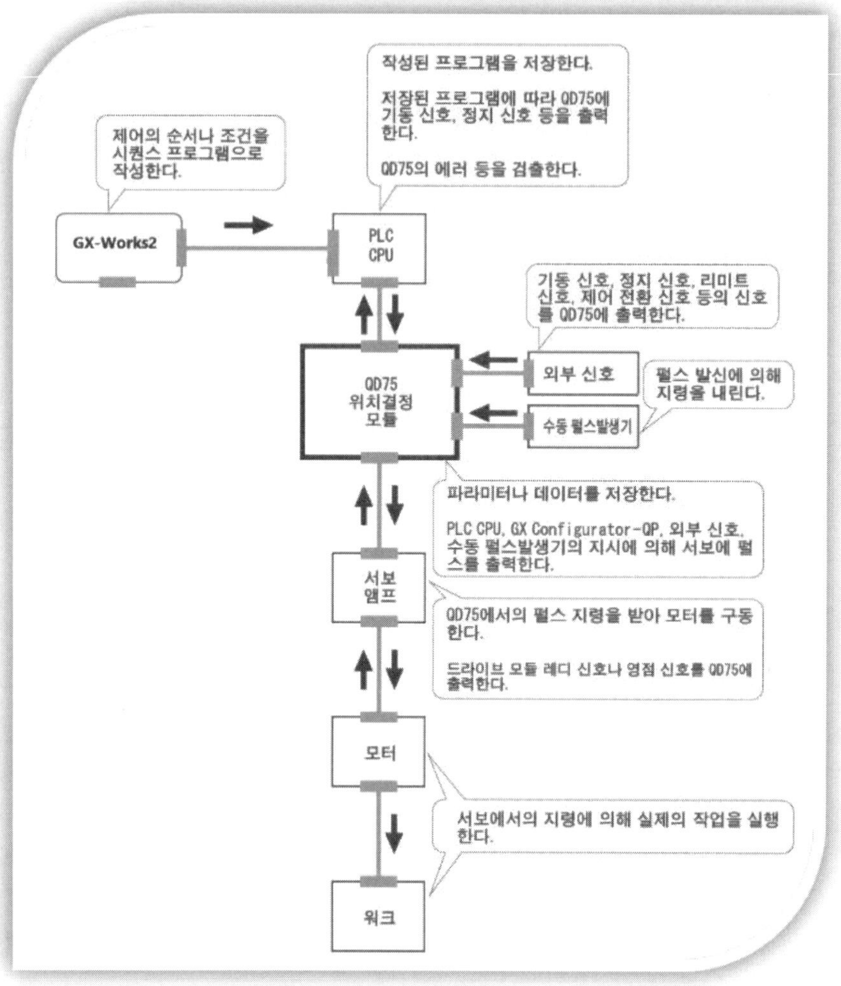

그림 9-1 위치결정제어의 신호 흐름

출처 : QD75/QD75D 위치결정모듈 사용자메뉴얼(한국미쓰비시 전기오토메이션)

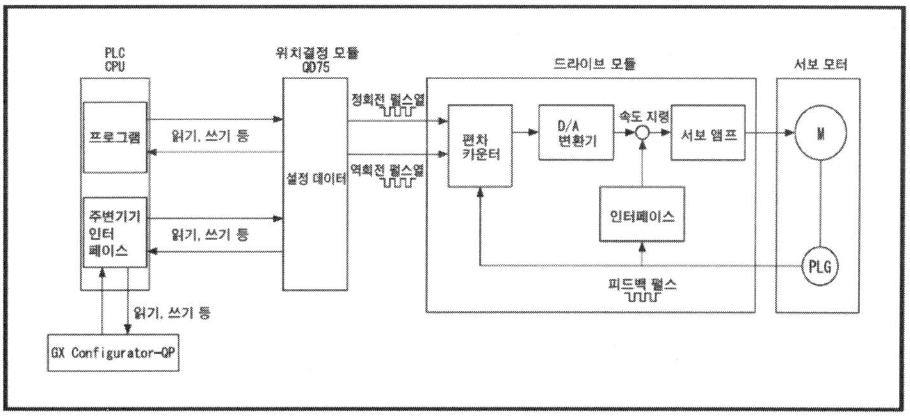

그림 9-2 위치결정제어의 블럭선도

출처 : QD75/QD75D 위치결정모듈 사용자메뉴얼(한국미쓰비시 전기오토메이션)

위치결정모듈에서 서보앰프로 보내는 펄스의 주파수가 높아지면 서보앰프의 누적 펄스가 증가하여 모터의 속도가 빨라지고, 반대로 주파수가 낮아지면 모터의 속도가 느려진다. 또한 발생한 총 펄스수는 모터의 회전량이기 때문에 이동거리에 비례한다.

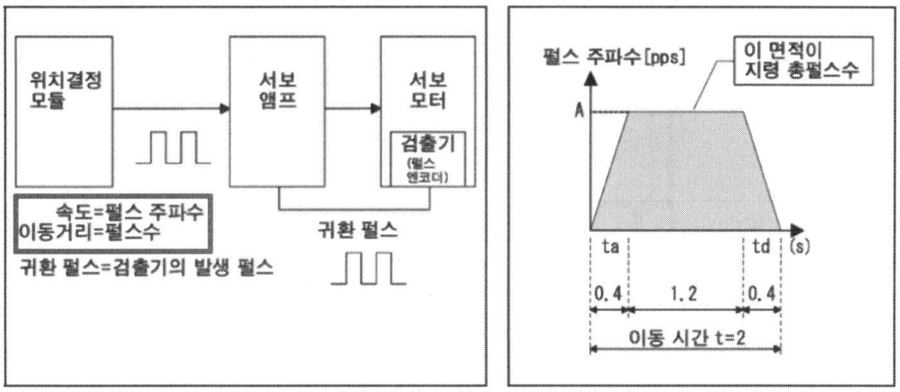

그림 9-3 펄스 주파수와 펄스수의 관계

출처 : QD75/QD75D 위치결정모듈 사용자메뉴얼(한국미쓰비시 전기오토메이션)

모터의 가감속을 위해 펄스열이 처음에는 희박하게 발생하다 점점 조밀해지고, 정지시점에서 다시 희박하게 발생하여 감속, 정지한다.

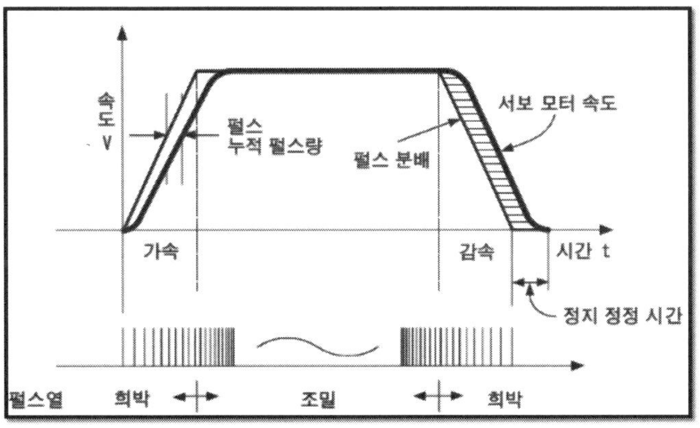

그림 9-4 펄스열 주파수에 따른 모터의 속도

출처 : QD75/QD75D 위치결정모듈 사용자메뉴얼(한국미쓰비시 전기오토메이션)

2 위치결정모듈 외형 및 배선

[1] 위치결정모듈의 외형

펄스 출력형의 위치결정모듈의 경우 40핀 커넥터로 구성되어 있으며, 1축, 2축 모듈은 커넥터 1개, 4축 모듈은 커넥터 2개로 구성되어 있다.

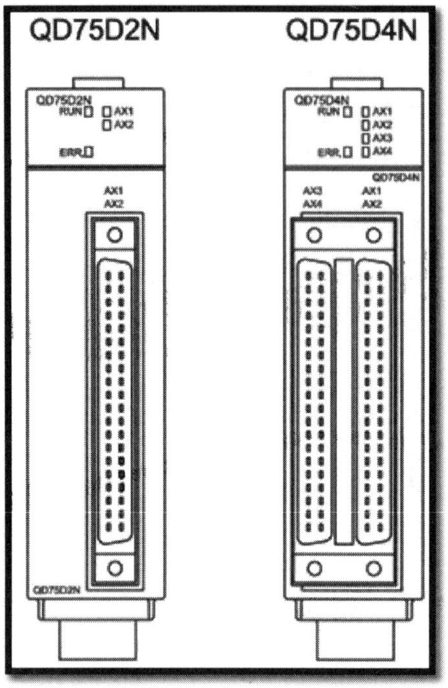

그림 9-5 위치결정모듈 외형

출처 : QD75/QD75D 위치결정모듈 사용자메뉴얼(한국미쓰비시 전기오토메이션)

위치결정모듈의 상단부에는 위치결정모듈의 상태를 확인할 수 있는 표시부가 있으며, 표시의 내용은 아래와 같다.

표시 내용	확인 내용	내 용
RUN □ □ AX1 □ AX2 □ AX3 ERR. □ □ AX4	RUN 소등	하드웨어 이상, WDT 타이머 에러
RUN ■ □ AX1 □ AX2 □ AX3 ERR. □ □ AX4	RUN 점등 ERR 소등	모듈 정상
RUN ■ □ AX1 □ AX2 □ AX3 ERR. ■ □ AX4	ERR 점등	시스템 에러
RUN ■ □ AX1 □ AX2 □ AX3 ERR. □ □ AX4	AX1~AX4 소등	축 정지 중, 축 대기 중
RUN ■ ■ AX1 □ AX2 □ AX3 ERR. □ □ AX4	AX1 점등 (다른 축이 점등 해도 동일)	축 동작 중
RUN ■ ◆ AX1 □ AX2 □ AX3 ERR. ◆ □ AX4	ERR 점멸 AX1 점멸 (다른 축이 점멸 해도 동일)	축 에러
RUN ■ ■ AX1 ■ AX2 ■ AX3 ERR. ■ ■ AX4	모든 LED 점등	하드웨어 이상

표시 내용 기호는 다음의 상태를 나타냅니다.
□ : 소등 ■ : 점등 ◆ : 점멸

그림 9-6 위치결정모듈 표시부

출처 : QD75/QD75D 위치결정모듈 사용자메뉴얼(한국미쓰비시 전기오토메이션)

[2] 위치결정모듈 커넥터 신호

40핀 커넥터의 신호 배열로 1~4축 모두 동일하나 수동 펄스 입력기는 1축과 2축에만 설치할 수 있다. 교재에 사용된 장비의 경우 빨간색 박스 부분만 배선이 되어 있다.

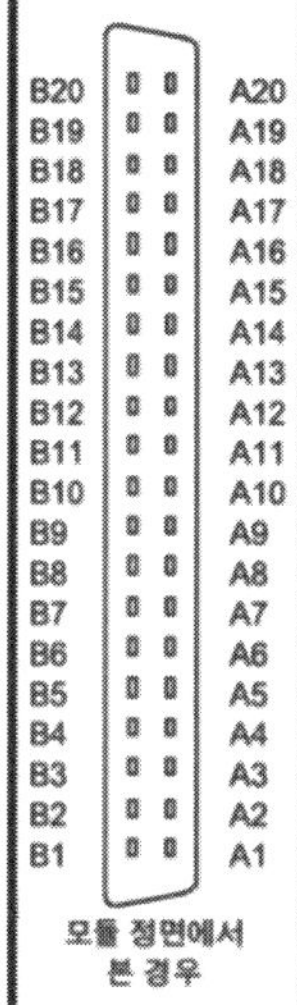

핀 배열	축 4(AX4)		축 3(AX3)		축 2(AX2)		축 1(AX1)	
	핀 No.	신호명	핀 No.	신호명	핀 No.	신호명	핀 No.	신호명
	2B20	공백	2A20	공백	1B20	PULSER B-	1A20	PULSER B+
	2B19	공백	2A19	공백	1B19	PULSER A-	1A19	PULSER A+
	2B18*3	PULSE COM PULSE R-	2A18*3	PULSE COM PULSE R-	1B18*3	PULSE COM PULSE R-	1A18*3	PULSE COM PULSE R-
	2B17*3	PULSE R PULSE R+	2A17*3	PULSE R PULSE R+	1B17*3	PULSE R PULSE R+	1A17*3	PULSE R PULSE R+
	2B16*3	PULSE COM PULSE F-	2A16*3	PULSE COM PULSE F-	1B16*3	PULSE COM PULSE F-	1A16*3	PULSE COM PULSE F-
	2B15*3	PULSE F PULSE F+	2A15*3	PULSE F PULSE F+	1B15*3	PULSE F PULSE F+	1A15*3	PULSE F PULSE F+
	2B14	CLRCOM	2A14	CLRCOM	1B14	CLRCOM	1A14	CLRCOM
	2B13	CLEAR	2A13	CLEAR	1B13	CLEAR	1A13	CLEAR
	2B12	RDYCOM	2A12	RDYCOM	1B12	RDYCOM	1A12	RDYCOM
	2B11	READY	2A11	READY	1B11	READY	1A11	READY
	2B10	PGOCOM	2A10	PGOCOM	1B10	PGOCOM	1A10	PGOCOM
	2B9	PG05	2A9	PG05	1B9	PG05	1A9	PG05
	2B8	PG024	2A8	PG024	1B8	PG024	[illegible]	[illegible]
	2B7	COM	2A7	COM	1B7	COM	1A7	COM
	2B6	COM	2A6	COM	1B6	COM	1A6	COM
	2B5	CHG	2A5	CHG	1B5	CHG	1A5	CHG
	2B4	STOP	2A4	STOP	1B4	STOP	1A4	STOP
	2B3	DOG	2A3	DOG	1B3	DOG	1A3	DOG
	2B2	RLS	2A2	RLS	1B2	RLS	1A2	RLS
	2B1	FLS	2A1	FLS	1B1	FLS	1A1	FLS

그림 9-7 커넥터 핀 신호명

출처 : QD75/QD75D 위치결정모듈 사용자메뉴얼(한국미쓰비시 전기오토메이션)

[3] 서보앰프 및 서보모터 배선

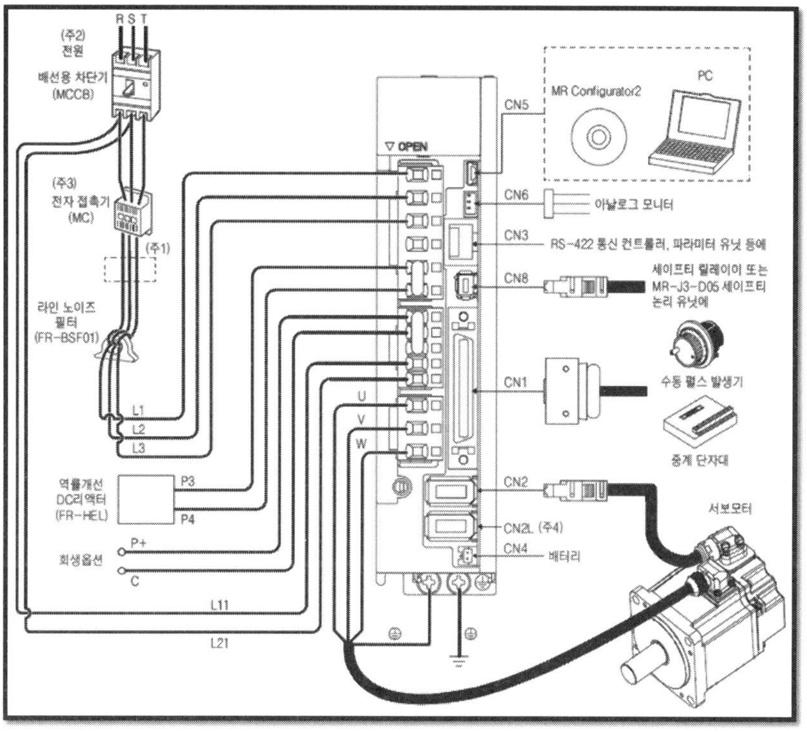

그림 9-8 서보앰프의 구성

출처 : MR-J4-A 서보앰프 기술자료집(위치결정 모드편)(한국미쓰비시 전기오토메이션)

[4] 위치결정모듈과 서보앰프 외부 배선

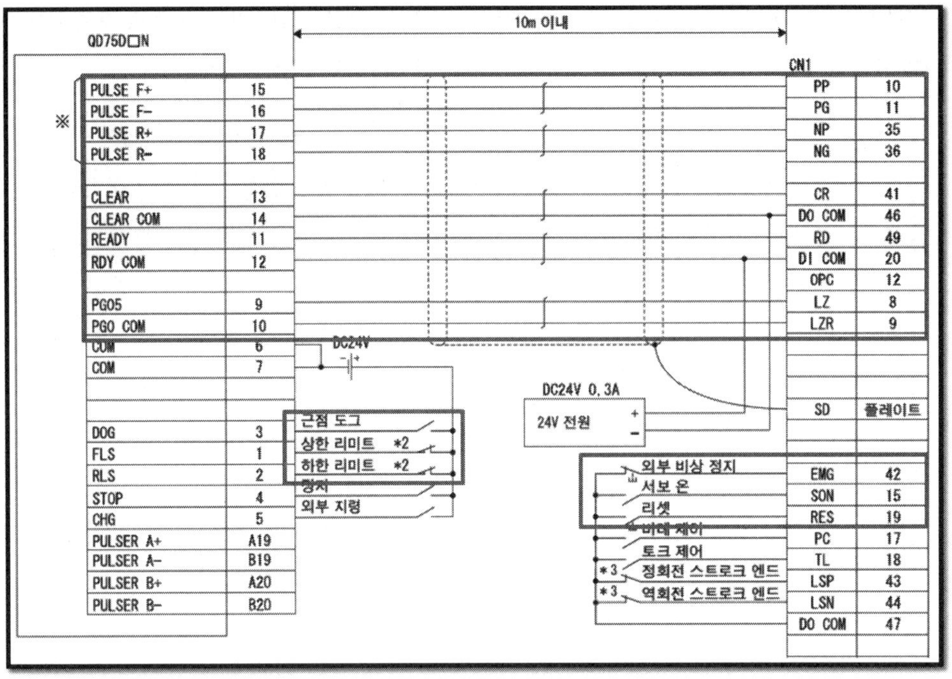

그림 9-9 위치결정모듈과 서보앰프와의 배선도

출처 : QD75/QD75D 위치결정모듈 사용자메뉴얼(한국미쓰비시 전기오토메이션)

신호 · 명칭	핀 No. AX1	AX2	AX3	AX4	신호 내용 (외부 입출력 신호 논리 선택에서 부논리 선택)
수동 펄스발생기 A 상 수동 펄스발생기 B 상	1A19 1A20		—		· 수동 펄스발생기 A 상, B 상의 펄스 신호를 입력한다. · A 상이 B 상보다 위상이 선행되어 있을 때 각 상의 펄스상승, 펄스하강 시 위치결정 어드레스가 증가한다. · B 상이 A 상보다 위상이 선행되어 있을 때 각 상의 펄스상승, 펄스하강 시 위치결정 어드레스가 감소한다.
수동 펄스발생기 A 코먼 수동 펄스발생기 B 코먼	1B19 1B20		—		[증가 시] [감소 시] 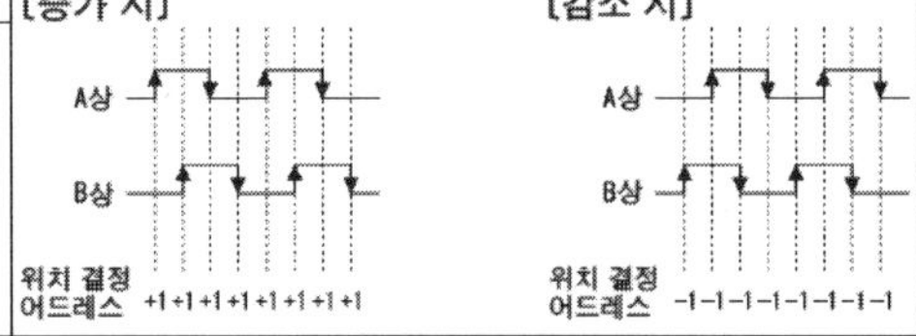
영점 신호(+24V)	1A8	1B8	2A8	2B8	· 기계 원점복귀 시의 원점 신호를 입력한다. 펄스 엔코더의 영점 신호 등을 사용한다. · 기계 원점복귀 방법을 스토퍼 정지로 하고, 원점복귀 완료를 외부에서 입력하는 경우에도 본 신호를 사용한다. · OFF→ ON로 시 영점 신호를 검출한다.
영점 신호(+5V)	1A9	1B9	2A9	2B9	
영점 신호 코먼	1A10	1B10	2A10	2B10	· 영점 신호(+5V), 영점 신호(+24V)의 코먼.
펄스 출력 F(+) < CW+ >	1A15	1B15	2A15	2B15	· 차동 드라이버 대응 드라이브 모듈에 위치결정용 펄스와 펄스 부호를 출력한다. (QD75D□만 사용 가능)
펄스 출력 F(-) < CW- >	1A16	1B16	2A16	2B16	
펄스 출력 R(+) < CCW+ >	1A17	1B17	2A17	2B17	
펄스 출력 R(-) < CCW- >	1A18	1B18	2A18	2B18	
펄스 출력 F <CW>	1A15	1B15	2A15	2B15	· 오픈 컬렉터 대응 드라이브 모듈에 위치결정용 펄스와 펄스 부호를 출력한다. (QD75P□만 사용 가능)
펄스 출력 F 코먼 <CWCOM>	1A16	1B16	2A16	2B16	
펄스 출력 R <CCW>	1A17	1B17	2A17	2B17	
펄스 출력 R 코먼 <CCWCOM>	1A18	1B18	2A18	2B18	

상한 리미트 신호	1A1	1B1	2A1	2B1	· 스트로크의 상한 위치에 배치하는 리미트 스위치에서 력한다. · 이 신호의 OFF 시 위치결정이 정지된다. · 원점복귀 리트라이 기능 유효 시 근점 도그 신호를 검출하는 상한이 된다.
하한 리미트 신호	1A2	1B2	2A2	2B2	· 스트로크의 하한 위치에 배치하는 리미트 스위치에서 력한다. · 이 신호의 OFF 시 위치결정이 정지된다. · 원점복귀 리트라이 기능 유효 시 근점 도그 신호를 검출하는 하한이 된다.
근점 도그 신호	1A3	1B3	2A3	2B3	· 기계 원점복귀 시의 근점 도그 검출에 사용한다. · OFF→ ON 시 근점 도그 신호를 검출한다.
정지 신호	1A4	1B4	2A4	2B4	· 위치결정 중지 시에 입력한다. · 이 신호가 ON되면, QD75는 실행 중인 위치결정을 중지한다. 이 후 이 신호를 ON → OFF해도 동작하지 않는다.
외부 지령 신호	1A5	1B5	2A5	2B5	· 속도 · 위치 전환 제어, 위치 · 속도 전환 제어에서의 제어 전환 신호를 입력한다. · 외부에서의 위치결정 기동, 속도 변경 요구, 스킵 요구의 입력 신호로 사용한다. 신호를 어느 기능으로 사용할 것인지는 "Pr. 42 외부 지령 기능 선택"에서 설정한다.
코먼	1A6 1A7	1B6 1B7	2A6 2A7	2B6 2B7	· 상한 · 하한 리미트, 근점 도그 신호, 정지 신호, 외부 지령 신호의 코먼.
드라이브 모듈 레디	1A11	1B11	2A11	2B11	· 드라이브 모듈이 정상 상태이고, 피드 펄스를 접수할 수 있는 상태일 때 ON한다. · QD75는 드라이브 모듈 레디 신호를 체크하여 레디 상태가 아닐 때 원점복귀 요구를 출력한다. · 드라이브 모듈의 제어 전원에 이상이 발생한 경우 등 드라이브 모듈이 동작 불량 상태가 되었을 때 이 신호를 OFF한다. · 위치결정 중에 이 신호를 OFF하면 정지한다. 다시 ON 해도 동작하지 않는다. · 이 신호가 OFF되면 원점복귀 완료 신호도 OFF한다.
드라이브 모듈 레디 코먼	1A12	1B12	2A12	2B12	· 드라이브 모듈 레디의 코먼.
편차 카운터 클리어	A13	1B13	2A13	2B13	· 기계 원점복귀 시 출력된다.(다만 카운트식②의 경우 출력되지 않는다.) (예) 스토퍼 정지 방식②로 기계 원점복귀를 할 때 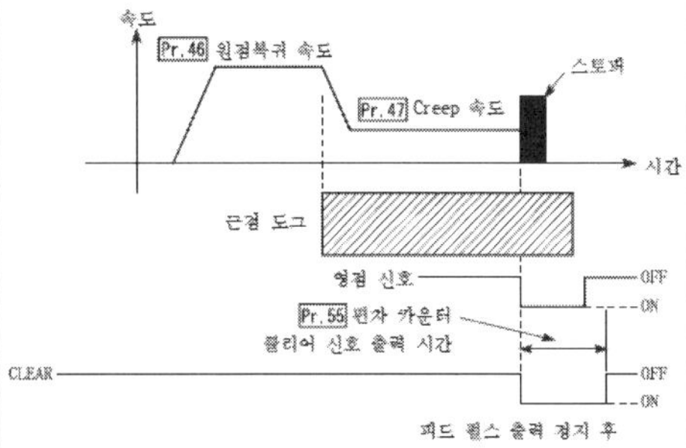 · 편차 카운터 클리어의 출력 시간은 "Pr. 55 편차 카운터 클리어 신호 출력 시간"에서 설정한다. · 드라이브 모듈에는 QD75가 이 신호를 ON하였을 때, 내부 편차 카운터의 드룹 펄스량을 리셋할 수 있는 것을 사용한다. (주) 편차 카운터 클리어는 기계 원점복귀 시에 QD75가 출력하는 신호로, 사용자가 임의로 출력할 수 없습니다.
편차 카운터 클리어 코먼	1A14	1B14	2A14	2B14	· 편차 카운터 클리어의 코먼.

그림 9-10 입출력 신호의 내용 일람

출처 : QD75/QD75D 위치결정모듈 사용자메뉴얼(한국미쓰비시 전기오토메이션)

3 위치결정모듈 입출력 신호

아래 표는 PLC와 위치결정모듈 사이에 신호를 주고 받기 입출력 신호내용 일람표 이다.

신호 방향 : QD75→PLC CPU			신호 방향 : PLC CPU→QD75		
디바이스 No.	신호 명칭		디바이스 No.	신호 명칭	
X0	QD75 준비 완료		Y0	PLC 레디	
X1	동기용 플래그		Y1	사용금지	
X2	사용 금지		Y2		
X3			Y3		
X4	축1	M 코드 ON	Y4	축1	축 정지
X5	축2		Y5	축2	
X6	축3		Y6	축3	
X7	축4		Y7	축4	
X8	축1	에러 검출	Y8	축1	정회전 JOG 기동
X9	축2		Y9	축1	역회전 JOG 기동
XA	축3		YA	축2	정회전 JOG 기동
XB	축4		YB	축2	역회전 JOG 기동
XC	축1	BUSY	YC	축3	정회전 JOG 기동
XD	축2		YD	축3	역회전 JOG 기동
XE	축3		YE	축4	정회전 JOG 기동
XF	축4		YF	축4	역회전 JOG 기동
X10	축1	기동완료	Y10	축1	위치결정 기동
X11	축2		Y11	축2	
X12	축3		Y12	축3	
X13	축4		Y13	축4	
X14	축1	위치결정완료	Y14	축1	실행 금지 플래그
X15	축2		Y15	축2	
X16	축3		Y16	축3	
X17	축4		Y17	축4	
X18	사용금지		Y18	사용금지	
X19			Y19		
X1A			Y1A		
X1B			Y1B		
X1C			Y1C		
X1D			Y1D		
X1E			Y1E		
X1F			Y1F		

〈 PLC CPU와의 입출력 신호 일람 〉

디바이스 No.	신호 명칭		내 용
X0	QD75 준비 완료		· PLC 레디 신호[Y0]가 OFF→ON 시 파라미터의 설정 범위를 체크하여, 이상이 없는 경우에 본 신호를 ON한다. · PLC 레디 신호[Y0]가 OFF되면 본 신호를 OFF 한다. · WDT 에러가 발생하면 본 신호를 OFF한다. · 시퀀스 프로그램에서의 인터록 등에 사용한다.
X1	동기용 플래그		· OFF : 모듈 액세스 금지 · ON : 모듈 액세스 허가(PLC의 전원 ON/CPU 모듈의 리셋 후 CPU 모듈에서 QD75에 대한 액세스 가능 상태에서 ON 한다)
X2	사용 금지		
X3			
X4	축1	M 코드 ON	· OFF : M 코드 설정 내용 없음 · ON : M 코드 설정 내용 있음
X5	축2		
X6	축3		
X7	축4		
X8	축1	에러 검출	· OFF : 에러 없음 · ON : 에러 발생(에러 발생으로 ON하고, "축 에러 리셋"에서 OFF 한다.)
X9	축2		
XA	축3		
XB	축4		
XC	축1	BUSY	· OFF : BUSY 중이 아니다 · ON : BUSY 중 (위치결정 기동 시 원점복귀 기동 시 및 JOG 기동 시 ON하고, 위치결정 정지 후 "드웰타임" 경과 시 OFF한다(위치결정속행 중에는 ON 상태)
XD	축2		
XE	축3		
XF	축4		
X10	축1	기동완료	· OFF : 기동 미완료 · ON : 기동 완료(QD75가 위치결정 처리를 시작하면 ON 한다)
X11	축2		
X12	축3		
X13	축4		
X14	축1	위치결정완료	· OFF : 위치결정 미완료 · ON : 위치결정 완료 (각 위치결정 데이터 No.의 위치결정 제어가 완료된시점에서 "위치결정 완료 신호 출력 시간"에 설정된 시간만 ON한다.)
X15	축2		
X16	축3		
X17	축4		

〈 입력신호 상세 〉

<table>
<tr><th>디바이스
No.</th><th colspan="2">신호 명칭</th><th>내 용</th></tr>
<tr><td>Y0</td><td colspan="2">PLC 레디</td><td>PLC CPU가 정상이라는 것을 QD75에 알리는 신호.
· OFF : PLC 레디 OFF
· ON : PLC 레디 ON</td></tr>
<tr><td>Y4</td><td>축1</td><td rowspan="4">축 정지</td><td rowspan="4">· OFF : 축 정지 요구 없음
· ON : 축 정지 요구 있음(축 정지 신호 ON 시 원점복귀 제어, 위치결정 제어, JOG 운전,인칭 운전, 수동 펄스발생기 운전을 정지한다.)</td></tr>
<tr><td>Y5</td><td>축2</td></tr>
<tr><td>Y6</td><td>축3</td></tr>
<tr><td>Y7</td><td>축4</td></tr>
<tr><td>Y8</td><td>축1</td><td>정회전 JOG 기동</td><td rowspan="8">· OFF : JOG 미기동
· ON : JOG 기동 (JOG 기동 신호의 ON 중에 “Cd.17 JOG 속도”로 JOG 운전을 실행 하여, JOG 기동 신호가 OFF되면 감속 정지한다.)</td></tr>
<tr><td>Y9</td><td>축1</td><td>역회전 JOG 기동</td></tr>
<tr><td>YA</td><td>축2</td><td>정회전 JOG 기동</td></tr>
<tr><td>YB</td><td>축2</td><td>역회전 JOG 기동</td></tr>
<tr><td>YC</td><td>축3</td><td>정회전 JOG 기동</td></tr>
<tr><td>YD</td><td>축3</td><td>역회전 JOG 기동</td></tr>
<tr><td>YE</td><td>축4</td><td>정회전 JOG 기동</td></tr>
<tr><td>YF</td><td>축4</td><td>역회전 JOG 기동</td></tr>
<tr><td>Y10</td><td>축1</td><td rowspan="4">위치결정 기동</td><td rowspan="4">· OFF : 위치결정 기동 요구 없음
· ON : 위치결정 기동 요구 있음(원점복귀, 위치결정 운전을 기동한다)</td></tr>
<tr><td>Y11</td><td>축2</td></tr>
<tr><td>Y12</td><td>축3</td></tr>
<tr><td>Y13</td><td>축4</td></tr>
<tr><td>Y14</td><td>축1</td><td rowspan="4">실행 금지 플래그</td><td rowspan="4">· OFF : 실행 금지 중이 아니다
· ON : 실행 금지 중(위치결정 기동 신호 ON 시 실행 금지 플래그가 ON되어 있는 경우, 실행 금지 플래그가 OFF 될 때까지 위치결정을 기동하지 않는다.(펄스 출력하지 않음))</td></tr>
<tr><td>Y15</td><td>축2</td></tr>
<tr><td>Y16</td><td>축3</td></tr>
<tr><td>Y17</td><td>축4</td></tr>
</table>

〈 출력신호 상세 〉

4 위치결정모듈 파라미터 설정

[1] 파라미터 설정하기

위치결정모듈을 사용하기 위해 파라미터에서 시작 주소를 확인해야 한다. 기본적으로 설정된 점수에 의해 시작 주소는 60H이다.

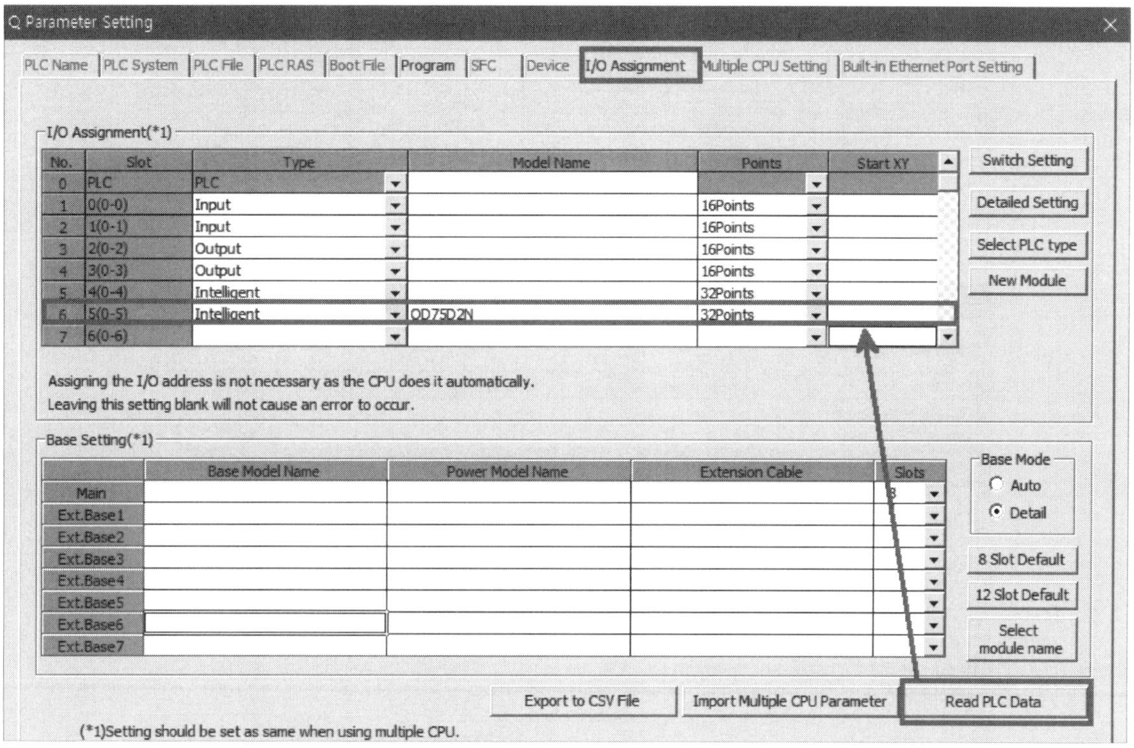

그림 9-11 위치결정모듈 시작주소 설정을 위한 I/O 설정

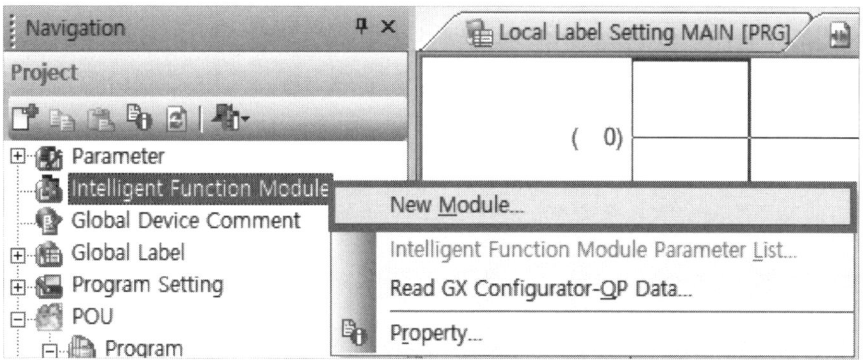

그림 9-12 위치결정모듈 추가하기

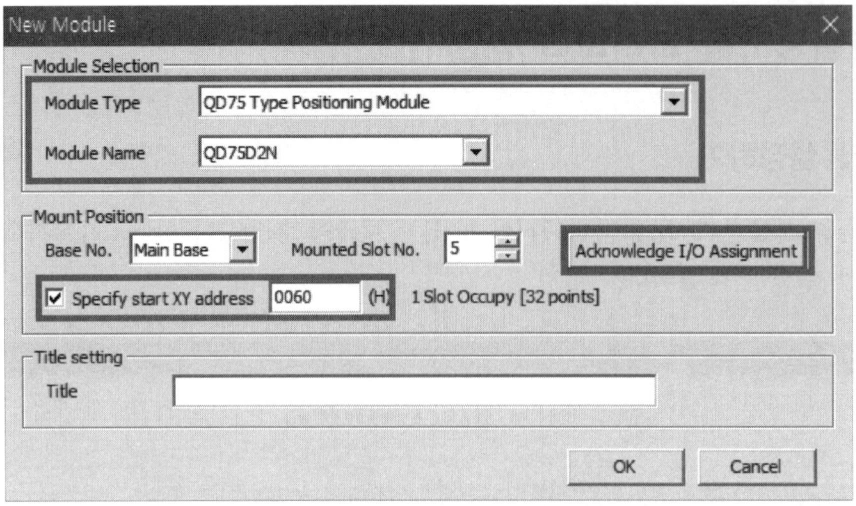

그림 9-13 위치결정모듈 모델 선택 및 시작주소 설정

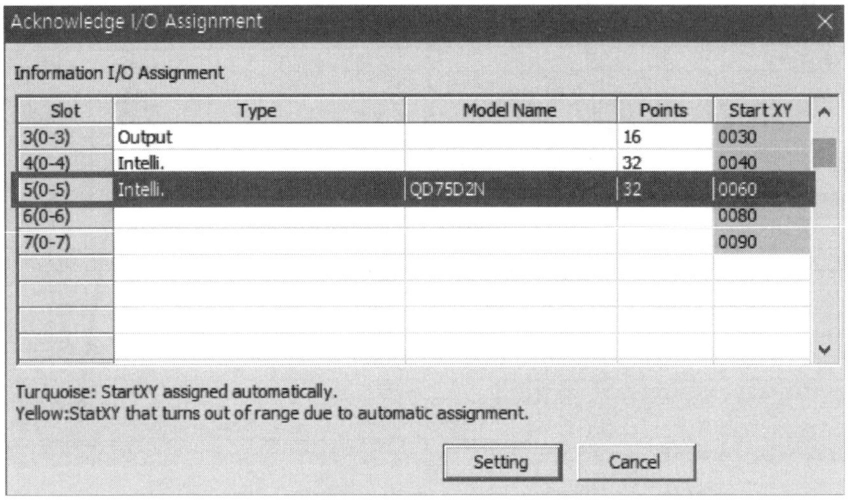

그림 9-14 I/O 설정이 선행되면 쉽게 시작주소를 선택

위치결정모듈이 추가되면 위치결정모듈의 파라미터를 입력해야 한다. 사용되는 장비는 2축이 지원되는 모듈이나 실제 서보앰프는 1개만 연결되어 있기 때문에 1축만 설정하기로 한다. 아래와 같이 기본파라미터를 설정한다.

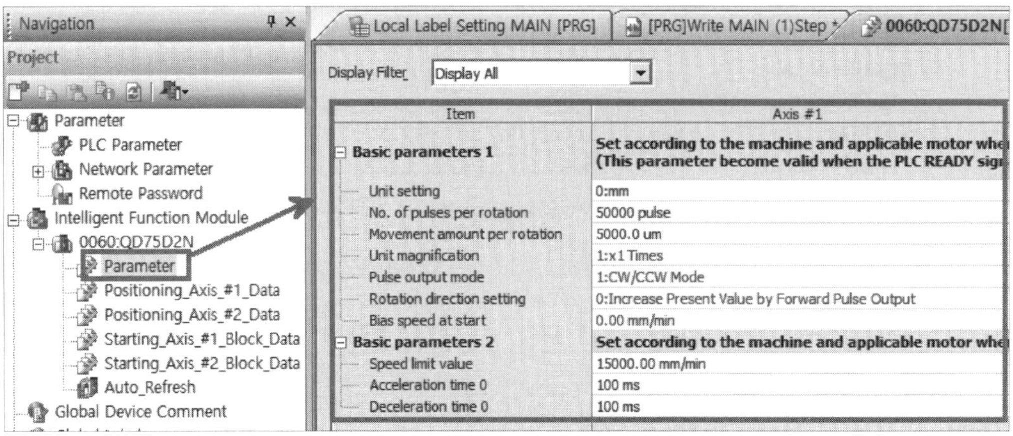

그림 9-15 위치결정모듈 기본파라미터1 설정

위치제어를 하려면 단위를 mm로 해야 제어하기가 수월하기 때문에 Unit settein을 mm로 설정한다. QD75모듈의 경우 위치결정모듈의 최대제어 정밀도는 0.1um이다. 즉, 서보모터의 엔코더의 분해능이 아무리 높다고 해도 위치결정모듈에서 연산하는 최대 정밀도는 0.1um이다. No. of pulses per rotation 값을 크게 입력하면 할수록 정밀도는 높아진다. 그러나 QD75모듈의 최대 입력 값은 65,535인데 이는 16bit메모리로 설계되었기 때문이다.

사용되는 장비의 경우 볼스크류의 리드값이 5mm이다. 최대정밀도를 1um로 맞추고 싶다면 No. of pulses per rotation값은 5,000을 입력하면 된다.(5mm/5000=0.001mm=1um) 그리고, QD75의 최대 제어정밀도를 0.1um로 하고 싶다면, 50,000을 입력하면 된다.

장비에 사용된 DN 타입은 최대 출력주파수가 4Mpps이다.(4Mpps = 4,000,000pls/s) 모터의 최대 회전 속도가 6,000rpm이니, 1초에 최대 이송 속도는 5mm/rev*6,000rev/min =30,000mm/min이다. 그래서 30,000값을 Speed limit value입력하면 입력이 되지 않고 0.01~24000.00mm/min 범위 내에서 입력하라는 경고가 뜬다. No. of pulses per rotation값을 50,000으로 입력했고 최대 출력 주파수가 4Mpps이기 때문에 아래과 같이 계산된다.

4,000,000(pls/sec) / 5,000(pls/rev) = 80rev/sec

즉, 초당 80회전이 최대 속도가 된다. 그렇기 때문에 위치결정모듈 입장에서 최대로 빨리 돌릴 수 있는 속도는 분당 4,800회전(80rev/sec * 60sec/min = 4,800rev/min)이며, 1회전당 이동량은 5mm이다. 그래서 최대 속도는 5mm * 4800rev/min = 24,000mm/min가 된다.

Speed limit value에 24,000을 입력하면 모터의 최대 최대 회전 속도는 24,000(mm/min) / 5(mm) = 4,800rev/min이다. 모터의 정격 회전 속도는 3,000rpm이고, 최대는 6,000rpm이지만 정격으로 회전하도록 하기 위해 최대속도를 15,000mm/min로 설정한다. (5mm*3,000rpm = 15,000mm/min)

가감속 시간도 설정할 수 있으며 세부파라미터 설정에서 추가로 3개의 가감속 속도를 설정하여 사용자가 선택하여 사용할 수 있도록 한다.

Basic parameters 2	Set according to the machine and applicable motor whe
Speed limit value	15000.00 mm/min
Acceleration time 0	100 ms
Deceleration time 0	100 ms

그림 9-16 위치결정모듈 기본파라미터2 설정

조그속도의 제한값은 장비를 고려하여 설정하되, 교재에 사용된 장비의 경우 최대거리가 170mm인 점을 감안하여 1,000mm/min으로 설정하였다. 설정값 이상으로 조그기동을 하면 경고가 발생한다. 가감속 시간의 경우 시간이 짧으면 응답성은 좋아지나 고속으로 기동 시 진동발생의 원인이 된다.

Detailed parameters 2	Set according to the system configuration when the sys (Set as required.)
Acceleration time 1	200 ms
Acceleration time 2	500 ms
Acceleration time 3	1000 ms
Deceleration time 1	200 ms
Deceleration time 2	500 ms
Deceleration time 3	1000 ms
JOG speed limit value	1000.00 mm/min

그림 9-17 세부 파라미터 설정2

원점복귀 방법의 경우 별도의 스톱퍼 등이 설치되어 있지 않기 때문에 Dog센서와 엔코더의 Z상을 이용하여 원점을 구하는 Near-point Dog Method 방식을 선택하였다. 또한 모터의 역방향 쪽에 Dog센서가 있기 때문에 원점복귀 방향을 Reverse Direction으로 설정하였으며, 원점복귀 속도와 Creep speed는 각각 1000, 150mm/min으로 설정하였다. Creep speed는 시스템에 따라 다르며, 너무 빠를 경우 엔코더 Z상을 지나쳐 원점복귀에 실패할 수 있기 때문에 되도록 낮은 속도를 권장한다. OPR retry의 경우 원점을 복귀한 이후 다시 원점복귀 동작을 시도하면 역방향으로 진행하기 때문에 기구부 충돌의 원인이 될 수 있다. 이를 방지하기 위해 리밋스위치 신호가 발생되면 자동으로 다시 원점복귀 동작이 이뤄지도록 알고리즘이 구현되어 있다. 원점복귀시 원점의 위치에 off-set 값이 존재할 경우 OP address값을 변경할 수 있다. 이 경우 기계원점복귀를 하면 Off-set 값이 원점복귀값이 된다. 메뉴의 OPR용어는 최근 버전에서 HPR로 변경되었다.

OPR basic parameters	Set the values required for carrying out OPR control. (This parameter become valid when the PLC READY sign
OPR method	0:Near-point Dog Method
OPR direction	1:Reverse Direction(Address Decrease Direction)
OP address	0.0 um
OPR speed	1000.00 mm/min
Creep speed	150.00 mm/min
OPR retry	1:Retry OPR with limit switch

그림 9-18 원점복귀 파라미터 설정

[2] 파라미터 다운로드 및 모듈테스트

기본파라미터의 설정이 끝났으면 아래 메뉴를 이용하려 파라미터 값을 위치결정 모듈에 전송할 수 있다.

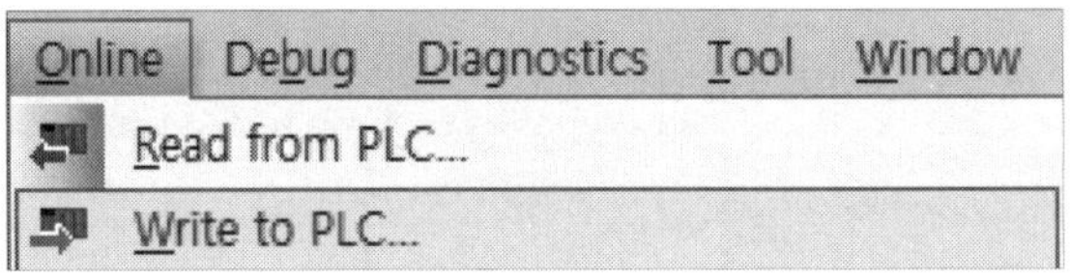

그림 9-19 위치결정모듈 파라미터 전송

위치결정모듈에 파라미터를 전송하려면 CPU는 STOP상태여야 하기 때문에 CPU레버를 이용하여 STOP모드로 변경하거나, 리모트 조작으로 STOP으로 변경하여야 한다. 위치결정모듈의 파라미터 값만 변경하였기 때문에 아래와 같이 체크하여 다운로드 한다. 체크된 Parameter는 위치결정모듈의 버퍼메모리에 저장되는 것으로 PLC의 전원이 OFF/ON되면 데이터가 삭제된다. 이를 위해 Flash ROM Write를 체크하면 전원 OFF/ON이후 플래시 롬에 저장된 값을 다시 버퍼메모리에 로딩하기 때문에 반드시 체크해야 한다.

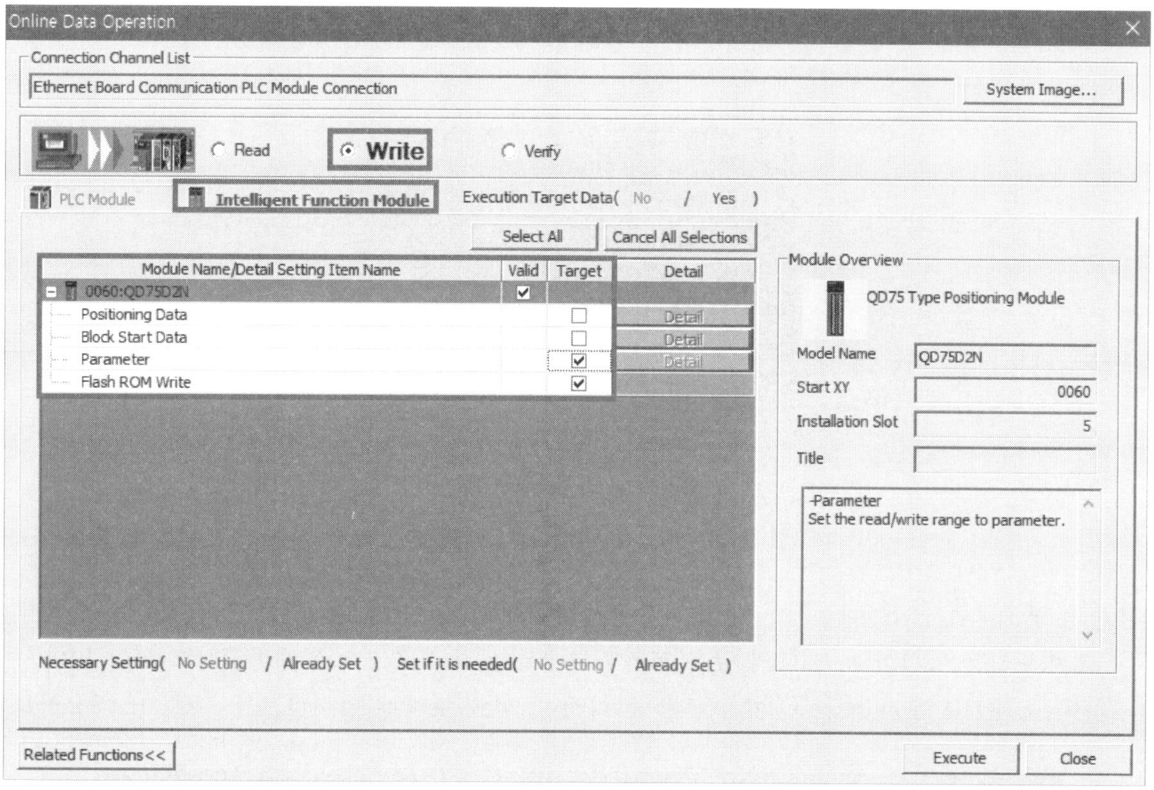

그림 9-20 파라미터 다운로드

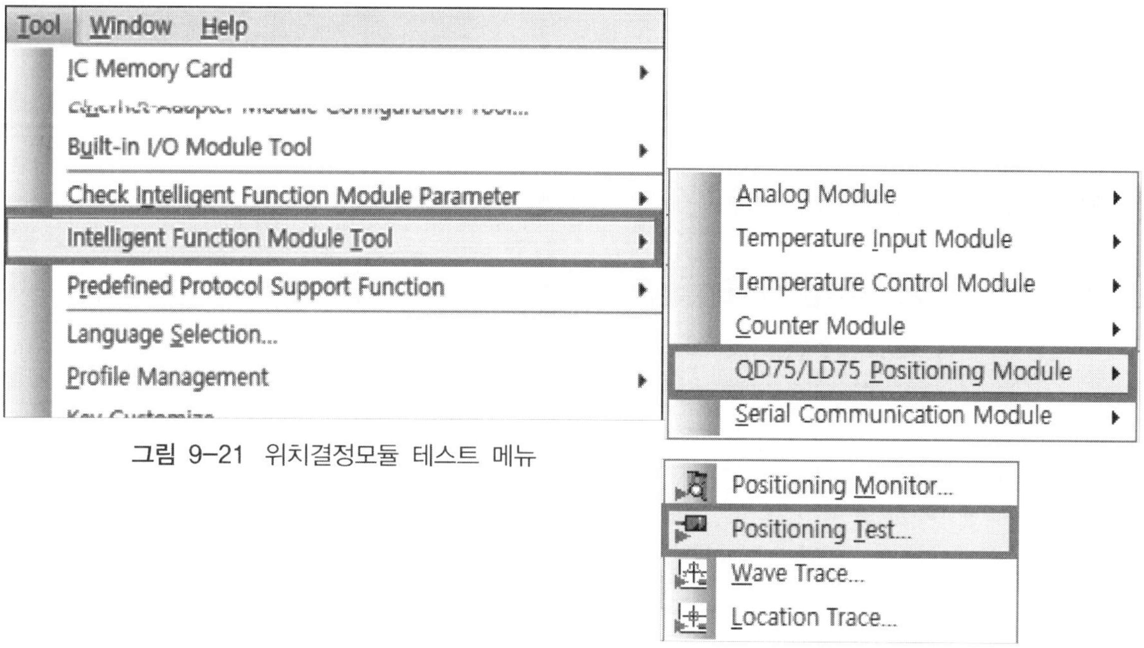

그림 9-21 위치결정모듈 테스트 메뉴

파라미터가 다운로드 되면 Works2에서 제공되는 테스트 프로그램을 이용하여 파라미터가 제대로 적용되었는지 확인해 볼수 있다. 위 그림에서 Positioning Test메뉴를 클릭하면 아래와 같은 창이 열린다. 다수의 위치결정모듈이 있을 경우 여러 개의 모듈이 나타나며 선택하여 접속할 수 있다.

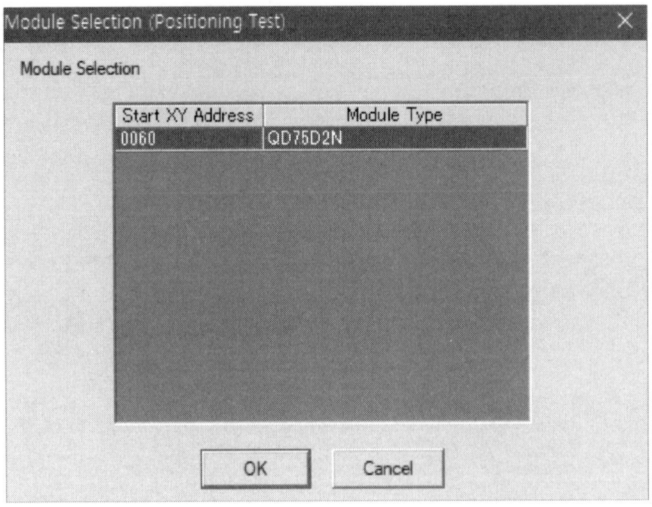

그림 9-22 테스트 대상 위치결정모듈 선택

테스트 프로그램 중 Select Function 메뉴에서 JOG/Manual Pulse Generator/OPR을 선택한 후 조그 속도값을 입력한다. 이때의 값은 파라미터에서 설정한 조그속도 제한값 이하여야 한다. 이후 Forward RUN, Reverse RUN 버튼을 클릭하면 서보 모터가 정회전 또는 역회전 기동한다.

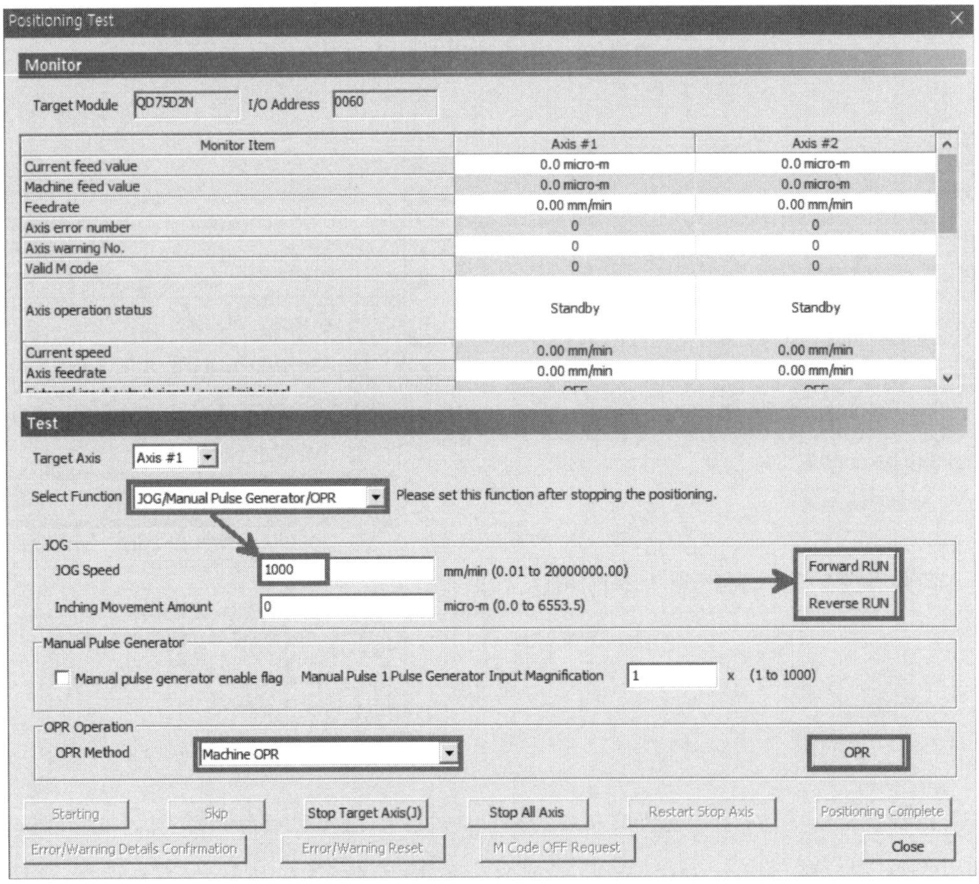

그림 9-23 조그테스트 및 원점복귀

기계원점기동을 위해 OPR Method를 Machine OPR을 선택하고 OPR 버튼을 클릭하면 기계원점복귀 동작을 수행하고, 기계원점 복귀가 완료되면, Current feed value 및 Machine feed value 값이 0.0um로 초기화 된다. OPR Method 메뉴에 High-Speed OPR은 기계원점복귀 이후 실행할 수 있다. High-Speed OPR은 Creep Speed로 감속하지 않고 원점복귀속도로 원점까지 이동하게 된다. 즉 Dog센서를 이용하지 않기 때문에 필히 기계원점복귀 이후 실행하여야 한다.

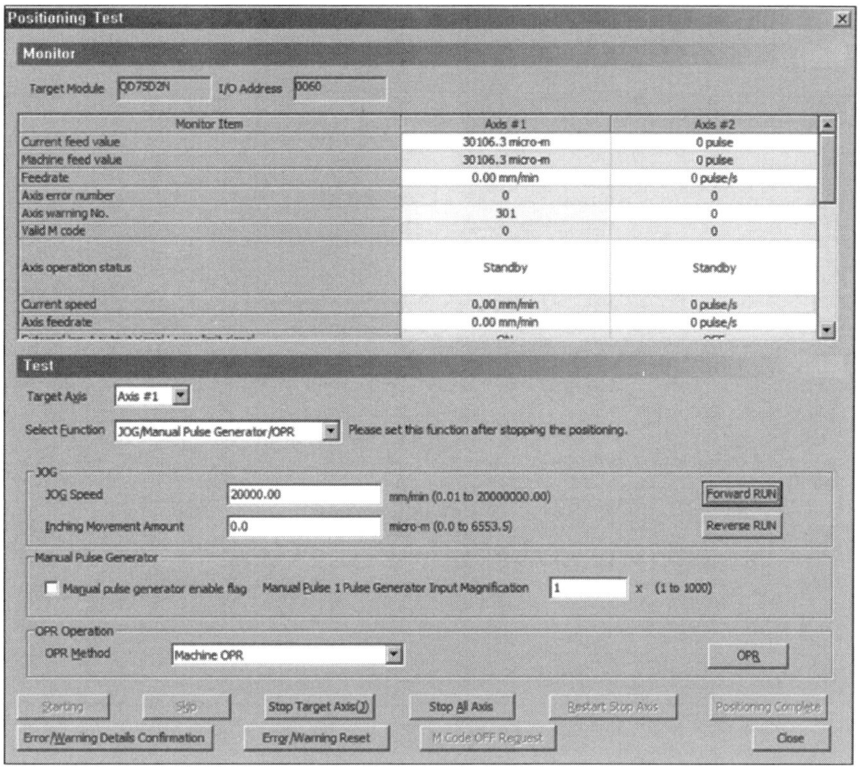

그림 9-23 경고 발생 화면

에러(빨간색) 또는 경고(노란색)가 발생되면 에러, 경고 번호가 표시되며 상세 내용을 확인하려면 Error/Warning Details Confirmation 버튼을 클릭하여 에러, 경고 정보를 확인할 수 있다. 해당 정보를 이용하여 에러, 경고 사항을 조치한 뒤 Error/Warning Reset 버튼을 클릭하면 에러 경고 사항이 삭제된다.

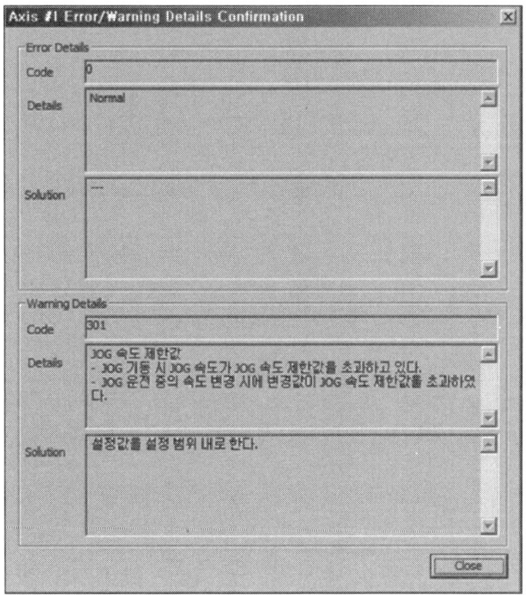

그림 9-24 조그속도값 초과 입력, 경고 발생

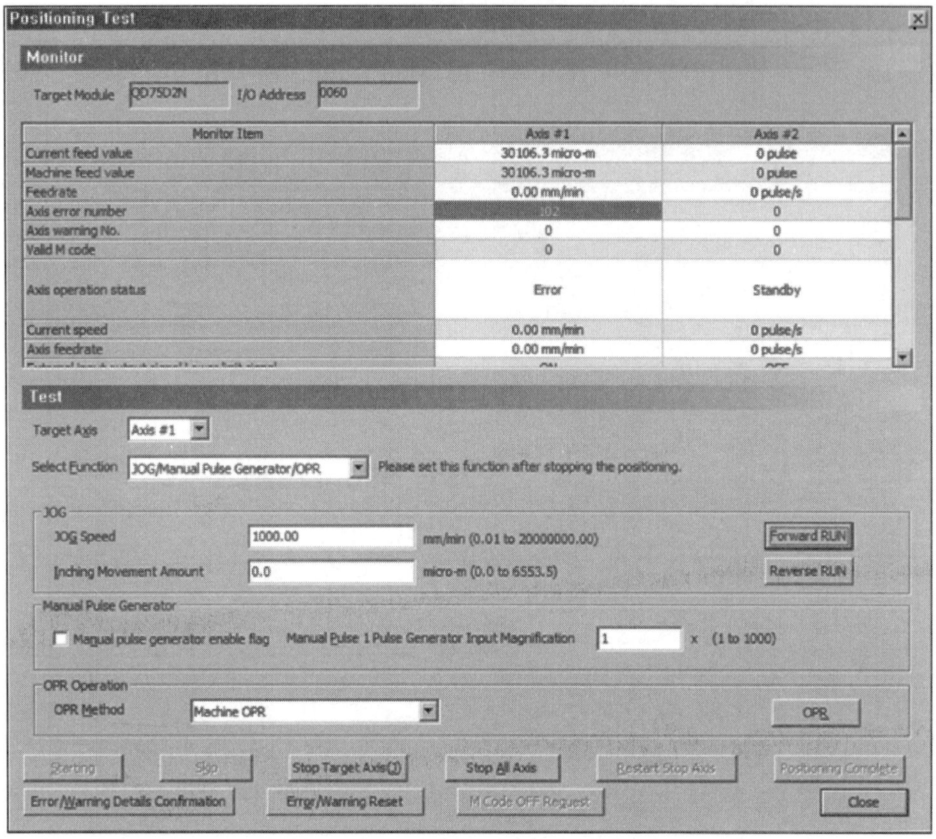

그림 9-25 에러 발생 화면

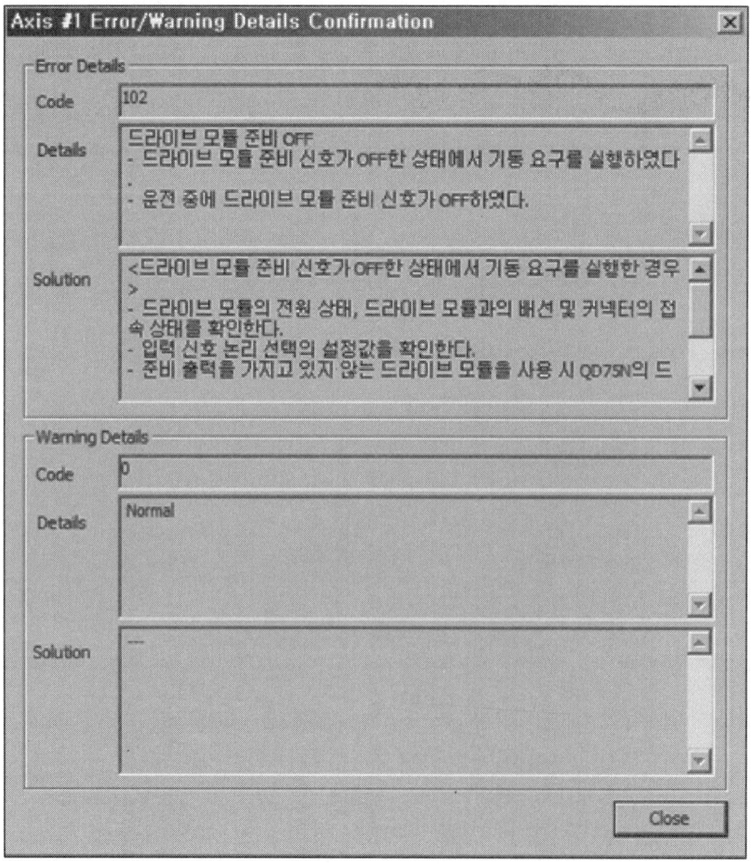

그림 9-26 서보앰프의 서보 ON 스위치 OFF, 에러 발생

5 위치결정데이터 입력 및 테스트

[1] 위치데이터의 설정

파라미터에 대한 테스트가 끝나면 위치데이터 값을 설정하여 위치결정모듈에 다운로드해야 한다. Positioning_Axis_#1_Data를 더블클릭하면 위치데이터 값을 정의할 수 있다. 운전패턴(Operation pattern)은 END(위치결정종료), CONT(연속 위치결정 제어), LOCATION(연속 궤적 제어)로 나뉘며, END는 해당 위치까지 이동하고 위치결정을 종료하며, CONT와 LOCATION은 END를 만날 때까지 연속하여 운전한다. 다만 CONT는 각 위치 사이에 가감속을 진행하며, LOCATION은 각 위치 사이에 가감속 없이 진행한다.

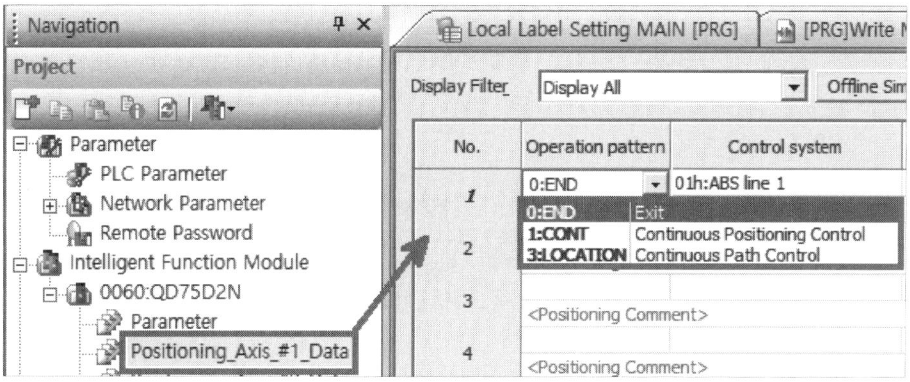

그림 9-27 운전패턴

제어방식의 경우 35방법이 있는데, 이중 1축으로 구현할 수 있는 것은 ABS line1과 INC line1이 대표적이다. ABS line1은 원점으로부터 절대거리로 이동하는 방법이며 INC line1은 현재위치에서의 증분값으로 이동하는 방법이다. 이외에도 현재위치값을 0으로 변경한뒤 지정한 간격만큼 이동하는 Feed1제어도 가능하다. 또한 설정구간을 반복해서 운영할 수 있도록 LOOP-LEND제어 방식도 제공한다. 본 교재의 장비를 제어하기 위해서는 ABS line1만 사용해도 충분하고 티칭을 이용하여 제어할 것이기 때문에 ABS line1 위주로 설명하도록 한다.

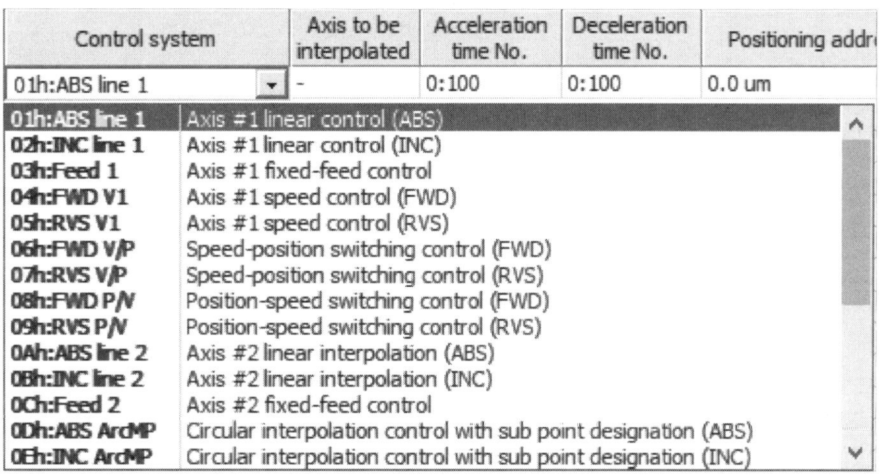

그림 9-28 제어방식

가감속 속도의 경우 파라미터에서 설정한 4개의 값 중 1개를 선택하여 사용할 수 있도록 되어 있다.

Acceleration time No.	Deceleration time No.
0:100	0:100
0:100	
1:200	
2:500	
3:1000	

그림 9-29 가감속 속도

이동하고자 하는 위치값을 Positioning address에 기입하고, 목표 위치로 이동에 필요한 속도(Command speed)를 입력하면 위치결정에 필요한 데이터가 완성된다. Dwell time의 경우 시간 값을 입력하면 위치결정 완료 후 해당 시간만큼 지연 이후 위치결정완료 신호를 발생시킨다. M code의 경우 목표위치에 도달했을 때 또는 목표 위치로 이동중 값을 읽어 보조적으로 활용할 수 있다. 또는 LOOP-LEND명령으로 활용시 반복 값으로 활용된다.

Positioning address	Arc address	Command speed	Dwell time	M code
50000.0 um	0.0 um	1000.00 mm/min	0 ms	0

그림 9-30 목표위치, 속도값 입력

QD75모듈의 경우 위치결정데이터를 1축당 600개를 활용할 수 있다. 그러나 화면상에서는 100개의 데이터만 확인할 수 있는데, 600개의 데이터를 모두 입력하거나 확인하려면 Option - Inteligent Function Module - QD75/LD75Type Positioning 메뉴에서 값을 변경하여 확인할 수 있다.

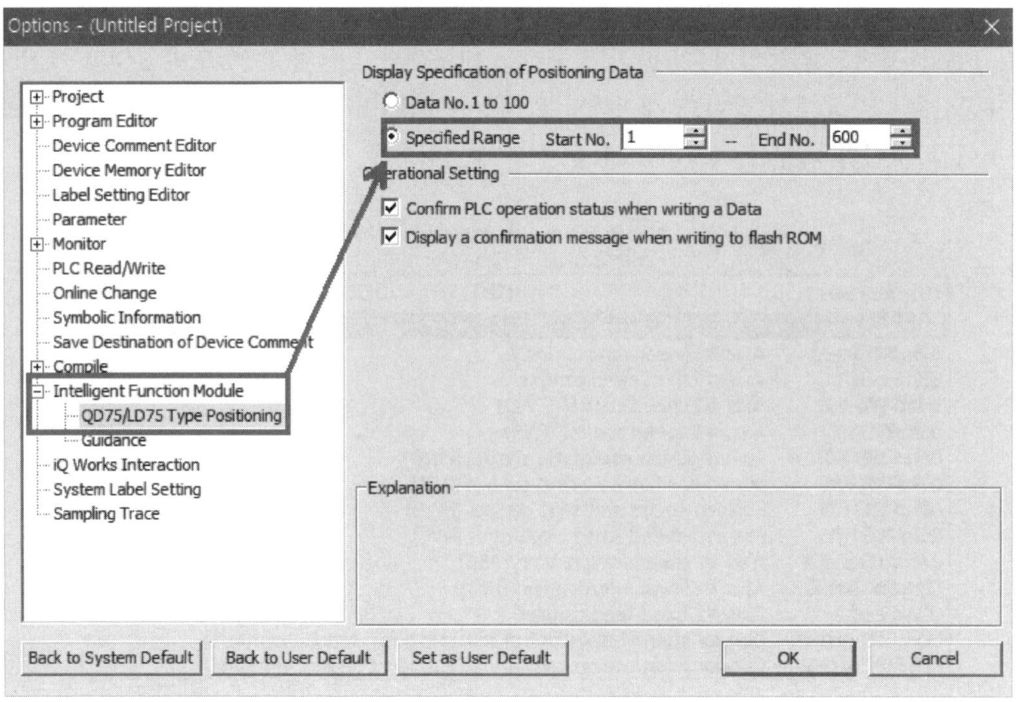

그림 9-31 위치결정데이터 목록 모두 보기

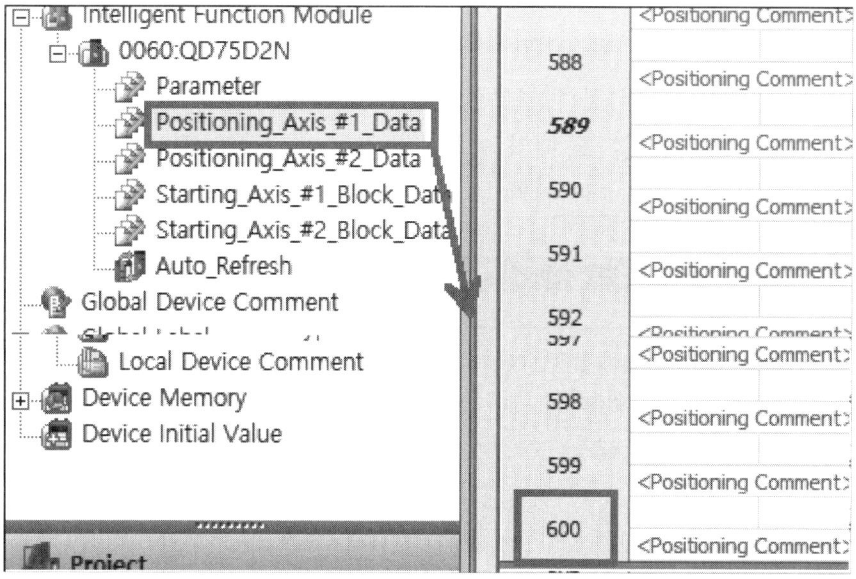

그림 9-32 위치데이터 600번까지 확인 가능하다.

아래와 같이 위치결정데이터를 테스트 하기 위해 값을 입력한다. 1번 위치결정 기동명령이 실행되면 원점으로부터(ABS line1) 30mm위치까지 최대 속도 1000mm/min으로 이동한 후 정지(END)한다. 2번 위치결정 기동명령이 실행되면, 현재위치에서 10mm 이동 후 정지한다. 3번 위치결정 기동명령이 실행되면 원점으로부터 60mm까지 이동 후 다시 80mm(4번 위치데이터)로 이동 후 정지한다. 단 이 경우 가감속이 적용된다. 5번 위치결정 기동명령이 실행되면 원점으로부터 50mm로 이동 후 20mm까지 이동 후 정지한다. 단 이 경우 가감속 되지 않는다. 7번 위치결정 기동명령이 실행되면 원점으로부터 10mm→30mm→50mm를 3번 반복하여 이동 후 정지한다.

No.	Operation pattern	Control system	Axis to be interpolated	Acceleration time No.	Deceleration time No.	Positioning address	Arc address	Command speed	Dwell time	M code
1	0:END	01h:ABS line 1	-	0:100	0:100	30000.0 um	0.0 um	1000.00 mm/min	100 ms	0
	<Positioning Comment>									
2	0:END	02h:INC line 1	-	0:100	0:100	10000.0 um	0.0 um	500.00 mm/min	0 ms	0
	<Positioning Comment>									
3	1:CONT	01h:ABS line 1	-	0:100	0:100	60000.0 um	0.0 um	1000.00 mm/min	0 ms	0
	<Positioning Comment>									
4	0:END	01h:ABS line 1	-	0:100	0:100	80000.0 um	0.0 um	800.00 mm/min	0 ms	0
	<Positioning Comment>									
5	3:LOCATION	01h:ABS line 1	-	0:100	0:100	50000.0 um	0.0 um	500.00 mm/min	0 ms	0
	<Positioning Comment>									
6	0:END	01h:ABS line 1	-	0:100	0:100	20000.0 um	0.0 um	1000.00 mm/min	0 ms	0
	<Positioning Comment>									
7	0:END	83h:LOOP	-	0:100	0:100	0.0 um	0.0 um	0.00 mm/min	0 ms	3
	<Positioning Comment>									
8	0:END	01h:ABS line 1	-	0:100	0:100	10000.0 um	0.0 um	500.00 mm/min	0 ms	0
	<Positioning Comment>									
9	0:END	01h:ABS line 1	-	0:100	0:100	30000.0 um	0.0 um	1000.00 mm/min	0 ms	0
	<Positioning Comment>									
10	0:END	01h:ABS line 1	-	0:100	0:100	50000.0 um	0.0 um	1500.00 mm/min	0 ms	0
	<Positioning Comment>									
11	0:END	84h:LEND	-	0:100	0:100	0.0 um	0.0 um	0.00 mm/min	0 ms	0
	<Positioning Comment>									

그림 9-33 위치데이터 테스트용

[2] 위치결정데이터 쓰기

위치결정데이터의 입력이 완료되면 위치결정모듈에 데이터를 쓰기 위해 Positioning Data를 클릭하여 다운로드 한다. 파라미터를 쓸 때와 마찬가지로 Positioning Data는 버퍼메모리에 저장되기 때문에 전원 OFF/ON 후에도 데이터가 유효하려면 Flash ROM Wirte를 체크해야 한다.

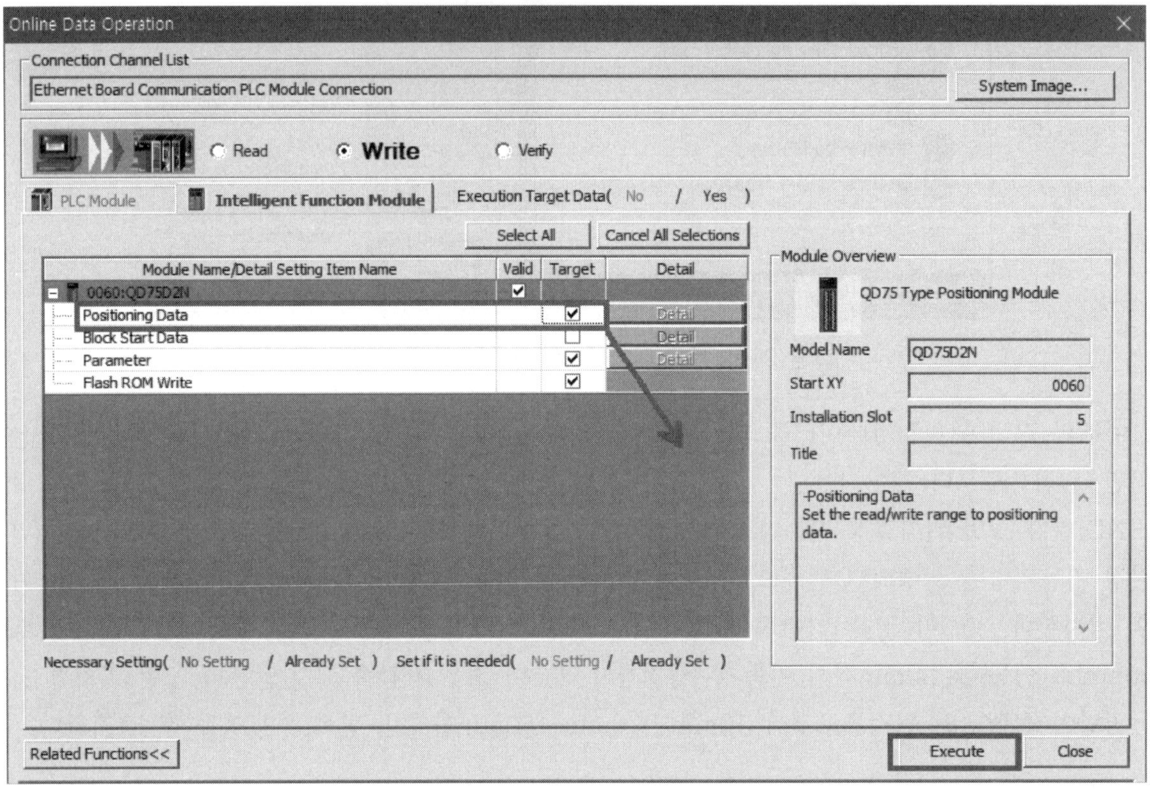

그림 9-34 위치데이터 위치결정 모듈에 쓰기

[3] 위치결정데이터 테스트

위치데이터의 쓰기가 완료되면, Select Funtion – Positioning start signal을 활용하여 위치결정을 실행할 수 있다. Positioning Data No.에 기동하고자 하는 위치번호를 기입하고 Starting 버튼을 클릭하면 설정한 위치데이터로 이동한다. 이때 상단의 데이터를 모니터링하여 내가 설정한 위치결정 데이터와 동일한지 확인할 필요가 있다.

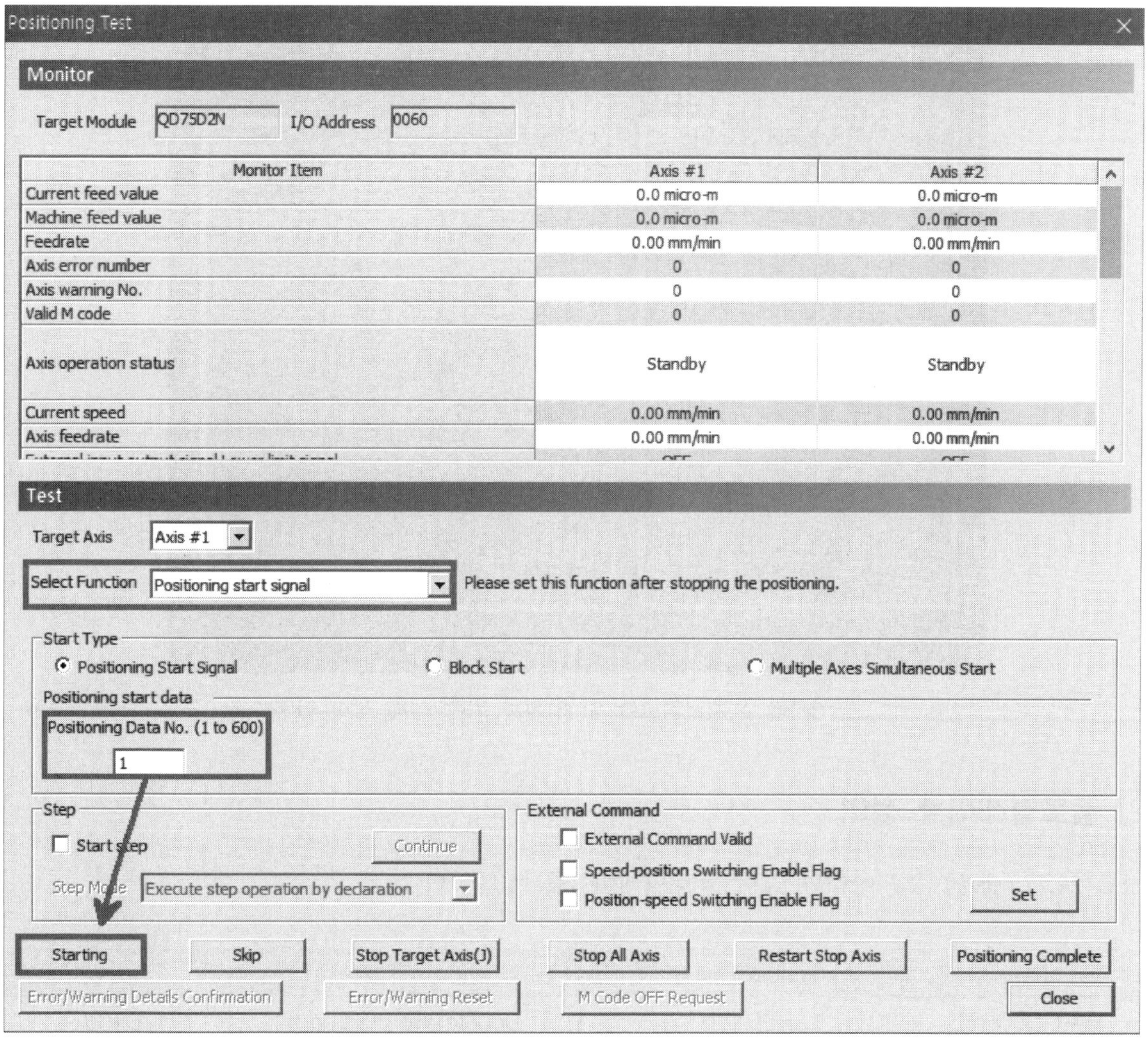

그림 9-35 위치결정데이터 테스트

6 위치결정모듈 제어 위한 작화 및 LD 프로그램

[1] HMI전체 작화 화면

위치결정모듈의 조그제어 및 티칭을 위한 전체 작화 화면이다. 어드레스 할당표를 참고하여 작화하도록 한다.

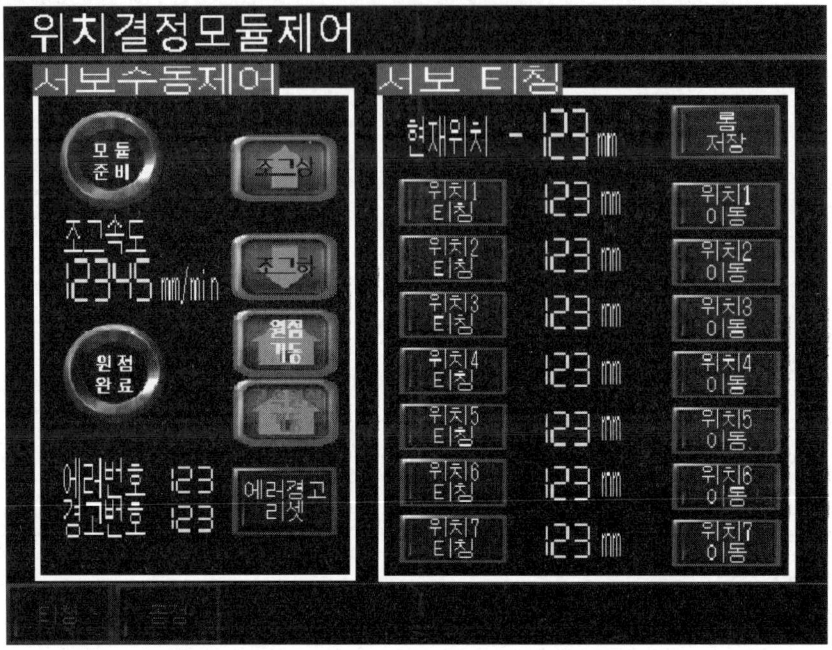

그림 9-36 위치결정모듈 및 티칭을 위한 전체 작화 화면

[2] 글로벌레이블 정의

LD 프로그램을 위해 아래와 같이 글로벌레이블을 정의한다.

Class	Label Name	Data Type	Device
VAR_GLOBAL	H현재위치	Double Word[Signed]	D100
VAR_GLOBAL	H에러번호	Word[Signed]	D110
VAR_GLOBAL	H경고번호	Word[Signed]	D111
VAR_GLOBAL	H위치1	Double Word[Signed]	D120
VAR_GLOBAL	H위치2	Double Word[Signed]	D124
VAR_GLOBAL	H위치3	Double Word[Signed]	D128
VAR_GLOBAL	H위치4	Double Word[Signed]	D132
VAR_GLOBAL	H위치5	Double Word[Signed]	D136
VAR_GLOBAL	H위치6	Double Word[Signed]	D140
VAR_GLOBAL	H위치7	Double Word[Signed]	D144
VAR_GLOBAL	H위치1입력	Bit	M101

Class	Label Name	Data Type	Device
VAR_GLOBAL	H위치2입력	Bit	M102
VAR_GLOBAL	H위치3입력	Bit	M103
VAR_GLOBAL	H위치4입력	Bit	M104
VAR_GLOBAL	H위치5입력	Bit	M105
VAR_GLOBAL	H위치6입력	Bit	M106
VAR_GLOBAL	H위치7입력	Bit	M107
VAR_GLOBAL	H위치1기동명령	Bit	M111
VAR_GLOBAL	H위치2기동명령	Bit	M112
VAR_GLOBAL	H위치3기동명령	Bit	M113
VAR_GLOBAL	H위치4기동명령	Bit	M114
VAR_GLOBAL	H위치5기동명령	Bit	M115
VAR_GLOBAL	H위치6기동명령	Bit	M116
VAR_GLOBAL	H위치7기동명령	Bit	M117
VAR_GLOBAL	H조그상	Bit	M121
VAR_GLOBAL	H조그하	Bit	M122
VAR_GLOBAL	H원점복귀	Bit	M123
VAR_GLOBAL	H에러리셋	Bit	M124
VAR_GLOBAL	H롬저장	Bit	M125
VAR_GLOBAL	H서보정지	Bit	M126
VAR_GLOBAL	서보기동번호	Word[Signed]	U6₩G1500
VAR_GLOBAL	서보에러리셋	Word[Signed]	U6₩G1502
VAR_GLOBAL	조그스피드값	Double Word[Signed]	U6₩G1518
VAR_GLOBAL	서보롬쓰기	Word[Signed]	U6₩G1900
VAR_GLOBAL	서보현재위치	Double Word[Signed]	U6₩G800
VAR_GLOBAL	서보이송속도	Double Word[Signed]	U6₩G804
VAR_GLOBAL	서보에러번호	Word[Signed]	U6₩G806
VAR_GLOBAL	서보경고번호	Word[Signed]	U6₩G807
VAR_GLOBAL	원점복귀완료	Bit	U6₩G817.4
VAR_GLOBAL	QD75레디	Bit	X60
VAR_GLOBAL	서보비지	Bit	X6C
VAR_GLOBAL	서보완료	Bit	X74
VAR_GLOBAL	PLC레디	Bit	Y60
VAR_GLOBAL	서보정지	Bit	Y64
VAR_GLOBAL	조그정기동	Bit	Y68
VAR_GLOBAL	조그역기동	Bit	Y69
VAR_GLOBAL	서보기동	Bit	Y70

〈 글로벌레이블, 어드레스 할당표 〉

[3] 조그기동을 위한 LD 프로그램

조그기동을 위한 작화 및 LD 프로그램이다. 모듈준비 확인 램프 점등 이후 조작이 가능하다.

그림 9-37 조그부분 작화 화면

구성요소	파트	주소	비고
모듈준비 램프	비트 램프	M100	-
조그속도	숫자입력기	D150	입력 허가 체크
조그상 버튼	비트 버튼	M121	
조그하 버튼	비트 버튼	M122	

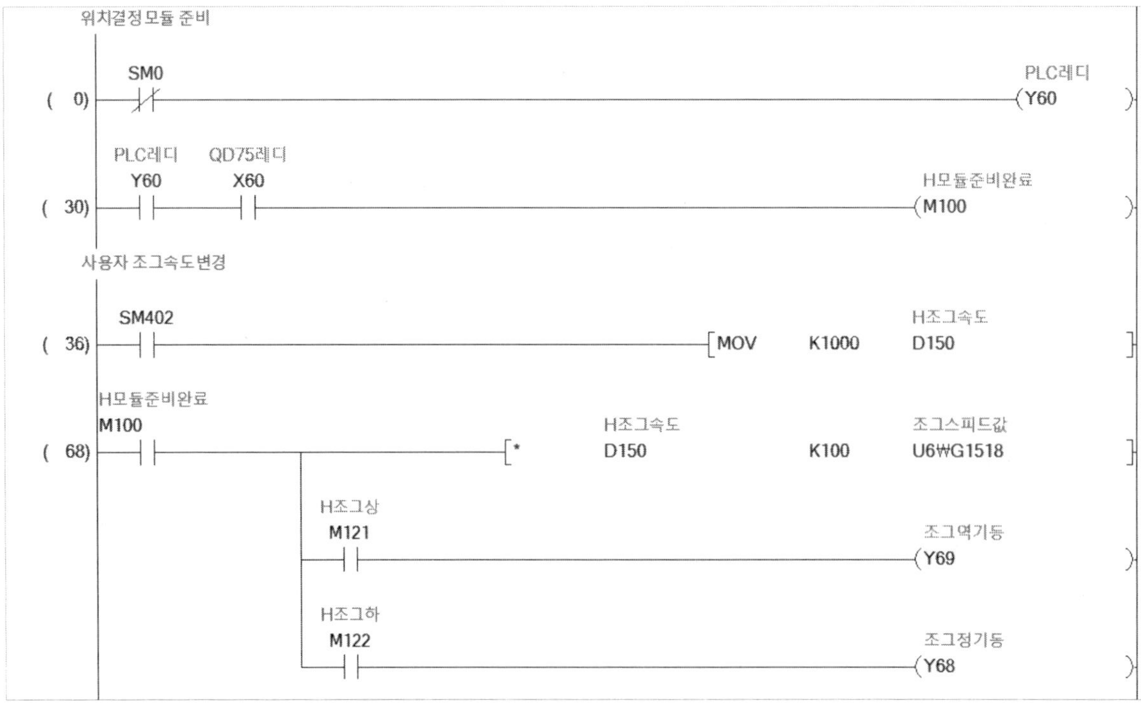

그림 9-38 조그기동을 위한 LD 프로그래밍

PLC CPU가 정상이면 SM0(PLC 진단신호)의 값은 0이며 PLC레디(Y60)가 ON된다. 위치결정 모듈에 이상이 없을 경우 QD75레디(X60)신호가 ON되며, H모듈준비완료(M100)이 ON된다. 이로써 위치결정 모듈을 사용할 수 있는 준비가 된다. SM402(첫 스캔만 ON)신호를 이용하여 H조그속도(D150)에 1,000값을 초기값으로 넣으면 100을 곱하여 조그스피드값(U6₩G1518)에 저장된다. 이렇게 하면 조그 속도값은 1,000.00mm/min으로 설정된다. H조그속도 값은 HMI에서 입력 가능하다. 속도가 설정되면 H조그상, H조그하 버튼을 이용하여 조그기동을 수행할 수 있고 조그 기동을 수행하면 리프트는 상하 이동을 수행한다.

[4] 현재위치 모니터링 및 원점복귀

현재위치의 표시는 0.1㎛단위까지 저장되어 있으나 장비의 정밀도를 고려하여 1mm 단위로 출력하기 위해 서보현재위치(G800)의 값을 10,000으로 나누어 H현재위치(D100)에 저장하였다. 만약 현재위치가 50mm에 위치해 있다면, G800, G801에는 500000값(50000.0㎛)이 저장되어 있으며 이를 10,000으로 나눈 값을 HMI표기하였다. H원점복귀 버튼을 터치하면 원점복귀 명령인 9001값을 서보기동번호에 넣어주고 서보기동(Y70)을 ON해주면 원점기동을 실행한다. 서보기동 Y70은 위치결정을 실행할 때마다 ON해주어야 하므로 '기동' 신호를 생성하고 SET 명령으로 처리한다. 기계원점 복귀 후 고속 원점복귀가 가능하므로 필히 기계원점 복귀 수행 후 고속원점복귀 명령을 내리도록 한다. 고속원점복귀 명령은 9002값을 서보기동번호에 넣어주고 서보기동을 수행하면 된다. 원점복귀가 완료되면 원점복귀완료 신호인 G817.4(817메모리의 4번비트)가 ON되기 때문에 해당 신호를 H원점복귀완료 신호에 연결하여 HMI에 표시할 수 있다.

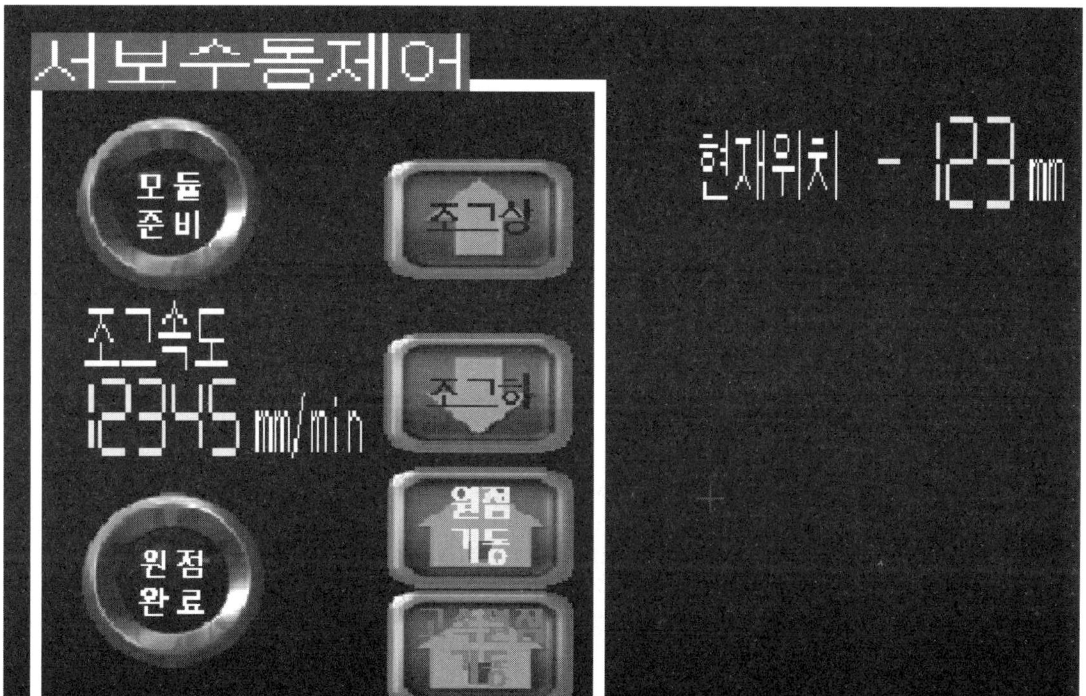

그림 9-39 현재위치 모니터링 및 원점복귀 작화 화면

구성요소	파트	주소	비고
현재위치	숫자표시기	D100	32bit DEC
원점완료 램프	비트 램프	M110	–
원점기동 버튼	비트 버튼	M123	비트 모멘터리
고속원점기동 버튼	비트 버튼	M127	비트 모멘터리

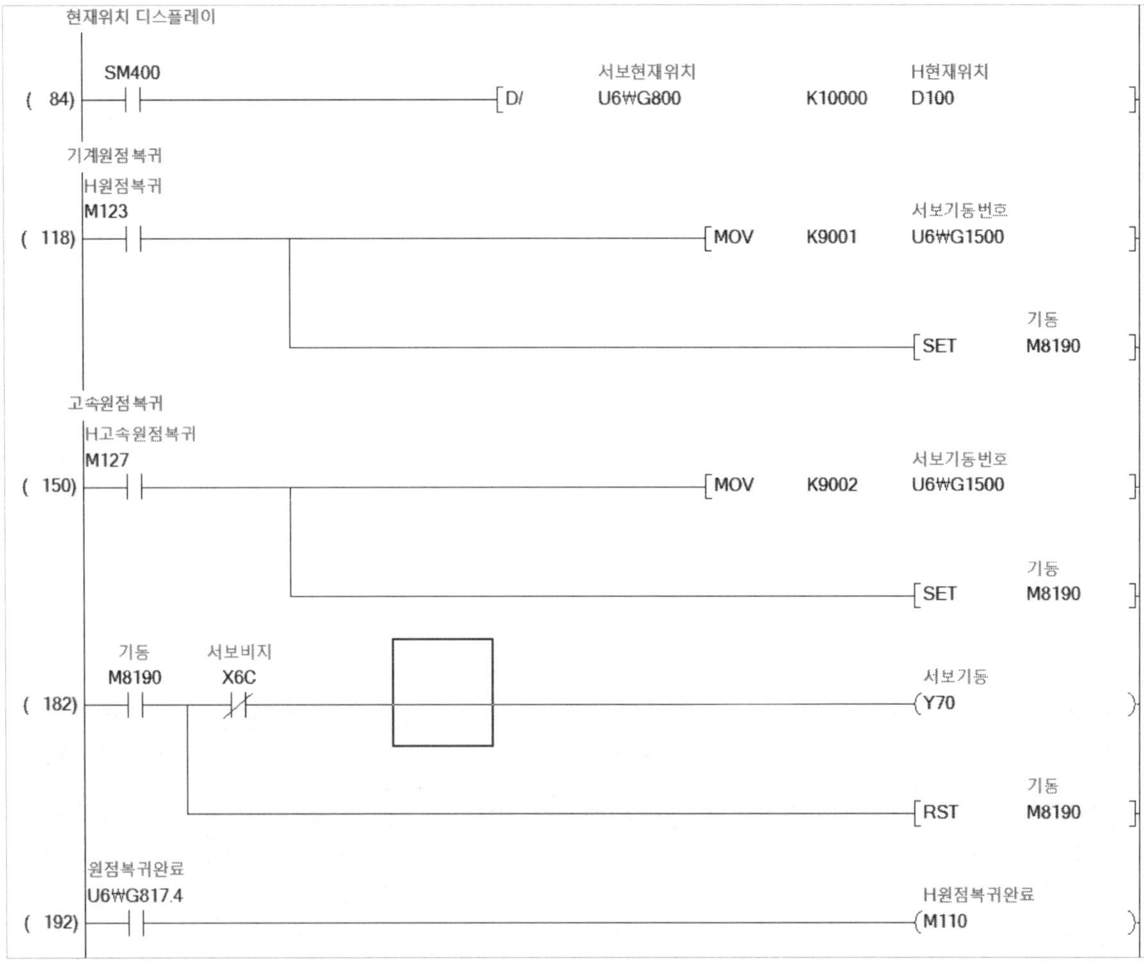

그림 9-40 현재위치 모니터링 및 원점복귀 LD 프로그램

[5] 에러경고 모니터링, 리셋

그림 9-41 에러경고 모니터링 및 리셋 작화

구성요소	파트	주소	비고
에러번호 표시	숫자표시기	D110	16bit DEC
경고번호 표시	숫자표시기	D111	16bit DEC
에러경고리셋 버튼	비트 버튼	M124	비트 모멘터리

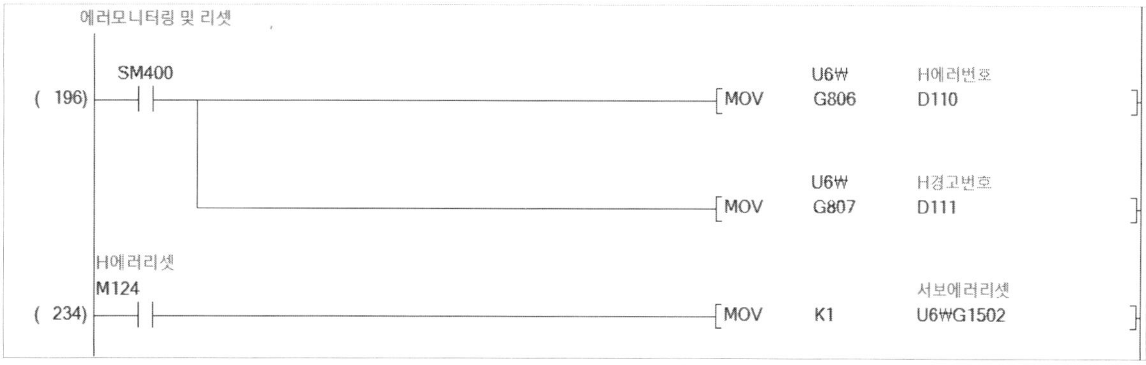

그림 9-42 에러경고 모니터링 및 리셋

각 축의 에러 및 경고번호는 버퍼메모리에 저장되며, 1축의 경우 G806에 에러번호가 저장되고, G807번에 경고번호가 저장된다. 에러번호 및 경고 번호에 대한 설명은 위치결정모듈 매뉴얼을 참고하여야 하며, 설명내용을 HMI에 표시하고자 한다면 설명글에 대한 DB작업이 HMI에 이루어 져야 한다. 프로그램에서는 위치결정모듈의 버퍼메모리에 저장된 에러, 경고 번호를 H에러번호와 H경고번호에 저장하여 사용자가 확인할 수 있도록 한다. 에러경고리셋은 동시에 이뤄지며 1축의 에러경고리셋 버퍼메모리인 G1502에 1값을 넣으면 에러경고가 해제되며, 해제가 완료되면 G1502값은 자동으로 0이 된다.

에러구분	에러코드	에러명	내용
치명적 에러	001	fault	하드웨어 이상
	002	내부 회로 이상	
공통	101	운전 중 PLC 레디 OFF	운전 중에 PLC 레디 신호(Y0)가 OFF되었다.
	102	드라이브 모듈 레디 OFF	운전 중에 드라이브 모듈 레디 신호가 OFF되었다.
	103	운전 중 테스트 모드 이상	PC와 CPU 모듈 간에 통신할 수 없다
	~	~	~

〈 에러 일람표 일부 〉

경고구분	경고코드	경고명	내용
–	000	정상	–
공통	100	운전 중 기동축	BUSY 중에 기동 요구를 하였다
	102	편차 카운터 클리어 요구	축 BUSY 중에 편차 카운터 클리어 요구를 하였다
	104	재기동 불가능	축 동작 상태가 정지 중 이외일 때 재기동 지령을 실행하였다
	~	~	~

〈 경고 일람표 일부 〉

[6] 티칭 프로그램 작성

그림 9-43 티칭을 위한 작화 화면

3단 창고에 적재를 위해 컨베이어 위치를 포함하여 총 7개의 위치 티칭해야 하며, 각각의 위치값을 표시하기 위한 숫자표시기와 티칭값이 맞는지 확인하기 위한 이동 버튼을 생성한다. 또한 버퍼 메모리에 티칭된 값을 롬에 저장하기 위한 버튼도 추가한다.

구성요소	파트	주소	비고
위치1 티칭 버튼	비트 버튼	M101	비트모멘터리
위치2 티칭 버튼	비트 버튼	M102	비트모멘터리
위치3 티칭 버튼	비트 버튼	M103	비트모멘터리
위치4 티칭 버튼	비트 버튼	M104	비트모멘터리
위치5 티칭 버튼	비트 버튼	M105	비트모멘터리
위치6 티칭 버튼	비트 버튼	M106	비트모멘터리
위치7 티칭 버튼	비트 버튼	M107	비트모멘터리
위치값 1	숫자표시기	D120	32bit DEC
위치값 2	숫자표시기	D124	32bit DEC
위치값 3	숫자표시기	D128	32bit DEC
위치값 4	숫자표시기	D132	32bit DEC
위치값 5	숫자표시기	D136	32bit DEC
위치값 6	숫자표시기	D140	32bit DEC
위치값 7	숫자표시기	D144	32bit DEC
위치1 이동 버튼	비트 버튼	M111	비트모멘터리
위치2 이동 버튼	비트 버튼	M112	비트모멘터리
위치3 이동 버튼	비트 버튼	M113	비트모멘터리
위치4 이동 버튼	비트 버튼	M114	비트모멘터리
위치5 이동 버튼	비트 버튼	M115	비트모멘터리
위치6 이동 버튼	비트 버튼	M116	비트모멘터리
위치7 이동 버튼	비트 버튼	M117	비트모멘터리
롬저장 버튼	비트 버튼	M125	비트 셋, 램프기능 추가

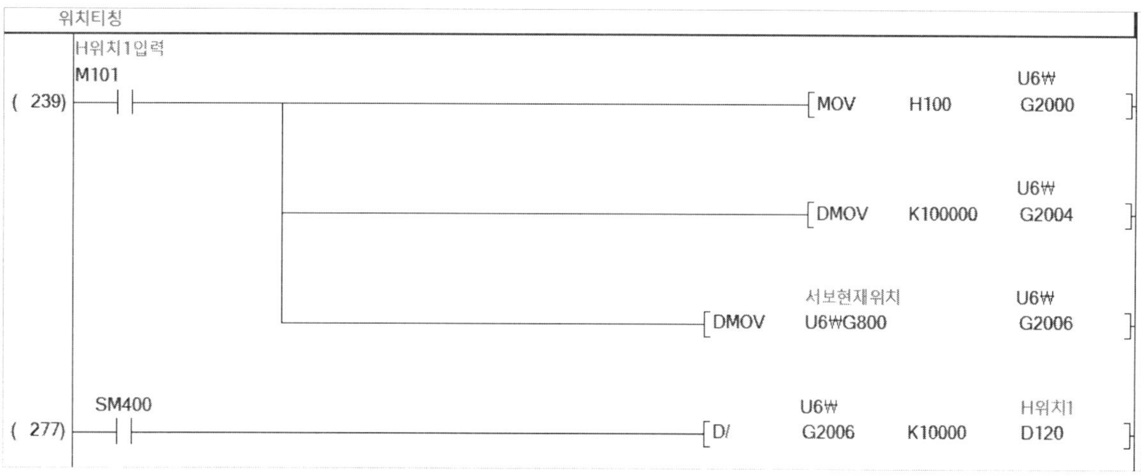

그림 9-44 위치결정데이터 1번에 값을 저장(티칭)하기 위한 LD 프로그램

그림 9-45 위치결정 데이터 1번 위치로 이동 명령

조그기동을 이용하여 원하는 위치로 리프트를 이동 후, HMI의 위치1티칭(M101) 버튼을 터치하면 H100값이 G2000에 저장된다. H100값은 제어방식 및 가감속 속도를 설정하기 위한 데이터 이다. 상위 1Byte 01값은 제어방식 중 ABS1이 선택되며, 하위 1Byte 중 4~7번 비트는 가감속 속도를 지정한다. 0000(2)이기 때문에 감속시간0, 가속시간0이 선택된다. 2~3번 비트는 보간 대상축을 지정하나 1축제어 에서는 사용되지 않는다. 0~1비트는 운전패턴을 결정하며, 00(2) 값이기 때문에 위치결정종료(END)가 선택된다. 100,000값을 G2004에 입력하면 속도데이터로 1000.00 mm/min으로 속도 데이터가 저장되며, 서보현재위치(G800)값을 G2006에 저장하면 위치결정모듈의 현재위치 값이 위치결정데이터 1번의 위치어드레스에 저장된다. 위치데이터1에 현재위치값이 저장되면 그 값을 10,000으로 나누어 H위치1(D120)에 저장함으로써 1mm 단위로 표시 할 수 있다. M코드, 드웰타임, 원호데이터의 경우 별도로 지정하지 않으면 0으로 저장된다. 티칭이후 기동명령 버튼(M111)을 터치하면 서보기동번호에 1값이 저장되고 기동신호에 의해 서보기동(Y70)신호가 ON되면 티칭한 위치로 이동한다.

각각의 위치데이터는 아래와 같이 고유의 어드레스가 할당되어 있으며, 해당 메모리의 값을 변경하면 위치결정데이터 값을 바꿀 수 있다.

데이터 No.	위치결정 식별자	M 코드	드웰 타임	지령 속도		위치결정 어드레스		원호 데이터	
				하위	상위	하위	상위	하위	상위
1	2000	2001	2002	2004	2005	2006	2007	2008	2009
2	2010	2011	2012	2014	2015	2016	2017	2018	2019
3	2020	2021	2022	2024	2025	2026	2027	2028	2029
4	2030	2031	2032	2034	2035	2036	2037	2038	2039
5	2040	2041	2042	2044	2045	2046	2047	2048	2049
6	2050	2051	2052	2054	2055	2056	2057	2058	2059
7	2060	2061	2062	2064	2065	2066	2067	2068	2069
8	2070	2071	2072	2074	2075	2076	2077	2078	2079
9	2080	2081	2082	2084	2085	2086	2087	2088	2089
10	2090	2091	2092	2094	2095	2096	2097	2098	2099

그림 9-46 버퍼메모리 일람 (1~10번 위치데이터)

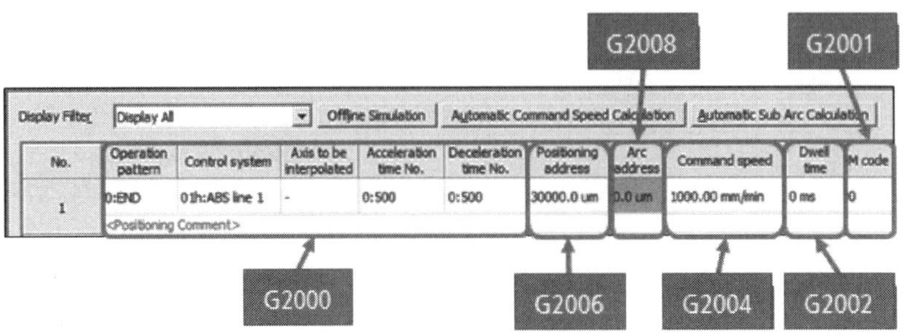

그림 9-47 버퍼메모리와 위치데이터와의 관계

항목		설정값			공장 출하 시의 초기값	설정용 버퍼 메모리 어드레스			
		주변기기에 의한 설정값		시퀀스 프로그램에 의한 설정값		축 1	축 2	축 3	축 4
위치결정 식별자	Da. 1 운전 패턴	00 : 위치결정 종료	00	● 운전 패턴	0000H	2000	8000	14000	20000
		01 : 연속 위치결정 제어	01						
		11 : 연속 궤적 제어	11						
	Da. 2 제어 방식	ABS1 : 1축의 직선 제어(ABS)	01H	● 제어 방식					
		INC1 : 1축의 직선 제어(INC)	02H						
		FEED1 : 1축의 치수 이송 제어	03H						
		VF1 : 1축의 속도 제어(정회전)	04H						
		VR1 : 1축의 속도 제어(역회전)	05H						
		VPF : 속도 · 위치 전환 제어(정회전)	06H						
		VPR : 속도 · 위치 전환 제어(역회전)	07H						
		PVF : 위치 · 속도 전환 제어(정회전)	08H						
		PVR : 위치 · 속도 전환 제어(역회전)	09H						
		ABS2 : 2축의 직선 보간 제어(ABS)	0AH						
		INC2 : 2축의 직선 보간 제어(INC)	0BH						
		FEED2 : 2축의 직선 보간에 의한 치수 이송제어	0CH						
		ABS ⌒ : 보조점 지정 원호 보간 제어(ABS)	0DH						
		INC ⌒ : 보조점 지정 원호 보간 제어 (INC)	0EH						
		ABS ⌒ : 중심점 지정 원호 보간 제어 (ABS, CW)	0FH						
		ABS ⌒ : 중심점 지정 원호 보간 제어(ABS, CCW)	10H						
		INC ⌒ : 중심점 지정 원호 보간 제어(INC, CW)	11H						
		INC ⌒ : 중심점 지정 원호 보간 제어(INC, CCW)	12H						
		VF2 : 2축의 속도 제어(정회전)	13H						
		VR2 : 2축의 속도 제어(역회전)	14H						
		ABS3 : 3축의 직선 보간 제어(ABS)	15H						
		INC3 : 3축의 직선 보간 제어(INC)	16H						
		FEED3 : 3축의 직선 보간에 의한 치수 이송제어	17H						
		VF3 : 3축의 속도 제어(정회전)	18H						
		VR3 : 3축의 속도 제어(역회전)	19H						
		ABS4 : 4축의 직선 보간 제어(ABS)	1AH						
		INC4 : 4축의 직선 보간 제어(INC)	1BH						
		FEED4 : 4축의 직선 보간에 의한 치수 이송제어	1CH						
		VF4 : 4축의 속도 제어(정회전)	1DH						
		VR4 : 4축의 속도 제어(역회전)	1EH						
		NOP : NOP 명령	80H						
		POS : 현재값 변경	81H						
		JUMP : JUMP 명령	82H						
		LOOP : LOOP~LEND의 선두	83H						
		LEND : LOOP~LEND의 최후	84H						
	Da. 3 가속 시간No.	0 : Pr. 9 가속 시간 0	00	● 가속 시간					
		1 : Pr. 25 가속 시간 1	01						
		2 : Pr. 26 가속 시간 2	10						
		3 : Pr. 27 가속 시간 3	11						
	Da. 4 감속 시간No.	0 : Pr. 10 감속 시간 0	00	● 감속 시간					
		1 : Pr. 28 감속 시간 1	01						
		2 : Pr. 29 감속 시간 2	10						
		3 : Pr. 30 감속 시간 3	11						
	Da. 5 보간 대상축	0 : 축 1 지정	00	● 보간 대상축(2축 보간만)					
		1 : 축 2 지정	01						
		2 : 축 3 지정	10						
		3 : 축 4 지정	11						

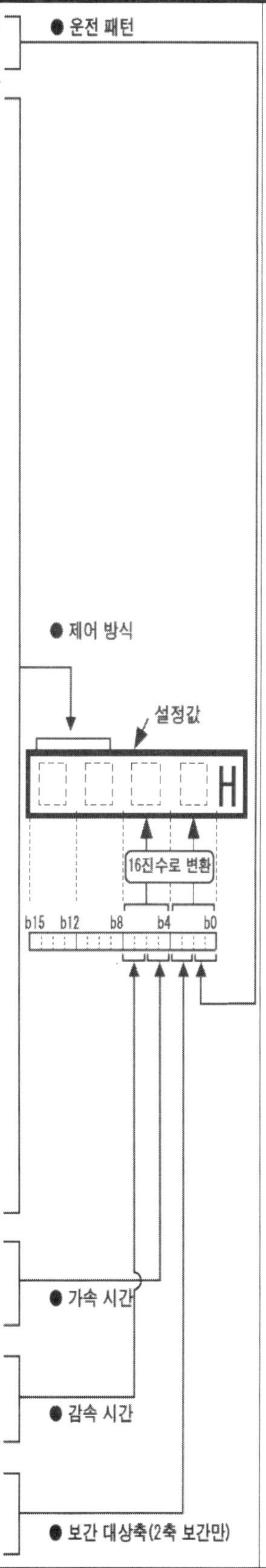

그림 9-48 위치결정 식별자

출처 : QD75 위치결정모듈 매뉴얼(한국미쓰비시 전기오토메이션)

창고의 적재를 위해 7번 위치데이터까지의 티칭이 필요하기 때문에 아래와 같이 프로그램을 작성하여 티칭할 수 있도록 하였다.

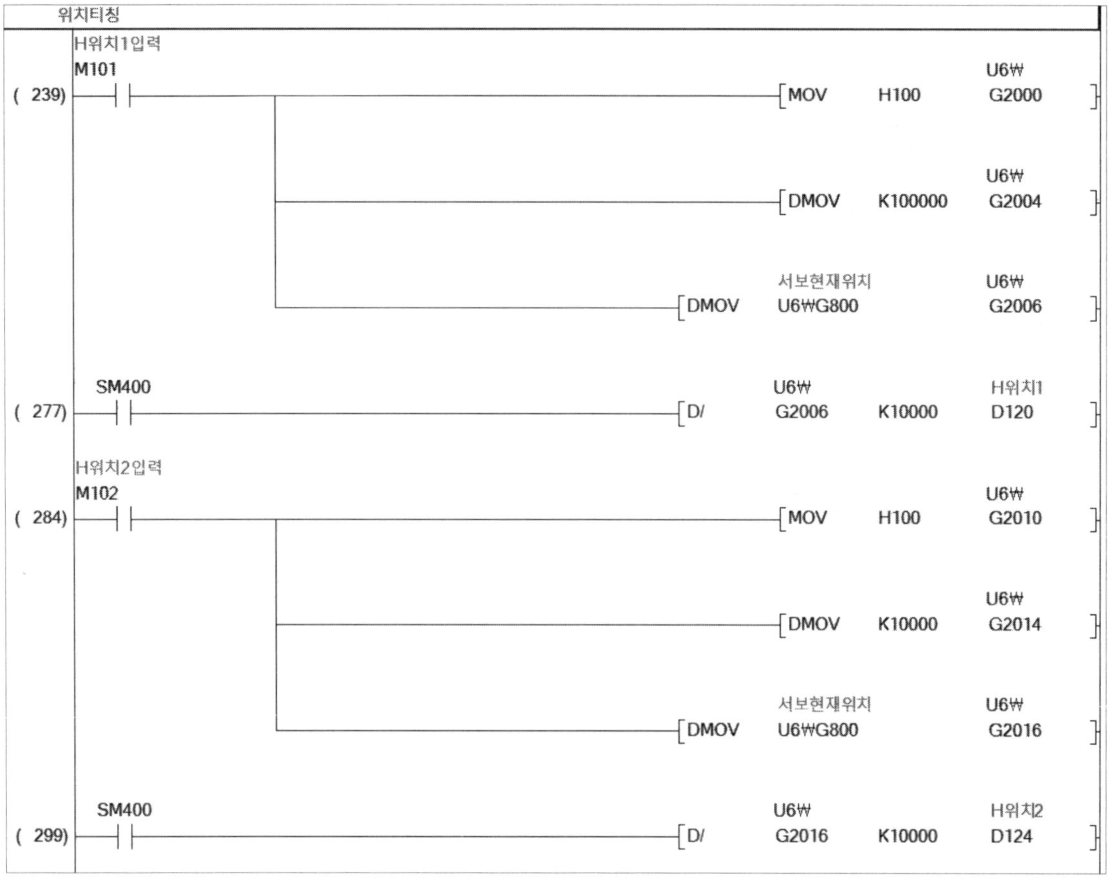

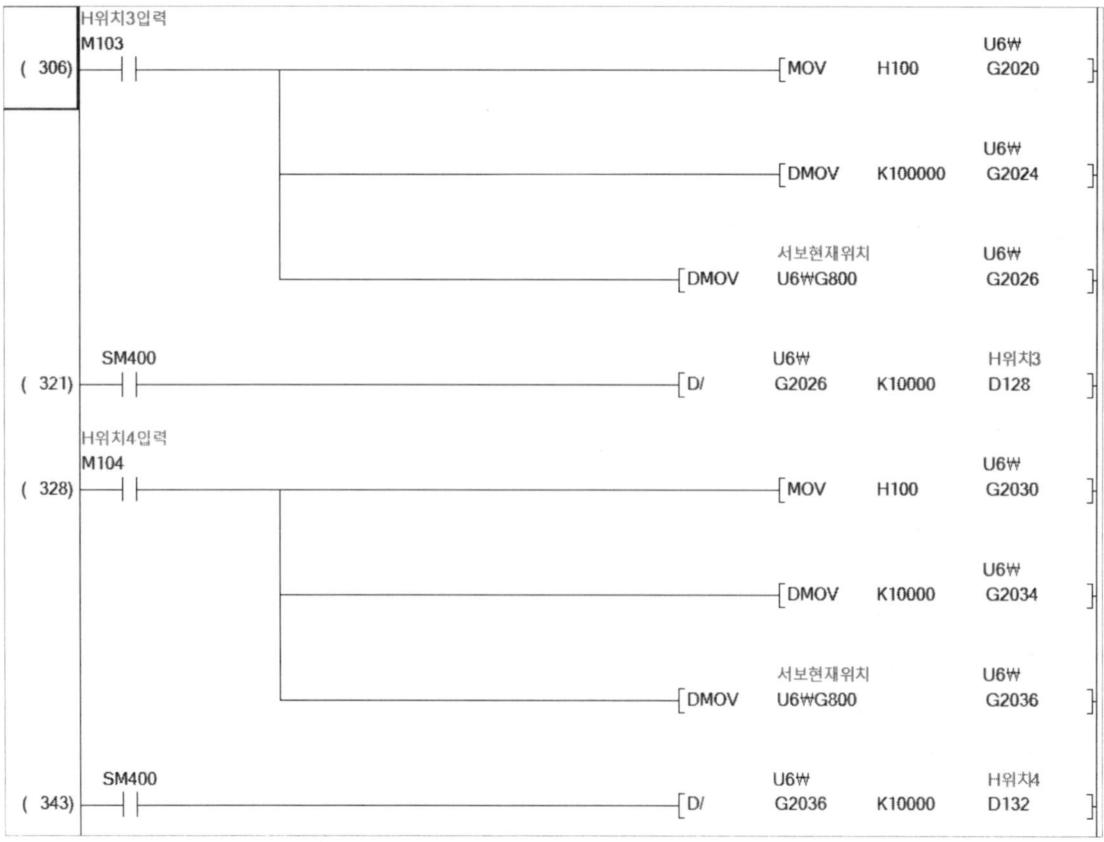

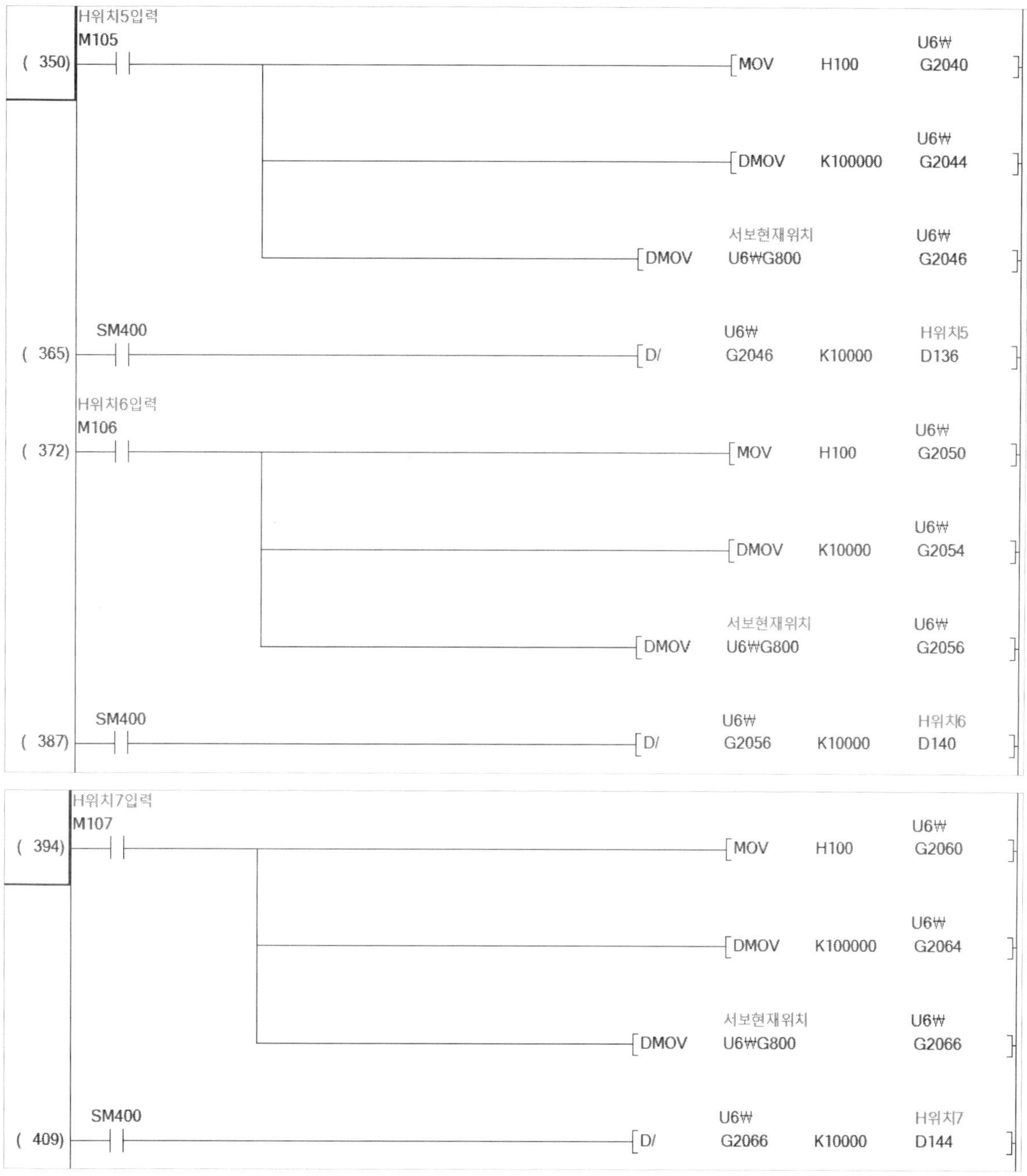

그림 9-49 1~7번 위치에 대한 티칭 프로그램

위치데이터의 티칭이 완료되면 티칭된 데이터를 확인해야 하기 때문에 아래와 같이 기동 프로그램을 작성하여 테스트를 진행할 수 있도록 하였다. 위치결정 기동은 서보기동번호(U6₩G1500)에 위치결정기동 번호를 기입한 이후 서보기동(Y70) 신호를 ON해주면 해당 위치로 기동하는데, 원점복귀 동작에서 사용되었으므로 SET 기동명령으로 대신하였다.

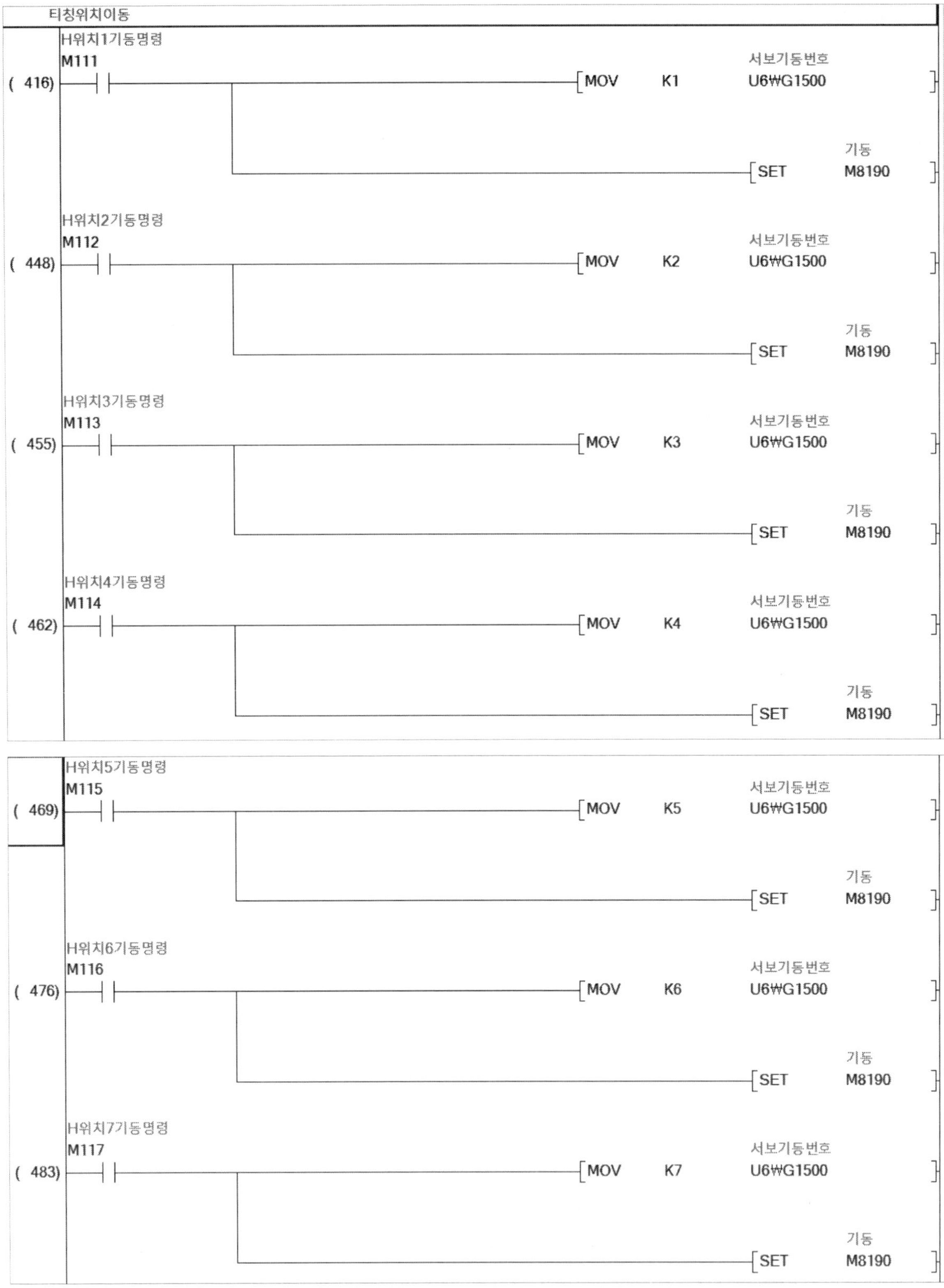

그림 9-50 1~7번 위치 기동 프로그램

[7] 버퍼메모리 롬저장

티칭된 데이터는 버퍼메모리에 저장된 것으로 전원이 OFF/ON되면 티칭된 데이터가 모두 삭제된다. 위치결정모듈의 플래시 롬에 저장하려면 별도의 프로그램을 아래와 같이 작성해 주어야 한다. HMI에서 H롬저장 버튼을 터치하면 비트셋 되어 PLC레디 신호가 OFF되고 QD75레디 신호도 OFF된다. 버퍼메모리 값을 롬에 저장하는 동안에는 데이터의 변경이 없어야하기 때문에 위와 같은 위치결정모듈을 정지시킨다. 이후 1값을 서보롬쓰기(G1900)에 저장하면 버퍼메모리 값이 플래시 롬에 저장되며, 저장이 완료되면 서보롬쓰기 메모리가 자동으로 0이 된다. 이 값을 이용하여 H롬쓰기(M125)값을 리셋시킨다.

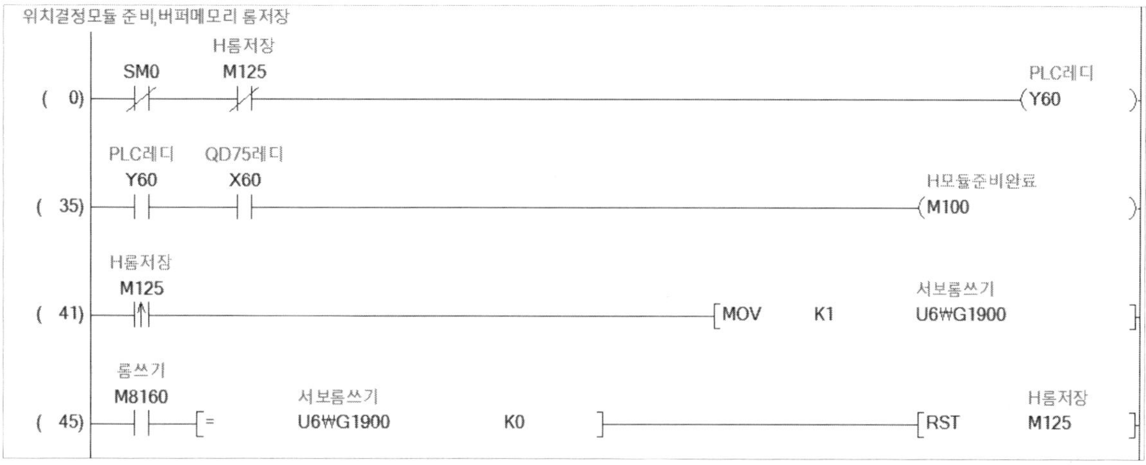

그림 9-51 버퍼메모리 롬저장하기

7 공정제어를 위한 작화 및 LD 프로그램

[1] 공정제어 화면 작화

간단한 공정제어를 위해 아래와 같이 2번 베이스 화면을 생성하고 제어 화면을 작화한다.

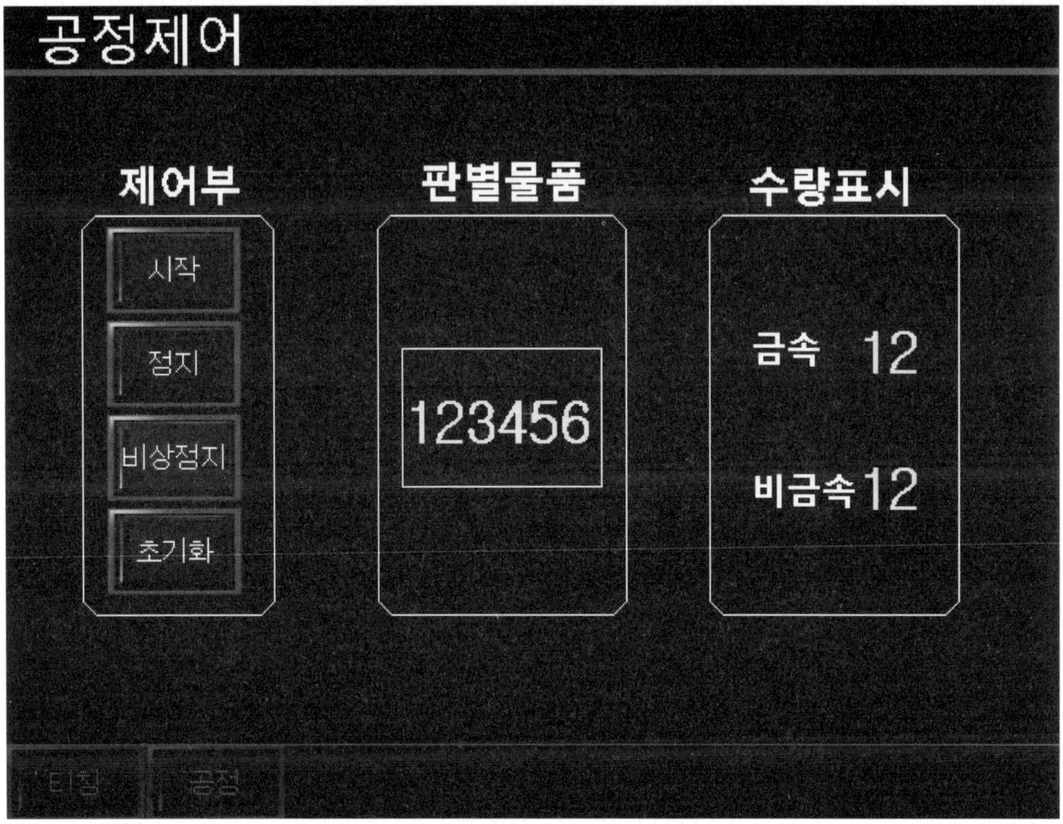

그림 9-52 공정제어 작화 화면

구성요소	파트	주소	비고
시작 버튼	비트 버튼	M101	비트 모멘터리
정지 버튼	비트 버튼	M102	비트 모멘터리
비상정지 버튼	비트 버튼	M103	비트 전환
초기화 버튼	비트 버튼	M104	비트 모멘터리
판별물품	메시지 표시기	D0	문자열 번호지정(어드레스)
금속 수량표시	숫자표시기	CN0	16Bit DEC
비금속 수량표시	숫자표시기	CN1	16Bit DEC

〈 작화를 위한 어드레스 할당 〉

[2] 공정프로그램을 위한 글로벌레이블 설정

Class	Label Name	Data Type	Device
VAR_GLOBAL	PB1	Bit	X00
VAR_GLOBAL	PB2	Bit	X01
VAR_GLOBAL	PB3	Bit	X02
VAR_GLOBAL	TG_SW	Bit	X03
VAR_GLOBAL	S1센서	Bit	X08
VAR_GLOBAL	S3고주파	Bit	X09
VAR_GLOBAL	S4용량형	Bit	X0A
VAR_GLOBAL	S5스토퍼	Bit	X0B
VAR_GLOBAL	공급전센서	Bit	X10
VAR_GLOBAL	공급후센서	Bit	X11
VAR_GLOBAL	가공전센서	Bit	X12
VAR_GLOBAL	가공후센서	Bit	X13
VAR_GLOBAL	송출전센서	Bit	X14
VAR_GLOBAL	송출후센서	Bit	X15
VAR_GLOBAL	배출전센서	Bit	X16
VAR_GLOBAL	배출후센서	Bit	X17
VAR_GLOBAL	스톱퍼업센서	Bit	X18
VAR_GLOBAL	스톱퍼다운센서	Bit	X19
VAR_GLOBAL	흡착전센서	Bit	X1A
VAR_GLOBAL	흡착후센서	Bit	X1B
VAR_GLOBAL	창고전센서	Bit	X1C
VAR_GLOBAL	창고후센서	Bit	X1D
VAR_GLOBAL	공급전솔	Bit	Y20
VAR_GLOBAL	공급후솔	Bit	Y21
VAR_GLOBAL	송출전솔	Bit	Y22
VAR_GLOBAL	송출후솔	Bit	Y23
VAR_GLOBAL	배출전솔	Bit	Y24
VAR_GLOBAL	배출후솔	Bit	Y25
VAR_GLOBAL	가공전솔	Bit	Y26
VAR_GLOBAL	가공드릴	Bit	Y27

Class	Label Name	Data Type	Device
VAR_GLOBAL	CON_CW	Bit	Y28
VAR_GLOBAL	흡착전솔	Bit	Y29
VAR_GLOBAL	흡착후솔	Bit	Y2A
VAR_GLOBAL	창고전솔	Bit	Y2B
VAR_GLOBAL	창고후솔	Bit	Y2C
VAR_GLOBAL	스톱퍼전솔	Bit	Y2D
VAR_GLOBAL	흡착패드	Bit	Y2E
VAR_GLOBAL	적색램프	Bit	Y30
VAR_GLOBAL	황색램프	Bit	Y31
VAR_GLOBAL	녹색램프	Bit	Y32
VAR_GLOBAL	H시작	Bit	M0
VAR_GLOBAL	H정지	Bit	M1
VAR_GLOBAL	H비상정지	Bit	M2
VAR_GLOBAL	H초기화	Bit	M3
VAR_GLOBAL	H물품판별	Word[Signed]	D0
VAR_GLOBAL	H금속수량	Counter	C0
VAR_GLOBAL	H비금속수량	Counter	C1

〈 공정제어를 위한 글로벌레이블 작성 〉

[3] 공정순서도

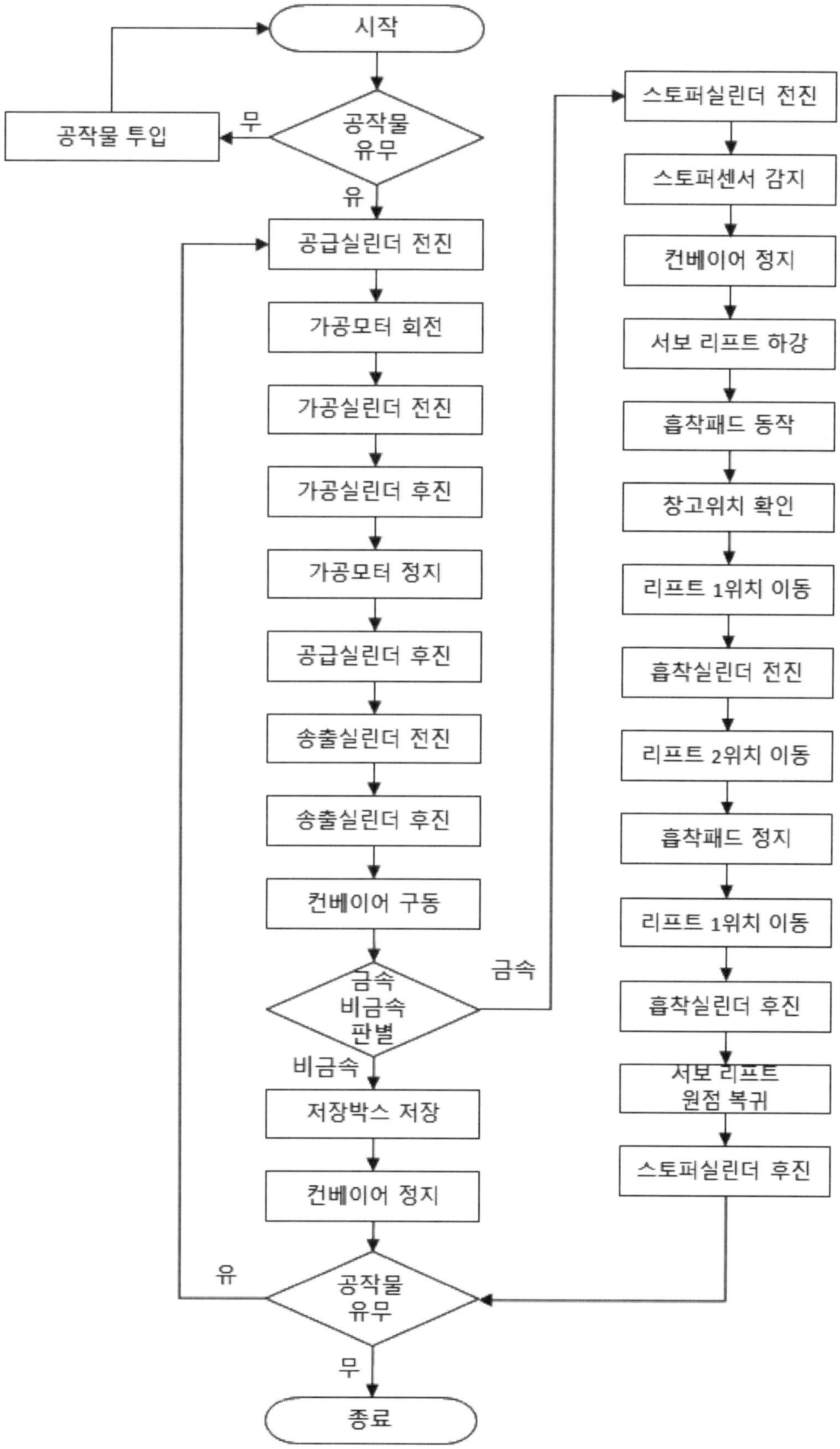

그림 9-53 공정순서도

[4] 공정프로그램

1) 공정프로그램

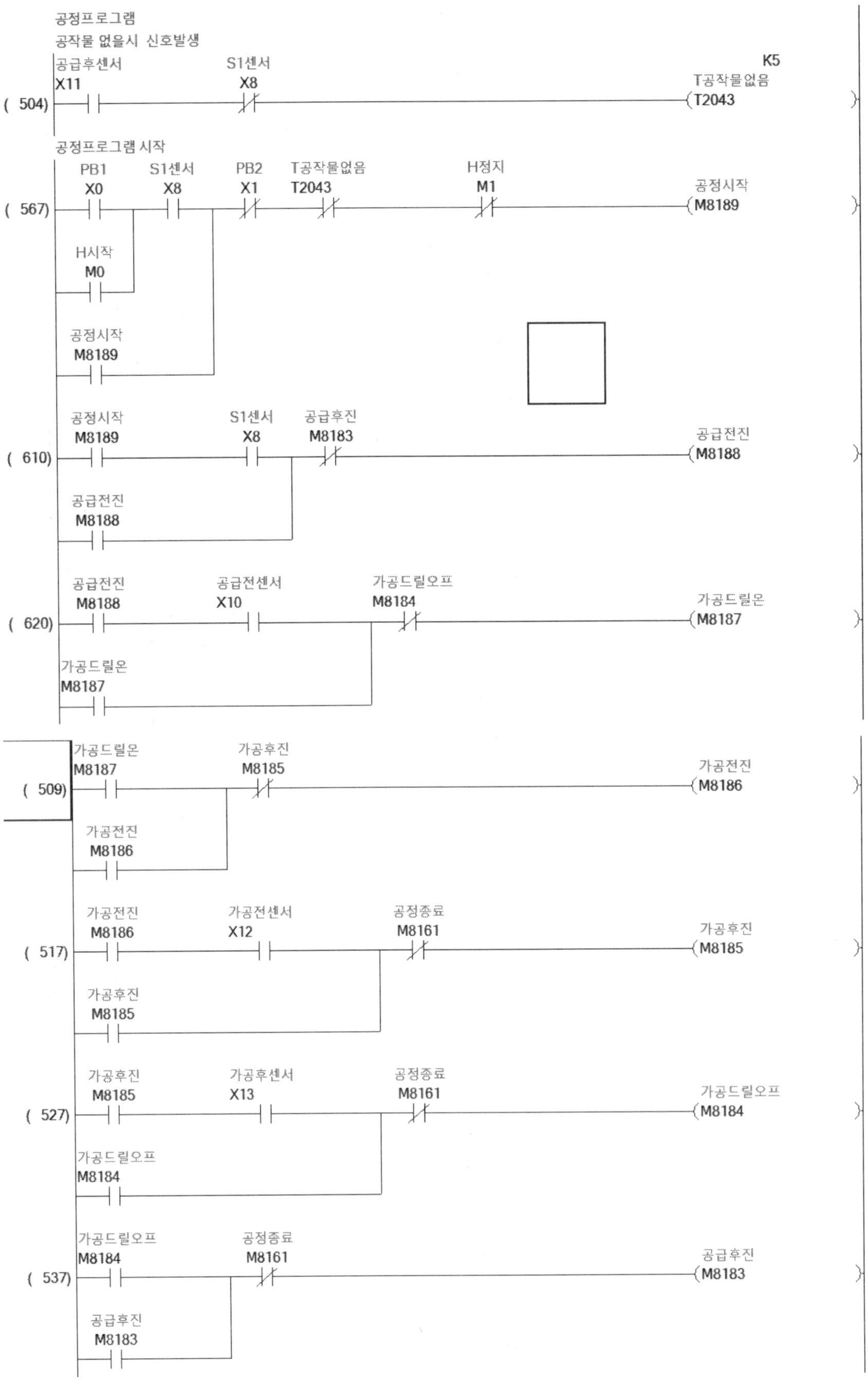

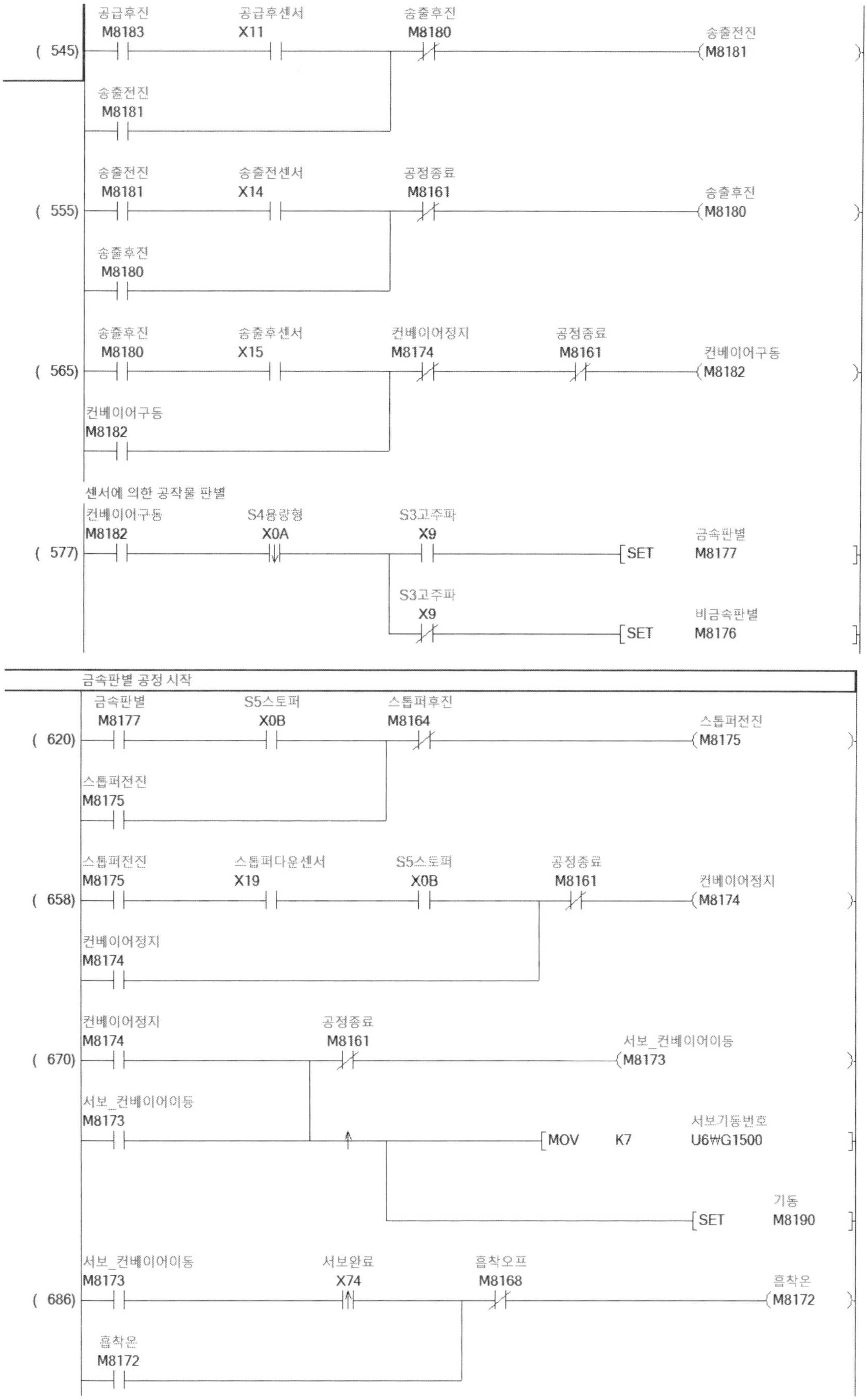
(545)
공급후진 M8183
공급후센서 X11
송출후진 M8180
송출전진 M8181
송출전진 M8181
(555)
송출전진 M8181
송출전센서 X14
공정종료 M8161
송출후진 M8180
송출후진 M8180
(565)
송출후진 M8180
송출후센서 X15
컨베이어정지 M8174
공정종료 M8161
컨베이어구동 M8182
컨베이어구동 M8182
센서에 의한 공작물 판별
(577)
컨베이어구동 M8182
S4용량형 X0A
S3고주파 X9
SET 금속판별 M8177
S3고주파 X9
SET 비금속판별 M8176
금속판별 공정 시작
(620)
금속판별 M8177
S5스토퍼 X0B
스톱퍼후진 M8164
스톱퍼전진 M8175
스톱퍼전진 M8175
(658)
스톱퍼전진 M8175
스톱퍼다운센서 X19
S5스토퍼 X0B
공정종료 M8161
컨베이어정지 M8174
컨베이어정지 M8174
(670)
컨베이어정지 M8174
공정종료 M8161
서보_컨베이어이동 M8173
서보_컨베이어이동 M8173
MOV K7 서보기동번호 U6₩G1500
SET 기동 M8190
(686)
서보_컨베이어이동 M8173
서보완료 X74
흡착오프 M8168
흡착온 M8172
흡착온 M8172

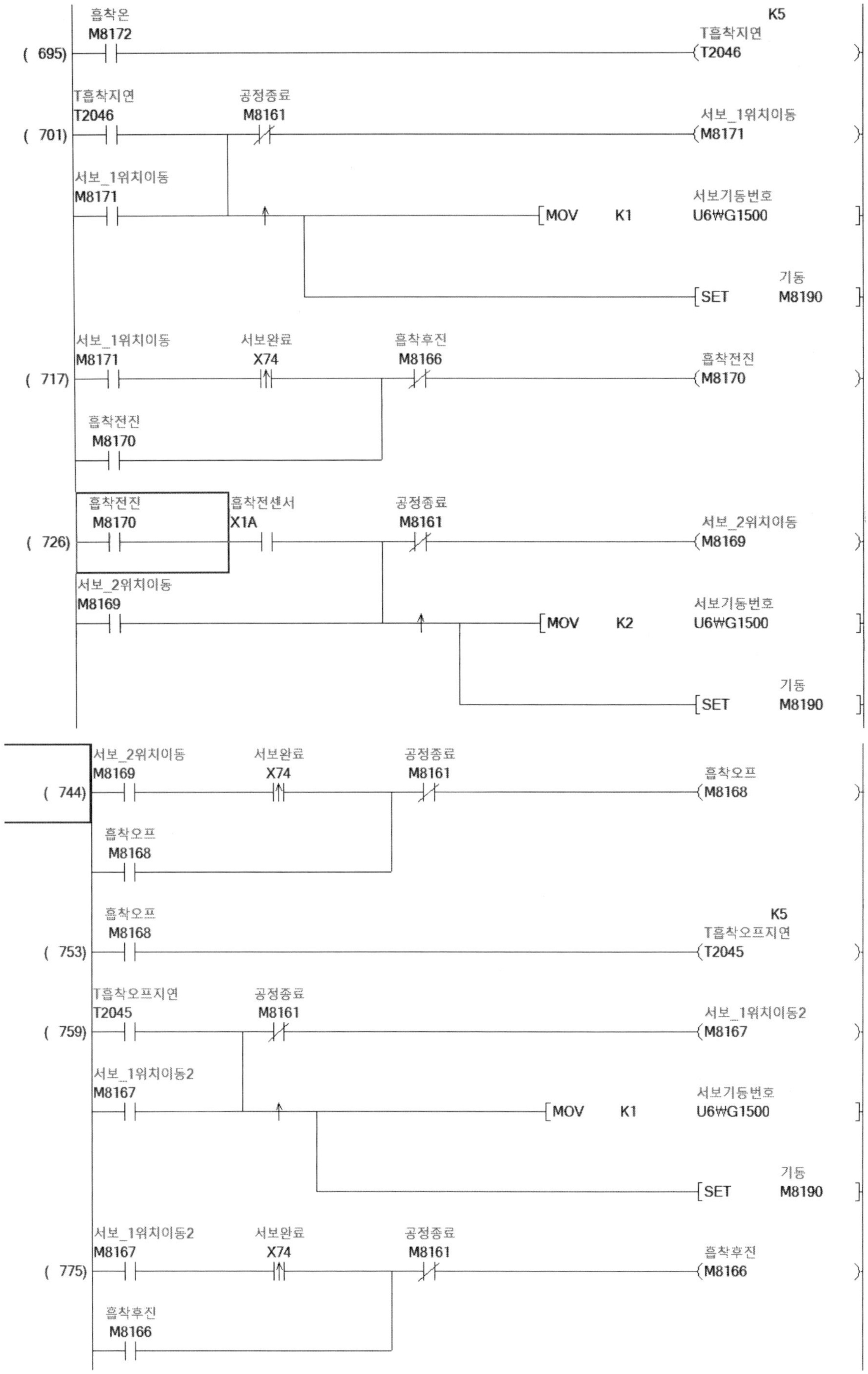

흡착온
M8172
(695)
K5
T흡착지연
T2046
T흡착지연
T2046
공정종료
M8161
(701)
서보_1위치이동
M8171
서보_1위치이동
M8171
MOV K1
서보기동번호
U6\G1500
기동
SET M8190
서보_1위치이동
M8171
서보완료
X74
흡착후진
M8166
(717)
흡착전진
M8170
흡착전진
M8170
흡착전진
M8170
흡착전센서
X1A
공정종료
M8161
(726)
서보_2위치이동
M8169
서보_2위치이동
M8169
MOV K2
서보기동번호
U6\G1500
기동
SET M8190
서보_2위치이동
M8169
서보완료
X74
공정종료
M8161
(744)
흡착오프
M8168
흡착오프
M8168
흡착오프
M8168
(753)
K5
T흡착오프지연
T2045
T흡착오프지연
T2045
공정종료
M8161
(759)
서보_1위치이동2
M8167
서보_1위치이동2
M8167
MOV K1
서보기동번호
U6\G1500
기동
SET M8190
서보_1위치이동2
M8167
서보완료
X74
공정종료
M8161
(775)
흡착후진
M8166
흡착후진
M8166

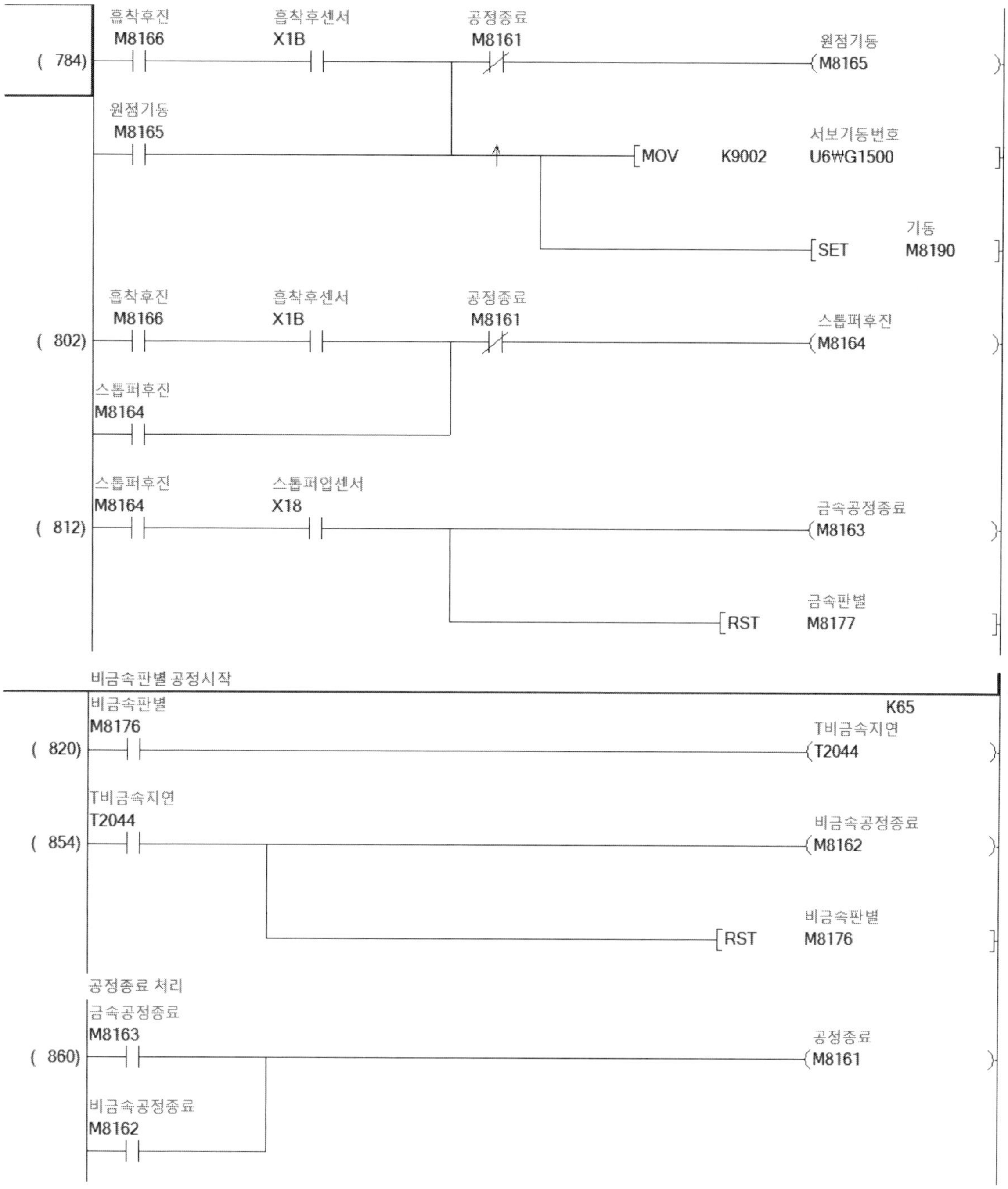

(784)
흡착후진
M8166
흡착후센서
X1B
공정종료
M8161
원점기동
M8165
원점기동
M8165
MOV
K9002
서보기동번호
U6₩G1500
SET
기동
M8190
(802)
흡착후진
M8166
흡착후센서
X1B
공정종료
M8161
스톱퍼후진
M8164
스톱퍼후진
M8164
(812)
스톱퍼후진
M8164
스톱퍼업센서
X18
금속공정종료
M8163
RST
금속판별
M8177
비금속판별공정시작
(820)
비금속판별
M8176
K65
T비금속지연
T2044
(854)
T비금속지연
T2044
비금속공정종료
M8162
RST
비금속판별
M8176
공정종료 처리
(860)
금속공정종료
M8163
공정종료
M8161
비금속공정종료
M8162

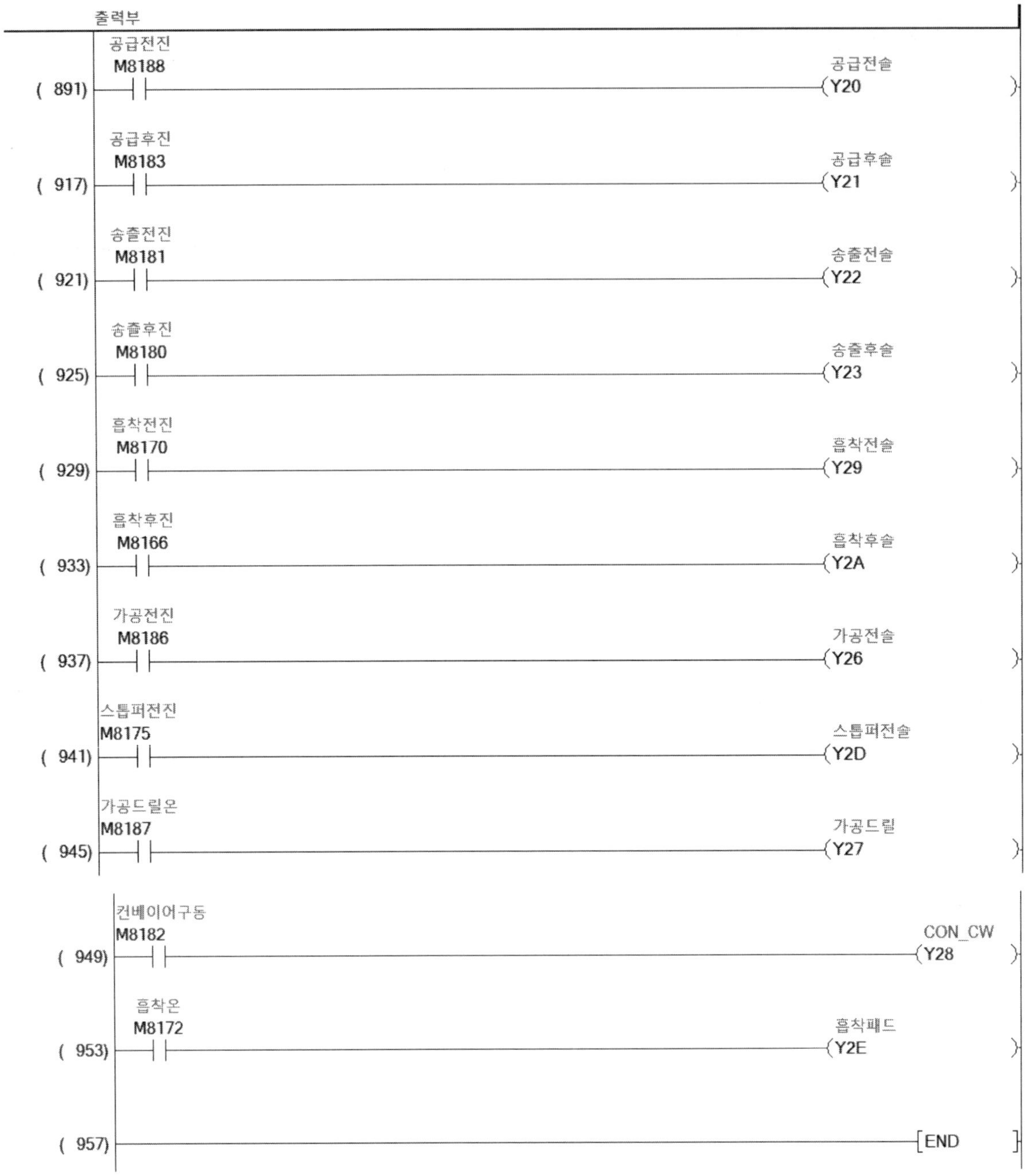
출력부
공급전진
M8188
(891)
공급전솔
Y20
공급후진
M8183
(917)
공급후솔
Y21
송출전진
M8181
(921)
송출전솔
Y22
송출후진
M8180
(925)
송출후솔
Y23
흡착전진
M8170
(929)
흡착전솔
Y29
흡착후진
M8166
(933)
흡착후솔
Y2A
가공전진
M8186
(937)
가공전솔
Y26
스톱퍼전진
M8175
(941)
스톱퍼전솔
Y2D
가공드릴온
M8187
(945)
가공드릴
Y27
컨베이어구동
M8182
(949)
CON_CW
Y28
흡착온
M8172
(953)
흡착패드
Y2E
(957)
END

2) 비상정지 LD 프로그램

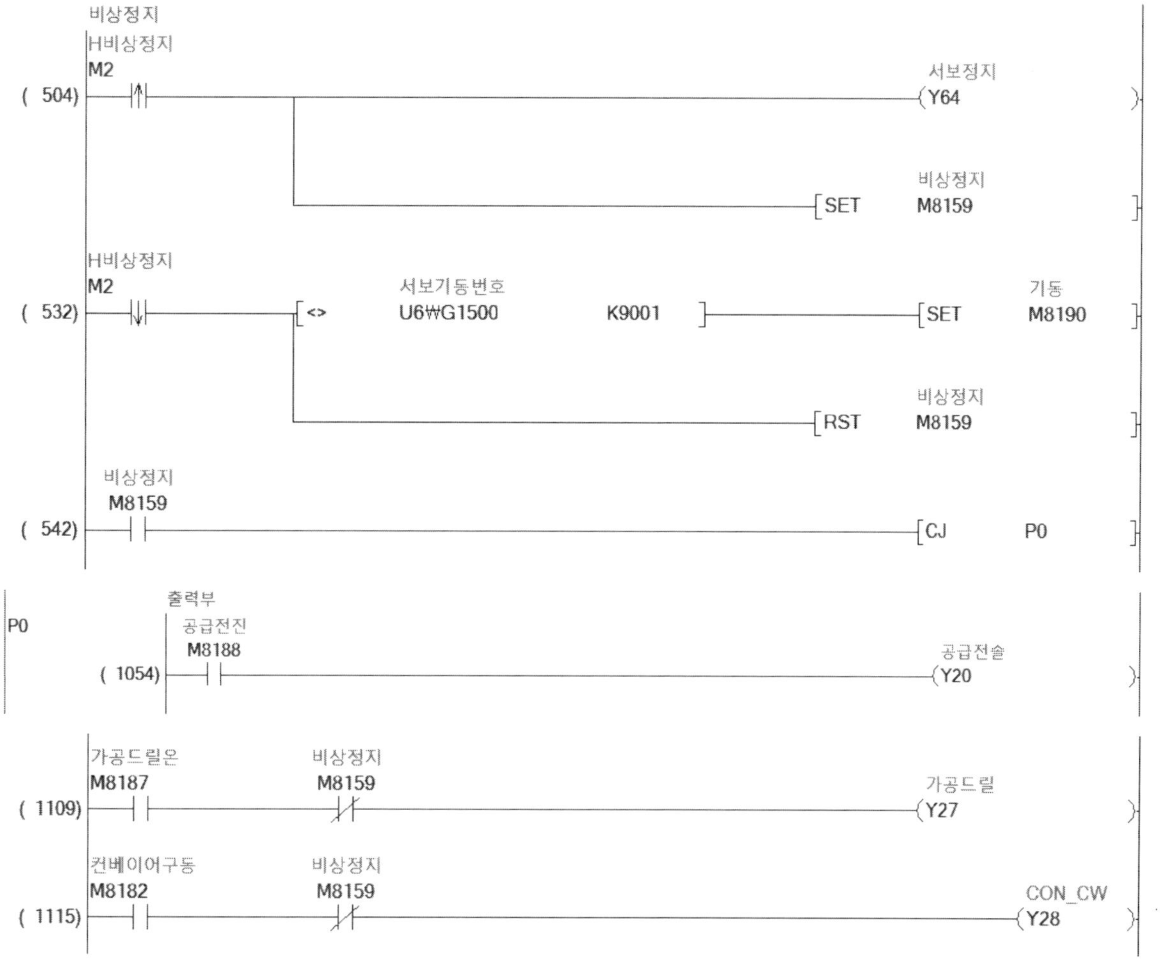

3) 초기화 프로그램

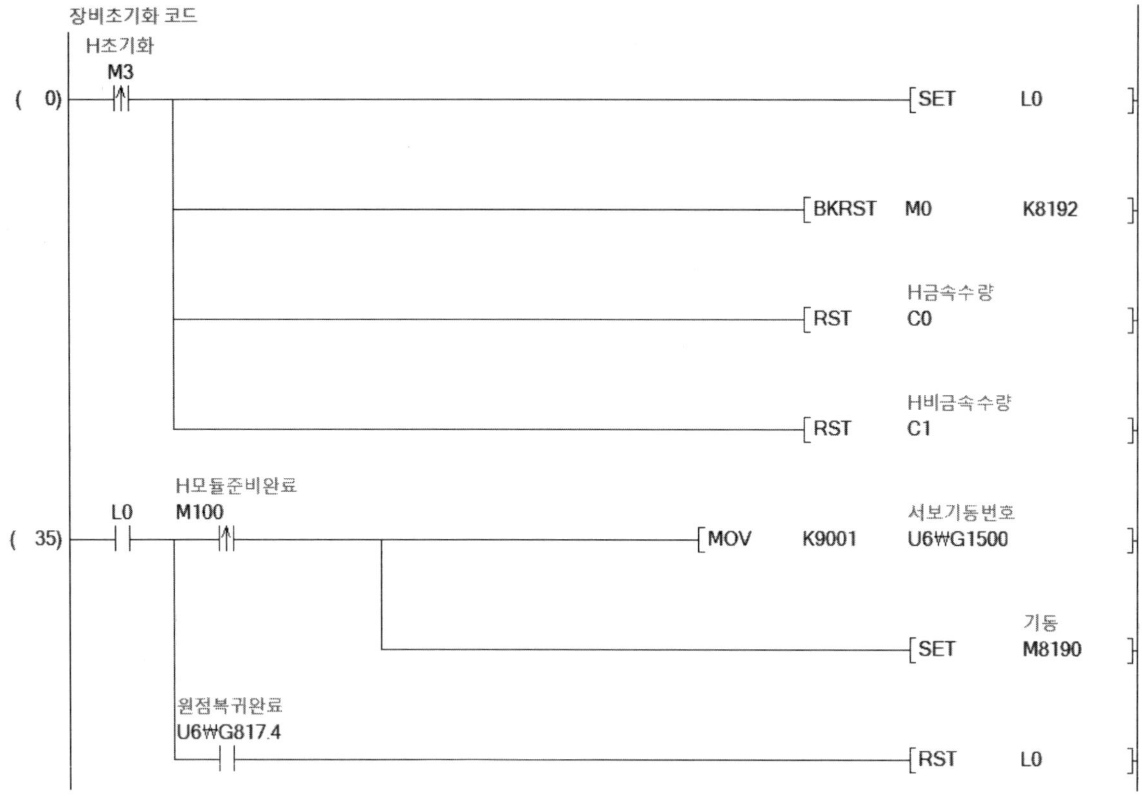
장비초기화 코드
H초기화
M3
(0)
SET L0
BKRST M0 K8192
H금속수량
RST C0
H비금속수량
RST C1
H모듈준비완료
L0 M100
(35)
서보기동번호
MOV K9001 U6₩G1500
기동
SET M8190
원점복귀완료
U6₩G817.4
RST L0

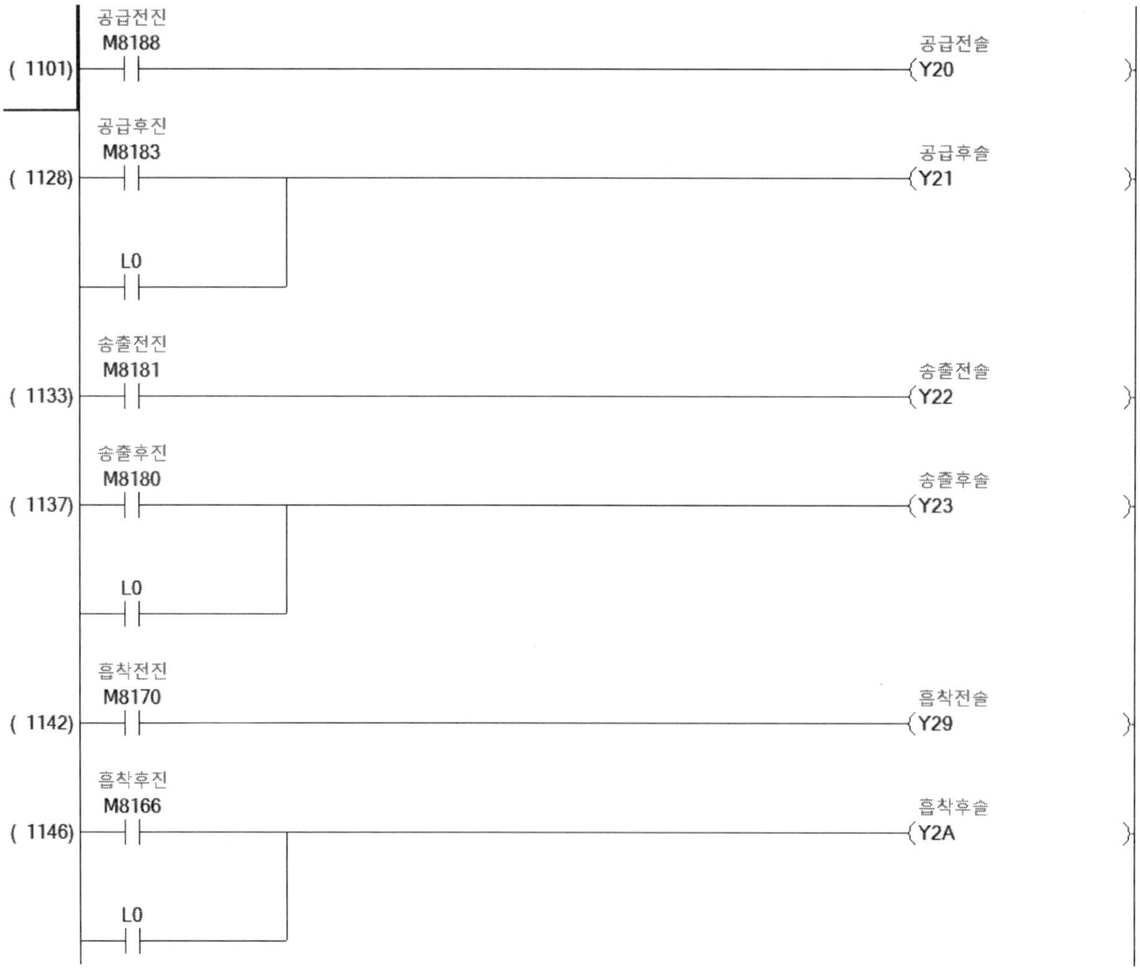
공급전진
M8188
(1101)
공급전솔
Y20
공급후진
M8183
(1128)
공급후솔
Y21
L0
송출전진
M8181
(1133)
송출전솔
Y22
송출후진
M8180
(1137)
송출후솔
Y23
L0
흡착전진
M8170
(1142)
흡착전솔
Y29
흡착후진
M8166
(1146)
흡착후솔
Y2A
L0

4) 메지시 표시

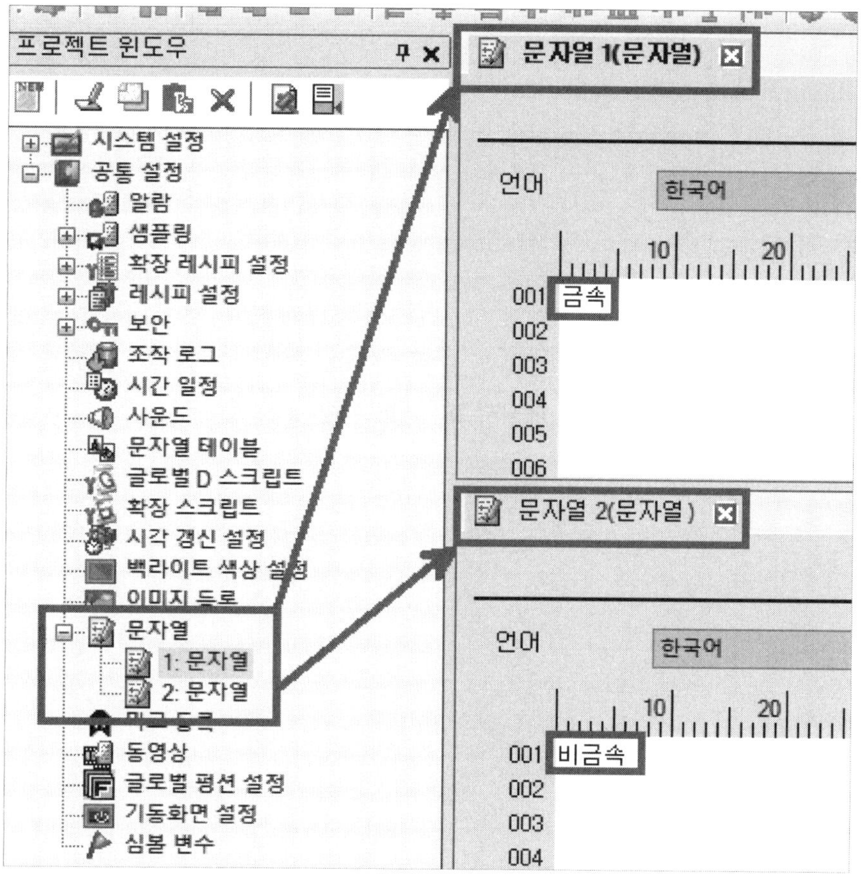

그림 9-53 메시지 표시를 위한 문자열 입력

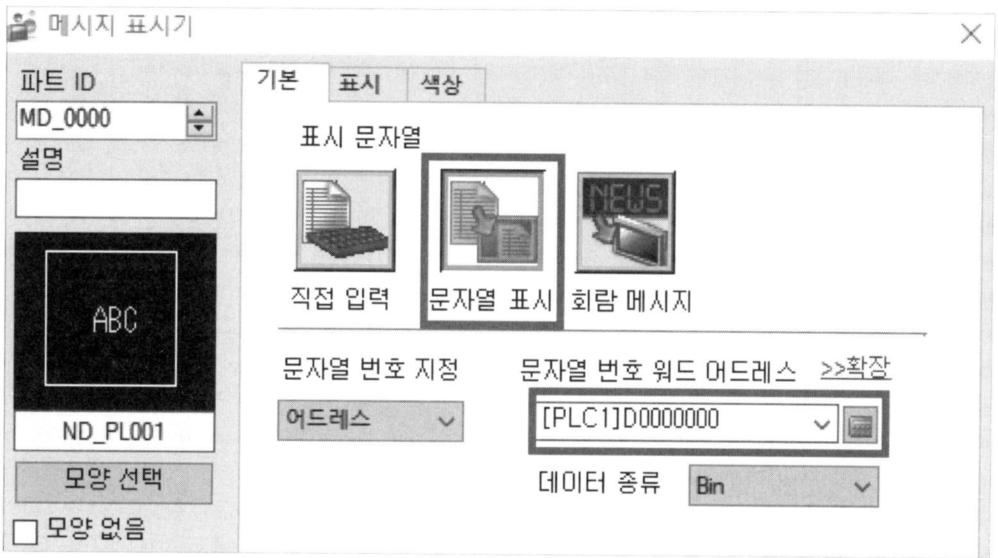

그림 9-54 메시지 표시기 설정

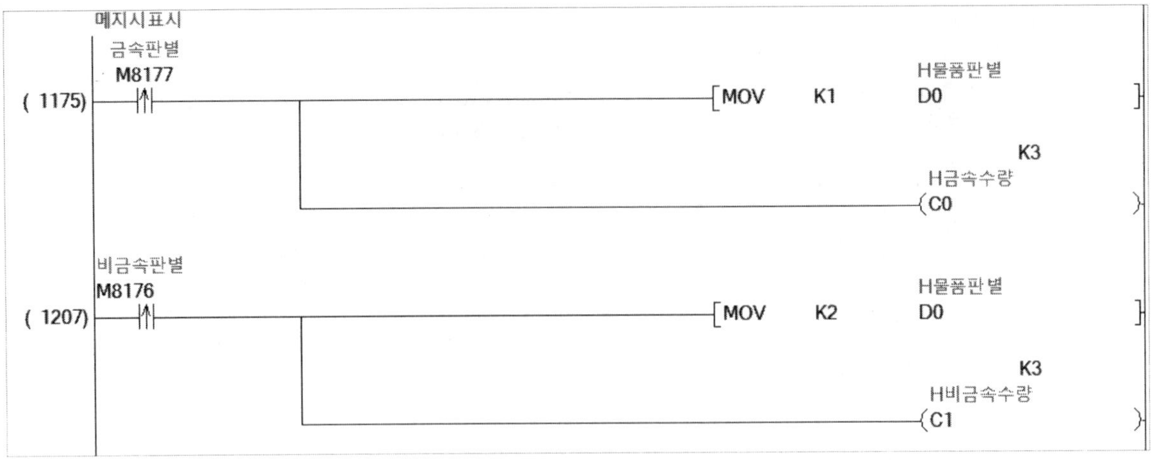

그림 9-55 메시지 표시기를 위한 LD프로그램

기초부터 실무까지
멜섹 Q-PLC와 HMI를 활용한
공정제어

초 판 인 쇄 | 2021년 9월 23일
초판2쇄발행 | 2024년 1월 19일

저 자 | 유인호·최경민
발 행 인 | 이성범
발 행 처 | 문운당
주 소 | 서울시 종로구 혜화로5길 16 (명륜1가 45-3)
전 화 | (02)762-6010
팩 스 | 영업 (02)745-0265 / 편집 (02)762-8758
이 메 일 | 영업 munun2@chol.com
편집 munundang@naver.com
홈페이지 | http://mundang.co.kr

ISBN 979-11-5692-586-6 93550

* 저자와의 협의에 의하여 인지를 생략합니다.

정가 24,000원